"十三五"国家重点出版物出版规划项目·重大出版工程

高超声速出版工程

分子气动力学及
气体流动的直接模拟

〔英〕G. A. Bird　著

方　明　李志辉　译

黄　霞　彭傲平　校

科 学 出 版 社

北　京

图字：01 - 2019 - 3049

<h1 style="text-align:center">内 容 简 介</h1>

本书是稀薄气体动力学的经典著作，既包括稀薄气体动力学的基本理论和计算模型，也包括过渡流区流动分析理论和数值方法的简要介绍，特别是详细陈述了直接模拟蒙特卡罗方法的基本原理、数理模拟及其在零维、一维、二维、轴对称和三维流动中的具体应用。附录给出了代表性气体性质、相关数学基础、演示程序及其总结。

本书可作为空气动力学专业高年级本科生和研究生的教材，也可作为从事稀薄气体动力学研究人员的参考书。

图书在版编目（CIP）数据

分子气动力学及气体流动的直接模拟／（英）G. A. 伯德（G. A. Bird）著；方明，李志辉译. — 北京：科学出版社，2019.9
书名原文：Molecular Gas Dynamics and the Direct Simulation of Gas Flows
"十三五"国家重点出版物出版规划项目 重大出版工程
高超声速出版工程
ISBN 978 - 7 - 03 - 061435 - 3

Ⅰ. ①分… Ⅱ. ①G… ②方… ③李… Ⅲ. ①稀薄气体动力学—研究 ②稀薄气体流动—研究 Ⅳ. ①O354

中国版本图书馆 CIP 数据核字（2019）第 110167 号

责任编辑：徐杨峰／责任校对：谭宏宇
责任印制：黄晓鸣／封面设计：殷 靓

斜 学 出 版 社 出版
北京东黄城根北街 16 号
邮政编码：100717
http://www.sciencep.com
南京展望文化发展有限公司排版
广东虎彩云印刷有限公司印刷
科学出版社发行 各地新华书店经销

*

2019 年 9 月第 一 版 开本：B5（720×1000）
2024 年 8 月第九次印刷 印张：28 3/4
字数：500 000
定价：180.00 元
（如有印装质量问题，我社负责调换）

高超声速出版工程

专家委员会

丛书序

飞得更快一直是人类飞行发展的主旋律。

1903 年 12 月 17 日,莱特兄弟发明的飞机腾空而起,虽然飞得摇摇晃晃,犹如蹒跚学步的婴儿,但拉开了人类翱翔天空的华丽大幕;1949 年 2 月 24 日,Bumper-WAC 从美国新墨西哥州白沙发射场发射升空,上面级飞行速度超越马赫数 5,实现人类历史上第一次高超声速飞行。从学会飞行,到跨入高超声速,人类用了不到五十年,蹒跚学步的婴儿似乎长成了大人,但实际上,迄今人类还没有实现真正意义的商业高超声速飞行,我们还不得不忍受洲际旅行需要十多个小时甚至更长飞行时间的煎熬。试想一下,如果我们将来可以在两小时内抵达全球任意城市的时候,这个世界将会变成什么样?这并不是遥不可及的梦!

今天,人类进入高超声速领域已经快 70 年了,无数科研人员为之奋斗了终生。从空气动力学、控制、材料、防隔热到动力、测控、系统集成等众多与高超声速飞行相关的学术和工程领域内,一代又一代科研和工程技术人员传承创新,为人类的进步努力奋斗,共同致力于推动人类飞得更快这一目标。量变导致质变,仿佛是天亮前的那一瞬,又好像是蝶即将破茧而出,几代人的奋斗把高超声速推到了嬗变前的临界点上,相信高超声速飞行的商业应用已为期不远!

高超声速飞行的应用和普及必将颠覆人类现在的生活方式,极大地拓展人类文明,并有力地促进人类社会、经济、科技和文化的发展。这一伟大的事业,需要更多的同行者和参与者!

书是人类进步的阶梯。

实现可靠的长时间高超声速飞行堪称人类在求知探索的路上最为艰苦卓绝的一次前行,将披荆斩棘走过的路夯实、巩固成阶梯,以便于后来者跟进、攀登,意义深远。

以一套丛书,将高超声速基础研究和工程技术方面取得阶段性成果和宝贵经验固化下来,建立基础研究与高超声速技术应用的桥梁,为广大研究人员和工程技术人员提供一套科学、系统、全面的高超声速技术参考书,可以起到为人类文明探索、前进构建阶梯的作用。

2016 年,科学出版社就精心策划并着手启动了"高超声速出版工程"这一非常符合时宜的事业。我们围绕"高超声速"这一主题,邀请国内优势高校和主要科研院所,组织国内各领域知名专家,结合基础研究的学术成果和工程研究实践,系统梳理和总结,共同编写了"高超声速出版工程"丛书,丛书突出高超声速特色,体现学科交叉融合,确保了丛书的系统性、前瞻性、原创性、专业性、学术性、实用性和创新性。

该套丛书记载和传承了我国半个多世纪尤其是近十几年高超声速技术发展的科技成果,凝结了航天航空领域众多专家学者的智慧,既可为相关专业人员提供学习和参考,又可作为工具指导书。期望本套丛书能够为高超声速领域的人才培养、工程研制和基础研究提供有益的指导和帮助,更期望本套丛书能够吸引更多的新生力量关注高超声速技术的发展,并投身于这一领域,为我国高超声速事业的蓬勃发展做出力所能及的贡献。

是为序!

2017 年 10 月

原著作者中文版序

　　本书是 1976 年出版的牛津工程科学系列丛书之《分子气动力学》的延续。《分子气动力学》一书的序言中指出,该书为在分子层次上分析实际非线性气体流动的科学家和工程师而著。目标读者没有变化,直接模拟蒙特卡罗方法仍然是分析这类问题的主要工具。随着技术的进步,计算机速度已有 1~2 个数量级的增长,更重要的是有效计算成本有 3~4 个数量级的降低,而且 1976 年以来引入的分子模型和 DSMC 方案,要比当时高级很多。

　　除了一个例外,1976 年以前 DSMC 方法就使用的分子模型,都是从气体经典动理学理论流传下来的。输运性质的 Chapman-Enskog 理论是这一模型的主要成就,而且已经证实传统模型对于单原子气体是充分的。双原子和多原子分子的经典模型并不充分,上述提到的例外是 1974 年引入的 Larsen 和 Borgnakke 现象学方法。它在后续发展中发挥了强大的影响力,以至于可以视为一种"哲学",而不仅是一种方案。现象学方法可以从数学上得到模拟真实分子物理特性的模型,从而绕开了经典动理学理论中用到的整个物理相似性的限制。

　　现象学方法也促使本书作者于 1981 年引入可变硬球(variable hard sphere,VHS)模型,这一模型避免了与经典弹性模型相关的很多困难。最近由 Koura 引入的可变软球(variable soft sphere,VSS)模型和 Hash 与 Hassan 提出的推广硬球(generalized hard sphere,GHS)模型给这一模型添加了可选特征,使得其在某些情形下更为真实。内自由度的 Larsen-Borgnakke 理论在这些新模型上进行了拓展,由于它是现象学的,其还在振动和电子模态上进行了量子形式的拓展。现在的"DSMC 模型",要比经典动理学理论及其在输运性质中的应用发展起来的,先进得多。现象学方法还催生了 Cercignani 和 Lampis 在 1974 年引入的 CLL

气体-壁面相互作用模型,该模型最近由 Lord 重新表述并应用于 DSMC 模拟。

尽管本书前面很多章节与《分子气动力学》对应章节的标题相同,但是众多新模型的引入,使得内容上发生很大变化。

阐述化学反应和热辐射的第 6 章几乎由全新的工作组成。离解模型与振动激发的 Larsen-Borgnakke 模型集成,在为 DSMC 提供背景理论的同时,也包含离解和复合反应速率的一种新理论,并演示新模型在分析和数值研究上的有用性。

第 7 章是《分子气动力学》中相应章节的更新,给出稀薄气体流动研究必要的背景材料。第 8 章综述过渡区流动的分析方法,详细阐述后续章节中与 DSMC 结果直接比较所需的相关问题。第 9 章综述过渡区流动的数值方法,特别强调与 DSMC 方法、分子动力学方法和格子气体格式的区别所在。1976 年以来的这段时间,直接模拟统计方面有了飞跃性发展,导致直接模拟方法实现策略上的显著改变,这些在第 10 章中进行了讨论。

DSMC 方法潜在用户面临的首要问题是需要付出大量的时间和精力来熟悉并掌握繁多的细节问题,以生成和验证新程序,而最后还面临虽然获得了结果,但是没有办法验证其正确性的问题。在物理不一致性缺失的情况下,它们的接受依赖信任;反过来说,任何拒绝只可能出于偏见。这是计算流体力学(computational fluid dynamics,CFD)多数方法共有的问题,但是在 DSMC 方法的情况下更为严重,因为它是一个在物理上基于概率模拟而不是标准数值分析已接纳数学方程的应用。本书试图通过附带的 13 个演示程序 FORTRAN 源代码来克服这些问题。本书给出和讨论的所有数值结果都由这些程序得到,而且任一结果都可以通过当前"顶级"个人计算机 24 h 以内的运行得到。

第 11 章给出均匀气体中的 DSMC 方案和分子模型并进行测试,第 12 章将其用于一维定常流动。这些计算在 Navier-Stokes 方程有效的条件下进行,通过简单气体和混合气体输运性质的细致研究验证 DSMC 方法和基本方法,并与测量值和连续流理论值进行比较。

正则激波依然是最有价值的单一测试算例,既可以用于与可靠实验的比较,也可以用于 Navier-Stokes 方程传统描述缺陷的演示。Muntz 等的 DSMC 弱激波结果与实验、Navier-Stokes 方程解、Burnett 方程解的比较,以激波研究专用演示程序得到了一些复现。

第 13~16 章讨论 DSMC 方法在多于一个独立变量流动中的应用方案。一维非定常流动程序仅要求定常程序在抽样模块上发生变化,且保留了柱和球对称的通用选项。二维流动、轴对称流动和三维流动的演示程序,限于平直或扁平边界的应用。尽管有这一限制,本书还是给出了一系列代表性测试算例。它们中的多数与已经出版的计算相似,但如克努森数对于竖直平板后涡流形成的影响是全新的。Taylor-Couette 流动中环形涡处理的算例,是基于 Stefanov 和 Cercignani 的新近工作,并且特别有趣。这一算例还将注意力吸引到如下事实: DSMC 计算包括物理上真实的时间参数,给出定常流动发展的有意义信息。Reichelmann 和 Nanbu 的新近工作也将 DSMC 方法应用于 Taylor-Couette 流动,他们对这一流动的实验数据进行对比,演示了 DSMC 方法正确预测稀薄气体中涡形成的条件。

演示程序应该给出 DSMC 方法操作的直观感受,并提升对其能力的理解。多数使用者会发现,数值不稳定性的完全缺席,将超越对令人讨厌的统计涨落的补偿。

DSMC 方法针对空天环境而开发,至今这一方法的工程应用也多见于空天问题。这一方法潜在应用的多数领域尚未探索,包括半导体生成的很多方面,以及涉及高真空和高真空设备自身发展的任何过程,其原因是 DSMC 计算的一次性高成本为其带来了"昂贵"方法的名声。考虑到最近在计算代价上的减小,这一名声显然已不再公平。另外,不再昂贵的 DSMC 方法及其易应用性,意味着实验可以同时进行。测量与模拟结果的对比,使得无法直接测量的值可以被推断出来。

希望以上关于 DSMC 方法的阐述能够使得更多的同仁进入其应用领域,分享其多年来给作者带来的喜悦。

致谢

正如 DSMC 方法的早期发展得到空军科学研究办公室的支持,作者最近的发展得到了美国国家航空航天局(National Aeronautics and Space Administration, NASA)兰利研究中心的支持。这些发展从在兰利研究中心的讨论中受益,特别是与 Jim Moss、Frank Brock、Dick Wilmoth、Ann Carlson、Michael Woronowicz、Cevdet Celenligil、Rupe Gupta 和 Didier Rault 的讨论。这些努力还包括北卡罗来纳州立大学,类似地也应该提到 Hassan Hassan 和 David Hash。

DSMC 的发展还受到与 DSMC 开发者及全世界多地使用者的讨论和信函的影响。在这些人中,要特别感谢澳大利亚的 Doug Auld,美国的 Don Baganoff、Tim Bartel、Iain Boyd、David Erwin、Brian Haas、Lyle Long、Dan McGregor 和 Phil Muntz,英国的 John Harvey 和 Gordon Lord,德国的 Frank Bergemann,意大利的 Carlo

Cercignani, 比利时的 Malek Mansour, 以及日本的 Kenichi Nanbu。

上面的一些人, 特别是 Frank Brock, 还协助检查了本书书稿。这一任务还得到了 Alan Fien 和 Bob Ash 的帮助。

作者还要感谢牛津大学出版社的编辑在本书准备过程中的合作。作者的计算机排版使用了 WordPerfect 5.1。

G. A. Bird

悉尼, 澳大利亚

1993 年 11 月

序

Molecular Gas Dynamics and the Direct Simulation of Gas Flows 是稀薄气体动力学的经典著作,与其上一个版本的 Molecular Gas Dynamics 一起,四十余年间在世界范围内影响了一大批从事稀薄气体动力学研究的学者。这本书理论体系完善,论述深入浅出,操作指导性强,可以说是稀薄气体动力学学习和研究的必读教材。

然而,这本出版已 20 余年且影响力如此巨大的著作,竟然没有中译本,是为憾事。欣闻方明博士从入职开始就一边学习一边着手翻译此书,后又根据自身的研究经验和体会不断修改,数易其稿,历时五年终将付梓,甚感欣慰。在我看来,这本经典著作内容非常丰富,理论性和技术性都很强,译者一定在翻译过程中倾注了大量心血,花费了不少工夫。在本书即将出版之际,我欣然接受译者邀请为之作序,主要出于以下两点考虑。

第一,表达对译者的欣赏和支持。方明博士在攻读博士学位期间的学习研究经历与他现在从事的研究工作差异较大,他积极主动、勤奋努力、一步一个脚印地开展 DSMC 方法的学习研究,六年来发表论文数十篇,承担国家自然科学基金、国家重大研究计划等项目十余项,成为中国空气动力研究与发展中心的青年骨干人才。我希望更多的年轻同志能像方明博士一样,积极进取、努力学习、踏实工作,将自身的发展与国家的需要紧密结合,成就一番事业。

第二,表达对稀薄气体动力学的重视和期盼。在可重复使用跨大气层飞行器和临近空间高超声速飞行器发展极为迅猛的今天,飞行器的设计研发对稀薄气体动力学研究提出了迫切需求。经过四十多年的发展,我国在稀薄气体动力学计算模拟、地面试验模拟技术方面取得了长足进步,有力支撑了相关航天飞行器的研制。但是,我们在基础理论研究方面积累较为薄弱,对气-面相互作用、跨流域流动机理、连续流失效机理及判断准则和高超声速多尺度流动特征等领域的研究还不够深入,缺乏相关的理论和方法创新;计算方法和计算模型、试验测试和流场诊断手段需要不断发展;研究力量较为分散,尚未形成科学布局、分工合作的研究体系。我希望有更多的青年学者像方明博士一样,加入这个重要的研究领域,共同推动稀薄气体动力学理论、技术和应用研究的发展。

中国空气动力学会和中国空气动力研究与发展中心一直重视知识的传播和科学文献的出版工作,2018 年还专门组织出版了中心组建 50 周年系列图书,得到科学出版社、国防工业出版社等单位的大力支持与帮助。借此机会,我要向长期关心和支持我国空气动力学事业发展的社会各界表示衷心的感谢。我相信,本书的出版将进一步推动我国稀薄气体动力学研究的进展;我更相信,在广大科技工作者的不懈努力下,空气动力学事业的明天将更加美好。

唐志共

2019 年 1 月

符号列表

提示：这一列表不包括演示程序中的 FORTRAN 变量。基础物理常数的值基于 1986 CODATA 推荐值。

a	声速；常数
a_c	调节系数
A	常数
A_{nm}	爱因斯坦系数
b	碰撞参数脱靶距离；常数
B	常数
c	分子速度；常数；光速
c_f	表面摩擦系数，方程式(7.62)
c_p	比定压热容
c_V	比定容热容
c_0	宏观流动速度；质量平均速度
$\boldsymbol{c}$	分子速度向量
$\boldsymbol{c}_0$	宏观速度向量
C	扩散速度；常数
C_h	热传导系数，方程式(7.64)
C_p	压强系数，方程式(7.59)
C_D	阻力系数
C_L	升力系数

C_N	法向力系数
C_P	平行力系数
$\boldsymbol{C}$	扩散速度向量
d	分子直径;常数;距离
D	常数
D_{12}	扩散系数
D_{11}	自扩散系数
e	比能
e_p	光子能量
$\boldsymbol{e}$	单位法向量
E_t	平动能
E_a	活化能
f	速度空间中的正则速度分布函数,方程式(3.1);函数
f_0	麦克斯韦或平衡速度分布函数,方程式(3.47)
$F^{(N)}$	N 粒子分布函数,方程式(3.7)
$F^{(R)}$	约化分布函数,方程式(3.8)
F	力;比例;累积分布函数
F_N	一个 DSMC 分子代表的真实分子个数
$\boldsymbol{F}$	力向量
F	相空间中的单粒子分布函数,方程式(3.5)
g	相对速度;量子简并度;重力加速度
$\boldsymbol{g}$	相对速度向量
h	普朗克常量,$h = 6.626\,075\,5 \times 10^{-34}$ J/s;高度
H	玻尔兹曼 H 定理
i	量子能级
I	惯量矩
$\boldsymbol{j}, \boldsymbol{k}, \boldsymbol{l}$	粗球碰撞中的向量
j	整数
k	玻尔兹曼常量,$k = \mathscr{R}/\mathscr{N} = mR = 1.380\,658 \times 10^{-23}$ J/K
k_T	热扩散比例
k_f	正向反应速率系数
k_r	逆向反应速率系数

K	热传导系数
K_{eq}	平衡常数
$K(0)$	平均平方涨落
$K(t)$	时间关联函数
$K(x)$	空间关联函数
Kn	克努森数，$Kn = \lambda / L$
l	线性维度；与 x 轴的方向余弦
L	线性维度
m	分子质量；与 y 轴的方向余弦；编号
m_r	折合质量
m_u	原子质量常量，$m_u = 1.660\,540\,2 \times 10^{-27}$ kg
Ma	马赫数
$(Ma)_s$	激波马赫数
$\mathscr{M}$	摩尔质量
n	数密度；与 z 轴的方向余弦；编号
n_0	标准分子数密度，$n_0 = 2.686\,66 \times 10^{25}$ m^{-3}
N	数目；比例
$\dot{N}$	数通量
N_λ	一个平均自由程立方体中的数目
$\mathscr{N}_A$	阿伏伽德罗常量，$\mathscr{N}_A = 6.022\,136\,7 \times 10^{23}$ mol^{-1}
p	压强
$\boldsymbol{p}$	压力张量
P	连续流失效参数，方程式(1.4)；概率
Pr	普朗特数，$Pr = \mu c_p / K$
q	能量通量
$\boldsymbol{q}$	热通量矢量
Q	分子的量；配分函数
Q_p	激波剖面的形函数，方程式(12.33)
r	距离；半径；乘子
$\boldsymbol{r}$	位置矢量
R	气体常数，$R = \mathscr{R} / \mathscr{M}$
R_f	0~1 的随机数

Re	雷诺数，$Re = \rho vl/\mu$
$\mathscr{R}^*$	普适气体常数，$\mathscr{R}^* = 8.314\,511\,\mathrm{J}/(\mathrm{mol} \cdot \mathrm{K})$
s	速度比，$s = \mu\beta$；平方项的数目
s_d	轨迹与表面相交所占的比例
s_0	零势能半径
S	表面面积；Lennard-Jones 模型中的参数
Sc	施密特数；$Sc = \mu/(\rho D_{11})$
t	时间
T	温度
Ta	Taylor 数，方程式（15.4）
$\boldsymbol{u}$	x 方向的速度分量；速度
U	势能；x 方向的扩散速度；速度
$\boldsymbol{v}$	y 方向的速度分量
V	体积
V_c	网格体积
$\boldsymbol{w}$	z 方向的速度分量
W	无量纲坐标
W_0	正则无量纲坐标，方程式（2.24）
x	物理空间的坐标轴；假变量
X	位置
y	物理空间的坐标轴
z	物理空间的坐标轴
Z	弛豫碰撞次数
α	VSS 分子模型中的指数，方程式（2.36）；调节系数；离解度；入射角；常数
α_T	热扩散因子
β	平衡气体中最概然分子速率的倒数，$\beta = (2RT)^{-1/2}$
γ	比热比，方程式（1.62）
δ	平均分子展向；Kronecker 符号
ε	分子能量；方位角碰撞参数；阱深参数；对称因子；镜面反射的比例；0、1 或 2 分别对应平面、圆柱或球状流动

ε_0	自由空间电介质常数
ζ	内自由度数目
η	逆幂律模型中的指数;Arrhenius 方程中的温度指数
θ	角度;正视角
θ_A	拱线与相对速度向量之间的夹角
Θ	特征温度
κ	逆幂律模型中的常数
λ	平均自由程;波长
Λ	Larsen-Borgnakke 非弹性比例;Arrhenius 常数
μ	黏性系数
μ_e	电偶极矩
ν	碰撞频率
ξ	自由度总数
Ξ	平均自由度求和
ρ	密度
σ	截面
σ_T	总碰撞截面,方程式(2.14)
σ_μ	黏性截面,方程式(2.28)
σ_M	动量截面,方程式(2.29)
σ_R	反应截面
τ	黏性应力,弛豫时间
τ_a	当地弛豫时间
τ	黏性应力张量
τ_{nm}	平均辐射寿命
Γ	质量通量;伽马函数
v	可变硬球模型中的相对速度指数,$v = \omega - 1/2$
ϕ	分子相互作用势;方位角
Φ	耗散函数,方程式(3.37);平衡态分布函数的扰动
χ	偏转角
ψ	截面随相对速度变化的逆幂律
ω	角速度;黏性系数的温度指数
Ω	固体角

上标和下标

提示：上述列表中的上标,通常不对应下列含义。

*	碰后值;声速条件
′	热或特有分量;第二个值
″	混合气体中单一组分热分量;另一个值
+,−	正方向、负方向移动
A,B	与特性组分有关

a,b	区分不同分组
A,B,C,D	化学反应中的不同组分;特定值
c	与碰撞或网格有关;连续值
coll	基于一次碰撞的值
d	参考值;离解值;直接
e	进入
el	与电子激发有关
i,j,k	笛卡儿张量分量
f	自由分子值
i	向内或入射值;内部的
int	基于或与内部模态有关
L	下部
m	质量中心值;最概然值;参考值
max	极大值
min	极小值
n	径向分量;法向分量
ov	基于或与全部模态有关
p	壁面处的滑移或跳跃
p,q,s	特定分子组分
r	相对的;反射值
ref	参考值
rot	基于或与转动模态有关
s	均方根值;靠近壁面的值;选择的值
S	抽样值

t	平动的;总的;传递的
tr	基于或与转动模态有关
T	三体碰撞中的第三方
u	未选择的
U	上部的
v	基于或与振动模态有关
w	壁面值
x,y,z	x 方向、y 方向 和 z 方向的分量
0,1,2	特定值
∞	来流值
‾	平均值
$\langle \cdot \rangle$	平均值
^	正则值
$\lfloor \cdot \rfloor$	截断值

目 录

第 3 章 基础动理学理论

第 4 章 平衡气体性质

第 5 章 非弹性碰撞和壁面相互作用

第 6 章　化学反应和热辐射

第 7 章　无 碰 撞 流 动

第 12 章　一维定常流动

第 13 章　一维非定常流动

第 14 章 二 维 流 动

第 15 章 轴 对 称 流 动

第 16 章 三 维 流 动

第1章

分 子 模 型

1.1 引言

气体流动既可以在宏观层次建模,也可以在微观层次建模。宏观模型认为气体是连续介质,可用速度、密度、压强及温度等以空间和时间为变量的流动特性进行描述。Navier-Stokes 方程是将气体视为连续介质的传统数学模型。在该方程中,宏观特性是因变量,空间坐标和时间是自变量。

微观/分子模型把粒子结构的气体看成一系列离散分子,理论上可以给出任何时刻每个分子的位置、速度和状态信息。这一层次的数学模型是玻尔兹曼方程,它把给定位置和状态的分子所占比例作为唯一因变量,但是自变量个数因状态所依赖的物理变量的增加而增加。在最简单的情况下,对不具备内自由度的单原子气体,相空间新增的维数是分子的三个速度分量,此时气体的一维定常流动是相空间中的三维问题(速度分布关于流向速度分量轴对称),二维定常流动则是五维问题。这意味着一般问题的玻尔兹曼方程不可能有分析解,同时它给传统数值方法带来了巨大挑战。然而,气体在分子层次的离散结构使得这些困难可以通过直接物理建模而不是数学建模予以克服。

本书关注微观/分子层次的气体流动分析,特别强调使用物理方式或直接模拟方式的计算方法。相对于传统数学表述,这一物理方式在计算研究上有诸多优势,特别是不存在数值不稳定性,但分子模型一般要求更大的计算机资源。因此,重要的是指出什么条件下连续介质模型失效,进而必须用分子模型代替。

1.2 分子描述的要求

流场中任何位置的宏观属性可以由对应的分子信息平均值确定。只要流体中足够小的体积内具有足够多的分子,它们就可以被定义。这一条件几乎总是可以得到满足,因此分子模型得到的结果能够用熟知的连续介质流动参数表述。而且,描述流动中质量守恒、动量守恒、能量守恒的方程对任一模型都是普适的,并且可以由任一模型推导出来。这或许意味着任何一种方式都得不到比另一种方式更多的信息。必须记住的是,除非剪切应力和热通量可以用更低阶的宏观物理量表述,否则守恒方程无法成为封闭系统。是该条件得不到满足而不是连续介质描述失效限定了连续介质方程的适用范围。更为特别的是,当宏观变量梯度的尺度与气体分子两次碰撞间穿越的平均距离(即**平均自由程**)处于同一数量级时,连续介质气体动力学 Navier-Stokes 方程中的输运项失效。

气体的稀薄程度通常由**克努森数** Kn 表示,它是平均自由程 λ 与特征尺度 L 之比,即

$$Kn = \frac{\lambda}{L} \tag{1.1}$$

Navier-Stokes 方程有效的传统要求是克努森数小于 0.1。如果选择流场的某个全局尺度作为 L 来定义整个流场单一**全局**克努森数,则可能有误导性。如果用宏观梯度尺度来表征 L, 即

$$L = \frac{\rho}{\mathrm{d}\rho/\mathrm{d}x} \tag{1.2}$$

并用它来定义**当地**克努森数,则可以精确确定其极限值。在适当定义的当地克努森数超过 0.1 的区域,Navier-Stokes 方程结果的误差将非常明显。因此,连续介质模型必须由分子模型取代,当地克努森数上限可取 0.2。

当克努森数趋于 0 时,输运项消失,Navier-Stokes 方程退化为无黏的 Euler 方程。此时,从连续介质观点看流动是等熵的,等价的分子观点是分子速度分布函数各处为当地平衡态,即麦克斯韦形式。无限大克努森数的反向极限是**无碰撞**或**自由分子流**。传统数学模型的克努森数极限可由图 1.1 系统表示。

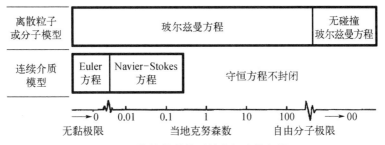

图 1.1 传统数学模型的克努森数极限

正如 Chapman 和 Cowling(1952)所述,经典动理学理论的一个主要成就是 Chapman-Enskog 理论关于黏性、热传导和扩散系数的发展。该理论验证了源于 Navier-Stokes 方程描述的假设,即剪切应力、热通量和扩散速度分别是速度、温度及组分浓度梯度的线性函数。由于假设了速度分布函数 f 是平衡态或麦克斯韦函数 f_0 的小扰动,Chapman-Enskog 理论建立了该表述的有效性极限。例如,第 4 章将表明,对于只在 y 方向有梯度的 x 方向流动的特例,速度分布函数的 Chapman-Enskog 理论可写成如下形式:

$$f = f_0 \left\{ 1 - C\beta v' \left[3 \left(\beta^2 c'^2 - \frac{5}{2} \right) \frac{\lambda}{T} \frac{\partial T}{\partial y} + 4\beta u's \frac{\lambda}{\mu_0} \frac{\partial u_0}{\partial y} \right] \right\} \qquad (1.3)$$

其中,C 是依赖气体的数值因子。注意,基于来流速度和温度的当地克努森数分别显式贡献于剪切应力和热通量。由于 Chapman-Enskog 理论的结果是关于当地克努森数级数展开中的第一项,该理论只在其相对于 1 很小时适用。

边界层和激波中的输运特性最为显著。平均自由程反比于气体密度,对于给定的激波强度,激波的厚度也反比于气体密度。因此,激波内的当地克努森数与气体密度无关,并且 Navier-Stokes 方程的有效性仅依赖马赫数。研究发现,激波结构 Navier-Stokes 方程解有效性的条件是马赫数明显低于 2。对于低速流动的层流边界层,边界层厚度反比于气体密度的平方根。随着气体密度的变小,边界层梯度的减小要比平均自由程慢一些,因此低密度气体的当地克努森数变得更大。这些流动特征厚度的增大意味着,对于具有激波、边界层的流动,随着气体稀薄程度的增大,黏性流动的占比增大。在气体密度极小时,激波和边界层先融合,在接近自由分子流时丧失各自的独立性。

在边界层和激波外部,连续流被认为是等熵的,这可能激发 Euler 方程能对所有克努森数得到正确结果的想法。在等熵流中,宏观量的梯度只依赖流动的尺度。而且,宏观量的这些变化只能通过分子间相互碰撞产生,然而随着气体密度下降,碰撞频率变得太低而无法得到这些梯度。此时,连续介质模型失效,其初始症状是各向异性的压强张量。气体膨胀中这一类型的失效已由 Bird(1970)进行了研究,发现其与"失效参数"

$$P = \frac{1}{\nu} \left| \frac{\mathrm{D}(\ln \rho)}{\mathrm{D}t} \right| \qquad (1.4)$$

有关。对于定常流动,该方程可以写为

$$P = \frac{\pi^{1/2}}{2} s \frac{\lambda}{\rho} \left| \frac{\mathrm{d}\rho}{\mathrm{d}x} \right| \qquad (1.5)$$

并且可以类似于式(1.3)再现当地克努森数。定常和非定常膨胀开始失效的相关 P 值都近似于 0.02。

较大的克努森数可能来自较大的平均自由程,也可能来自宏观梯度的较小尺度。前者是一般情况,是极低气体密度的结果。这是本书中常以"稀薄气体动力学"为主题的原因。但是,需要记住的是,较小特征尺度的要求可以在任何密度下得到满足。前面已经指出,任何密度的强激波内部结构都要用分子模型。类似地,对于浸没在气体中或在大气中运动的极小粒子,或者极高频率的声波传播研究,也要求用分子模型。

1.3 简单稀疏气体

与分子模型相关的基本物理量是单位体积内的分子数,以及每个分子的质量、大小、速度及内部状态。为建立分子间相互碰撞导致的距离和时间尺度效应,这些基本物理量必须与平均自由程及碰撞频率关联。而且,由于分子方程式得到的结果一般由宏观量表述,必须建立宏观量与微观量之间的正式联系。为简洁明了,本节的讨论限于假定所有分子具有相同的结构。由单一化学组分构成的气体称为简单气体。

1 mol 气体所具有的分子个数是一个基本的物理常数,称为**阿伏伽德罗常量** $\mathcal{N}_A$。阿伏伽德罗定律表明,在相同温度和压强下,1 mol 任何气体的体积相同。单位体积内的气体分子数,或气体分子**数密度** n 依赖气体的温度和压强,但与气体的成分无关。单个分子的质量 m 由气体的摩尔质量 $\mathcal{M}$ 除以阿伏伽德罗常量

得到,即

$$m = \mathcal{M}/\mathcal{N} = \mathcal{M}m_u \quad (1.6)$$

其中, m_u 是原子质量常数。每个分子平均占用的体积为 $1/n$。 因此,平均分子展向 δ 由式(1.7)给定

$$\delta = n^{-1/3} \quad (1.7)$$

直径为 d 的弹性硬球是过于简单但有用的分子模型。如图 1.2 所示,当两个分子中心的距离减小

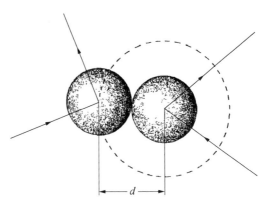

图 1.2 直径为 d 的两个硬球碰撞

到 d 时,它们就发生碰撞。因此,这些分子的**总碰撞截面**为

$$\sigma_T = \pi d^2 \quad (1.8)$$

“分子”是一个一般性的词语,包括由一个原子构成的单原子分子、由两个原子构成的双原子分子及由多于两个原子构成的多原子分子。真实分子的每个原子包含由电子环绕的原子核。分子大小是一个无法精确或唯一确定的量,因此有必要检验基于分子“直径”的初等动理学理论得到的结果。

分子间碰撞效果的经典研究基于分子力场。假定这些分子力场是球对称的,如图 1.3 所示,两个中性分子之间作用力的一般形式是核间距离的函数。这一作用力在距离很大时的效果为零,当分子近到相互作用有效时表现为弱的吸引力,但当分子之间距离很近时表现为强的排斥力。双原子或多原子气体分子

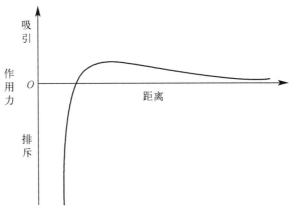

图 1.3 典型分子力场

间作用力是分子排列方向的函数。但是,通常情况下碰撞次数极其庞大,从随机排列方向的观点来看,假设气体力场球对称也是合理的。碰撞动力学的讨论将在 2.2 节详细展开,届时还将讨论分子直径和碰撞截面的计算。真实模型的碰撞截面是分子相对速度的函数,经验表明该行为的复现极为重要。力场的形式及由此得到的散射角分布相对没那么重要。

分子在气体中实际占据的空间比例为 $(d/\delta)^3$ 量级。方程式 (1.7) 表明,对于足够低的气体分子数密度,平均分子展向 δ 比有效分子直径 d 大。此时,只有极小一部分空间由分子占据,多数情况下每个分子将跑到其他分子的影响范围以外。而且,如果确实发生碰撞,则极有可能是只涉及另一个分子的**二体碰撞**。这一情况的特征是

$$\delta \gg d \tag{1.9}$$

它可以看成**稀疏气体**的定义。宏观过程的时间尺度由**平均碰撞时间**确定,其定义为任一指定分子两次成功碰撞之间的平均时间。这个量的倒数更为常用,称为**平均碰撞频率**或**碰撞频率** ν。 在该量表达式的推导过程中,我们将目光锁定在一个称为测试分子的特定分子上,其他分子的速度或场按照未指定的方式分布。考虑速度在 $c \sim c + \Delta c$ 的场分子,它们称为 c 类场分子且其气体分子数密度记为 Δn。 如果测试分子的速度为 c_t,则测试分子与 c 类场分子之间的相对速度为 $c_r = c_t - c$。 选择参考系,使得测试分子以 c_r 运动,c 类场分子静止。经过相对平均碰撞时间很短的时间 Δt, 测试分子将与体积为 $c_r \sigma_T \Delta t$ 内的某一场分子发生碰撞,如图 1.4 所示。因此,测试分子与 c 类场分子在时间 Δt 内发生碰撞的概率为 $\Delta n\, \sigma_T c_r \Delta t$。 若碰撞确实发生,则沿着轨迹由碰撞截面扫过的圆柱将会变形。然而,对于极小部分轨迹会受碰撞影响的稀疏气体,Δt 上的限制可以移除,c 类场分子单位时间内的碰撞次数为 $\Delta n\, \sigma_T c_r$。 因此,碰撞频率可通过对所有相对速度,即所有 c_r 求和得到,即

$$\nu = \sum \left(\Delta n\, \sigma_T c_r \right) = n \sum \left[\left(\Delta n / n \right) \sigma_T c_r \right]$$

而且,由于 $\Delta n/n$ 是具有碰撞截面 σ_T 和相对速度 c_r 的分子所占的比例,上式可进一步写为

$$\nu = n\, \overline{\sigma_T c_r} \tag{1.10}$$

其中,变量或表达式上的横线表示样本中所有分子的平均值。对于硬球分子,式 (1.10) 为

$$\nu = \sigma_{\mathrm{T}} n \, \overline{c_{\mathrm{r}}} = \pi d^2 n \, \overline{c_{\mathrm{r}}} \tag{1.10a}$$

单位时间、单位体积内气体总的碰撞次数为

$$N_{\mathrm{c}} = \frac{1}{2} n\nu = \frac{1}{2} n^2 \, \overline{\sigma_{\mathrm{T}} c_{\mathrm{r}}} \tag{1.11}$$

引入 1/2 的对称因子是由于每次碰撞涉及两个分子。

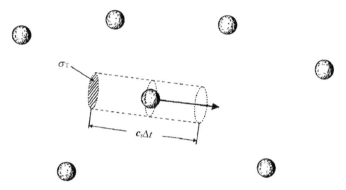

图 1.4　在静止分子场中移动测试分子扫过的有效体积

平均自由程是一个分子两次碰撞之间走过距离的平均值。它定义在随气体来流速度运动的参考系中,等于分子的平均热速率 $\overline{c'}$ 除以碰撞频率,即

$$\lambda = \overline{c'}/\nu = \left[n \left(\overline{\sigma_{\mathrm{T}} c_{\mathrm{r}}} / \overline{c'} \right) \right]^{-1} \tag{1.12}$$

或对于定常碰撞截面的硬球气体,有

$$\lambda = \left[\left(\overline{c_{\mathrm{r}}} / \overline{c'} \right) \pi d^2 n \right]^{-1} \tag{1.12a}$$

在转入微观量和宏观量正式关系的讨论之前,必须详细阐述用于气体的**平衡**概念。考虑与任何外界影响完全隔绝的一团气体。如果这团气体在相对于平均碰撞时间足够长的一段时间内未受扰动,则可认为其处于平衡态。如果气团内分子数大到足以忽略统计涨落,则宏观量在距离和时间上都没有梯度。尽管单个分子的速度随着每次碰撞发生改变,但是任何速度的分子所占比例随时间保持常数。很明显,平衡气体中没有方向倾向,分子的速度分布必须是各向同性的。平衡气体的速度分布函数将在第 3 章进行推导,其性质将在第 4 章进行讨论。如果气流中的宏观梯度足够小且碰撞频率足够高,则每个气体微元的速

度分布将调整到对应当地宏观量的平衡态。在微观层次上,流动可看成**当地热力学平衡**,在宏观层次或连续介质层次上,它等价于等熵流。如前所述,连续介质方法只在偏离平衡态很小时适用,但 1.4 节和 1.5 节所讨论的宏观流动量的定义对任何程度的非平衡都适用。

1.4   简单气体的宏观量

第一个要讨论的宏观量是密度 ρ。它的定义是单位体积气体的质量,等于单位体积内分子个数与单个分子质量的乘积,即

$$\rho = nm \tag{1.13}$$

在连续介质模型中(如密度等),宏观量与流场中的"点"相关。"点"上的值,实际上必须基于包围该点的体积微元内的分子。体积微元 V 内包含 N 个分子,这一数目受统计涨落的影响,其均值为 nV。取给定值 N 的概率 $P(N)$ 由泊松分布

$$P(N) = (nV)^N \mathrm{e}^{-nV}/N! \tag{1.14}$$

给出。对于较大的 nV 值,该分布与正态分布或高斯分布没有区别,即

$$P(N) \approx (2\pi nV)^{-1/2}\exp\left[-(N-nV)^2/(2nV)\right] \tag{1.15}$$

该分布的积分表明,一次抽样落在平均值 nV 距离为 $A\sqrt{nV}$ 内的概率为 $\mathrm{erf}(A/\sqrt{2})$,涨落的标准差为 $1/\sqrt{nV}$,涨落的期望值大小如图 1.5 所示。方程式 (1.7) 使得 nV 可写成 V/δ^3,其中,δ 为平均分子展向。因此,通过对体积微元内分子求平均来建立宏观量,对于一个有意义的结果,要求体积微元的典型尺度 $V^{1/3}$ 满足条件

$$V^{1/3} \gg \delta \tag{1.16}$$

除非体积微元的尺度小于宏观梯度的尺度 L,否则基于体积微元内分子的宏观量依赖体积微元大小。对于所有方向都有梯度的三维流动,要求 $V^{1/3}$ 远小于 L。但是,对于一维流动和二维流动,体积微元可以在零梯度的方向无限延伸。在这样的流动中,尽管 $V^{1/3}$ 可能大于 L,总可以定义在梯度方向小于特征尺度 L 的体积微元,其体积大到可以定义有意义的平均。

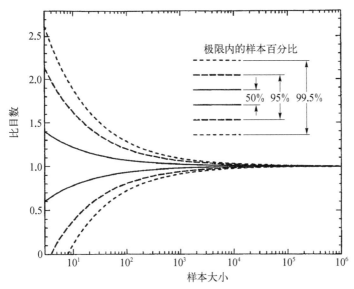

图 1.5 统计涨落作为样本大小的函数

上述讨论仅处理了单个流动或系统的**瞬时平均**。在得出允许流动定义有意义的宏观量的推论之前,必须考虑另外两种类型的平均。第一种通过对一段时间内体积微元中分子对应的量求和来得到,称为**时间平均**,使得用宏观量描述任何定常流动成为可能;第二种是系综平均,通过对应体积微元内无限大数目的相似系统的分子求平均得到,这一**系综平均**可以在实验或无穷次重复计算时建立。尽管时间平均或系综平均本质上是概率的且需考虑涨落,时间平均或系综平均使得任何流场中宏观量的建立成为可能。当时间平均和系综平均都可用于流场时,可以预期它们是相同的。此时,分子运动可以说是**遍历**的。

其他宏观量与分子运动导致的质量、动量和能量输运有关。在讨论这些量之前,必须针对流经气体中某处面元的通量 Q 建立重要且具有一般性的结果,将通量与对相同位置体积微元内的分子求平均关联起来。如图 1.6 所示,面元的大小为 Δs,单位法向为 e,考虑速度在 $c \sim c + \Delta c$ 内的 c 类场分子,记其密度为 Δn。在时间 Δt 内通过 Δs 的分子,在沿着 c 反方向的 Δs 投影的、长度为 $c\Delta t$ 的圆柱内。当沿着 e、垂直 Δs 测

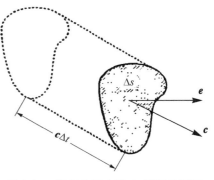

图 1.6 c 类场分子穿越 Δs 面元的通量

量时,圆柱的高度为 $c \cdot e \Delta t$,体积为 $c \cdot e \Delta t \Delta s$。通量 Q 与每个分子有关,为常数或 c 的函数。因此,单位时间、单位面积沿着方向为 e 通过面元的 Q 的通量为 $c \cdot eQ \Delta n$。总的通量通过对所有速度类求和得到,可写成

$$n \sum \left[(\Delta n/n) Qc \cdot e \right]$$

或

$$n \overline{Qc \cdot e} \tag{1.17}$$

注意式(1.17)是总通量的表达式,包括从正反 e 方向通过面元的分子的贡献。有时只需要一个方向通量,不失一般性地,取 e 的正方向。此时,该通量通过只考虑 $c \cdot e$ 为正的分子得到。因此,e 正方向的通量为

$$n (\overline{Qc \cdot e})_{c \cdot e > 0} \tag{1.18}$$

在表达式(1.17)和式(1.18)的推导中,当只有与通量 Q 相关的分子穿过面元时,通量 Q 才通过面元 Δs 输运。这对于粒子数通量和质量通量是正确的,但在考虑动量通量或能量通量时其通常是不正确的,这是由于分子间作用力的有限距离允许面元两侧分子间的动量和能量交换。但是如果气体是稀疏的,即 $\delta \gg d$,则这些效果可以忽略。

建立平均需要样本足够大,除非用时间平均或系综平均,这给表达式(1.17)和式(1.18)带来了进一步限制。图 1.6 中体积微元的尺度须大于平均分子展向,即 $c \Delta t$ 应大于 δ,并且这些表达式的推导基于 Δn 是常数的假设。这是平衡气体的情况,但是在非平衡气体的情况下,碰撞导致从 c 类场分子散射出去的分子数目可能与散射进来的分子数目并不相等。因此,上述分析只对 Δt 远小于平均碰撞时间 $1/\nu$ 的非平衡气体适用,气体必须满足 $c \Delta t \gg \delta$。

方程式(1.7)和式(1.12)表明

$$\frac{\lambda}{\delta} = \frac{1}{\pi (\overline{c_r}/\overline{c'})} \left(\frac{\delta}{d} \right)^2 \tag{1.19}$$

其中,$\overline{c_r}/\overline{c'}$ 的量级为 1;$\lambda \gg \delta$ 在气体稀疏时($\delta \gg d$)必然成立。$\lambda \gg \delta \gg d$ 通常作为稀疏气体的定义,式(1.9)是这一定义的充分条件。

由于 e 是单位向量,表达式(1.17)可写成 $(n \overline{Qc}) \cdot e$,可以定义 Q 的**通量矢量**为

$$n \overline{Qc} \tag{1.20}$$

与质量输运相关的通量矢量可以通过让 Q 等于分子质量得到, 即 $nm\bar{c}$ 或 $\rho\bar{c}$。分子速度的平均值 $\bar{c}$ 定义为 c_0 的宏观**流动速度/平均速度/质量速度**, 即

$$c_0 = \bar{c} \tag{1.21}$$

分子相对于流动的速度称为**热速度/特有速度/随机速度**, 记为 c', 即

$$c' = c - c_0 \tag{1.22}$$

注意到 $\overline{c'} = \bar{c} - \bar{c} = 0$, 简单气体平均热速度为 0。其他宏观量通过对分子的热速度求平均得到。为了简化这些量的讨论, 我们将在以当地流速运动的参考系中考察气体微元。

热速度的矢量通量为 $n\overline{Qc'}$, 可以通过设置 Q 等于 mc' 得到由特有运动/热运动引起的动量输运的表达式。由于动量也是一个矢量, 得到的结果是具有 9 个笛卡儿分量的张量, 称为**压强张量 p**, 即

$$p = nm\overline{c'c'} = \rho\,\overline{c'c'} \tag{1.23}$$

其可以通过各分量很好地解释。设 u'、v'、w' 是 c' 在 x、y 和 z 方向的分量。作为例子, 考察 x 方向动量的 y 分量。设 $Q = mu'$ 且取面元为 xz 平面, 其方向为 y, 该分量为

$$p_{xy} = \rho\,\overline{u'v'}$$

且完整的集合为

$$\begin{aligned}
p_{xx} &= \rho\,\overline{u'^2}, & p_{xy} &= \rho\,\overline{u'v'}, & p_{xz} &= \rho\,\overline{u'w'}; \\
p_{yx} &= \rho\,\overline{v'u'}, & p_{yy} &= \rho\,\overline{v'^2}, & p_{yz} &= \rho\,\overline{v'w'}; \\
p_{zx} &= \rho\,\overline{w'u'}, & p_{zy} &= \rho\,\overline{w'v'}, & p_{zz} &= \rho\,\overline{w'^2}
\end{aligned} \tag{1.24}$$

方程式 (1.24) 中 9 个方程的一个简单记法是

$$p_{ij} = \rho\,\overline{c'_i c'_j} \tag{1.24a}$$

其中, 下标 i 和 j 为 1~3, 1、2、3 分别对应 x、y 和 z 方向的分量, 即

$$c'_1 \equiv u', \quad c'_2 \equiv v', \quad c'_3 \equiv w'$$

标量压强 p 常定义为张量压强的三个正则分量的平均值, 即

$$p = \frac{1}{3}\rho\left(\overline{u'^2} + \overline{v'^2} + \overline{w'^2}\right) = \frac{1}{3}\rho\,\overline{c'^2} \tag{1.25}$$

如果气体处于平衡态,三个正则分量相等且压强由密度与任意方向热速度分量平方的平均值相乘给出。考虑气体由固面约束的情况,取垂直于壁面的方向为参考方向。如果气体与壁面也处于平衡状态,则从壁面反射回来的分子与从壁面另一个方向过来的假想分子没有区别。标量压强 p 可以认为是气体作用在表面单位面积上的垂直力。后面这个量通常更实际和更重要,含糊的时候,"压强"一词等于单位面积的法向力。

黏性应力张量 τ 定义为压强张量正则分量减去标量压强之后的负值。它通常表征为分量形式或下标记号

$$\tau \equiv \tau_{ij} = -(\rho\,\overline{c_i'c_j'} - \delta_{ij}p) \tag{1.26}$$

其中,δ_{ij} 为 Kronecker 符号,即

$$当\ i = j\ 时,\delta_{ij} = 1;当\ i \neq j\ 时,\delta_{ij} = 0$$

若与分子热运动/平均运动相关的平均动能是 $\frac{1}{2}m\,\overline{c'^2}$,则与该运动相关的比能为

$$e_{\mathrm{tr}} = \frac{1}{2}\overline{c'^2} \tag{1.27}$$

式(1.27)与方程式(1.25)结合起来有

$$p = \frac{2}{3}\rho e_{\mathrm{tr}}$$

它可与理想气体状态方程

$$p = \rho RT = nkT \tag{1.28}$$

比较。其中,k 为玻尔兹曼常量,与普适气体常数 $\mathscr{R}$ 通过 $k = \mathscr{R}/\mathscr{N}$ 关联。$m = \mathscr{M}/\mathscr{N}$,一般气体常数 $R = \mathscr{R}/\mathscr{M}$,因此 $k = mR$。**热力学温度** T 本质上是一个平衡气体特性,但上述比较表明,即使是非平衡的情况,理想气体状态方程也适用于稀疏气体,其**平动能温度** T_{tr} 的定义为

$$\frac{3}{2}RT_{\mathrm{tr}} = e_{\mathrm{tr}} = \frac{1}{2}\overline{c'^2}$$

或

$$\frac{3}{2}kT_{\mathrm{tr}} = \frac{1}{2}m\,\overline{c'^2} = \frac{1}{2}m(\overline{u'^2} + \overline{v'^2} + \overline{w'^2}) \tag{1.29}$$

如果温度由大量分子的速度计算得出,其更倾向于通过这些速度而不是热速度表述。方程式(1.22)给出 $\overline{c'^2} = \overline{c^2} - 2\overline{c}\boldsymbol{c}_0 + c_0^2$,则方程式(1.21)使得方程式(1.29)可以写成

$$\frac{3}{2}kT_{\mathrm{tr}} = \frac{1}{2}m(\overline{c^2} - c_0^2)$$
$$= \frac{1}{2}m(\overline{u^2} + \overline{v^2} + \overline{w^2} - u_0^2 - v_0^2 - w_0^2) \tag{1.29a}$$

在压强张量的定义中,同样可以避免使用热速度,如

$$p_{xy} = \rho(\overline{uv} - u_0 v_0)$$

需要指出的是,也可以定义每个分量的平动能温度,如

$$kT_{\mathrm{tr}_x} = m\overline{u'^2} = p_{xx}/n \tag{1.30}$$

这些分量与 T_{tr} 的区别提供了气体平动非平衡度的一种度量。

一般认为单原子分子只具有平动能。因此,在单原子气体中,平动能温度可简单看成**温度**。但是,双原子分子和多原子分子还具有与转动模态和振动模态有关的内能。由于三个自由度与平动模态相关,内部模态的温度 T_{int} 可以与平动能温度[方程式(1.29a)]相容地定义为

$$\frac{1}{2}\zeta R T_{\mathrm{int}} = e_{\mathrm{int}} \tag{1.31}$$

其中,ζ 为内自由度的个数;e_{int} 是与内部模态相关的比能。能量均分原理表明,平衡气体中平动能温度与内部模态的温度必须相等,它们的相同值可定义为气体的热力学温度。非平衡气体的**全局温度** T_{ov} 可以定义为平动能温度和内部模态的温度的加权平均,即

$$T_{\mathrm{ov}} = (3T_{\mathrm{tr}} + \zeta T_{\mathrm{int}})/(3 + \zeta) \tag{1.32}$$

需要注意的是,在非平衡情况下,理想气体状态方程不适用于该温度。

最后,**热通量矢量 $\boldsymbol{q}$** 由设置 Q 等于分子能量 $\frac{1}{2}m\overline{c'^2} + \varepsilon_{\mathrm{int}}$ 得到,即

$$\boldsymbol{q} = \frac{1}{2}\rho\overline{c'^2\boldsymbol{c}'} + n\overline{\varepsilon_{\mathrm{int}}\boldsymbol{c}'} \tag{1.33}$$

其中，ε_{int} 是单个分子的内能，由

$$e_{\text{int}} = \varepsilon_{\text{int}} / m$$

给出，热通量在 x 方向的分量可写成

$$q_x = \frac{1}{2}\rho\, \overline{c'^2 u'} + n\, \overline{\varepsilon_{\text{int}} u'} \tag{1.33a}$$

同样可以避免热速度分量的使用，即

$$q_x = \frac{1}{2}\rho\,(\,\overline{c^2 u} - 2\overline{p}_{xx} u_0 - 2\overline{p}_{xy} v_0 - 2\overline{p}_{xz} w_0 - \overline{c^2} u_0\,) + n\,(\,\overline{\varepsilon u} - \overline{\varepsilon}\, u_0\,) \tag{1.33b}$$

1.5 扩展到混合气体

考虑由 s 种化学组分组成的混合气体，用 $1 \sim s$ 的下标 p 或 q 表示对应某个特定组分的值。全局气体分子数密度 n 显然等于各组分的气体分子数密度之和，即

$$n = \sum_{p=1}^{s} n_p \tag{1.34}$$

考虑一个 p 组分分子和一个 q 组分分子之间的碰撞。它们的直径为 d_p 和 d_q，碰撞的要求是它们中心之间的距离减少到 $(d_p + d_q)/2$，此时总碰撞截面为

$$\sigma_{\text{T}pq} = \pi\,(d_p + d_q)^2 / 4 = \pi d_{pq}^2 \tag{1.35}$$

其中，

$$d_{pq} = (d_p + d_q)/2$$

在对方程式（1.10）的分析中，可选取一个 p 组分分子作为测试分子，将 q 组分分子视为场分子。因此，p 组分分子与 q 组分分子之间的碰撞频率为

$$\nu_{pq} = n_q\, \overline{\sigma_{\text{T}pq} c_{\text{r}pq}} \tag{1.36}$$

其中，$c_{r_{pq}}$ 为两个分子之间的相对速度。如果视 $\sigma_{T_{pq}}$ 为常数，则有

$$\nu_{pq} = \pi d_{pq}^2 n_q \overline{c_{r_{pq}}} \tag{1.36a}$$

p 组分分子的碰撞频率通过对所有组分的碰撞对求和得到，即

$$\nu_p = \sum_{q=1}^{s} n_q \overline{\sigma_{T_{pq}} c_{r_{pq}}} \tag{1.37}$$

混合气体中每个分子的碰撞频率可通过对所有组分的测试分子求平均得到，即

$$\nu = \sum_{p=1}^{s} \left[(n_p/n) \nu_p \right] \tag{1.38}$$

p 组分分子和 q 组分分子单位时间、单位体积内的碰撞次数为

$$n_q \nu_{pq}$$

或 $\tag{1.39}$

$$n_p n_q \overline{\sigma_{T_{pq}} c_{r_{pq}}}$$

注意，当 $p = q$ 时，该表达式将每个碰撞计算了两次。可以对方程式(1.39)中 q 组分分子求和得到涉及 p 组分分子的单位体积、单位时间内发生的碰撞次数 $n_p \nu_p$。然后，对所有的 p 组分分子求和可以得到单位时间、单位体积内的总碰撞次数 N_c。因为所有的碰撞都被计算了两次，引入 1/2 的对称因子，得到

$$N_c = \frac{1}{2} \sum_{p=1}^{s} (n_p \nu_p) = \frac{1}{2} n \nu$$

这与方程式(1.11)相同。

p 组分分子的平均自由程等于该组分的平均热速率除以碰撞频率，即

$$\lambda_p = \left[\sum_{q=1}^{s} \left(n_q \overline{\sigma_{T_{pq}} c_{r_{pq}}} \Big/ \overline{c_p'} \right) \right]^{-1} \tag{1.40}$$

混合气体的平均自由程为

$$\lambda = \overline{\lambda} = \sum_{p=1}^{s} \left[(n_p/n) \lambda_p \right] \tag{1.41}$$

宏观密度等于各组分的密度之和，可写成

$$\rho = \sum_{p=1}^{s} (m_p n_p) = n\overline{m} \tag{1.42}$$

在前面,简单气体流动速度 $\boldsymbol{c}_0$ 的定义为 $\rho\boldsymbol{c}_0$ 等于分子的质量通量矢量。类似的过程用于混合气体得到

$$\boldsymbol{c}_0 = \frac{1}{\rho} \sum_{p=1}^{s} (m_p n_p \overline{\boldsymbol{c}_p}) = \overline{m\boldsymbol{c}}/\overline{m} \tag{1.43}$$

对于混合气体,$\boldsymbol{c}_0$ 称为**质量平均速度**。它不是平均速度,而是以正比于其质量为权重的加权平均。气体的动量可以看成所有分子以 $\boldsymbol{c}_0$ 运动,也正是该速度出现在守恒方程中。

每个分子的特定速度/热速度 $\boldsymbol{c}'$,可以通过 $\boldsymbol{c}_0$ 定义,即

$$\boldsymbol{c}' = \boldsymbol{c} - \boldsymbol{c}_0$$

p 组分分子的平均热速度为

$$\overline{\boldsymbol{c}_p'} = \overline{\boldsymbol{c}_p} - \boldsymbol{c}_0 \tag{1.44}$$

因此,指定组分的平均热速度等于其相对于质量平均速度的速度。这个量称为**扩散速度**,记为 $\boldsymbol{c}_p$,有

$$\boldsymbol{c}_p \equiv \overline{\boldsymbol{c}_p'} = \overline{\boldsymbol{c}_p} - \boldsymbol{c}_0 \tag{1.45}$$

压强张量、标量压强、黏度应力张量、平动能温度、热通量可通过在平均过程中引入分子质量得到。例如,标量压强为

$$p = \sum_{p=1}^{s} \frac{1}{3} m_p n_p \overline{c_p'^2} = n \sum_{p=1}^{s} \frac{1}{3} (n_p/n) m_p \overline{c_p'^2} \tag{1.46}$$

或

$$p = \frac{1}{3} n \overline{mc'^2}$$

平动能温度定义为

$$\frac{3}{2} k T_{\text{tr}} = \frac{1}{2} \overline{mc'^2} \tag{1.47}$$

在平衡态单原子气体中,T_{tr} 可简单地认为是混合气体满足理想气体状态方程的温度。

在非平衡态的情况下,可以很方便地定义"组分温度",作为组分间非平衡度的一种定量测定。方程式(1.47)可写成

$$\frac{3}{2}kT_{tr} = \frac{1}{2}\sum_{p=1}^{s}\left[\,(n_p/n)\,m_p\,\overline{c_p'^2}\,\right]$$

组分的平动能温度的明显定义是

$$\frac{3}{2}kT_{tr_p} = \frac{1}{2}m_p\,\overline{c_p'^2} \tag{1.48}$$

但是,热速度 c_p' 由涉及所有组分的质量平均速度度量。把方程式(1.48)动理学温度用相似的方式定义是可取的,但要基于通过相对于该组分的平均速度 $\overline{c_p}$ 得到的单组分热速度 c_p'',即

$$c_p'' = c_p - \overline{c_p} \tag{1.49}$$

该定义与方程式(1.45)结合,使得方程式(1.48)可写成

$$\frac{3}{2}kT_{tr_p} = \frac{1}{2}m_p\,\overline{c_p''^2} + \frac{1}{2}m_pc_p^2 \tag{1.50}$$

因此,方程式(1.50)定义的动理学温度是"单组分热能"与该组分"扩散动能"之和。

像在简单气体中那样,可以对包含双原子分子或多原子分子的气体定义转动温度和振动温度。只要 ζ 为平均内自由度的插值,方程式(1.31)就适用于混合气体。方程式(1.48)定义的单组分平动能温度可分解为基于 $\overline{u_p'^2}$、$\overline{v_p'^2}$ 和 $\overline{w_p'^2}$ 的各自温度。但是,为确定每个组分内的平动非平衡自由度,它们必须与方程式(1.50)的分量形式结合。当气体处于平衡态时,所有的动理学温度相等且等于热力学温度。

同样,可以通过所有分子速度而不是热速度的平均来导出二阶矩和三阶矩的定义。温度的结果是

$$\frac{3}{2}kT_{tr} = \frac{1}{2}(\overline{mc^2} - \overline{m}c_0^2) \tag{1.51}$$

类似的结果适用于压强和应力张量的分量,如

$$\tau_{xy} = -n(\overline{muv} - \overline{m}u_0v_0) \tag{1.52}$$

x 方向的热通量矢量分量为

$$q_x = n\left(\frac{1}{2}\overline{mc^2u} - \rho_{xx}u_0 - \rho_{xy}v_0 - \rho_{xz}w_0 - \frac{1}{2}\overline{mc^2}u_0 + \overline{\varepsilon u} - \overline{\varepsilon}u_0\right) \quad (1.53)$$

1.6　分子的数量级

1 000 mol 中分子数目的阿伏伽德罗常量公认值为 6.02×10^{26}。1 atm[①] 下，0℃时的标准分子数密度 n_0 满足方程式(1.28)，为

$$n_0 = \rho/(kT) = 2.686\,66 \times 10^{25}\ \mathrm{m}^{-3} \quad (1.54)$$

标准分子数密度可看成一个物理常数，1 cm³ 里的分子数为 $2.686\,84 \times 10^{19}$，称为**施密特数**。标准情况下 1 000 mol 理想气体的体积为 $\mathscr{N}/n_0$ 或 22.414 m³。

其他宏观量的讨论将基于空气。为讨论方便，假定空气是具有相同"平均"分子的简单气体。海平面空气的分子质量是 28.96 g/mol，方程式(1.26)给出单个分子的质量为 4.81×10^{-26} kg。

出现在分子直径定义中的困难是，平均自由程随着分子间作用力的距离以逆幂律衰减。对于真实分子模型，距离和散射角上的任意碰撞截面都是必需的，不能随意定义直径和平均自由程。这一问题的传统解决方案是从硬球气体黏性系数的 Chapman-Enskog 理论的结果与真实气体所测得的黏性系数的对比中推导分子直径。硬球气体具有固定的碰撞截面，而后续章节表明真实气体的准确模拟需要碰撞截面随分子间相对速度变化的分子模型。分子层次上的碰撞截面变化与连续层次上的黏性系数随温度的变化有关。经典动理学理论中的任何分子模型都无法既具有有界碰撞截面又能再现真实气体的黏性-温度关系。这一困难已由 VSS 或 VHS 模型的引入(Bird, 1981)得到解决。该模型利用硬球模型的散射率来描述碰撞，但在碰撞中其截面是相对平动能的函数。第 4 章将表明，如果平均碰撞截面正比于温度的 $-(\omega - 1/2)$ 次方，黏性系数将正比于温度的 ω 次方。

VHS 平均分子直径可以通过黏性系数的测量值与理论值(Bird, 1981)的比较得到。对于空气，温度为 273 K 时的平均直径为 $\bar{d} = 4.15 \times 10^{-10}$ m，它反比于

①　1 atm = 1.013 25×10⁵ Pa。

温度的 1/8 次方。由方程式(1.7)得到的标准情况下平均分子展向为 $\delta_0 =$
3.3×10^{-9} m。标准情况下的空气肯定满足稀疏气体条件 $\delta \gg d$。第三个距离
是由方程式(1.12)定义的平均自由程。平衡 VHS 气体的平均自由程为

$$\lambda = 1/(\sqrt{2}\,\pi\,\overline{d^2}n) \tag{1.55}$$

黏性系数非常接近正比于温度的 3/4 次方。标准情况下平衡气体的平均自
由程为 4.9×10^{-8} m，反比于粒子数密度且正比于温度的 1/4 次方。对于 $\omega =$
1/2 硬球气体这一特殊情况，平均自由程与温度无关，直径为常数。

速度平方均值由方程式(1.28)和式(1.29)给定为

$$\overline{c'^2} = 3p/\rho = 3RT = 3kT/m \tag{1.56}$$

因此，均方根分子速度 $c_s' = (\overline{c'^2})^{\frac{1}{2}}$ 与声速 ($a^2 = \gamma RT$) 只差一个数量级为 1 的常
数。运用此前已有的空气分子平均质量，可以得到 0℃时空气分子的均方根速
度为 485 m/s。对于平衡气体，平均热速度 $\overline{c'}$ 是 c_s' 的 $(8/3\pi)^{\frac{1}{2}}$ 倍，碰撞分子的
相对速度平均大小是平均热速度的 $\sqrt{2}$ 倍。标准情况下平衡气体的平均碰撞频
率为 $7.3 \times 10^9\,\mathrm{s^{-1}}$，单位体积内总的碰撞频率由方程式(1.11)给定为 9.8×10^{34}
$\mathrm{m^3/s}$。

现在继续讨论如何定义稀疏气体近似、连续介质方法及忽略统计涨落有效
性极限。为研究方便，分子直径将固定为 4×10^{-10} m。极限通常表述为气体密
度 ρ 和流动特征尺度 L 的函数。气体密度可以用标准情况下的值 ρ_0 正则化，但
L 最好保持为一个有量纲的量。在 L 与 ρ/ρ_0 的双对数形式下，三个极限由三条
直线确定，如图 1.7 所示。

稀疏气体假设要求 $\delta/d \gg 1$，这里取 $\delta/d = 7$ 为极限。由于 δ 和 d 都与 L 无
关，所以这条线垂直于上边沿，且图 1.7 中 δ/d 的尺度也标注在上边沿。

连续介质方法的有效性由 Navier-Stokes 方程的有效性确定，这要求克努森
数 $Kn = \lambda/L$ 必须小于 1，这里取 $Kn = 0.1$ 为极限。如 1.2 节所讨论，只要 L 的选
取使得上述克努森数为局部克努森数，这一选择就是合理的。

如 1.4 节所讨论，宏观流动量与统计涨落有关。明显统计涨落的判据取为
$L/\delta = 100$。它对应的 L 值是含 1 000 个分子的微元边长的 10 倍，图 1.7 表明该
微元受到的统计涨落大约是标准差的 3%。

图 1.7 的一个特征是描述三个极限的直线非常接近相交于一点。这一结果

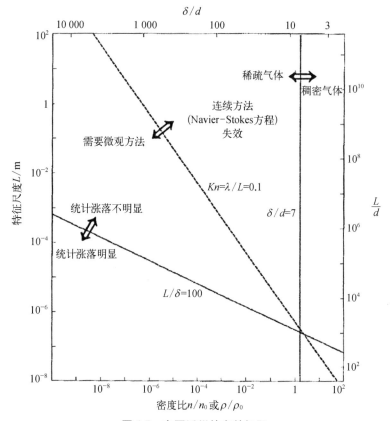

图 1.7　主要近似的有效极限

不随典型尺度和定义极限判据的任何合理改变而改变。一方面连续介质失效极限永远在稀疏气体极限和明显统计涨落极限之间。因此,随着密度/特征尺度降到稀疏气体,Navier-Stokes 方程在统计涨落变得明显之前就已经无效。另一方面,明显的统计涨落可能出现在稠密气体甚至 Navier-Stokes 方程有效的时候。例如,尽管现象本身对应明显统计涨落,但布朗运动的理论部分基于这些方程。

　　稠密气体中统计涨落更明显的事实表明,尽管随着密度的增大分子变得更紧密,但典型流动涉及的分子总数实际上随着密度的增大而减小。在密度比的其他函数中集中表明了这一点。

　　再次使用 4×10^{-10} m 的硬球直径,分子所占的空间比例为

$$\pi d^3 n/6 = 0.000\,9\,(n/n_0) \tag{1.57}$$

然而,随着密度变化流动梯度趋向于平均自由程的尺度,一个平均自由程的立方

体内的分子数目为

$$n\lambda^3 = 3\,856\,(n/n_0)^{-2} \tag{1.58}$$

这意味着,对于给定流动流场中的总分子数随着密度的减小而增大。方程式(1.57)、式(1.58)的结果及分子直径与平均自由程的比值在图1.8中给出。该图将密度比与标准空气的海拔联系起来。

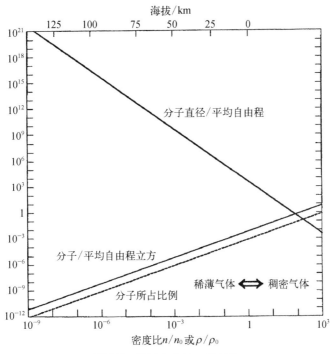

图 1.8　分子大小的一些结论

1.7　真实气体效应

前面几节的讨论不仅隐性地假设了分子可由经典物理/牛顿物理描述,而且并未考虑分子由于碰撞而改变自身成分的可能性。真实气体分子必须包括化学反应、辐射的吸收和释放。

量子力学提供了一种更为准确的描述方法,它表明分子的位置和动量的精度存在极限。Heisenberg 不确定性原理表明位置不确定度 $|\Delta r|$ 和动量不确定

度｜Δmc｜的乘积是普朗克常量量级,即

$$|\,\Delta r\,|\cdot|\,\Delta mc\,|\sim h \tag{1.59}$$

对于经典模型,位置和动量上的不确定度应该远小于平均分子展向和分子动量的平均大小,这要求

$$\delta m\bar{c}\gg h \tag{1.60}$$

且意味着必须远大于分子的平均德布罗意波长（$h/m\bar{c}$）。在碰撞中不出现明显衍射效应的条件是分子直径大于德布罗意波长。在稀疏气体中第二个条件更苛刻,但是此时我们最关心的是分子的一般描述而不是碰撞过程的细节。

分子速度的度量可以由方程式（1.56）得到,应用方程式（1.7）,方程式（1.60）变成

$$(3mkT)^{1/2}/(n^{1/2}h)\gg 1 \tag{1.61}$$

将标准温度和密度下的"平均空气"质量代入式（1.61）左端得到 117.4。即便是在低温下,稀疏气体假设也先于温度增大到方程式（1.61）失效。其他气体的代表性数据在附录 A 中给出。对于一般分子模型,必须考虑量子描述的是极其低温下的轻质气体,如氢气和氦气。

经典模型有效的另一个条件是量子状态远大于分子数目。平动状态数目与分子数目之比的标准结果是与方程式（1.61）的左端表达式的立方差一个量级为 1 的数值因子。因此,经典近似适用于给气体贡献三个自由度的平动。如 1.4 节讨论的那样,平衡气体中每个完全激发的自由度包含 $1/2kT$ 的比能。

在讨论与分子振动和转动有关的内自由度时,必须考虑量子力学。转动模态的角动量为 $I\omega$,转动能为 $1/2I\omega^2$,其中,I 是关于转动轴的惯量矩,ω 是角速度。单原子分子及双原子分子关于核心轴的转动可以忽略,这是由于惯量矩太小,以至于极小的角动量子都涉及比关注的温度高很多的能量。双原子分子有两个与核心轴垂直的自由度。转动状态的间距是 $k\Theta_{\text{rot}}$ 量级的,其中,Θ_{rot} 为转动的特征温度。转动模态只有在温度高于 Θ_{rot} 时才被完全激发。附录 A 表明空气分子的转动特征温度为 2~3 K,即空气在正常温度下的转动模态被完全激发。三原子分子和多原子分子通常具有三个转动自由度。

双原子分子的振动有两个自由度。但是,振动能级间距很大,指定具有两个自由度的经典分子的能量将在最高能级被截断。空气分子振动的特征温度 Θ_{r}

为 2 000~3 000 K。因此,在正常温度下,多数空气分子处于基态,极少具有 $k\Theta_v$ 的振动能,几乎无一位于最高能级。这意味着温度低于 1 000 K 时振动可以忽略。多原子分子气体中有很多振动模态,如 CO_2 等气体中的某些振动模态具有与正常温度相当的特征温度。

比热比 γ 通过式(1.62)与激发自由度 ζ 联系

$$\gamma = c_p/c_V = (\zeta + 2)/\zeta \qquad (1.62)$$

且当 T 处于 Θ_v 量级时 γ 必须作为一个变量。对于空气,当温度高于 1 000 K 时,γ 降到通常值 7/5 以下。当空气中的振动模式完全被激发时,γ 的值为 9/7,但是在达到这个值之前,相当比例的氮、氧分子将离解为原子。氧的离解活化能为 5.12 eV,氮的离解活化能为 9.76 eV。离解的特征温度 Θ_d 可以通过将活化能除以玻尔兹曼常量 k 得到。它给出氧的特征温度为 59 500 K,氮的特征温度为 11 300 K。这样大的值是有误导性的,当气体温度远低于此值时也会有明显离解。这部分归因于相当多的碰撞,它们的相对能量远高于 kT,但是最主要的原因是逆反应或复合反应不能以二体碰撞的形式发生。它是放热反应,如果只有一个碰撞后分子,同时满足动量约束和能量约束是不可能的。必须有第三个粒子参与碰撞,而三体碰撞在稀疏气体中是极稀有的事件。离解-复合反应由于少量氮氧化合物的形成而变得更加复杂,这对于温度达到 10 000 K 量级时变得明显的电离反应极为重要。NO 的电离势为 9.34 eV,低于 O_2 的 12.3 eV、N_2 的 15.7 eV、O 的 13.7 eV 和 N 的 14.6 eV。

电子带负电,比其他粒子轻几个数量级,通过长程库仑力与带正电的离子相互作用。当电离出现或扰动传播的额外模态成为可能时,中性气体的一系列关键近似不再适用。当电离度很大时,研究领域从动理学理论转到等离子物理气体动力学。本书不考虑带电气体,仅关注兼容等离子效应的轻度电离。

图 1.9 明确离解反应所需的大量能量,它描述了平衡气体中达到各种温度所需要的焓值。在温度处于常温量级时,比焓 $h = c_pT$, c_p 近似于 1 002 J/kg 的常值。当以单位 m^2/s^2 表示时,比焓的数值不变,图 1.9 中包含等效的速度尺度。离解能是真实空气中 c_p 增大的主要原因。低密度时给定温度下的高焓是由于三体碰撞与二体碰撞之比正比于密度,低密度下的较低复合率导致较高的平衡离解度。高温空气中发生大量反应,这是给定常温时等值线不规则的主要原因。离解反应和电离反应的粒子数都增大意味着分子重量也发生变化。图 1.9 给出定常分子重量的一些等值线。

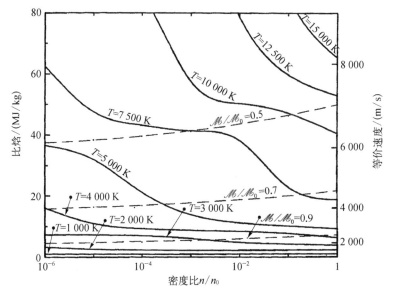

图 1.9　平衡空气中温度和分子重量作为焓值的函数

图 1.10 给出了密度比 $n/n_0 = 10^{-2}$ 时气体平衡组分作为温度的函数。统计力学使得这些平衡性质能够通过配分函数计算出来。然而,当处于平衡态的气体受到流动扰动时,新的平衡态只能通过分子间碰撞得到,对于每个穿过流动时处于平衡态的气体微元,这一过程可能没那么快。对于非平衡流动,有限的化学

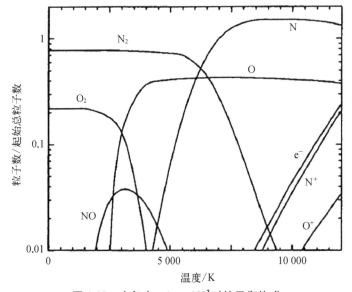

图 1.10　空气在 $n/n_0 = 10^{-2}$ 时的平衡构成

反应率与流场变化相耦合。当地热力学平衡的概念在 1.3 节中以平动模态引入。化学非平衡和平动与内部模态之间的非平衡总是伴随平动非平衡,甚至经常发生在平动模态非常靠近平衡态时。温度的热力学定义对于非平衡流动没有意义,与内部模态和化学冻结的极限情况不同,这样的气体是非等熵的。非平衡流动的分析必须基于对物理过程细节的认知。

气体到达平衡所需的时间称为**弛豫时间**。如果气体以一定速度运动,气体微元在该时间内运动一段距离,弛豫距离由此建立。弛豫时间一般正比于平均碰撞时间,弛豫距离一般正比于平均自由程。随着克努森数的增大,典型流动的非平衡区域增大。在高度稀薄的气体中,整个流场可能远离平衡态。基于各种能量模态的动理学温度可能区别很大。

平动模态一般假定在若干平均碰撞时间内调整到新条件,尽管弛豫时间基于变化的初始梯度,完全调整到新的条件需要更长时间。在平动非平衡区域,基于不同组分分子速度、由方程式(1.30)定义的温度一般不同。例如,在强正激波中,基于流动方向的速度定义的动理学温度可能是垂直于流动方向速度分量定义的动理学温度的 2 倍。一方面,转动模态的弛豫时间一般是平均碰撞时间的 5~10 倍量级,该调整并不比平动慢很多。另一方面,振动的弛豫时间在通常温度下至少比转动和平动慢 2~3 个数量级,振动非平衡是常见的而不是特例。

离解和复合是化学反应,特定反应的速率在连续层次以反应率形式呈现,在粒子层次以反应碰撞截面形式存在。离解可以看成振动激发到原子撕开的能级,且离解率由振动弛豫率确定。振动在高温时要快很多,与其伴随的离解一样,它可能比转动弛豫发展得更快。如前所述,复合是一个特别慢的过程,膨胀流中离解能级经常被认为是冻结的。

热辐射是高温气体中能量输运的另一种机制,甚至可能在无碰撞流动中发生。对于平衡辐射,每个频率吸收的能量等于其释放的能量,但是和反应一样,辐射也可能是非平衡的。辐射释放最重要的机制通常是原子和分子量子能级之间的**键-键**转化。由于每个能级的能量固定在窄范围内,这些转化的能量也是窄的能量范围,并且辐射产生明显的谱线。转动转化辐射的能量极低,常处于红外区。这一辐射只在由不同原子构成的分子释放且几乎不在高温空气中出现。振动转化是高温空气中辐射的主要贡献,多条谱线落在可见范围内。辐射的吸收可能导致离解或复合,与逆反应的释放结合,称为**键-自由**辐射。**自由-自由**辐射由自由电子的能量变化产生,通常与等离子物理中的问题相关,不在本书考虑的范围内。

辐射理论可基于连续介质理论或粒子方法理论。连续介质理论运用释放和吸收系数,关注气体的光学厚度。线性辐射的粒子方法理论基于单个辐射事件的概率,爱因斯坦系数是其基本量。

参考文献

BIRD, G.A. (1970). Breakdown of translational and rotational equilibrium in gaseous expansion. *Am. Inst. Aero. And Astro. J.* 8, 1998-2003.

BIRD, G.A. (1981). Monte Carlo simulation in an engineering context. *Progress in Astro. and Aero.* 74, 239-255.

CHAPMAN, S. and COWLING, T.G. (1952). *The mathematical theory of non-uniform gases* (2nd edn). Cambridge University Press.

第 2 章

二体弹性碰撞

2.1 动量和能量考量

第 1 章已指出,稀疏气体中的碰撞几乎都是只涉及两个分子的二体碰撞。弹性碰撞定义为没有平动能与内能转化的碰撞。典型二体碰撞中碰撞分子对的碰前速度分别记为 c_1 和 c_2,给定分子的物理性质及轨迹方向,任务是确定碰后速度 c_1^* 和 c_2^*。

碰撞中动量和能量必须守恒,这就要求

$$m_1 c_1 + m_2 c_2 = m_1 c_1^* + m_2 c_2^* = (m_1 + m_2) c_m \tag{2.1}$$

和

$$m_1 c_1^2 + m_2 c_2^2 = m_1 c_1^{*2} + m_2 c_2^{*2} \tag{2.2}$$

其中,m_1 和 m_2 是分子质量;c_m 是分子对的质心速度。方程式(2.1)表明质心速度不受碰撞影响。碰撞前、后的相对速度可以分别定义为

$$c_r = c_1 - c_2$$

和   (2.3)

$$c_r^* = c_1^* - c_2^*$$

方程式(2.1)与式(2.3)结合,给出

$$c_1 = c_m + \frac{m_2}{m_1 + m_2} c_r$$

和   (2.4)

$$c_2 = c_m - \frac{m_1}{m_1 + m_2} c_r$$

相对于质心速度,碰前速度分别是 $c_1 - c_m$ 和 $c_2 - c_m$。方程式(2.4)表明,质心坐标系中这些速度反向平行;若分子是力的作用点,则它们之间的力包含在由这两个速度构成的平面内,即碰撞在质心参考系中是平面的。碰后速度可以类似地由方程式(2.1)和式(2.3)得

$$c_1^* = c_m + \frac{m_2}{m_1 + m_2} c_r^*$$

和   (2.5)

$$c_2^* = c_m - \frac{m_1}{m_1 + m_2} c_r^*$$

这表明碰后速度在质心参考系中也是反向平行的。角动量守恒要求碰后速度之间的投影距离等于碰前的投影距离 b。

方程式(2.4)和式(2.5)表明

$$m_1 c_1^2 + m_2 c_2^2 = (m_1 + m_2) c_m^2 + m_r c_r^2 \tag{2.6}$$

和

$$m_1 c_1^{*2} + m_2 c_2^{*2} = (m_1 + m_2) c_m^2 + m_r c_r^{*2}$$

其中,

$$m_r = \frac{m_1 m_2}{m_1 + m_2} \tag{2.7}$$

称为折合质量。能量方程式(2.6)及式(2.7)的对比表明,碰撞中相对速度的大小不变,即

$$| c_r^* | = | c_r | \tag{2.8}$$

由于 c_m 和 c_r 都可以由碰前速度算出,碰后速度的确定退化为相对速度在方向上的变化 χ。

若 F 是两个球对称分子之间的作用力,r_1、r_2 是它们的位置矢量,则分子的运动方程为

$$m_1 \ddot{r}_1 = F$$

和   (2.9)

$$m_2 \ddot{r}_2 = - F$$

因此,

$$m_1 m_2 (\ddot{\boldsymbol{r}}_1 - \ddot{\boldsymbol{r}}_2) = (m_1 + m_2) \boldsymbol{F}$$

或者,如果相对速度矢量记为 $\boldsymbol{r}$,则有

$$m_{\mathrm{r}} \ddot{\boldsymbol{r}} = \boldsymbol{F} \tag{2.10}$$

即质量为 m_1 的分子相对于质量为 m_2 的分子的运动,等价于质量为 m_{r} 的分子相对于固定力心的运动。

上述结果由图 2.1 总结给出。从物理参考系到质心参考系的转换,将三维轨迹转化为关于**拱线 AA'** 对称的二维轨迹。这两条轨迹在折合质量参考系的进一步转化中退化成一条,且这一条轨迹关于转化后通过散射中心 O 的拱线对

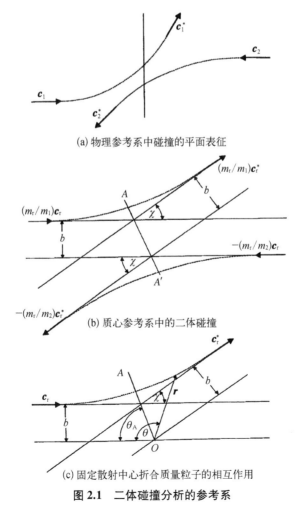

(a) 物理参考系中碰撞的平面表征

(b) 质心参考系中的二体碰撞

(c) 固定散射中心折合质量粒子的相互作用

图 2.1　二体碰撞分析的参考系

称。这一对称性反映了方程关于碰前速度和碰后速度的对称性。进一步的结论是,如果考虑以速度 c_1^* 和 c_2^* 碰撞的分子对,在质心参考系中它们未扰动轨迹的距离为 b, 碰后速度为 c_1 和 c_2, 称为原碰撞(或**直接**碰撞)的**逆**碰撞。原碰撞和逆碰撞在质心参考系中的轨迹如图 2.2 所示。

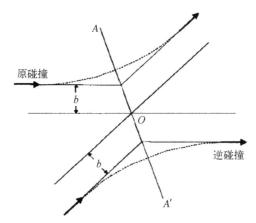

图 2.2　固定散射中心折合质量粒子的原碰撞和逆碰撞表征

2.2　碰撞参数和碰撞截面

要完全确定两个球对称分子之间的二体弹性碰撞,除了碰撞对的平动速度,还需要两个**碰撞参数**。第一个碰撞参数是质心参考系中未扰动轨迹的最近距离 b, 质心参考系中轨迹所在的平面称为碰撞平面;第二个碰撞参数是碰撞平面与参考平面之间的夹角 ε。 如图 2.3 所示,碰撞平面与参考平面之间的交线平行于 c_r。

考虑垂直于 c_r 且通过 O 的平面,由碰撞参数 b 和 ε 确定的**微分碰撞截面** $\sigma \mathrm{d}\Omega$ 定义为

$$\sigma \mathrm{d}\Omega = b \mathrm{d}b \mathrm{d}\varepsilon \tag{2.11}$$

其中, $\mathrm{d}\Omega$ 是向量 c_r^* 对应的单位固体角。由图 2.3 有

$$\mathrm{d}\Omega = \sin\chi \mathrm{d}\chi \mathrm{d}\varepsilon \tag{2.12}$$

因此

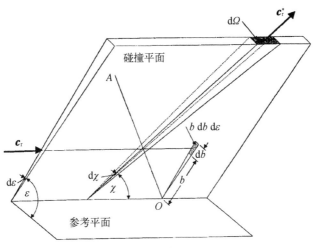

图 2.3　碰撞参数图示

$$\sigma = \frac{b}{\sin\chi} \left| \frac{\mathrm{d}b}{\mathrm{d}\chi} \right| \tag{2.13}$$

最终，**总碰撞截面** σ_T 定义为

$$\sigma_T = \int_0^{4\pi} \sigma \mathrm{d}\Omega = 2\pi \int_0^{\pi} \sigma \sin\chi \mathrm{d}\chi \tag{2.14}$$

可以发现，该积分对于某些更实际的分子模型发散，有必要引入有效碰撞截面或名义碰撞截面。

2.3　碰撞动力学

在图 2.1(c)确定的角坐标 r 和 θ 中，折合质量 m_r 的角动量和能量(在 O 周围的力场中)等于这些量在 $r \to \infty$ 时的极限值，且角动量的方程是

$$r^2 \dot{\theta} = \mathrm{const} = bc_r \tag{2.15}$$

力场中的能量是动能和势能之和，鉴于力在无穷远时趋于零，其等于渐近动能，即

$$\frac{1}{2} m_r (\dot{r}^2 + r^2 \dot{\theta}^2) + \phi = \mathrm{const} = E_t \tag{2.16}$$

其中，ϕ 是分子间作用势，与球对称力 $\boldsymbol{F}$ 由

$$\phi = \int_r^\infty \boldsymbol{F} \mathrm{d}\boldsymbol{r} \tag{2.17}$$

或

$$\boldsymbol{F} = -\, \mathrm{d}\phi / \mathrm{d}\boldsymbol{r}$$

关联。将方程式（2.15）和式（2.16）中的时间项消除，可得到轨迹方程为

$$\left(\frac{\mathrm{d}r}{\mathrm{d}\theta} \right)^2 = \frac{r^4}{b^2} - r^2 - \frac{\phi r^4}{\frac{1}{2} m_r c_r^2 b^2}$$

引入无量纲坐标

$$W = b/r \tag{2.18}$$

上述方程可写成

$$\left(\frac{\mathrm{d}W}{\mathrm{d}\theta} \right)^2 = 1 - W^2 - \frac{\phi}{\frac{1}{2} m_r c_r^2}$$

因此，

$$\theta = \int_0^W \left(1 - W^2 - \frac{\phi}{\frac{1}{2} m_r c_r^2} \right)^{-1/2} \mathrm{d}W$$

在轨迹与拱线 OA 的交点处

$$\theta = \theta_A$$

且

$$\mathrm{d}W / \mathrm{d}\theta = 0$$

得到

$$\theta_A = \int_0^{W_1} \left(1 - W^2 - \frac{\phi}{\frac{1}{2} m_r c_r^2} \right)^{-1/2} \mathrm{d}W \tag{2.19}$$

其中，W_1 为方程

$$1 - W^2 - \frac{\phi}{\frac{1}{2}m_r c_r^2} = 0 \qquad (2.20)$$

的正根。最终,相对速度的偏转角

$$\chi = \pi - 2\theta_A \qquad (2.21)$$

上述偏转角 χ 表达式的确定是二体弹性碰撞动力学分析的关键步骤。正如本章开头指出的,目标是确定碰撞后的速度 c_1^* 和 c_2^*。在典型计算中,c_m 和 c_r 的分量和大小可通过方程式(2.1)和式(2.3)由碰前速度得到。影响参数 b 的确定使得偏转角 χ 可由方程式(2.18)~式(2.21)计算得到。从方程式(2.5)计算碰后速度需要 c_r^* 的分量。引入笛卡儿坐标系 x'、y' 和 z',且 x' 沿 c_r 方向。c_r^* 沿该轴的分量是 $c_r\cos\chi$、$c_r\sin\chi\cos\varepsilon$ 和 $c_r\sin\chi\sin\varepsilon$。$x'$ 的方向余弦为 u_r/c_r、v_r/c_r 和 w_r/c_r。鉴于参考平面的取向是任意的,y' 轴可以选成垂直于 x 轴,其方向余弦是 0、$w_r(v_r^2 + w_r^2)^{-1/2}$ 和 $-v_r(v_r^2 + w_r^2)^{-1/2}$ 且 z' 的方向余弦为 $(v_r^2 + w_r^2)^{-1/2}/c_r$、$-u_r v_r(v_r^2 + w_r^2)^{-1/2}/c_r$ 和 $-u_r v_r(v_r^2 + w_r^2)^{-1/2}/c_r$。因此,$c_r^*$ 在原坐标系中的分量表达式为

$$u_r^* = \cos\chi u_r + \sin\chi \sin\varepsilon / (v_r^2 + w_r^2)^{1/2}$$
$$v_r^* = \cos\chi v_r + \sin\chi (c_r w_r\cos\varepsilon - u_r v_r\sin\varepsilon) / (v_r^2 + w_r^2)^{1/2}$$

和

$$w_r^* = \cos\chi w_r - \sin\chi (c_r v_r\cos\varepsilon + u_r w_r\sin\varepsilon) / (v_r^2 + w_r^2)^{1/2} \qquad (2.22)$$

分子模型通过 F 或 ϕ 的定义建立。如第 1 章所述,真实分子之间的作用力在短距离时为强排斥,在较大距离时为弱吸引。解析与数值研究涉及的模型存在或多或少的近似。常用的、最简单的、可接受的模型大多忽略吸引分量。如果某个模型得到理论与实验之间足够精确的关联,这一模型就可以说是可接受的。

2.4　逆幂律模型

该模型有时也称为点心排斥模型,其定义为

$$F = \kappa/r^n$$

或

$$\phi = \kappa/\left[\,(\eta-1)r^{\eta-1}\,\right] \tag{2.23}$$

势能与渐近动能之比可写成

$$\frac{\phi}{\frac{1}{2}m_r c_r^2} = \frac{2\kappa}{(\eta-1)r^{\eta-1}}m_r c_r^2 = \frac{2}{\eta-1}\left(\frac{W}{W_0}\right)^{\eta-1}$$

其中,W_0 是由式(2.24)定义的第二无量纲碰撞参数,即

$$W_0 = b\left(m_r c_r^2/\kappa\right)^{1/(\eta-1)} \tag{2.24}$$

方程式(2.19)~式(2.21)表明偏转角为

$$\chi = \pi - 2\int_0^{W_1}\left\{1 - W^2 - \left[2/(\eta-1)\right](W/W_0)^{\eta-1}\right\}^{-1/2}\mathrm{d}W \tag{2.25}$$

其中,W_1 为方程

$$1 - W^2 - \left[2/(\eta-1)\right](W/W_0)^{\eta-1} = 0$$

的正根。需要指出的是,对于给定的 η,χ 只是无量纲碰撞参数 W_0 的函数,这个偏转角的单参数依赖是逆幂律模型无用的根本原因。微分碰撞截面是 c_r 的函数,且对于给定的 c_r,方程式(2.24)及其导数代入方程式(2.11)得

$$\sigma\mathrm{d}\Omega = W_0\left[\kappa/(m_r c_r^2)\right]^{2/(\eta-1)}\mathrm{d}W_0\mathrm{d}\varepsilon \tag{2.26}$$

对于任意有限值 η,力场延伸到无穷,方程式(2.14)对应的总截面的积分发散。

无界总碰撞截面 σ_T 是很多经典模型的共同问题。尽管 σ_T 无限大,但绝大部分碰撞只涉及轻微偏转。Vincenti 和 Kruger(1965)的研究表明,当考虑量子效应时,不确定性原理使得这些碰撞无法正确定义。当应用这些模型时,有限**截断**既是理论要求也是实际需要。这种截断可能基于接近距离 b,也可能基于偏转角 χ,多数情况下倾向于后者。鉴于逆幂律模型中 χ 是 W_0 的函数,偏转角的截断可以通过指定 W_0 的最大值 $W_{0,m}$ 来实现。对于固定的 c_r,碰撞总截面 σ_T 可以通过方程式(2.26)对参数 W_0 和 ε 所有可能值积分得到,即

$$\sigma_T = \int_0^{2\pi}\int_0^{W_{0,m}}W_0\left[\kappa/(m_r c_r^2)\right]^{2/(\eta-1)}\mathrm{d}W_0\mathrm{d}\varepsilon$$

或

$$\begin{aligned}\sigma_T &= \pi W_{0,m}^2\left[\kappa/(m_r c_r^2)\right]^{2/(\eta-1)}\\ &= \pi W_{0,m}^2\left(\frac{1}{2}\kappa/E_t\right)^{2/(\eta-1)}\end{aligned} \tag{2.27}$$

然而,由于 $W_{0,m}$ 是任意的,该表达式不适用于设置有效碰撞频率和平均自由程。

输运特性(如黏性系数)的计算涉及微分碰撞截面而不是总碰撞截面。指定模型的名义总碰撞截面可以用与该模型黏性系数匹配的硬球模型总碰撞截面来定义。该方法可以有效确定 κ。然而,方程式(2.27)表明逆幂分子的总碰撞截面反比于 $c_r^{4/(\eta-1)}$,硬球模型可以由后续章节的 VHS 模型或 VSS 模型代替,它们对相对速度有相同的依赖关系。

上述方式定义的名义截面与黏性截面 σ_μ 不会混淆。σ_μ 的定义为

$$\sigma_\mu = \int_0^{4\pi} \sin^2 x \sigma \, \mathrm{d}\Omega$$

或者,由方程式(2.12)有

$$\sigma_\mu = 2\pi \int_0^\pi \sigma \sin^3 \chi \, \mathrm{d}\chi \tag{2.28}$$

它的名称来自如下事实:方程式(2.28)是一个收敛的积分,其出现在黏性系数的 Chapman-Enskog 理论中。而且,从图 2.1(c)可以看出,碰后速度在碰前速度方向的分量为 $\cos\chi c_r$,得到动量截面 σ_M 的定义为

$$\sigma_M = \int_0^{4\pi} (1 - \cos\chi) \sigma \, \mathrm{d}\Omega$$

或

$$\sigma_M = 2\pi \int_0^\pi \sigma (1 - \cos\chi) \sin\chi \, \mathrm{d}\chi \tag{2.29}$$

动量截面出现在扩散系数的 Chapman-Enskog 理论中,它的另一个名称是**扩散截面**。

2.5 硬球模型

第 1 章中多次提到的硬球模型,可认为是逆幂律模型 $\eta = \infty$ 的特殊情况。如图 2.4 所示,作用力在 $r = (d_1 + d_2)/2 = d_{12}$ 时起作用且射线通过两个球心。因此,

$$b = d_{12}\sin\theta_A = d_{12}\cos(\chi/2)$$

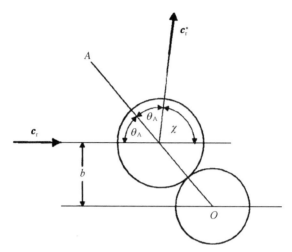

图 2.4   硬球分子的碰撞几何

且

$$\left| \frac{\mathrm{d}b}{\mathrm{d}\chi} \right| = \frac{1}{2} d_{12} \sin(\chi/2)$$

这样,方程式(2.13)给出

$$\sigma = d_{12}^2/4 \tag{2.30}$$

这一方程表明 σ 不依赖 χ,且在质心参考系中源于硬球分子的散射是各向同性的。这意味着,如同纯几何考虑的那样, c_r^* 在各方向概率相同,总碰撞截面为

$$\sigma_T = \int_0^{4\pi} \sigma \mathrm{d}\Omega = \pi d_{12}^2 \tag{2.31}$$

对于硬球模型,方程式(2.28)定义的黏性截面中,定常截面可以提出到积分外面,即有

$$\sigma_\mu = \frac{2}{3} \sigma_T \tag{2.32}$$

方程式(2.29)中定义的动量/扩散系数类似地给出

$$\sigma_M = \sigma_T \tag{2.33}$$

2.6　可变硬球模型

除有限总截面外,由于散射在质心参考系中各向同性,硬球模型的优势是容易计算碰撞动力学,其劣势是该散射率不真实且碰撞中的截面不依赖相对平动能 $E_t = 1/(2m_r c_r^2)$。除非处于极低温度,真实分子的有效碰撞截面随 E_t 和 c_r 的增大而减小。衰减率与黏性系数对温度的变化直接相关。硬球分子的黏性系数正比于温度的 0.5 次方,而真实气体的特征是正比于温度的 0.75 次方,与此特征匹配的是可变截面。研究发现,气体流动解析和数值研究中分子模型的变化与有效截面的变化强烈相关。不同的是,在散射率上其可观测的变化很小。

上述考虑引入了可变硬球模型(Bird, 1981),或称为 VHS(variable hard sphere)模型。它是直径 d 为 c_r 的函数的硬球分子。这一函数尽管不是必须具有的,但一般具有简单的逆幂律形式,如

$$d = d_{\text{ref}} (c_{r,\,\text{ref}}/c_r)^v \tag{2.34}$$

其中,下标 ref 表示参考值。3.5 节将表明,如果指数律满足方程式(2.27),则黏性系数随温度变化的规律与对应逆幂律模型相同。特定气体的 VHS 模型可由特定参考温度下的有效直径确定。

VHS 模型结合了有限截面和黏性系数的真实温度指数,使得考虑真实气体黏性系数温度指数的平均自由程和克努森数定义成为可能。偏转角由硬球模型的结果给定为

$$\chi = 2 \arccos(b/d) \tag{2.35}$$

其中,d 是 c_r 的函数,且 c_r 与 χ 不耦合。这意味着,方程式(2.28)和式(2.29)中的 σ 可以提到积分外面,黏性截面和动量截面仍由方程式(2.32)和式(2.33)给出。

2.7　可变软球模型

如前所述,VHS 模型的截面由黏性系数确定,但是动量截面与黏性截面的比与硬球模型相同,这是该模型的不足之处。在逆幂律模型中这一比值随幂值

变化,且真实气体的值与硬球模型不同。为解决这一问题,Koura 和 Matsumoto (1991;1992)引入了可变软球(variable soft sphere,VSS)模型,其直径变化方式与 VHS 模型相同,而散射角为

$$\chi = 2 \arccos\left[\,(b/d)^{1/\alpha}\,\right] \tag{2.36}$$

定截面可以再次提到积分外面且总截面 σ_{T} 依然等于 πd^2,黏性截面和动量截面分别为

$$\sigma_{\mu} = \frac{4\alpha}{(\alpha + 1)(\alpha + 2)}\sigma_{\mathrm{T}} \tag{2.37}$$

和

$$\sigma_{\mathrm{M}} = \frac{2}{(\alpha + 1)}\sigma_{\mathrm{T}} \tag{2.38}$$

方程式(A.2)表明,反映黏性系数与扩散系数之比的施密特数可以表示成黏性系数温度指数 ω 和 α 的函数。α 的数值一般在 $1 \sim 2$。图 2.5 表明黏性截面几乎不受影响,而动量/扩散系数强烈依赖 α。 图 2.6 给出了 VHS 模型、VSS 模型和 9 次逆幂律模型中偏转角随接近距离的变化情况。正则化使得三种模型得到相同的黏性系数,但只有 VSS 模型和逆幂律模型具有相同的扩散系数。VSS 模型在较宽的碰撞参数范围内得到接近 90° 的偏转角。

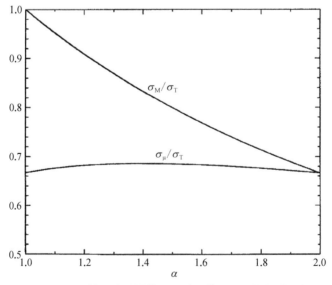

图 2.5 VSS 模型中黏性截面和动量截面作为指数的函数

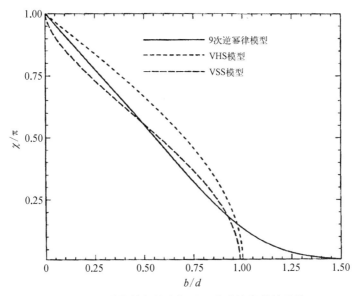

图 2.6　碰撞偏转角作为相遇距离碰撞参数的函数

2.8　麦克斯韦模型

麦克斯韦模型是逆幂律模型 $\eta = 5$ 的特殊情况。对于无量纲化最接近距离，有 $W_1 = W_0^2 \left[(1 + 2/W_0^4)^{1/2} - 1 \right]^{1/2}$ 且方程式(2.25)可积，其结果为

$$\chi = \pi - \frac{2}{(1 + 2/W_0^4)^{1/4}} K\left[\frac{1}{2} - \frac{1}{2}\left(1 + \frac{2}{W_0^4} \right)^{-1/2} \right] \tag{2.39}$$

其中，

$$K(\alpha) = \int_0^{\pi/2} (1 - \alpha \sin^2 y)^{-1/2} dy$$

是第一类完全椭圆积分。微分碰撞截面的方程式(2.26)变为

$$\sigma d\Omega = \frac{W_0}{c_r} \left(\frac{K}{m_r} \right)^{1/2} dW_0 d\varepsilon \tag{2.40}$$

1.3 节表明一对分子的碰撞概率正比于截面与相对速度的乘积,方程式(2.40)则表明麦克斯韦气体中指定分子的碰撞概率不依赖速度。

麦克斯韦气体的黏性系数线性正比于温度,这对于真实气体是不真实的。

该模型广泛用于分析,其原因是几乎在所有情况下所有分子具有相同碰撞概率。倘若碰撞概率依赖相对速度,这种分析将是不可能的。该模型可以认为是"软"分子的极限情况,而硬球模型可以认为是"硬"分子的极限情况。

2.9   包含吸引势的模型

前述所有模型都得到定常或正比于温度定常次幂的黏性系数。逆幂律中长程吸引势的引入,得到真实分子势能曲线的更好描述,以及黏性系数对温度的依赖指数。吸引势的效果在远低于正常温度时明显,但一般在高温时不明显。

双阱模型给硬球模型加上统一的吸引势,Sutherland 模型为硬球模型加上逆幂律吸引分量。更实际的模型结合更一般的吸引势和排斥势。最著名的吸引-排斥模型是 Lennard-Jones 势,它在逆幂律模型中加入逆幂吸引势,其方程为

$$\phi = \frac{\kappa}{(\eta - 1)r^{\eta-1}} - \frac{\kappa'}{(\eta' - 1)r^{\eta'-1}} \tag{2.41}$$

该模型有 4 个可调参数,它们使得输运系数在较大范围内与实验值匹配。最常使用的是 Lennard-Jones 12-6 模型, $\eta = 13$, $\eta' = 7$。 指数 6 模型用更复杂的指数项取代排斥幂律。这些模型及其他模型的讨论和评估可以在 Hirschfelder 等(1954)的文献中找到。

2.10   GHS 模型

GHS 模型(Hassan and Hash, 1993)是 VHS 模型和 VSS 模型的推广。正如 VHS 模型和 VSS 模型本质上是逆幂律模型,GHS 模型本质上是 Lennard-Jones 类模型。其散射分布与硬球模型或软球模型相同,但总截面的变化规律是最小化对应吸引-排斥势的相对平动能的函数。它以方程(2.34)的形式描述的分子间作用势的参数来实现,可以利用通过真实气体输运性质测量值建立起来的现有数据库。

2.11   一般性评论

需要牢记的是,使用何种模型的判据是当真实分子的微分截面完整信息不

存在时不会影响结果,或者不会使计算变得不可能。随着计算机能力的增强和更强劲数值方法的引入,后一个判据的重要性将减弱。某些气体低温下截面的理论和实验信息是现存的。Chatwani(1977)在 He 和 Ne 的膨胀流研究中用这些数据代替经典分子模型。极低温度下的截面受碰撞效应影响明显,它可能是相对速度的复杂函数。虽然对微分截面直接使用量子信息在物理上是可能的,但相同的结果可以通过所得总截面与可变硬球模型配合得到。

能够再现气体流动中真实分子某些特征全局效应,而不将这些现象显式合并的模型,称为**现象学模型**。用可变硬球模型而不是具有更真实散射率的模型来实现输运系数对温度的依赖关系是现象学模型建模的例子。可变硬球模型从经验上基于计算研究,它表明截面的变化比散射率的变化产生更为重要的效果。然而,多数现象学模型基于解析研究,而不是基于对于数值研究的观察。

后续章节将分析分子具有内自由度的**非弹性碰撞**,将会发现经典动理学理论中发展起来的模型具有局限性。它们不仅无法提供真实分子的充分表征,而且碰撞参数的数目随着自由度数目的增加而增加,完全描述微分截面所需的信息量将极其庞大。当拓展模型以处理真实分子的非弹性碰撞时,将会发现实用模型在本质上更为现象学。

参考文献

BIRD, G.A. (1981). Monte Carlo simulation in an engineering context. *Progr. Astro. Aero.* 74, 239–255.

BIRD, G.A. (1983). Definition of mean free path for real gases. *Phys. Fluids* 26, 3222–3223.

CHATWANI, A.U. (1977). Monte Carlo simulation of nozzle beam expansion. *Progr. Astro. Aero.* 51, 461–475.

HASSAN, H.A. and HASH, D.B. (1993). A generalized hard-sphere model for Monte Carlo simulations. *Phys. Fluid A* 5, 738–744.

HIRSCHFELDER, J.O., CRUTISS, C.F., and BIRD, R.B. (1954). *The molecular theory of gases and liquids*. Wiley, New York.

KOURA, K. and MATSUMOTO, H. (1991). Variable soft sphere molecular model for inverse-power-law or Lennard-Jones potential. *Phys. Fluid A* 3, 2459–2465.

KOURA, K. and MATSUMOTO, H. (1992). Variable soft sphere molecular model for air species. *Phys. Fluid A* 4, 1084–1085.

VINCENTI, W.G. and KRUGER. C.H. (1965). *Introduction to physical gas dynamics*. Wiley, New York.

第 3 章

基础动理学理论

3.1 速度分布函数

在经典意义下,气流可以通过给定时刻每个分子的位置、速度和内部状态来完全描述。真实气体的分子数目极其庞大,这种描述是不可想象的,必须寻找基于概率分布的统计描述。在动理学理论中用到了一系列不同的速度分布函数,可以通过对这些速度分布函数的相互关系进行综合性描述来避免混淆。

先定义**速度空间中的单粒子分布函数**。考虑空间上均匀的样本气体,包含 N 个等价的分子。典型分子具有速度 c,其在 x、y、z 轴上的分量分别为 u、v 和 w。x、y、z 定义的空间称为物理空间,u、v、w 定义的空间称为**速度空间**,如图 3.1所示。每个分子可以在该空间中由其速度向量表示。速度分布函数 $f(c)$ 可定义为

$$dN = f(c)Ndudvdw \qquad (3.1)$$

其中,dN 为速度分量在 $u \sim u + du$、$v \sim v + dv$ 和 $w \sim w + dw$ 的样本分子数目。乘积 $dudvdw$ 可以定义为速度空间中的体积微元,记为 dc。 因此,方程式(3.1)的另一种形式为

$$dN = Nf(c)dc \qquad (3.1a)$$

且其不必限制在笛卡儿坐标系。函数 $f(c)$ 通常记为 f。 而且,由于 dN 和 N 指向物理

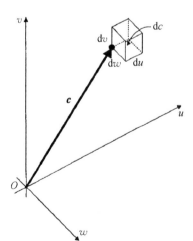

图 3.1 速度空间中的典型分子和微元 空间中相同体积微元内的分子,可以用分子

数密度代替数目,即速度空间中微元 $\mathrm{d}c$ 内分子的比例为

$$\mathrm{d}n/n = f\mathrm{d}c \tag{3.1b}$$

由于每个分子由速度空间中的一个点表示,所以

$$\int_{-\infty}^{\infty}\int_{-\infty}^{\infty}\int_{-\infty}^{\infty}f\mathrm{d}u\mathrm{d}v\mathrm{d}w = \int_{-\infty}^{\infty}f\mathrm{d}c = 1 \tag{3.2}$$

为正则函数,其对整个速度空间的积分为 1。必须注意的是, f 非负且为速度空间中的有界函数,或当 c 趋于无穷大时其趋于 0。

在第 1 章中,宏观量通过对分子速度的平均来定义。这一平均可以通过物理空间微元中分子的空间、时间或系综平均得到。可以认为这些分子构成均匀气体样本,为速度空间的单粒子分布函数提供了适当的描述。为将宏观性质与该分布函数联系起来,必须确定该分布函数与分子属性 Q 的平均值之间的关系。分子属性要么是常数,要么是分子速度的函数。由平均值原理给出

$$\overline{Q} = \frac{1}{N}\int_{N}Q\mathrm{d}N$$

用方程式 (3.1a) 代替 $\mathrm{d}N$,有

$$\overline{Q} = \frac{1}{N}\int_{-\infty}^{\infty}Qf(c)N\mathrm{d}c$$

简化后可得到一般性结果为

$$\overline{Q} = \int_{-\infty}^{\infty}Qf\mathrm{d}c \tag{3.3}$$

上述过程经常称为建立分布函数的**矩**,宏观性质称为分布函数的矩。例如,由方程式 (1.21) 确定的来流速度 $\bar{c}$ 可写成

$$\bar{c} = \int_{-\infty}^{\infty}cf\mathrm{d}c \tag{3.4}$$

宏观流动特性一般是位置和时间的函数,经常要求分布函数在速度空间中对位置向量 r 和时间 t 显式依赖。正如 $\mathrm{d}c$ 用于标记速度空间中的体积微元,物理空间中的体积微元可记为 $\mathrm{d}r$。乘积 $\mathrm{d}r\mathrm{d}c$ 表示相空间中的体积微元,是由物理空间和速度空间构成的多维空间。**相空间中的单粒子分布函数** $F(c, r, t)$ 定义为

$$dN = F(\boldsymbol{c},\ \boldsymbol{r},\ t)\,dc\,dr \tag{3.5}$$

其中, dN 表示相空间微元 $dc\,dr$ 中的分子数目。在笛卡儿坐标系中, $dc\,dr$ 即为 $dx\,dy\,dz\,du\,dv\,dw$, dN 代表速度分量在 $u \sim u + du$、$v \sim v + dv$、$w \sim w + dw$, 空间坐标在 $x \sim x + dx$、$y \sim y + dy$ 和 $z \sim z + dz$ 的分子数目。注意, F 定义的是相空间体积微元内的数目而不是分子所占比例。它未正则化, 其对整个相空间积分得到系统中的分子数为 N, 而不是单位 1。

如果速度空间中的分布函数 $f(\boldsymbol{c})$ 作用于物理空间 dr, 方程式 (3.1) 中的分子数目 N 代表 dr 中的总分子数, 则 dN 表示相空间微元 $dc\,dr$ 内的分子数目, 有

$$dN = Nf(\boldsymbol{c})\,dc = F(\boldsymbol{c},\ \boldsymbol{r},\ t)\,dc\,dr$$

且由于相空间中的粒子数密度为 N/dr, 所以有

$$nf(\boldsymbol{c}) = F(\boldsymbol{c},\ \boldsymbol{r},\ t)$$

当 $f(\boldsymbol{c})$ 本身依赖 $\boldsymbol{r}$ 和 t 时, 有

$$nf \equiv F \tag{3.6}$$

为了保持与该表达式的一致性, 在后续章节中只用 f。有些作者喜欢用 F [如 Chapman 和 Cowling (1952), Harris (1971)], 尽管他们也记为 f。为了和这些作者保持一致, 本书中的 nf 等价于他们的 f。

最特别的分布函数是系统中所有 N 个分子的分布函数。任何时刻单原子分子的完全系统可由 $6N$ 维相空间中的一个点表示。如果考虑大量的这种系综, 在相空间中点 $\boldsymbol{c}_1$、$\boldsymbol{r}_1$、$\boldsymbol{c}_2$、$\boldsymbol{r}_2$、$\cdots$、$\boldsymbol{c}_N$、$\boldsymbol{r}_N$ 周围的微元 $dc_1 dc_2 \cdots dc_N dr_1 dr_2 \cdots dr_N$ 中发现系综的概率为

$$F^{(N)}(\boldsymbol{c}_1,\ \boldsymbol{r}_1,\ \boldsymbol{c}_2,\ \boldsymbol{r}_2,\ \cdots,\ \boldsymbol{c}_N,\ \boldsymbol{r}_N)\,dc_1 dc_2 \cdots dc_N dr_1 dr_2 \cdots dr_N \tag{3.7}$$

式 (3.7) 为 N 粒子分布函数 $F^{(N)}$, 上标 N 表示分子数目。N 个分子之中 R 个分子的**约化分布函数** $F^{(R)}$ 定义为

$$F^{(R)}(\boldsymbol{c}_1,\ \boldsymbol{r}_1,\ \boldsymbol{c}_2,\ \boldsymbol{r}_2,\ \cdots,\ \boldsymbol{c}_R,\ \boldsymbol{r}_R,\ t) = \int_{-\infty}^{\infty} \int_{-\infty}^{\infty} F^{(N)}\,dc_{R+1} \cdots dc_N dr_{R+1} \cdots dr_N \tag{3.8}$$

特别地, **单粒子分布函数**可通过设置 $R = 1$ 得到。t 时刻在相空间微元 $dc_1 dr_1$ 中发现分子 1 的概率为 $F^{(1)}(\boldsymbol{c}_1,\ \boldsymbol{r}_1,\ t)$, 与其他 $N - 1$ 个分子无关。由于分子不

可区分, t 时刻在相空间微元中的粒子数目为 $NF^{(1)}$, 有

$$NF^{(1)} \equiv F \tag{3.9}$$

且 $F^{(1)}$ 可认为是 F 的正则化。

在考虑二体碰撞时, 两粒子分布函数 $F^{(2)}(\boldsymbol{c}_1, \boldsymbol{r}_1, \boldsymbol{c}_2, \boldsymbol{r}_2, t)$ 极为重要。稀疏气体的定义要求气体分子只占据极小比例的空间。因此, 在这样的气体中, 通常假设在两粒子构型中发现一对分子的概率是在对应粒子构型中发现两个单粒子分子的概率的乘积, 这就要求

$$F^{(2)}(\boldsymbol{c}_1, \boldsymbol{r}_1, \boldsymbol{c}_2, \boldsymbol{r}_2, t) = F^{(1)}(\boldsymbol{c}_1, \boldsymbol{r}_1, t) F^{(2)}(\boldsymbol{c}_2, \boldsymbol{r}_2, t) \tag{3.10}$$

式 (3.10) 表达的是**分子混沌**原理。尽管研究稠密气体要求高阶分布函数, 对于稀疏气体单粒子分布函数已经足够。

如果分子是双原子分子或多原子分子, 相空间的维数随着内自由度的增大而增大。而且, 如果分子不是球对称的, 必须指定它们的取向。一般来说, 相空间的维数等于描述位置、速度、取向及分子内状态所需标量变量数的极小值。混合气体的每个组分都需要独立的分布函数。令人难以置信的是, 动理学理论绝大部分只处理单一组分的单原子气体。

3.2 玻尔兹曼方程

我们已经看到, 速度分布函数提供了气体在分子层次的统计描述。下一步是建立分布函数与其所依赖的变量之间的关系。理想的情况是, 得到的方程能给出分子气动力学问题的分析解。

气体的基本统计力学方程是 Liouville 方程, 其表征 N 粒子分布函数在 $6N$ 维相空间中的守恒。由于用 $F^{(N)}$ 描述真实气体流动完全超出考虑范畴, 该方程不能直接应用。然而, 正如一系列约化分布函数 $F^{(R)}$ 可以由方程式 (3.8) 定义, 可以通过对 Liouville 方程不断积分得到称为 BBGKY 方程的一系列方程。这一系列方程的最终方程是单粒子分布函数 $F^{(1)}$ 的方程, 它是工程范围内唯一有希望找到某些解的方程。该方程也涉及两粒子的分布函数 $F^{(2)}$, 但是在假设分子混沌时 [方程式 (3.10)], 变成 $F^{(1)}$ 的封闭方程。然后, 根据方程式 (3.9), 它可以写成相空间中单粒子分布函数的方程, 等价于玻尔兹曼最早在 1872 年推导出来的方程。玻尔兹曼方程有效性的数学极限在很大程度上由 Liouville 方程确定

［Brad（1958）、Cercignani（1969）或 Harris（1971）］。如果单粒子分布函数由第一性原理建立方程，方程中每项的物理意义都非常清晰。本书采用后一种方法，为简洁明了，推导仅限于简单气体。

在指定时刻，相空间微元 $dcdr$ 内的分子数目由方程式（3.5）给定为 $Fdcdr$，式（3.6）使得其可以写成 $nfdcdr$。如果微元的位置和形状不随时间变化，则微元内分子数目的变化率为

$$\frac{\partial}{\partial t}(nf)dcdr \tag{3.11}$$

微元 $dcdr$ 内分子数目变化的过程如图 3.2 所示，包括：

（1）以速度 c 通过 dr 表面的分子对流。将相空间体积微元表征为物理空间和速度空间的独立微元，强调了 c 和 r 作为独立变量处理的事实。在 dr 内 c 被视为常数，认为 dc 在由 r 确立的点上。

（2）受单位质量外部作用力 F 通过 dc 表面的分子"对流"。dc 中 F 的加速效果与 dr 中速度 c 的效果类似。

（3）分子间碰撞导致出入 $dcdr$ 的分子散射。可像方程式（1.9）及 1.3 节中讨论的那样，认为气体是稀疏的。该假设的一个结论是，可以认为碰撞是物理空间中固定位置的瞬间事件。如图 3.2 所示，碰撞只在影响微元 dc 中出现。稀疏气体假设的另一个结论是，所有碰撞均可认为是二体碰撞。

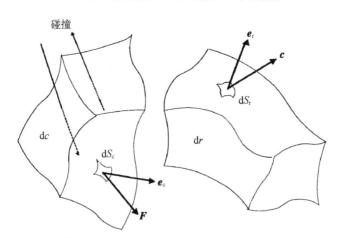

图 3.2　出入相空间微元 $dcdr$ 的分子通量

首先考虑上述的过程（1），它是通过 dr 表面的守恒过程。相空间微元中的分子数目为 $nfdcdr$，dr 内 c 类场分子的分子数密度为 $nfdc$。方程式（1.17）和式

(3.3)使得该类分子通过 $\mathrm{d}r$ 表面净流入的分子数为

$$-\int_{S_r} nf\boldsymbol{c}\cdot\boldsymbol{e}_r\,\mathrm{d}S_r\mathrm{d}c$$

其中, S_r 是 $\mathrm{d}r$ 表面的总面积; $\mathrm{d}S_r$ 为表面微元; $\boldsymbol{e}_r$ 为表面微元的法向量。高斯定理使得对表面 S_r 的积分可以转化为对 $\mathrm{d}r$ 的体积分,该表达式为

$$-\int_{\mathrm{d}r}\nabla\cdot(nf\boldsymbol{c})\,\mathrm{d}(\mathrm{d}r)\mathrm{d}c$$

由于 nf 和 $\boldsymbol{c}$ 是 $\mathrm{d}r$ 内的常数,上式可写成

$$-\nabla\cdot(nf\boldsymbol{c})\,\mathrm{d}c\mathrm{d}r$$

而且,由于只考虑 $\boldsymbol{c}$ 类场分子,在物理空间中速度 $\boldsymbol{c}$ 可以提到散度外面。因此,通过 $\mathrm{d}r$ 表面进入的 $\boldsymbol{c}$ 类场分子数目为

$$-\boldsymbol{c}\cdot\frac{\partial}{\partial r}(nf)\,\mathrm{d}c\mathrm{d}r \tag{3.12}$$

可以利用过程(2)在速度空间中与过程(1)在物理空间中的相似性,写出通过 $\mathrm{d}c$ 表面的分子流量,由外部作用力 $\boldsymbol{F}$ 有

$$-\boldsymbol{F}\cdot\frac{\partial(nf)}{\partial c}\,\mathrm{d}c\mathrm{d}r \tag{3.13}$$

碰撞散射微元 $\mathrm{d}c\mathrm{d}r$ 的分子总数可以通过类似于推导碰撞频率和总碰撞次数的方程式(1.10)和式(1.11)推导得到。然而,为得到散射进入微元分子数目有意义的表达式,必须考虑参与碰撞的分子的碰前速度和碰后速度。特别地,考虑一个 $\boldsymbol{c}$ 类场分子与一个 $\boldsymbol{c}_1$ 类分子的碰撞,它们的碰后速度分别为 $\boldsymbol{c}^*$ 和 $\boldsymbol{c}_1^*$,称为 $\boldsymbol{c}$、$\boldsymbol{c}_1\to\boldsymbol{c}^*$、$\boldsymbol{c}_1^*$ 碰撞。现在计算由该类碰撞从 $\mathrm{d}c\mathrm{d}r$ 散射出来的 $\boldsymbol{c}$ 类场分子。可选一个 $\boldsymbol{c}$ 类场分子作为测试分子,以速度 $\boldsymbol{c}_r$ 相对于 $\boldsymbol{c}_1$ 做分子运动。在物理空间中由该类碰撞的截面扫过的体积为 $\boldsymbol{c}_r\sigma\mathrm{d}\Omega$,且物理空间中单位体积内的 $\boldsymbol{c}_1$ 类分子个数为 $nf_1\mathrm{d}c_1$。测试分子在单位时间内遭遇的该类碰撞次数为

$$nf_1\boldsymbol{c}_r\sigma\mathrm{d}\Omega\mathrm{d}c_1$$

相空间微元中 $\boldsymbol{c}$ 类场分子的数目为 $nf\mathrm{d}c\mathrm{d}r$,因此微元中单位时间内 $\boldsymbol{c}$、$\boldsymbol{c}_1\to$ $\boldsymbol{c}^*$、$\boldsymbol{c}_1^*$ 碰撞的次数为

$$n^2ff_1\boldsymbol{c}_r\sigma\mathrm{d}\Omega\mathrm{d}r\mathrm{d}c\mathrm{d}c_1 \tag{3.14}$$

正如 f 表示速度分布函数 f 在 c 时的值，f_1 表示速度分布函数 f 在 c_1 时的值。类似地，f^* 和 f_1^* 分别表示速度分布函数 f 在 c^* 和 c_1^* 时的值。也要注意到，用两个单粒子分布函数表达二体碰撞概率隐式地用到了分子混沌原理。

逆碰撞的存在意味着，可以完全类似于方程式(3.14)，对散射进入 c 类场分子的碰撞 c、$c_1 \rightarrow c^*$、c_1^* 进行分析，可得到相空间 $\mathrm{d}c^*\mathrm{d}r$ 中的碰撞频率为

$$n^2 f^* f_1^* c_r^* (\sigma\mathrm{d}\Omega)^* \mathrm{d}c^* \mathrm{d}c_1^* \mathrm{d}r \tag{3.15}$$

方程式(2.8)表明 c_r^* 等于 c_r，直接碰撞和逆碰撞之间的对称性使得微分截面与速度空间微元的乘积，在碰前值与碰后值之间的变换存在单位雅可比矩阵，即

$$|(\sigma\mathrm{d}\Omega)\mathrm{d}c\mathrm{d}c_1| = |(\sigma\mathrm{d}\Omega)^* \mathrm{d}c^* \mathrm{d}c_1^*| \tag{3.16}$$

且方程式(3.15)可写成

$$n^2 f^* f_1^* c_r \sigma\mathrm{d}\Omega\mathrm{d}r\mathrm{d}c\mathrm{d}c_1 \tag{3.17}$$

相空间微元 $\mathrm{d}c\mathrm{d}r$ 中由于 c、$c_1 \rightarrow c^*$、c_1^* 碰撞及其逆碰撞得到的 c 类场分子的增长率，可以从得到率(式(3.17))中减去消失率(式(3.14))获得，所以有

$$n^2 (f^* f_1^* - f f_1) c_r \sigma\mathrm{d}\Omega\mathrm{d}r\mathrm{d}c\mathrm{d}c_1 \tag{3.18}$$

微元内由于碰撞引起 c 类场分子的总增长率，可以通过对该表达式关于 c_1 类分子碰撞截面积分，进而在整个速度空间中对 c_1 进行积分得到，过程(3)的表达式为

$$\int_{-\infty}^{\infty} \int_0^{4\pi} n^2 (f^* f_1^* - f f_1) c_r \sigma\mathrm{d}\Omega\mathrm{d}c_1\mathrm{d}r\mathrm{d}c \tag{3.19}$$

所有三个过程引起 c 类场分子总增加率的式(3.11)，可以写成式(3.19)、式(3.12)和式(3.13)的和。它们分别对应过程(3)、过程(1)和过程(2)。后面这些项挪到方程左端且整个方程除以 $\mathrm{d}c\mathrm{d}r$ 即可得到简单稀疏气体的**玻尔兹曼方程**为

$$\frac{\partial}{\partial t}(nf) + c \cdot \frac{\partial}{\partial r}(nf) + F \cdot \frac{\partial}{\partial c}(nf)$$
$$= \int_{-\infty}^{\infty} \int_0^{4\pi} n^2 (f^* f_1^* - f f_1) c_r \sigma\mathrm{d}\Omega\mathrm{d}c_1 \tag{3.20}$$

在 s 种组分构成的混合气体中，必须对每种组分确定各自的分布函数。玻尔兹曼方程是 s 个同步的方程组，如1.5节所述，每个组分可用下标 p 或 q 表示。

混合气体中组分 p 的玻尔兹曼方程可以写成

$$\frac{\partial}{\partial t}(n_p f_p) + \boldsymbol{c}_p \cdot \frac{\partial}{\partial r}(n_p f_p) + \boldsymbol{F}_p \cdot \frac{\partial}{\partial c}(n_p f_p) \tag{3.21}$$

$$= \sum_{q=1}^{s} \int_{-\infty}^{\infty} \int_{0}^{4\pi} n_p f_p (f_p^* f_{1q}^* - f_p f_{1q}) \, \boldsymbol{c}_{rpq} \sigma_{pq} \mathrm{d}\Omega \mathrm{d}c_{1q}$$

在前面章节中已经提到,内自由度的出现要求拓展定义分布函数,以允许相空间引入新的维数。而且,非对称分子的碰撞截面是分子取向的函数,在分子碰撞间由于分子转动而随时间变化。另外,在多原子分子的经典模型中逆碰撞不存在。当然,可以定义对分子转动和振动均匀化或光滑化之后的截面。Liouville 方程得到对应方程式(3.16)变换的单位雅可比矩阵,进而得到类似于式(3.20)的方程。Chapman 和 Cowling(1970)将得到的方程称为**广义玻尔兹曼方程**。

玻尔兹曼方程的右端项称为**碰撞项**,一方面,其积分形式与 nf 对时间和空间依赖的微分项形式形成对比,这是该方程面临诸多数学困难的主要原因。另一方面,nf 是方程中唯一的因变量,与连续气体动力学的 Navier-Stokes 方程相比,这可以看作一个优点。但是,相对于速度空间引入的维数,这一优点是微不足道的。因为分布函数在速度空间中球对称,所以均匀气体问题是一维的。对于物理空间中的一维问题,分布函数是轴对称的,因此玻尔兹曼方程是三维问题。对于二维和三维流动,速度空间不存在对称性,玻尔兹曼方程是五维和六维问题。对于非稳态(定常)问题,时间是另一个维度。

对于涉及复杂几何扰动或大扰动的流动,不可能找到玻尔兹曼方程的解析解。要在相空间中获得网格的数值解存在不可逾越的障碍,主要是维数及速度空间取界的困难。

3.3　矩方程和守恒方程

与单个分子相关的 Q 要么是常数,要么是分子速度的函数。我们已经看到,这个量的均值可以通过 Q 乘以速度分布函数,进而对整个速度空间积分得到。这些均值称为分布函数的矩。类似地,**玻尔兹曼方程的矩**可以通过玻尔兹曼方程两边乘以 Q,再对整个速度空间进行积分得到。由于分布函数的矩包括单原子气体所有的宏观性质,所以可以期待这些矩方程包含连续空气动力学守恒律方程的单原子气体形式。

玻尔兹曼方程式(3.20)乘以 Q 得到

$$Q \frac{\partial}{\partial t}(nf) + Qc \cdot \frac{\partial}{\partial r}(nf) + QF \cdot \frac{\partial}{\partial c}(nf)$$

$$= Q \int_{-\infty}^{\infty} \int_{0}^{4\pi} n^2(f^* f_1^* - ff_1) c_r \sigma \mathrm{d}\Omega \mathrm{d}c_1 \qquad (3.22)$$

f 和 Q 都针对 c 类场分子,可以通过对所有 c 类场分子积分得到矩方程。由于 Q 只是常数或 c 的函数,所以其在第一项中可以提到导数里面,即

$$\int_{-\infty}^{\infty} \frac{\partial}{\partial t}(nQf) \mathrm{d}c$$

或由方程式(3.3)有

$$\frac{\partial}{\partial t}(n\overline{Q}) \qquad (3.23)$$

式(3.22)第二项中的 c 和 Q 都可以提到导数里面,积分变成

$$\int_{-\infty}^{\infty} \nabla \cdot (ncQf) \mathrm{d}c$$

或

$$\nabla \cdot (n \overline{cQ}) \qquad (3.24)$$

方程式(3.22)中的 c 能提到导数中,是由于玻尔兹曼方程的因变量是该类分子分布函数的值。f 是 r 和 t 的函数,式(3.22)中 c 和 Q 可以认为与 r 和 t 无关。然而,c 和 Q 的均值通过对分布函数 f 积分得到,其应该看成 r 和 t 的函数。方程式(3.22)中第三项的积分为

$$\int_{-\infty}^{\infty} QF \cdot \frac{\partial}{\partial c}(nf) \mathrm{d}c$$

其可以写成

$$\int_{-\infty}^{\infty} F \cdot \frac{\partial}{\partial c}(Qnf) \mathrm{d}c - \int_{-\infty}^{\infty} F \cdot \frac{\partial Q}{\partial c} nf \mathrm{d}c$$

假设 F 不依赖 c,当 $c \to \infty$ 时,$f = 0$ 或 $f \to 0$。上式中第一项为 0,第二项为

$$- n\boldsymbol{F} \cdot \overline{\frac{\partial Q}{\partial c}} \tag{3.25}$$

方程式(3.22)右端的积分项称为**碰撞积分**,记为 $\Delta[Q]$,即

$$\Delta[Q] = \int_{-\infty}^{\infty} \int_{-\infty}^{\infty} \int_{0}^{4\pi} Q n^2 (f^* f_1^* - f f_1) \boldsymbol{c}_\mathrm{r} \sigma \mathrm{d}\Omega \mathrm{d}c_1 \mathrm{d}c \tag{3.26}$$

方程式(3.23)~式(3.26)合在一起给出 Q 矩方程为

$$\frac{\partial}{\partial t}(n\overline{Q}) + \nabla \cdot (n\overline{\boldsymbol{c}Q}) - n\boldsymbol{F} \cdot \overline{\frac{\partial Q}{\partial c}} = \Delta[Q] \tag{3.27}$$

该方程也可称为**输运方程**或**变化方程**。

碰撞项有两个对称性,它们导致了 $\Delta[Q]$ 的几种形式,明确了该碰撞项的物理意义且为后续应用所需。第一个对称性在碰撞对之间,这意味着 $\boldsymbol{c}$ 和 $\boldsymbol{c}_1$ 互换,以及代表 $\boldsymbol{c}$ 时的值 Q 与代表 $\boldsymbol{c}_1$ 时的值 Q_1 互换,$\Delta[Q]$ 都不变。类似地,$\boldsymbol{c}^*$ 和 Q^* 能与 $\boldsymbol{c}_1^*$ 和 Q_1^* 互换。第二个对称性基于逆碰撞的存在,它是碰前速度与碰后速度之间的对称。这使得 Q 与 Q^*、Q_1 与 Q_1^* 可以互换,同时 $\boldsymbol{c}_1$ 与 $\boldsymbol{c}$、f_1 与 f、$\boldsymbol{c}^*$ 与 $\boldsymbol{c}_1^*$、f_1^* 与 f^* 互换。利用方程式(3.16)来回避 $\mathrm{d}c\mathrm{d}c_1$ 由 $\mathrm{d}c^*\mathrm{d}c_1^*$ 替换。第一个对称性应用于方程式(3.26)得

$$\Delta[Q] = \int_{-\infty}^{\infty} \int_{-\infty}^{\infty} \int_{0}^{4\pi} n^2 Q_1 (f_1^* f^* - f_1 f) \boldsymbol{c}_\mathrm{r} \sigma \mathrm{d}\Omega \mathrm{d}c \mathrm{d}c_1 \tag{3.26a}$$

第二个对称性应用于式(3.26a)得

$$\Delta[Q] = \int_{-\infty}^{\infty} \int_{-\infty}^{\infty} \int_{0}^{4\pi} n^2 Q_1^* (f_1 f - f_1^* f^*) \boldsymbol{c}_\mathrm{r} \sigma \mathrm{d}\Omega \mathrm{d}c \mathrm{d}c_1 \tag{3.26b}$$

第一个对称性的另一个应用给出

$$\Delta[Q] = \int_{-\infty}^{\infty} \int_{-\infty}^{\infty} \int_{0}^{4\pi} n^2 Q^* (f f_1 - f^* f_1^*) \boldsymbol{c}_\mathrm{r} \sigma \mathrm{d}\Omega \mathrm{d}c \mathrm{d}c_1 \tag{3.26c}$$

方程式(3.26)、式(3.26a)、式(3.26b)和式(3.26c)相加,将所得方程除以4,得

$$\Delta[Q] = \frac{1}{4} \int_{-\infty}^{\infty} \int_{-\infty}^{\infty} \int_{0}^{4\pi} n^2 (Q + Q_1 - Q^* - Q_1^*)(f f_1 - f^* f_1^*) \boldsymbol{c}_\mathrm{r} \sigma \mathrm{d}\Omega \mathrm{d}c \mathrm{d}c_1 \tag{3.26d}$$

另外,方程式(3.26)可以写成

$$\Delta[Q] = \int_{-\infty}^{\infty} \int_{-\infty}^{\infty} \int_{0}^{4\pi} n^2 Q f^* f_1^* \boldsymbol{c}_r \sigma \,\mathrm{d}\Omega \mathrm{d}c \mathrm{d}c_1 - \int_{-\infty}^{\infty} \int_{-\infty}^{\infty} \int_{0}^{4\pi} n^2 Q f f_1 \boldsymbol{c}_r \sigma \,\mathrm{d}\Omega \mathrm{d}c \mathrm{d}c_1$$

对右端的第一项应用第二个对称性,即将 $Q f^* f_1^*$ 转化为 $Q^* f f_1$,有

$$\Delta[Q] = \int_{-\infty}^{\infty} \int_{-\infty}^{\infty} \int_{0}^{4\pi} n^2 (Q^* - Q) f f_1 \boldsymbol{c}_r \sigma \,\mathrm{d}\Omega \mathrm{d}c \mathrm{d}c_1 \qquad (3.26\mathrm{e})$$

对式(3.26)进行类似变换,有

$$\Delta[Q] = \int_{-\infty}^{\infty} \int_{-\infty}^{\infty} \int_{0}^{4\pi} n^2 (Q_1^* - Q_1) f_1 f \boldsymbol{c}_r \sigma \,\mathrm{d}\Omega \mathrm{d}c \mathrm{d}c_1 \qquad (3.26\mathrm{f})$$

最后,方程式(3.26e)与式(3.26f)相加,将所得方程除以 2,有

$$\Delta[Q] = \frac{1}{2} \int_{-\infty}^{\infty} \int_{-\infty}^{\infty} \int_{0}^{4\pi} n^2 (Q^* + Q_1^* - Q - Q_1) f f_1 \boldsymbol{c}_r \sigma \,\mathrm{d}\Omega \mathrm{d}c \mathrm{d}c_1 \qquad (3.26\mathrm{g})$$

由于 $Q^* + Q_1^* - Q - Q_1$ 表示量 Q 在 $\boldsymbol{c}$、$\boldsymbol{c}_1 \to \boldsymbol{c}^*$、$\boldsymbol{c}_1^*$ 碰撞发生的变化,所以由方程式(3.26g)可以清晰地看出 $\Delta[Q]$ 的物理意义。该变化对所有碰撞类进行积分,除以 2 是由于积分中每对碰撞计算了两次。如果注意到

$$\frac{1}{2} \int_{-\infty}^{\infty} \int_{-\infty}^{\infty} \int_{0}^{4\pi} n^2 f_1 f \boldsymbol{c}_r \sigma \,\mathrm{d}\Omega \mathrm{d}c \mathrm{d}c_1 = \frac{1}{2} \int_{-\infty}^{\infty} \int_{-\infty}^{\infty} \sigma_T \boldsymbol{c}_r n^2 f_1 f \mathrm{d}c \mathrm{d}c_1 = \frac{1}{2} n^2 \overline{\sigma_T \boldsymbol{c}_r}$$

积分与对所有碰撞求和的等价性立马可见,则上式与单位体积气体、单位时间碰撞总次数的方程式(1.11)吻合。因此,具有形如方程式(3.26g)的碰撞项的矩方程/输运方程,可以独立于玻尔兹曼方程被推导出来,事实上其最早由麦克斯韦(Maxwell, 1867)推出。方程式(3.26d)中 $\Delta[Q]$ 的形式最接近玻尔兹曼的推导,它表明逆碰撞引起 Q 的变化完全等于正碰撞引起的变化。

如果 Q 是分子质量 m、动量 $m\boldsymbol{c}$ 和能量 $1/2mc^2$,则碰撞中这些量的守恒要求 $Q + Q_1 - Q^* - Q_1^* = 0$。正如由积分的物理意义所期待的那样,方程式(3.26d)和式(3.26g)表明碰撞积分为 0。m、$m\boldsymbol{c}$ 和 $1/2mc^2$ 称为**碰撞不变量**,任何满足 $Q + Q_1 - Q^* - Q_1^* = 0$ 的量称为**求和不变量**。可以证明,碰撞不变量及其线性组合是唯一的求和不变量。如果 Q 是求和不变量,则碰撞积分 $\Delta[Q]$ 等于 0 且 Q 可以写成

$$Q = A \cdot \frac{1}{2} mc^2 + \boldsymbol{B} \cdot m\boldsymbol{c} + C \qquad (3.28)$$

其中,A、$\boldsymbol{B}$、C 为常数。

在关于碰撞不变量的三个方程中,碰撞积分为零,方程左端的均值可以用宏观气体属性表示,这三个方程是气体动力学的守恒方程。

首先,取方程式(3.27)中 $Q = m$ 得到**质量守恒方程**为

$$\frac{\partial}{\partial t}(nm) + \nabla \cdot (nm\boldsymbol{c}) = 0 \tag{3.29}$$

或者利用方程式(1.13)和式(1.21)有

$$\frac{\partial}{\partial t}\rho + \nabla \cdot (\rho \boldsymbol{c}_0) = 0 \tag{3.30}$$

可以很方便地引入**随体导数**:

$$\frac{\mathrm{D}}{\mathrm{D}t} \equiv \frac{\partial}{\partial t} + \boldsymbol{c}_0 \cdot \nabla \equiv \frac{\partial}{\partial t} + u\frac{\partial}{\partial x} + v\frac{\partial}{\partial y} + w\frac{\partial}{\partial z} \tag{3.31}$$

来表示随流体微元运动的微分。质量守恒方程或称连续性方程可写成

$$\frac{\mathrm{D}\rho}{\mathrm{D}t} = -\rho \nabla \cdot \boldsymbol{c}_0 \tag{3.32}$$

其次,取方程式(3.27)中 $Q = m\boldsymbol{c}$,可得到**动量守恒方程**或称为**运动方程**。这是一个矢量方程:

$$\frac{\partial}{\partial t}(\rho \overline{\boldsymbol{c}}) + \nabla \cdot (\rho \overline{\boldsymbol{cc}}) - \rho \boldsymbol{F} = 0 \tag{3.33}$$

但是,方程式(1.21)和式(1.22)表明:

$$\overline{\boldsymbol{cc}} = \overline{(\boldsymbol{c}' + \boldsymbol{c}_0)(\boldsymbol{c}' + \boldsymbol{c}_0)} = \overline{\boldsymbol{c}'\boldsymbol{c}'} + \boldsymbol{c}_0\boldsymbol{c}_0$$

则方程式(3.33)可写成

$$\rho\frac{\partial c_0}{\partial t} + \boldsymbol{c}_0\frac{\partial \rho}{\partial t} + \boldsymbol{c}_0\nabla \cdot (\rho\boldsymbol{c}_0) + \rho(\boldsymbol{c}_0 \cdot \nabla)\boldsymbol{c}_0 + \nabla \cdot (\rho\overline{\boldsymbol{c}'\boldsymbol{c}'}) - \rho\boldsymbol{F} = 0 \tag{3.33a}$$

连续性方程式(3.30)使得式(3.33a)的第二项和第三项可以移除,方程式(3.31)使得第一项和第四项可写成随体导数,方程式(1.20)使得第五项可写成压强和黏性应力张量,即

$$\rho\frac{\mathrm{D}c}{\mathrm{D}t} = -\nabla p + \nabla \cdot \tau + \rho\boldsymbol{F} \tag{3.34}$$

如果写出笛卡儿坐标系中 x 方向的分量,则矢量和张量更加清晰,即

$$\rho \frac{\mathrm{D}u_0}{\mathrm{D}t} = - \frac{\partial p}{\partial x} + \frac{\partial \tau_{xx}}{\partial x} + \frac{\partial \tau_{xy}}{\partial y} + \frac{\partial \tau_{xz}}{\partial z} + \rho F_x$$

最后,取方程式(3.27)中 Q 等于 $1/2mc^2$, 得到 **能量守恒方程** 为

$$\frac{\partial}{\partial t}\left(\frac{1}{2}\rho \ \overline{c^2}\right) + \nabla\cdot \left(\frac{1}{2}\rho \ \overline{cc^2}\right) - \rho \boldsymbol{c}_0 \cdot \boldsymbol{F} = 0 \qquad (3.35)$$

对分子速度的平均可以转化为对热速度和来流速度的平均,即有

$$\overline{c^2} = \overline{c'^2} + c_0^2$$

和

$$\overline{cc^2} = \overline{c'c'^2} + \boldsymbol{c}_0(\overline{c'^2} + c_0^2) + 2u_0 \overline{c'u'} + 2v_0 \overline{c'v'} + 2w_0 \overline{c'w'}$$

因此可引入宏观量且得到最终方程为

$$\rho \frac{\mathrm{D}e}{\mathrm{D}t} = - p\nabla\cdot \boldsymbol{c}_0 + \boldsymbol{\Phi} - \nabla\cdot \boldsymbol{q} \qquad (3.36)$$

其中, $\boldsymbol{\Phi}$ 称为 **耗散函数**, 其在笛卡儿坐标系中可写成

$$\begin{aligned}
\boldsymbol{\Phi} = \tau_{xx} \frac{\partial u}{\partial x} &+ \tau_{yy} \frac{\partial v}{\partial y} + \tau_{zz} \frac{\partial w}{\partial z} + \tau_{xy}\left(\frac{\partial u}{\partial y} + \frac{\partial v}{\partial x}\right) \\
&+ \tau_{yz}\left(\frac{\partial v}{\partial z} + \frac{\partial w}{\partial y}\right) + \tau_{zx}\left(\frac{\partial w}{\partial x} + \frac{\partial u}{\partial z}\right)
\end{aligned} \qquad (3.37)$$

由于动量方程式(3.34)是矢量方程,所以动量守恒方程、质量守恒方程及能量守恒方程包含 5 个方程。因变量包括 3 个速度分量,如果考虑状态方程,则还包括热力学性质 p、ρ 和 T 中的两个。虽然黏性应力张量 τ 包括 9 个分量,但是考虑其对称性及对角元素之和等于压强,它只贡献了 5 个因变量。热通量矢量 $\boldsymbol{q}$ 贡献了 3 个因变量。因此,守恒方程共包括 13 个因变量,它们不封闭。τ 和 $\boldsymbol{q}$ 都等于 0 的无黏情况能得到确定体系,此时方程称为 **Euler 方程**。

矩方程(而不是守恒方程)的应用一般要求碰撞积分 $\Delta[Q]$ 的赋值。该过程可以针对麦克斯韦模型用 $Q = u^2$ 这个特例来演示。将 Q 的值代入方程式(3.26e),与麦克斯韦分子截面的方程式(2.40)结合,得到

$$\Delta[u^2] = \int_{-\infty}^{\infty} \int_{-\infty}^{\infty} \int_0^{2\pi} \int_0^{\infty} n^2 (u^{*2} - u^2) ff_1 w_0 \left(\frac{2\kappa}{m}\right)^{1/2} \mathrm{d}w_0 \mathrm{d}\varepsilon \mathrm{d}c \mathrm{d}c'$$

麦克斯韦模型的优势是分子速度只在 $u^{*2} - u^2$ 中出现,其可以写成 $(u^* - u)^2 + 2u(u^* - u)$。利用方程式(2.22)有

$$u^* - u = \frac{1}{2}(u_r - u_r^*) = \frac{1}{2}\big[(1 - \cos\chi)u_r - \sin\chi\sin\varepsilon\,(v_r^2 + w_r^2)^{1/2}\big]$$

因此,

$$\begin{aligned}
u^{*2} - u^2 = \frac{1}{4}\big[&(1 - \cos\chi)^2 u_r^2 - 2(1 - \cos\chi)u_r\sin\chi\sin\varepsilon\,(v_r^2 + w_r^2)^{1/2}\\
&+ \sin^2\chi\sin^2\varepsilon(v_r^2 + w_r^2)\big] + u\big[(1 - \cos\chi)u_r\\
&- \sin\chi\sin\varepsilon\,(v_r^2 + w_r^2)^{1/2}\big]
\end{aligned}$$

上式首先对 ε 积分,得到

$$\int_0^{2\pi}(u^{*2} - u^2)\mathrm{d}\varepsilon = \pi(u_r^2 + 2uu_r)(1 - \cos\chi) - \frac{\pi}{4}(3u_r^2 - c_r^2)\sin^2\chi$$

方程式(2.3)表明, $u_r^2 + 2uu_r = u_1^2 - u^2$ 且 u 和 u_1 由相同分布描述,该项对整个速度空间积分为零;另一项只与相对速度有关,用速度或热速度之差表示不会导致差异,因此有 $\Delta[u^2] = \Delta[u'^2]$。方程式(2.3)和式(1.22)给出 $u_r^2 = u_1'^2 - 2u_1'u' + u'^2$ 且其在速度空间中的双重积分得到 $2\overline{u'^2}$。可以对 c_r^2 进行类似的操作,碰撞积分变成

$$\Delta[u^2] = -\frac{3\pi}{2}\left(\frac{2\kappa}{m}\right)^{1/2} n^2(\overline{u'^2} - \overline{c'^2}/3)\int_0^\infty \sin^2\chi w_0 \mathrm{d}w_0$$

最后,由方程式(1.25)和式(1.26)有

$$\Delta[u^2] = -\frac{3\pi}{2}A_2(5)\left(\frac{2\kappa}{m}\right)^{1/2}\frac{n}{m}\tau_{xx} \tag{3.38}$$

其中, $A_2(5) = \int_0^\infty \sin^2\chi w_0 \mathrm{d}w_0$,它是一个纯数字且其值可由方程式(2.39)得到,为 0.436。

碰撞积分 $\Delta[u^2]$ 也可以在可变硬球模型中得到赋值,此时,分子直径反比于相对速度的平方根或 $v = 1/2$。如同麦克斯韦气体,该气体中每个分子具有相同的碰撞频率。硬球分子微分截面的方程式(2.30)与式(2.34)结合,代入方程式(3.26e)且注意到 $\mathrm{d}\Omega = \sin\chi\mathrm{d}\chi\mathrm{d}\varepsilon$,

$$\Delta[u^2] = \int_{-\infty}^{\infty} \int_{-\infty}^{\infty} \int_{0}^{2\pi} \int_{0}^{\pi} n^2 (u^{*2} - u^2) ff_1 (\boldsymbol{c}_{\mathrm{r, ref}} d_{\mathrm{ref}}^2 / 4) \sin\chi \mathrm{d}\chi \mathrm{d}\varepsilon \mathrm{d}c \mathrm{d}c'$$

上式可以如麦克斯韦气体对 ε 积分,有

$$\Delta[u^2] = -\frac{3\pi}{2} n^2 (\overline{u'^2} - \overline{c'^2}/3) \frac{\boldsymbol{c}_{\mathrm{r, ref}} d_{\mathrm{ref}}^2}{4} \int_{0}^{\pi} \sin^3\chi \mathrm{d}\chi$$

即可得到最终结果为

$$\Delta[u^2] = \frac{1}{2} \boldsymbol{c}_{\mathrm{r, ref}} d_{\mathrm{ref}}^2 (n/m) \tau_{xx} \tag{3.39}$$

3.4 H-定理和平衡

考虑一定体积的空间上均匀且不受外力的简单稀疏单原子气体。对这样的气体,分子数密度 n 是常数,空间导数 $\partial/\partial r$ 为 0,外部作用力 $\boldsymbol{F}$ 也为 0。此时,玻尔兹曼方程可以简化成

$$\frac{\partial f}{\partial t} = n \int_{-\infty}^{\infty} \int_{0}^{4\pi} (f_1^* f^* - f_1 f) \boldsymbol{c}_{\mathrm{r}} \sigma \mathrm{d}\Omega \mathrm{d}c_1 \tag{3.40}$$

经过一小段时间,f 变为 $f + \Delta f$,其变化的比例为 $\Delta f/f$ 或 $\Delta(\ln f)$。玻尔兹曼的 H 函数是 $\ln(nf)$ 的均值,即

$$H = \overline{\ln(nf)}$$

或由方程式(3.3)有

$$H = \int_{-\infty}^{\infty} f \ln(nf) \mathrm{d}c \tag{3.41}$$

矩方程式(3.27)中的量 Q 可取为 $\ln(nf)$,利用方程式(3.26d)给出的碰撞积分 $\Delta[Q]$ 的形式,

$$\frac{\partial H}{\partial t} = \frac{n}{4} \int_{-\infty}^{\infty} \int_{-\infty}^{\infty} \int_{0}^{4\pi} (\ln f + \ln f_1 - \ln f^* - \ln f_1^*)(f_1^* f^* - f_1 f) \boldsymbol{c}_{\mathrm{r}} \sigma \mathrm{d}\Omega \mathrm{d}c \mathrm{d}c_1$$

$$= \frac{n}{4} \int_{-\infty}^{\infty} \int_{-\infty}^{\infty} \int_{0}^{4\pi} \ln(f_1 f / f_1^* f^*)(f_1^* f^* - f_1 f) \boldsymbol{c}_{\mathrm{r}} \sigma \mathrm{d}\Omega \mathrm{d}c \mathrm{d}c_1$$

$$\tag{3.42}$$

若 $\ln(f_1 f / f_1^* f^*)$ 是正的,则 $f_1^* f^* - f_1 f$ 是负的,反之也成立。因此,方程式(3.42)右端的积分要么为 0,要么为负,即 H 不会增大

$$\frac{\partial H}{\partial t} < 0 \tag{3.43}$$

该结果即为玻尔兹曼 H -定理。

现在的问题是, H 是衰减到 $-\infty$,还是趋于有限值且最终保持常数。当 $c \to \infty$ 时, $f \to 0$ 且 $\ln f \to -\infty$,这将导致方程式(3.41)中的 H 发散。但是,气体能量有限,积分 $\int_{-\infty}^{\infty} f c^2 \mathrm{d}c$ 应该会收敛。如果 H 发散,则 $f \to 0$ 的速度将快于 $\exp(-c^2)$ 。然而,对任意 n 有 $x \to \infty$ 时, $\mathrm{e}^{-x^2} x^n \to 0$,则 H 必须收敛。因此,对于速度空间中分子的任何初始分布,分布以 H 单调衰减到有限下界的方式随时间变化。在一定时间后, $\partial H / \partial t = 0$ 。 方程式(3.42)还要求

$$f_1^* f^* - f_1 f = 0 \tag{3.44}$$

或可等价地写成

$$\ln f + \ln f_1 = \ln f^* + \ln f_1^* \tag{3.45}$$

方程式(3.40)和式(3.45)的对比表明, H 的稳定状态也是 f 的稳定状态。因此,可以得到平衡状态对应速度空间的任意微元中的最概然分子数目随时间保持常数。

方程式(3.45)表明,在平衡状态时, $\ln f$ 是一个求和不变量。方程式(3.28)平衡的充分必要条件是

$$\ln f = A \cdot \frac{1}{2} m c^2 + B \cdot m \boldsymbol{c} + C \tag{3.46}$$

该方程可写成热速度分量的形式,即

$$\ln f = A \cdot \frac{1}{2} m c'^2 + m(A\boldsymbol{c}_0 + B) \cdot \boldsymbol{c}' + A \cdot \frac{1}{2} m c_0^2 + B \cdot m \boldsymbol{c}_0 + C$$

平衡气体没有方向上的倾向性,分布应该是各向同性的。这就要求 $\boldsymbol{c}'$ 的系数为 0 或 $B = -A\boldsymbol{c}_0$ 。 因此,

$$\ln f = \frac{1}{2} A m c'^2 - \frac{1}{2} A m c_0^2 + C$$

或

$$f = \exp\left(\frac{1}{2}Amc'^2 - \frac{1}{2}Amc_0^2 + C\right)$$

由于 f 有界, c'^2 的系数应该是负的,为了方便,引入一个新的常数,记为 $1/2Am = -\beta^2$。因此, $f = \exp(C + \beta^2 c_0^2)\exp(-\beta^2 c'^2)$,常数 C 可以通过方程式(3.2)表示的正则条件来消除,即要求

$$\int_{-\infty}^{\infty} f\mathrm{d}c = \exp(C + \beta^2 c_0^2)\int_{-\infty}^{\infty} \exp(-\beta^2 c'^2)\mathrm{d}c' = 1$$

但是,

$$\int_{-\infty}^{\infty} \exp(-\beta^2 c'^2)\mathrm{d}c' = \int_{-\infty}^{\infty}\int_{-\infty}^{\infty}\int_{-\infty}^{\infty} \exp\left[-\beta^2(u'^2 + v'^2 + w'^2)\right]\mathrm{d}u'\mathrm{d}v'\mathrm{d}w'$$

$$= \int_{-\infty}^{\infty} \exp(-\beta^2 u'^2)\mathrm{d}u'\int_{-\infty}^{\infty} \exp(-\beta^2 v'^2)\mathrm{d}v'\int_{-\infty}^{\infty} \exp(-\beta^2 w'^2)\mathrm{d}w'$$

附录 B 中的标准积分表表明,上述积分中的每个分量均为 $\pi^{1/2}/\beta$,即有 $\exp(C + \beta^2 c_0^2) = \beta^3/\pi^{3/2}$。这样,**平衡态**或**麦克斯韦分布函数** f_0 的最终结果为

$$f_0 = \beta^3/\pi^{3/2}\exp(-\beta^2 c'^2) \tag{3.47}$$

常数 β 与温度有关。方程式(1.29)、式(3.4)和式(3.47)表明

$$\frac{3}{2}RT = \frac{1}{2}\overline{c'^2} = \frac{\beta^3}{2\pi^{3/2}}\int_{-\infty}^{\infty} c'^2\exp(-\beta^2 c'^2)\mathrm{d}c$$

再次用到附录 B 中的标准积分有

$$\beta^2 = (2RT)^{-1} = m/(2kT) \tag{3.48}$$

由于处理的是平衡气体,由方程式(1.29)计算出来的平动能温度 T_{tr} 等于热力学温度 T 且下标可以省略。方程式(3.48)代入式(3.47)给出 f_0 的另一种定义为

$$f_0 = \left[m/(2kT\pi)\right]^{3/2}\exp\left[-mc'^2/(2kT)\right] \tag{3.47a}$$

对于处于平衡态的混合气体,Chapman 和 Cowling(1952)证明了组分 p 的分布函数满足

$$f_{0,p} = \left[m_p / (2kT\pi) \right]^{3/2} \exp\left[- m_p c_p'^2 / (2kT) \right] \tag{3.49}$$

麦克斯韦分布也适用于双原子分子和多原子分子的平动速度。对于粗球分子的特殊情况(Chapman and Cowling,1970),利用上述用于单原子分子方法的拓展,已经证明了该结果。更真实分子的碰撞机制太过复杂,超出了该方法的范畴。然而,如果对于每个碰撞,每个速度分量都以相同概率可逆,则广义玻尔兹曼方程可以得到适用所有分子模型的推导。在平衡情况下,统计力学的方法是存在的,且已证明其比动理学理论更通用。

3.5　Chapman-Enskog 理论

Chapman-Enskog 理论为一系列受限问题的玻尔兹曼方程提供了一种求解方法,此时分布函数 f 是平衡态麦克斯韦形式的小扰动。它假设分布函数可以写成幂级数的形式,即

$$f = f^{(0)} + \varepsilon_0 f^{(1)} + \varepsilon_0^2 f^{(2)} + \cdots \tag{3.50}$$

其中, ε_0 是度量平均碰撞时间或克努森数的参数。对于平衡气体,第一项 $f^{(0)}$ 是麦克斯韦分布 f_0,表达式(3.50)的另一种形式是

$$f = f_0(1 + \phi_1 + \phi_2 + \cdots) \tag{3.51}$$

平衡分布函数是该方程的已知一阶解,二阶解要求确定参数 ϕ_1。

玻尔兹曼方程的解为

$$f = f_0(1 + \phi_1) \tag{3.52}$$

由 Enskog 和 Chapman 独立得到,而且它们构成 Chapman 和 Cowling(1952)经典工作的主要内容。对于简单气体, ϕ_1 只依赖气体的密度、来流速度和温度,得到的解构成了玻尔兹曼方程的**正则解**。由于 f_0 满足方程

$$\int_{-\infty}^{\infty} f \mathrm{d}c = 1$$

$$\int_{-\infty}^{\infty} \boldsymbol{c} f \mathrm{d}c = c_0$$

和

$$\int_{-\infty}^{\infty} c'^2 f \mathrm{d}c = 3RT$$

ϕ_1 必须满足

$$\int_{-\infty}^{\infty} \phi_1 f_0 \mathrm{d}c = 0$$

$$\int_{-\infty}^{\infty} c\phi_1 f_0 \mathrm{d}c = 0$$

且

$$\int_{-\infty}^{\infty} c'^2 \phi_1 f_0 \mathrm{d}c = 0 \tag{3.53}$$

可以进一步证明 ϕ_1 必须具有形式

$$\phi_1 = -\frac{1}{n} Ac' \cdot \frac{\partial}{\partial r}(\ln T) + Bc'^{\circ}c' : \frac{\partial c_0}{\partial r} \tag{3.54}$$

其中，A 和 B 分别是 T 和 c' 的函数；上标 $^\circ$ 表示对角元素之和为零的张量。用第 1 章中的下标或分量形式，有

$$c_i'^{\circ}c_j' = c_i'c_j' - c_i'^2\delta_{ij}/3$$

两个张量的二次内积是一个标量，其可以写成下标的形式

$$c_i'^{\circ}c_j' \frac{\partial c_{0i}}{\partial x_j}$$

或完整笛卡儿分量形式

$$(u'^2 - c'^2/3)\frac{\partial u_0}{\partial x} + u'v'\frac{\partial u_0}{\partial y} + u'w'\frac{\partial u_0}{\partial z} + v'u'\frac{\partial v_0}{\partial x} + (v'^2 - c'^2/3)\frac{\partial v_0}{\partial y}$$

$$+ v'w'\frac{\partial v_0}{\partial z} + w'u'\frac{\partial w_0}{\partial x} + w'v'\frac{\partial w_0}{\partial y} + (w'^2 - c'^2/3)\frac{\partial w_0}{\partial z}$$

其中，$c'^2 = u'^2 + v'^2 + w'^2$。

方程式(3.52)和式(3.54)与方程式(1.26)和式(1.33)结合，可给出剪切应力张量和热通量的表达式，它们分别是速度梯度和温度梯度的函数。梯度的系数可以通过类似于黏性系数和热传导系数的方式来确定。方程式(3.54)中的系数 A 和 B 通常通过 Sonine 多项式得到。"阶"这个词语已用在方程式(3.51)中表达项数，涉及 n 项 Sonine 多项式的解称为 n 次近似。用分子模型进行分析，可以证明单原子气体黏性系数 μ 的一次近似(Vincenti and Kruger，1965)为

$$\mu = \frac{5/8\,(\pi mkT)^{1/2}}{(m/4kT)^4\int_0^\infty c_r^7 \sigma_u \exp[-mc_r^2/(4kT)]\mathrm{d}c_r} \tag{3.55}$$

热传导系数 K 的一次近似与黏性系数的关系是

$$K = \frac{15}{4}\frac{k}{m}\mu = \frac{15}{4}R\mu \tag{3.56}$$

因此对于单原子气体,比定压热容 $c_p = \frac{5}{2}R$,其普朗特数为

$$Pr = \mu c_p/K = \frac{2}{3} \tag{3.57}$$

硬球气体的黏性截面 σ_μ 由方程式(2.32)给出。方程式(3.55)给出硬球气体的黏性系数为

$$\mu = \frac{5}{16}(\pi mkT)^{1/2}/\sigma_T = \frac{5}{16}\left(\frac{RT}{\pi}\right)^{1/2}\frac{m}{d^2} \tag{3.58}$$

在温度 T_{ref} 下,具有黏性系数 μ_{ref} 的硬球气体的直径为

$$d = \left[\frac{5}{16}\left(\frac{mkT_{ref}}{\pi}\right)^{1/2}\bigg/\mu_{ref}\right]^{1/2} \tag{3.59}$$

显然,该直径不依赖于相对速度和相对平动能。

对于 VHS 分子,其截面反比于相对速度的某次幂。这一定义可拓展到包括总截面和相对平动能,即

$$\sigma_T/\sigma_{T,ref} = (d/d_{ref})^2 = (c_r/c_{r,ref})^{-2v} = (E_t/E_{t,ref})^{-v} \tag{3.60}$$

其中, v 是常数; $\sigma_{T,ref}$ 和 d_{ref} 分别是相对速度为 $c_{r,ref}$ 时的总截面和直径。2.6 节中指出,黏性截面仍由方程式(2.32)给出,方程式(3.55)成为

$$\mu = \frac{\frac{15}{8}(\pi mk)^{1/2}(4k/m)^v T^{1/2+v}}{\Gamma(4-v)\sigma_{T,ref}c_{r,ref}^{2v}} \tag{3.61}$$

由方程式(3.60)定义的可变硬球模型截面,得到正比于温度固定次幂的黏性系数。

方程式(3.55)对 2.4 节中的逆幂律模型取值,有

$$\mu = \frac{5m\,(RT/\pi)^{1/2}\,(2mRT/\kappa)^{2/(\eta-1)}}{8A_2(\eta)\Gamma[4-2/(\eta-1)]} \tag{3.62}$$

其中, $A_2(\eta)$ 由下式确定:

$$A_2(\eta) \equiv \int_0^\infty \sin^2\!\chi\, w_0\mathrm{d}w_0$$

且 Chapman 和 Cowling(1952)给出其数值因子为

η	5	7	9	11	15	21	∞
$A_2(\eta)$	0.436	0.357	0.332	0.319	0.309	0.307	0.333

　　尽管黏性系数和热传导系数可以看成连续气体的性质,但稀薄气体流动研究中成功模型的基本特征,是其能复现真实气体的黏性系数和该系数对温度的依赖关系。这在本质上是一种经验观察,但可以从麦克斯韦分子的碰撞积分 $\Delta[u^2]$[方程式(3.38)]与 $\upsilon = 1/2$ 的 VHS 分子的碰撞积分[方程式(3.39)]的比较中得到一些分析上的支持,它们都可以用黏性系数来表示。在方程式(3.62)中取 $\eta = 5$ 可以得到麦克斯韦分子的黏性系数为

$$\mu = \frac{2kT}{3\pi A_2(5)}\left(\frac{m}{2\kappa}\right)^{1/2} \tag{3.63}$$

由方程式(3.61)可以得到 $\upsilon = 1/2$ 的 VHS 气体的黏性系数为

$$\mu = \frac{2kT}{\sigma_{\mathrm{T,ref}}c_{\mathrm{r,ref}}} \tag{3.64}$$

将方程式(3.63)代入方程式(3.38),与方程式(3.64)代入方程式(3.39)得到碰撞积分的结果相同,即

$$\Delta[u^2] = \frac{p}{m}\frac{\tau_{xx}}{\mu} \tag{3.65}$$

　　因此,只要黏性系数匹配,碰撞积分就相同。黏性系数匹配意味着两个模型在连续极限下给出相同的结果。碰撞积分相同意味着利用这些积分的近似方法给出相同的结果,如研究激波结构的 Mott-Smith 理论,适用于全部克努森数范围。

　　逆幂律模型和可变硬球模型都得到黏性系数对温度的指数依赖关系,即

$$\mu \alpha T^{\omega} \tag{3.66}$$

其中,

$$\omega = \frac{1}{2} + \upsilon = \frac{\eta + 3}{2(\eta - 1)} \tag{3.67}$$

对于黏性系数正比于 T^{ω} 且在 T_{ref} 时为 μ_{ref} 的气体,方程式(3.60)、式(3.61)和式(3.67)表明分子直径与碰撞中的相对平动能通过式(3.68)关联:

$$d = \left[\frac{(15/8)(m/\pi)^{1/2}(kT_{\mathrm{ref}})^{\omega}}{\Gamma(9/2 - \omega_{12})\mu_{\mathrm{ref}}E_{\mathrm{t}}^{\omega - 1/2}} \right]^{1/2} \tag{3.68}$$

而且,上述推导也适用于总截面作为相对速度大小或相对平动能的函数。

在混合气体的情况下,可以对碰撞中的每种分子计算直径,总截面可以像方程式(2.31)那样,通过直径来计算。然而,更倾向于对不同分子之间的碰撞定义各自的 σ_{T} 和 ω。因此,从扩散系数得到的值或许比从黏性系数得到的值更合适。

在组分 1 和组分 2 两种分子组成的混合气体中,扩散系数的 Chapman-Enskog 一次展开为

$$D_{12} = \frac{(3/16)(2\pi kT/m_{\mathrm{r}})^{1/2}}{[m_{\mathrm{r}}/(2kT)]^3 \int_0^{\infty} c_{\mathrm{r}}^5 \sigma_{\mathrm{M}} \exp[-m_{\mathrm{r}}c_{\mathrm{r}}^2/(2kT)]\mathrm{d}c_{\mathrm{r}}} \tag{3.69}$$

对于硬球模型和可变硬球模型,由方程式(2.29)定义的动量截面等于总截面,这使得可变硬球模型扩散系数的表达式可以用温度 T_{ref} 时的参考截面 $(\sigma_{\mathrm{T,ref}})_{12}$ 来表示,即

$$D_{12} = \frac{(3/8)\pi^{1/2}(2kT/m_{\mathrm{r}})^{\omega_{12}}}{\Gamma(7/2 - \omega_{12})n(\sigma_{\mathrm{T,ref}})_{12}c_{\mathrm{r,ref}}^{2(\omega_{12} - 1/2)}} \tag{3.70}$$

对于硬球模型,式(3.70)简化为

$$D_{12} = \frac{3(2\pi kT/m_{\mathrm{r}})^{1/2}}{16n(\sigma_{\mathrm{T}})_{12}} \tag{3.71}$$

若两种气体组成的混合气体中碰撞截面由参考温度 T_{ref} 时的扩散系数 $(D_{12})_{\mathrm{ref}}$ 确定,则碰撞直径通过式(3.72)与相对平动能关联:

$$d_{12} = \left[\frac{(3/8)\,(2kT_{ref})^{\omega_{12}}}{\Gamma(7/2 - \omega_{12})\,(\pi m_r)^{1/2} n\,(D_{12})_{ref}\,(2E_t)^{\omega_{12}-1/2}} \right]^{1/2} \tag{3.72}$$

这一直径与将各组分基于黏性系数的直径代入方程式(2.31)定义的直径的典型区别如图3.3所示。该图是由氩气和氦气组成的混合气体,基于 Chapman 和 Cowling(1970)书中输运性质的值。如果用硬球模型代替可变硬球模型,则氩原子和氦原子的定常直径分别为 3.66×10^{-10} m 和 2.19×10^{-10} m。 由方程式(2.31)得到氩-氦碰撞对的有效直径为 2.93×10^{-10} m,而基于扩散系数的直径为 2.62×10^{-10} m。 上述偏离可能部分基于下列事实:扩散系数和黏性系数都是准确分析值的一次近似,而扩散系数由二次近似引入的修正要大于黏性系数。然而,可以肯定的是,基于黏性系数和基于扩散系数的直径之间的差距大部分是由于动量截面和黏性截面之间不正确的比例。VSS 模型的引入就是为了修正该比例,先前 VHS 模型的结果也可以对 VSS 模型进行推导。

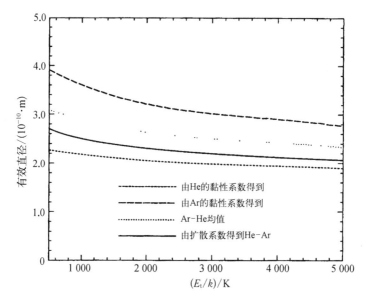

图 3.3　氩气-氦气混合气体基于可变硬球模型的有效分子直径

当用方程式(2.37)中 VSS 模型的黏性截面代替方程式(3.55)中可变硬球模型的值时,VSS 气体的黏性系数为

$$\mu = \frac{5(\alpha + 1)(\alpha + 2)\,(\pi m k)^{1/2}\,(4k/m)^{\upsilon} T^{1/2+\upsilon}}{16\alpha\Gamma(4 - \upsilon)\sigma_{T,\,ref} c_{r,\,ref}^{2\upsilon}} \tag{3.73}$$

因此,基于黏性系数的 VSS 分子直径为

$$d = \left[\frac{5(\alpha + 1)(\alpha + 2)(m/\pi)^{1/2}(kT_{ref})^{\omega}}{16\alpha\Gamma(9/2 - \omega)\mu_{ref}E_t^{\omega - 1/2}} \right]^{1/2} \qquad (3.74)$$

相同的过程可以给出 VSS 气体的扩散系数为

$$D_{12} = \frac{3(\alpha_{12} + 1)\pi^{1/2}(2kT/m_r)^{\omega_{12}}}{16\Gamma(7/2 - \omega_{12})n(\sigma_{T,ref})_{12}c_{r,ref}^{2(\omega_{12} - 1/2)}} \qquad (3.75)$$

进而得到基于扩散系数的直径为

$$d_{12} = \left[\frac{3(\alpha_{12} + 1)(2kT_{ref})^{\omega_{12}}}{16\Gamma(7/2 - \omega_{12})(\pi m_r)^{1/2}n(D_{12})_{ref}(2E_t)^{\omega_{12} - 1/2}} \right]^{1/2} \qquad (3.76)$$

Koura 和 Matsumoto(1992)给出了常见气体的 α 值,图 3.4 给出了它们在氦气和氩气 VSS 分子直径计算中的应用。现在,基于黏性系数和扩散系数的有效直径是相容的,明显 VSS 模型要比 VHS 模型高级一些。

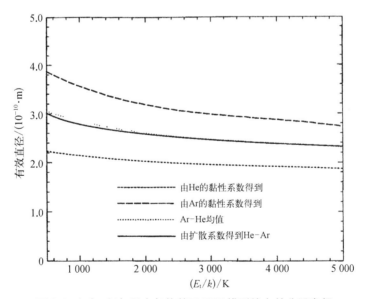

图 3.4　氩气-氦气混合气体基于 VSS 模型的有效分子直径

VHS 模型和 VSS 模型都用到了截面或直径与相对速度或碰撞能量的指数关系。截面随相对速度变化规律的其他选择也是存在的,特别有意思的是,Kuščer 的取法为

$$\sigma_T = \sigma_{T,\infty}(1 + 6kT_s/E_t) \qquad (3.77)$$

其中，T_s 为参考温度；$\sigma_{T,\infty}$ 为 $c_r \to \infty$ 时的总截面。该截面代入方程式（3.55）给出

$$\mu = \frac{5}{16} \frac{(\pi mkT)^{1/2}}{\sigma_{T,\infty}} \frac{T}{T + T_s} \tag{3.78}$$

上述黏性系数对温度的依赖关系与在相当大温度范围内能复现真实气体实验数据的 Sutherland 公式是相同的。Sutherland 模型是直径 σ_∞ 的硬球与幂律吸引力的组合。用方程式（3.60）的可变硬球模型代替硬球分量得到包含吸引力和排斥幂律的可变硬球模型，有

$$\sigma_T = \sigma_{T,\text{ref}} \left(\frac{E_{t,\text{ref}}}{E_t} \right)^{\omega - 1/2} \left(1 + \frac{6kT_s}{E_t} \right) \tag{3.79}$$

然而，该模型有 E_t 的两个指数项，其指数分别为 $-(\omega - 1/2)$ 和 $-(\omega + 1/2)$，不能复现如 Lennard-Jones 模型的行为。更倾向用具有下列截面的"广义 VHS（或 GHS）"模型（Hassan and Hash，1993）：

$$\frac{\sigma_T}{s_0^2} = \alpha_1 \left(\frac{E_t}{\varepsilon} \right)^{-\psi_1} + \alpha_2 \left(\frac{E_t}{\varepsilon} \right)^{-\psi_2} \tag{3.80}$$

其中，s_0 是势能为零时的半径；ε 与最大吸引力（或势阱）有关，参看图 1.3；ψ_1 和 ψ_2 自然是截面随相对能量变化的逆幂律，它们在物理上都是重要的；α_1 和 α_2 是用于更好拟合实验数据的无量纲数。式（3.80）引入的 6 个参数可以在代数上约化为 4 个，因此方程式（3.80）本质上是截面随相对速度变化的四参数模型。作为对比，硬球模型没有参数，可变硬球模型只有一个参数。该模型对应的由方程式（3.55）确定的黏性系数为

$$\mu = \frac{(5/8)(\pi mkT)^{1/2}/s_0^2}{(\alpha_1/3)\Gamma(4 - \psi_1)(kT/\varepsilon)^{-\psi_1} + (\alpha_2/3)\Gamma(4 - \psi_2)(kT/\varepsilon)^{-\psi_2}} \tag{3.81}$$

对于该模型，不可能定义参考截面或直径，当用于特定气体时，要给出方程式（3.80）中所有参数的值。如果方程式（3.80）中的常数 ψ_1 和 ψ_2 能当成如 Lennard-Jones 模型广泛应用的幂指数，则输运性质的现有数据库可用于这一目标。Lennard-Jones 模型中分子之间的作用力为

$$F = \frac{\kappa}{r^\eta} - \frac{\kappa'}{r^{\eta'}} \tag{3.82}$$

但是,黏性系数无法写成封闭形式。Chapman 和 Cowling(1970)指出,如果吸引的幂指数相对排斥弱一些(即 η' 明显小于 η),黏性系数的一个近似表达式为

$$\mu = \mu_0 \left[1 + S/T^{(\eta - \eta')(\eta - 1)} \right]^{-1} \tag{3.83}$$

其中,μ_0 是不包含吸引势的黏性系数;S 是模型中常数的函数。方程式(3.81)可写成

$$\mu = \frac{15 \, (\pi mkT)^{1/2} \, (kT/\varepsilon)^{\psi_1}}{8\alpha_1 \Gamma(4 - \psi_1) s_0^2} \left[1 + \frac{\alpha_2 \Gamma(4 - \psi_2)}{\alpha_1 \Gamma(4 - \psi_1)} \, (kT/\varepsilon)^{\psi_1 - \psi_2} \right]^{-1}$$

可以让该方程中第一部分 T 的指数等于方程式(3.66)中的指数;第二部分中 T 的指数等于方程式(3.83)中的指数,给出 ψ_1 和 ψ_2 作为 η 和 η' 的相关函数,其解为

$$\psi_1 = 2/(\eta - 1)$$

且

$$\psi_2 = (2 + \eta - \eta')/(\eta - 1) \tag{3.84}$$

因此,对于 $\eta = 13$ 和 $\eta' = 7$ 的 Lennard–Jones 6 - 12 势,截面表达式中的幂指数为 $\psi_1 = 1/6$ 和 $\psi_2 = 2/3$。混合气体中的截面参数可以通过扩散系数来确定。对于 GHS 模型,可以写成

$$D_{12} = \frac{(3/8) \, (2\pi kT/m_{\rm r})^{1/2}/(s_0^2 n)}{\alpha_1 \Gamma(3 - \psi_1) \, (kT/\varepsilon)^{-\psi_1} + \alpha_2 \Gamma(3 - \psi_2) \, (kT/\varepsilon)^{-\psi_2}} \tag{3.85}$$

Chapman–Enskog 分布函数本身可直接用于解决稀薄气体动力学中的很多问题。方程式(3.54)中常数 A 和 B 的取值使得方程式(3.52)可以写成

$$f = f_0 \left[1 - \frac{4K\beta^2}{5nk} \left(\beta^2 c'^2 - \frac{5}{2} \right) c' \cdot \frac{\partial(\ln T)}{\partial r} - \frac{4\mu\beta^4}{\rho} c'^{\circ} c' : \frac{\partial c_0}{\partial r} \right] \tag{3.86}$$

如果考虑来流方向在 x 方向且只在 y 方向存在梯度的特殊情况,则该方程的物理意义更加明显。此时,方程式(3.86)为

$$f = f_0 \left[1 - \frac{4K\beta^2 v'}{5nk} (\beta^2 c'^2 - 5/2) \frac{\partial(\ln T)}{\partial y} - \frac{4\mu\beta^3 su'v'}{\rho} \frac{\partial(\ln u_0)}{\partial y} \right] \tag{3.87}$$

Chapman–Enskog 理论要求两个扰动项小于 1,这一条件在热速度特别大时不成立,但是它们的比例以 $\exp(-\beta^2 c'^2)$ 衰减,其全局有效性可基于热速度对处

于 $1/\beta$ 量级的假设进行评估。

用更多项 Sonine 多项式展开可以确定更高次近似。Chapman 和 Cowling (1952)的书中表明,在二次近似中,黏性系数增大 $3(\eta-5)^2/[2(\eta-1)(101\eta-113)]$,热传导系数增大 $(\eta-5)^2/[4(\eta-1)(11\eta-13)]$。它们是数值常数,其范围从麦克斯韦分子对应的 0 到硬球分子对应的 0.014 9 和 0.022 7。但是,分布函数二次近似引入了额外项且这个项的数值变化要大一些。例如,考虑在 y 方向具有温度梯度的静止气体,一次近似可以通过将方程式(3.87)中第二项设为零得到,二次近似为

$$
\begin{aligned}
f = f_0\Bigg\{ 1 &- \frac{4}{5}\cdot\frac{1}{45\eta^2-106\eta+77}\big[-2(\eta-5)(\eta-1)\beta^4 c'^4 \\
&+ (59\eta^2-190\eta+147)\beta^2 c'^2 \\
&- 10(13\eta^2-37\eta+28)\big]\frac{K\beta^2 v'}{nk}\frac{\partial(\ln T)}{\partial y}\Bigg\}
\end{aligned}
\tag{3.88}
$$

其中,K 表示包含上述数值因子的二次近似。

单原子气体中的黏性剪切张量和热通量矢量用下标形式可分别写成

$$
\tau_{ij} = \mu\left(\frac{\partial u_i}{\partial x_j}+\frac{\partial u_j}{\partial x_i}\right)-\frac{2}{3}\delta_{ij}\mu\frac{\partial u_k}{\partial x_k}
\tag{3.89}
$$

和

$$
q_i = -K\frac{\partial T}{\partial x_i}
\tag{3.90}
$$

将这些关系代入守恒方程使它们成为确定性系统,得到连续介质气动力学 **Navier-Stokes 方程**的单原子气体形式。

由于上述输运性质表达式的推导只是基于 Chapman-Enskog 展开式(3.51)中的第一项,像 1.2 节中讨论的那样,Navier-Stokes 方程的适用性存在极限。该展开式中下一项的赋值得到非常复杂的高阶连续介质方程组,称为 **Burnett 方程**。越来越多的证据表明(Fiscko and Chapman,1989)Burnett 方程拓展了连续介质模型的适用范围,它可用于比 Navier-Stokes 方程适用范围更稀薄的气体。而且,即使在局部克努森数能使 Navier-Stokes 方程得到准确解的范围内,Burnett 方程也能提供气流更为精确的描述。

双组分混合气体中的扩散效应可以由扩散方程很好地解释。混合气体中每个组分的扩散速度由方程式(1.45)定义,它们的**相对扩散速度**(Chapman and

Cowling, 1970)可写成

$$
\boldsymbol{c}_1 - \boldsymbol{c}_2 = -\frac{n^2}{n_1 n_2} D_{12} \left[\nabla(n_1/n) + \frac{n_1 n_2 (m_2 - m_1)}{n\rho} \nabla(\ln p) \right.
$$

$$
\left. - \frac{\rho_1 \rho_2}{p\rho} (\boldsymbol{F}_1 - \boldsymbol{F}_2) + k_{\mathrm{T}} \nabla \ln T \right]
\tag{3.91}
$$

该方程右端括号里面有四项。第一项涉及**浓度梯度**,扩散使该梯度减小,其余三项基于增大浓度梯度的效果。第二项是**压强扩散**,其使得重气体和轻气体分别向高压区和低压区运动。第三项是**强制扩散**,其只在单位质量作用力 $\boldsymbol{F}$ 在两种组分的分子上不同时才出现。最后一项是**热扩散**,引入热扩散比率 k_{T}。热扩散是一个敏感的效应,其依赖分子大小的差异,且只在响应 Chapman-Enskog 理论的预测中出现。它使得大而(通常)重的分子向流场中较冷的区域迁移。虽然在膨胀中压强扩散和热扩散的作用是反向的,但是它们在通过冷钝体的超声速流动的滞流区中的作用是同向的,且在涉及大质量比、部分离解的气体中分离可能很明显。强制扩散在中性气体中一般可以忽略。

当边界条件或化学反应出现浓度梯度时,通常拓展 Navier-Stokes 方程以减小浓度梯度效应。但是,Navier-Stokes 描述几乎总是忽略引入浓度梯度的压强扩散和热扩散,它们甚至出现在组分均匀且没有化学反应的边界层中。这些分离效果在超声速气流中可能非常明显,忽略这些项可能导致明显的误差。

如前所述,包括更多项 Sonine 多项式的扩散系数的一次近似的修正,要明显大于给对应黏性系数和热传导系数带来的修正。如同 Chapman 和 Cowling (1970)讨论过的,修正可能高达 13%。修正不仅是数值因子,而且将组分数比或浓度引入为扩散系数依赖的参数。后一点为通过 Navier-Stokes 方程的连续介质表述增加了额外的难度。

参考文献

BOLTZMANN, L. (1872). *Sber. Akad. Wiss. Wien. Abt. II* 66, 275.

CHAPMAN, S. and COWLING, T.G. (1952). *The mathematical theory of non-uniform gases* (2nd edition). Cambridge University Press.

CHAPMAN, S. and COWLING, T.G. (1970). *The mathematical theory of non-uniform gases* (3rd edition). Cambridge University Press.

CERCIGNANI, C. (1969). *Mathematical methods in kinetic theory*. Plenum Press, New York.

FISCKO, K.A. and CHAPMAN. D.R. (1989). Comparison of Burnett, Super-Burnett and Monte Carlo simulations for hypersonic shock structures. *Prog. in Aero. and Astro.* 118-374-395.

GRAD, H. (1958). In *Encyclopaedia of Physics* (ed S. Flugge) vol. XII, p205. Springer-Verlag, Berlin.

HARRIS, S. (1971). *An introduction to the theory of Boltzmann equation.* Holt, Rinehart, and Winston, New York.

HASSAN, H.A. and HASH, D.B. (1993). A generalized hard-sphere model for Monte Carlo simulation. *Phys. Fluid A* 5, 738-744.

KENNARD, E.H. (1938). *Kinetic theory of gases.* McGraw-Hill, New York.

KOURA, K. and MATSUMOTO, H. (1992). Variable soft sphere molecular model for air species. *Phys. Fluid A* 4, 1083-1085.

MAXWELL, J.C. (1867). *Phil. Trans. Soc.* 157, 49.

PHAM-VAN-DIEP, G.C., ERWIN, D.A., and MUNTZ. E.P. (1991). Testing continuum descriptions of low Mach number shock structures. *J. Fluid Mech.* 232, 403-413.

VINCENTI, W.G. and KRUGER, C.H. (1965). *Introduction to physical gas dynamics.* Wiley, New York.

第4章

平衡气体性质

4.1 空间性质

3.4 节得到的平衡态分布函数可以总结为

$$f_0 = (\beta^3/\pi^{3/2})\exp(-\beta^2 c'^2) \tag{4.1}$$

其中,

$$\beta = (2RT)^{-1/2} = [m/(2kT)]^{1/2}$$

位于 c' 处且在体积为 $\mathrm{d}c$ 的速度空间微元内的分子所占比例由方程式(3.1)给定为

$$\frac{\mathrm{d}N}{N} = \frac{\mathrm{d}n}{n} = (\beta^3/\pi^{3/2})\exp(-\beta^2 c'^2)\mathrm{d}c \tag{4.2}$$

特有速度或称热速度 $c' = c - c_0$。因此,在笛卡儿坐标系 (u, v, w) 中,速度分量在 $u \sim u + \mathrm{d}u$、$v \sim v + \mathrm{d}v$、$w \sim w + \mathrm{d}w$ 的分子所占比例为

$$\frac{\mathrm{d}n}{n} = (\beta^3/\pi^{3/2})\exp\{-\beta^2[(u-u_0)^2 + (v-v_0)^2 + (w-w_0)^2]\}\mathrm{d}u\mathrm{d}v\mathrm{d}w \tag{4.3}$$

在随来流速度运动的参考系中,**极坐标**为 (c', θ, ϕ),速度空间微元的体积为

$$c'^2\sin\theta\mathrm{d}\theta\mathrm{d}\phi\mathrm{d}c'$$

速度在 $c' \sim (c' + \mathrm{d}c')$、纬度角在 $\theta \sim (\theta + \mathrm{d}\theta)$、经度角在 $\phi \sim (\phi + \mathrm{d}\phi)$ 的分子

所占比例为

$$\frac{\mathrm{d}n}{n} = (\beta^3/\pi^{3/2})c'^2\exp(-\beta^2 c'^2)\sin\theta\mathrm{d}\theta\mathrm{d}\phi\mathrm{d}c' \tag{4.4}$$

不考虑方向，速度在 $c' \sim (c' + \mathrm{d}c')$ 的分子所占的比例可以通过对 ϕ 在 $0\sim 2\pi$、θ 在 $0\sim\pi$ 进行积分得到，为

$$(4/\pi^{1/2})\beta^3 c'^2\exp(-\beta^2 c'^2)\mathrm{d}c' \tag{4.5}$$

可以定义分布函数 f_c'，使得速度在 $c' \sim (c' + \mathrm{d}c')$ 的分子所占的比例为 $f_c'\mathrm{d}c'$。方程式(4.5)表明

$$f_c' = (4/\pi^{1/2})\beta^3 c'^2\exp(-\beta^2 c'^2) \tag{4.6}$$

分布函数 f_c' 如图 4.1 所示，其在 c' 为 0 时取 0，在 $\beta c'^2$ 为 1 时达到最大值，然后随着 c' 的增大而衰减。参数 β 为**最概然分子热速率** c_m' 的倒数，即

$$c_\mathrm{m}' = 1/\beta \tag{4.7}$$

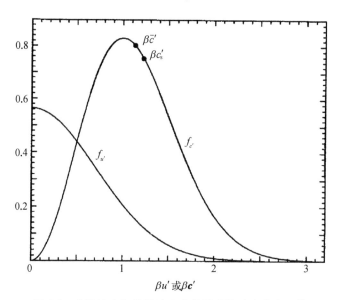

图 4.1　分子速度和分子速度分量的平衡速度分布函数

任何依赖分子速率的量的平均可以通过将方程式(3.3)应用于热速率分布函数 f_c' 得到。**平均热速率** $\overline{c'}$ 为

$$\overline{c'} = \int_0^\infty c' f_c'\mathrm{d}c' = (4/\pi^{1/2})\beta^3\int_0^\infty c'^3\exp(-\beta^2 c'^2)\mathrm{d}c'$$

或由附录 B 中的标准积分有

$$\overline{c'} = \frac{2}{\pi^{1/2}\beta} = \frac{2}{\pi^{1/2}} c'_m \tag{4.8}$$

均方热速率在方程式(3.48)中通过用 T 对 β 赋值得到,为

$$c'_s = (3/2)^{1/2}(1/\beta) = (3/2)^{1/2} c'_m = (3\pi/8)^{1/2} \overline{c'} \tag{4.9}$$

顺序 $c'_s > \overline{c'} > c'_m$ 是分布函数高速"尾翼"的结果。热速率大于某个值 c' 的分子所占的比例,可以通过对方程式(4.5)从 $c' \sim \infty$ 积分得到,即

$$(4/\pi^{1/2})\beta^3 \int_{c'}^{\infty} c'^2 \exp(-\beta^2 c'^2) dc'$$

再次用到附录 B 中的标准积分,该比例为

$$1 + (2/\pi^{1/2})\beta c' \exp(-\beta^2 c'^2) - \mathrm{erf}(\beta c') \tag{4.10}$$

残差函数

$$\mathrm{erf}(\alpha) = \frac{2}{\pi^{1/2}} \int_0^{\alpha} \exp(-x^2) dx \tag{4.11}$$

将经常用到,附录 B 给出了该函数的列表值、极限值、级数表示和有理近似。

某个速度分量在给定范围内且不考虑其他分量大小的分子所占的比例,可以通过方程式(4.2)对这些分量积分得到。例如,x 方向热速度分量在 $u' \sim (u' + du')$ 的分子所占比例为

$$(\beta/\pi^{1/2})^3 \int_{-\infty}^{\infty} \int_{-\infty}^{\infty} \exp[-\beta^2(u'^2 + v'^2 + w'^2)] du'dv'dw'$$

或

$$(\beta/\pi^{1/2}) \exp(-\beta^2 u'^2) du' \tag{4.12}$$

因此,热速度分量的分布函数为

$$f_{u'} = (\beta/\pi^{1/2}) \exp(-\beta^2 u'^2) \tag{4.13}$$

该函数也在图 4.1 中给出。由于速度分布函数 f 关于代表来流速度的点球对称,所以指定热速度分量的最概然值为 0。x 正方向热速度的均值可由只在该方向运动的分子平均得到,即

$$\int_0^\infty u' f_{u'} \mathrm{d}u' \Big/ \int_0^\infty f_{u'} \mathrm{d}u' = 2(\beta/\pi^{1/2}) \int_0^\infty u' \exp(-\beta^2 u'^2) \mathrm{d}u' = \frac{1}{\pi^{1/2}\beta}$$

(4.14)

该结果与方程式(4.8)相比,为 $\overline{c'}/2$。

可以在随来流运动的参考系中定义运动的**柱坐标**,其 x 方向的轴向热速度分量为 c_x',径向速度分量为 c_n',径向角为 ϕ。速度微元的体积为 $c_n'\mathrm{d}\phi\mathrm{d}c_n'\mathrm{d}c_x'$,且径向角在 $\phi \sim \phi + \mathrm{d}\phi$、径向速度分量在 $c_n' \sim c_n' + \mathrm{d}c_n'$、轴向速度分量在 $c_x' \sim c_x' + \mathrm{d}c_x'$ 的分子所占的比例为

$$\frac{\mathrm{d}n}{n} = (\beta^3/\pi^{3/2}) c_n' \exp[-\beta^2(c_x'^2 + c_n'^2)] \mathrm{d}\phi\mathrm{d}c_n'\mathrm{d}c_x'$$

(4.15)

因此,轴向热速度分量的分布函数与笛卡儿坐标中任何分量的分布函数相同,而径向热速度分量的分布为

$$f_{c_n'} = 2\beta^2 c_n' \exp(-\beta^2 c_n'^2)$$

(4.16)

式(4.16)表明最概然径向速度分量是 $1/(2^{1/2}\beta)$,而平均径向速度分量为 $\pi^{1/2}/(2\beta)$。

速度分布函数的高速"尾翼"与很多实际问题有关。由方程式(4.6)可以计算出热速率大于 c_c 的分子所占的比例为

$$\frac{\mathrm{d}n}{n} = \frac{4\beta^3}{\pi^{1/2}} \int_{c_c}^\infty c'^2 \exp(-\beta^2 c'^2) \mathrm{d}c'$$

或

$$\frac{\mathrm{d}n}{n} = 1 - \mathrm{erf}(\beta c_c) + \frac{2}{\pi^{1/2}}\beta c_c \exp(-\beta^2 c_c^2)$$

(4.17)

对于较大的 βc_c,指数项是最主要的,由方程式(B.34)有

$$\frac{\mathrm{d}n}{n} = \frac{1}{\pi^{1/2}} \exp(-\beta^2 c_c^2) \left(2\beta c_c + \frac{1}{\beta c_c} - \frac{1}{2\beta^3 c_c^3} + \cdots\right)$$

(4.18)

在 $\beta c_c = 2$ 时,该比例近似为 0.046;在 $\beta c_c = 3$ 时,该比例为 0.000 44;但在 $\beta c_c = 5$ 时,该比例衰减到 8.0×10^{-11};在 $\beta c_c = 10$ 时,该比例为 4.2×10^{-43}。

对于处于平衡态的混合气体,本节的方程可以分别应用于混合气体中的每个分子组分。

4.2 通量性质

现在考虑平衡气体中通过面元的分子量的通量,来流速度 c_0 以与表面法向 e 成 θ 角入射,如图 4.2 所示。不失一般性地,可选笛卡儿坐标系使得来流速度在 xy 平面,面元在 yz 平面内,x 轴为 e 的反方向。

每个分子具有速度分量:

$$u = u' + c_0 \cos\theta$$
$$v = v' + c_0 \sin\theta \qquad (4.19)$$
$$w = w'$$

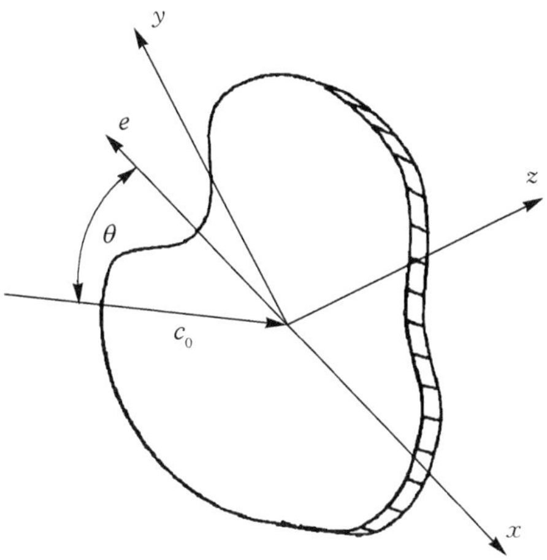

图 4.2 穿过面元分子通量分析的坐标系统

由方程式(1.20),某个量 Q(即负 e 或正 x 方向的)的**流入通量**为

$$n\,\overline{Qu} \quad \text{或} \quad n\int_{-\infty}^{\infty}\int_{-\infty}^{\infty}\int_{0}^{\infty} Quf\,dudvdw \qquad (4.20)$$

这里只考虑沿正 x 方向运动的分子。对于平衡气体,可以将函数 f_0 代入方程式(4.1),给出量 Q 单位面积、单位时间穿过面元的流入通量为

$$\frac{n\beta^3}{\pi^{3/2}}\int_{-\infty}^{\infty}\int_{-\infty}^{\infty}\int_{0}^{\infty} Qu\exp\left[-\beta^2(u'^2 + v'^2 + w'^2)\right]dudvdw$$

方程式(4.19)使得上式可以写成来流速度和热速度分量的形式,即

$$\frac{n\beta^3}{\pi^{3/2}}\int_{-\infty}^{\infty}\int_{-\infty}^{\infty}\int_{0}^{\infty} Q(u' + c_0\cos\theta)\exp\left[-\beta^2(u'^2 + v'^2 + w'^2)\right]du'dv'dw'$$

$$(4.21)$$

面元的**流入粒子数通量** $\dot{N_{\mathrm{i}}}$ 可以通过在式(4.21)中取 $Q = 1$ 得到,积分中的变量可以分离,给出

$$\dot{N}_{\mathrm{i}} = \frac{n\beta^3}{\pi^{3/2}} \int_{-\infty}^{\infty} \exp(-\beta^2 w'^2)\, dw' \int_{-\infty}^{\infty} \exp(-\beta^2 v'^2)\, dv'$$

$$\times \int_{-c_0\cos\theta}^{\infty} (u' + c_0\cos\theta)\exp(-\beta^2 u'^2)\, du'$$

附录 B 中的标准积分使得上式可以写成

$$\beta\dot{N}_{\mathrm{i}}/n = \{\exp(-s^2\cos^2\theta) + \pi^{1/2}s\cos\theta[1 + \mathrm{erf}(s\cos\theta)]\}/(2\pi^{3/2}) \tag{4.22}$$

其中,

$$s = \beta c_0 = c_0/c_{\mathrm{m}}' = c_0/(2RT)^{1/2} \tag{4.23}$$

称为**分子速率比**。

对于静止气体,s 和 c_0 都为 0,式(4.22)约化为 $\beta\dot{N}_{\mathrm{i}}/n = 1/(2\pi^{1/2})$;或由方程式(4.8)且注意到 $c = c'$,有

$$\dot{N}_{\mathrm{i}} = n\bar{c}/4 \tag{4.24}$$

该结果可以从方程式(4.14)对应的静止气体得到物理解释。它表明平均速度分量对正向运动的分子进行平均等于平均分子速率的 1/2。只有 1/2 的分子具有指定方向的正向速度分量,在指定方向上单位时间内通过单位面积的粒子数通量为 $n\bar{c}/4$。

流入法向动量通量 p_{i} 可以通过设置 $Q = mu = m(u' + c_0\cos\theta)$ 得到,即

$$p_{\mathrm{i}} = \frac{nm\beta^3}{\pi^{3/2}} \int_{-\infty}^{\infty} \exp(-\beta^2 w'^2)\, dw' \int_{-\infty}^{\infty} \exp(-\beta^2 v'^2)\, dv'$$

$$\times \int_{-c_0\cos\theta}^{\infty} (u' + c_0\cos\theta)^2 \exp(-\beta^2 u'^2)\, du' \tag{4.25}$$

或

$$\beta^2 p_{\mathrm{i}}/\rho = \left\{ s\cos\theta\exp(-s^2\cos^2\theta) + \pi^{1/2}[1 + \mathrm{erf}(s\cos\theta)]\left(\frac{1}{2} + s^2\cos^2\theta\right) \right\} \Big/ (2\pi^{1/2})$$

对于静止气体,上式给出

$$p_{\mathrm{i}} = \rho/(4\beta^2) = \rho RT/2 = p/2$$

这与平衡气体中预期的一致,毕竟流入的分子贡献了 1/2 的压强。类似地,**流入平行动量通量**可以通过设置 $Q = mv = m(v' + c_0\sin\theta)$ 得到,积分为

$$\tau_i = \frac{nm\beta^3}{\pi^{3/2}} \int_{-\infty}^{\infty} \exp(-\beta^2 w'^2)\,dw' \int_{-\infty}^{\infty} (v' + c_0\sin\theta)\exp(-\beta^2 v'^2)\,dv'$$

$$\times \int_{-c_0\cos\theta}^{\infty} (u' + c_0\cos\theta)\exp(-\beta^2 u'^2)\,du'$$

且最终结果为

$$\beta^2 \tau_i/\rho = s\sin\theta\{\exp(-s^2\cos^2\theta) + \pi^{1/2}s\cos\theta[1 + \mathrm{erf}(s\cos\theta)]\}/(2\pi^{1/2})$$

$$= s\sin\theta(\beta\dot{N}_i)/n$$

$$(4.26)$$

由于分布函数具有对称性,静止气体中的平行动量通量自然是零。

最后,**流入平动能通量** $q_{i,\,tr}$ 通过将方程式(4.21)中 Q 设置为 $Q = 1/2mc^2 = 1/2m(u^2 + v^2 + w^2)$ 得到,即

$$q_{i,\,tr} = \frac{nm\beta^3}{2\pi^{3/2}} \int_{-\infty}^{\infty}\int_{-\infty}^{\infty}\int_{-c_0\cos\theta}^{\infty} [(u' + c_0\cos\theta)^2 + (v' + c_0\sin\theta)^2 + w'^2](u'$$

$$+ c_0\cos\theta) \times \exp[-\beta^2(u'^2 + v'^2 + w'^2)]\,du'dv'dw'$$

或

$$\beta^2 q_{i,\,tr}/\rho = \left\{(s^2 + 2)\exp(-s^2\cos^2\theta)\right.$$

$$\left. + \pi^{1/2}s\cos\theta\left(s^2 + \frac{s}{2}\right)[1 + \mathrm{erf}(s\cos\theta)]\right\}\Big/(4\pi^{1/2})$$

$$(4.27)$$

对于静止气体,有

$$\beta^3 q_{i,\,tr}/\rho = 1/(2\pi^{1/2})$$

$$(4.28)$$

与粒子数和动量通量不同,能量通量会由于内能的出现而不同。对无反应的平衡气体,比内能由方程式(1.31)给定为 $e_{\mathrm{int}} = \zeta/(2RT)$,其中,$\zeta$ 是内自由度的数目。其可以通过式(4.29)与比热比关联,$\gamma = (\zeta + 5)/(\zeta + 3)$,因此

$$\zeta = (5 - 3\gamma)/(\gamma - 1)$$

$$(4.29)$$

流入内能通量等于粒子数通量 $\dot{N}_i$ 与每个分子的平均内能的乘积,由方程式(1.31)、式(4.22)和式(4.29)有

$$\beta^3 q_{i,\,\mathrm{int}}/\rho = [(5 - 3\gamma)/(\gamma - 1)]\{\exp(-s^2\cos^2\theta)$$

$$+ \pi^{1/2}s\cos\theta[1 + \mathrm{erf}(s\cos\theta)]\}/(8\pi^{1/2})$$

$$(4.30)$$

总能量通量通过方程式(4.27)对应的 $q_{i, tr}$ 与方程式(4.30)对应的 $q_{i, int}$ 求和得到,为

$$\beta^3 q_i/\rho = \{[2s^2 + (\gamma + 1)/(\gamma - 1)]\exp(-s^2\cos^2\theta)$$
$$+ 2\pi^{1/2}s\cos\theta[s^2 + \gamma/(\gamma - 1)] \times [1 + \mathrm{erf}(s\cos\theta)]\}/(8\pi^{1/2}) \tag{4.31}$$

对于静止气体,有

$$\beta^3 q_i/\rho = [(\gamma + 1)/(\gamma - 1)]/(8\pi^{1/2}) \tag{4.32}$$

静止单原子气体中通过面元的分子的平均能量由 $s = 0$ 时的 q_i/N_i 得到,为 m/β^2。空间微元中每个分子的能量由方程式(1.29)给定为 $3/(2mRT)$ 或 $3m/(4\beta^2)$。通过面元的分子的平均能量是空间微元中分子平均能量的 $4/3$ 倍,其物理解释是,给定时间内高速分子通过面元的概率大于低速分子。这是由于当内自由度 $\zeta = 4$ 而不是 $\zeta = 3$ 时,方程式(4.32)对应的总能量通量恰好是方程式(4.28)对应的平动能通量的 2 倍。

上述 $\dot{N}_i$ 的方程经常在自由分子气体的分子溢出中进行推导,其将在第 5 章进行详细讨论。其余关于 p_i、τ_i 和 q_i 的方程一般在自由分子气动力学中引入,它们分别代表到固体表面微元的压强、剪切应力和热通量。但是,必须强调的是,这些方程适用于任何密度下平衡气体中通过面元的通量,它们还是重要的参考量。

平衡气体中分子粒子数通量的一般表现如图 4.3 所示。若 $s\cos\theta \to \infty$,$\exp(-s^2\cos^2\theta) \to 0$ 且 $\mathrm{erf}(s\cos\theta) \to 0$,方程式(4.22)的超声速形式为

$$\beta\dot{N}_i/n = s\cos\theta$$

或

$$\dot{n}_i = nc_0\cos\theta \tag{4.33}$$

如果忽略热速度分量且只考虑来流速度带来的通量,上述方程可由第一性原理推导出来,方程式(4.26)表明 $\beta^2\tau_i/(\rho s\sin\theta) = \beta\dot{N}_i/n$,则平行动量通量的表现也在图 4.3 中呈现。热速度分量的效应在 $s\cos\theta = 1$ 时很小,此时 $\beta\dot{N}_i/n = 1.02513$;在 $s\cos\theta = 2$ 时可以忽略,此时 $\beta\dot{N}_i/n = 2.00049$。

当 $s\cos\theta$ 为大的负值时,反向极限也很重要,其称为热倒流极限。方程式(4.22)的数值赋值可能很困难,因为净通量是两个大项之差,但这个困难可利用方程式(B.34)的级数展开代替残差函数来克服。热倒流极限的主项是

$$\beta\,\dot{N}_{i}/n = \beta^{2}\tau_{i}/(\rho s\sin\theta) = \exp(-s^{2}\cos^{2}\theta)/(4\,\pi^{1/2}s^{2}\cos^{2}\theta) \qquad (4.34)$$

该极限也在图 4.3 中绘出。由图 4.3 可以看出,趋于热倒流极限要比趋于超声速极限缓慢。

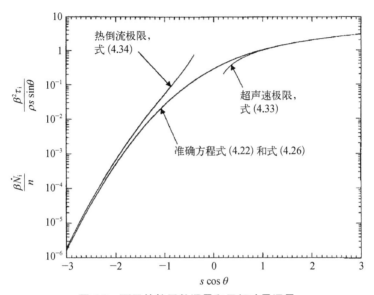

图 4.3　面元的粒子数通量和平行动量通量

图 4.4 给出了无量纲正则(法向)动量通量 $\beta^{2}p_{i}/\rho$ 的类似结论。方程式 (4.25)表明随着指数项和残差函数项分别趋于 0 和 1,超声速极限为

$$\beta^{2}p_{i}/\rho = \frac{1}{2} + s^{2}\cos^{2}\theta$$

或

$$\frac{p_{i}}{\frac{1}{2}\rho c_{0}^{2}} = \frac{1}{s^{2}} + 2\cos^{2}\theta \qquad (4.35)$$

对于自由分子气动力学,随着 s 远大于 1,入射压强系数趋于极限值 $2\cos^{2}\theta$。当 $s\cos\theta > 2$ 时,该值与准确值的差别很小。在热倒流极限中,入射法向动量通量的主项为

$$\beta^{2}p_{i}/\rho = -\exp(-s^{2}\cos^{2}\theta)/(4\,\pi^{1/2}s^{3}\cos^{3}\theta) \qquad (4.36)$$

图 4.4 再次表明趋于该极限要比趋于超声速极限缓慢一些。

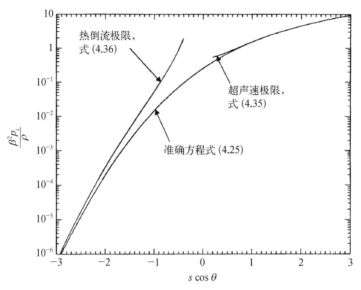

图 4.4 面元的法向动量通量

能量通量要更复杂一些,其独立地依赖 s 和 θ, 而不依赖 $s\cos\theta$, 其还依赖内自由度的数目。内能通量可写成

$$\beta^3 q_{i,int}/\rho = (\zeta/4)\beta\,\dot{N}_i/n \tag{4.37}$$

其表现也在图 4.3 中给出。方程式(4.27)的超声速极限为

$$\beta^3 q_{i,tr}/\rho = \frac{s}{2}\cos\theta(s^2 + 5/2)$$

或

$$q_{i,tr}\Big/\left(\frac{1}{2}\rho c_0^3\right) = \cos\theta\left(1 + \frac{5}{2s^2}\right) \tag{4.38}$$

作为 s 和 θ 的函数,平动能通量的表现如图 4.5 所示。需要注意的是,当 s 远大于 1 时,热传输强烈依赖入射角,特别是接近平行流动的时候(即 θ 接近 $90°$)。

在很多问题中需要穿过面元分子的角分布。方程式(4.4)的积分给出了静止气体中具有速率 $c \sim (c + \mathrm{d}c)$, 角度 $\theta \sim (\theta + \mathrm{d}\theta)$ 且轴向垂直于面元的分子数为

$$\mathrm{d}n = 2\pi^{-1/2}n\beta^3 c^2\exp(-\beta^2 c^2)\sin\theta\mathrm{d}\theta\mathrm{d}c$$

这些源于面元的分子通量由该数目与垂直面元的速度分量 $c\cos\theta$ 的乘积得到,即

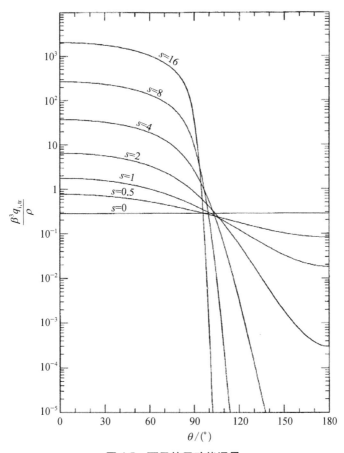

图 4.5 面元的平动能通量

$$\mathrm{d}\dot{N} = 2\pi^{-1/2}n\beta^3c^3\exp(-\beta^2c^2)\sin\theta\cos\theta\mathrm{d}\theta\mathrm{d}c \qquad (4.39)$$

对应的二维结果可以从方程式(4.15)对轴向速度所有值积分得到。径向速度在 $c_n \sim (c_n + \mathrm{d}c_n)$、径向角在 $\phi \sim (\phi + \mathrm{d}\phi)$（与二维面元）的分子通量为

$$\mathrm{d}\dot{N} = \pi^{-1}n\beta^2c_n^2\exp(-\beta^2c_n^2)\cos\phi\mathrm{d}\phi\mathrm{d}c_n \qquad (4.40)$$

本节中的方程也适用于混合气体的每个组分。

4.3 简单气体中的碰撞量

第 1 章得到了稀疏气体中碰撞频率和平均自由程的一般表达式,它们涉及总碰撞截面与相对速度大小的乘积的均值。碰撞截面一般是相对速度的函数，而且这些表达式的赋值要用到相对速度任意 j 次幂的均值。

二体碰撞中的相对速度为 $\boldsymbol{c}_r = \boldsymbol{c}_1 - \boldsymbol{c}_2$，其中，下标 1 和 2 表示碰撞涉及的两个分子。假设分子混沌，两粒子分布函数等于两个单粒子分布函数 f_1 和 f_2 的乘积。因此，所要求的均值为

$$\overline{c_r^j} = \int_{-\infty}^{\infty} \int_{-\infty}^{\infty} c_r^j f_1 f_2 \mathrm{d}c_1 \mathrm{d}c_2$$

且由平衡气体的方程式(4.1)有

$$\overline{c_r^j} = \frac{(m_1 m_2)^{3/2}}{(2\pi kT)^3} \int_{-\infty}^{\infty} \int_{-\infty}^{\infty} c_r^j \exp\left[-(m_1 c_1^2 + m_2 c_2^2)/(2kT) \right] \mathrm{d}c_1 \mathrm{d}c_2$$

如果将变量由 $\boldsymbol{c}_1$ 和 $\boldsymbol{c}_2$ 分别变为 $\boldsymbol{c}_r$ 和 $\boldsymbol{c}_m$，则上式积分的赋值将容易得多。变换的雅可比矩阵为

$$\frac{\partial(u_1, v_1, w_1, u_2, v_2, w_2)}{\partial(u_r, v_r, w_r, u_m, v_m, w_m)}$$

考虑到方程式(2.3)和式(2.4)的对称性，只要求出一维雅可比行列式就足够了。以 x 方向为例，

$$\frac{\partial(u_1, u_2)}{\partial(u_r, u_m)} = \begin{vmatrix} \dfrac{\partial u_1}{\partial u_r} & \dfrac{\partial u_1}{\partial u_m} \\[2mm] \dfrac{\partial u_2}{\partial u_r} & \dfrac{\partial u_2}{\partial u_m} \end{vmatrix}$$

或利用方程式(2.4)有

$$\frac{\partial(u_1, u_2)}{\partial(u_r, u_m)} = \begin{vmatrix} \dfrac{m_2}{m_1 + m_2} & 1 \\[2mm] \dfrac{-m_1}{m_1 + m_2} & 1 \end{vmatrix} = 1$$

因此，完整的雅可比行列式为 1 且上面积分中的 $\mathrm{d}c_1 \mathrm{d}c_2$ 可以用 $\mathrm{d}c_r \mathrm{d}c_m$ 代替。由方程式(2.6)有

$$m_1 c_1^2 + m_2 c_2^2 = (m_1 + m_2)c_m^2 + m_r c_r^2$$

其中, m_r 为折合质量。鉴于积分与 $\boldsymbol{c}_r$ 和 $\boldsymbol{c}_m$ 的方向无关,速度空间微元可以写成极坐标的形式。对所有经度角和纬度角进行积分,有

$$\mathrm{d}c_r = 4\pi c_r^2 \mathrm{d}c_r \text{ 且 } \mathrm{d}c_m = 4\pi c_m^2 \mathrm{d}c_m$$

因此,

$$\overline{c_r^j} = \frac{2\ (m_1 m_2)^{3/2}}{\pi\ (kT)^3} \int_0^\infty \int_0^\infty c_r^{j+2} c_m^2 \exp\{ -[(m_1 + m_2) c_m^2 + m_r c_r^2]/(2kT) \} \mathrm{d}c_m \mathrm{d}c_r$$

或

$$
\begin{aligned}
\overline{c_r^j} = & \frac{2\ (m_1 m_2)^{3/2}}{\pi\ (kT)^3} \int_0^\infty c_m^2 \exp\{ -(m_1 + m_2) c_m^2/(2kT) \} \mathrm{d}c_m \\
& \times \int_0^\infty c_r^{j+2} \exp[-m_r c_r^2/(2kT)] \mathrm{d}c_r
\end{aligned}
\tag{4.41}
$$

注意, $\boldsymbol{c}_m$ 和 $\boldsymbol{c}_r$ 的分布函数可以由方程式(4.41)写出,即

$$f_{c_m} = \frac{4\ (m_1 + m_2)^{3/2}}{\pi^{1/2}\ (2kT)^{3/2}} c_m^2 \exp[-(m_1 + m_2) c_m^2/(2kT)] \tag{4.42}$$

和

$$f_{c_r} = \frac{4\ m_r^{3/2}}{\pi^{1/2}\ (2kT)^{3/2}} c_r^2 \exp[-m_r c_r^2/(2kT)] \tag{4.43}$$

附录 B 中的标准积分由方程式(4.43)给出

$$\overline{c_r^j} = (2/\pi^{1/2}) \Gamma[(j+3)/2]\ (2kT/m_r)^{j/2} \tag{4.44}$$

当 $j = 1$ 时,可以得到相对速度的均值为

$$\overline{c_r} = (2/\pi^{1/2})\ (2kT/m_r)^{1/2} \tag{4.45}$$

对于简单气体有 $m_r = m/2$,方程式(4.8)可将该值与单个分子的平均热速率联系,其结果为

$$\overline{c_r} = 2^{3/2}/(\pi^{1/2}\beta) = 2^{1/2}\ \overline{c'} \tag{4.46}$$

注意,该式也是**碰撞**中相对速度的均值,但其只适用于硬球分子的特殊情况。其他分子模型的总截面是相对速度的函数,碰撞中的均值受该函数的影响。平衡气体中的碰撞频率和平均自由程还依赖分子模型。

方程式(4.44)可与碰撞频率的方程式(1.10)结合。考虑到方程式(3.60)和

式(3.67)对可变硬球模型的定义,可以得到平衡气体中每个 VHS 分子或 VSS 分子的碰撞频率为

$$\nu_0 = n\sigma_{T,ref} c_{r,ref}^{2\omega-1} \frac{2}{\pi^{1/2}} \Gamma(5/2 - \omega) \left(\frac{2kT}{m_r}\right)^{1-\omega} \tag{4.47}$$

由于 GHS 模型的截面不是相对速度的指数函数,上述分析不适用于 GHS 模型。但是,其相对速率和碰撞截面的均值可写成

$$\overline{\sigma_T c_r} = \int_{-\infty}^{\infty} \int_{-\infty}^{\infty} \sigma_T \boldsymbol{c} f_1 f_2 \mathrm{d}c_1 \mathrm{d}c_2$$

$$= \frac{(m_1 m_2)^{3/2}}{(2\pi kT)^3} \int_{-\infty}^{\infty} \int_{-\infty}^{\infty} \sigma_T \boldsymbol{c}_r \exp[-(m_1 c_1^2 + m_2 c_2^2)/(2kT)] \mathrm{d}c_1 \mathrm{d}c_2$$

可按与 VHS 分子和 VSS 分子中完全相同的方式进行变量变换,其结果可写成

$$\overline{\sigma_T c_r} = \left(\frac{2}{\pi}\right)^{1/2} \frac{m_r}{kT} \int_0^{\infty} \sigma_T c_r^3 \exp[-m_r c_r^2/(2kT)] \mathrm{d}c_r \tag{4.48}$$

GHS 模型的截面由方程式(3.80)给出,方程式(4.48)的积分可给出平衡 GHS 气体中的碰撞频率为

$$\nu_0 = 2s_0^2 \left(\frac{2kT}{\pi m_r}\right)^{1/2} \left[\alpha_1 \left(\frac{kT}{\varepsilon}\right)^{-\psi_1} \Gamma(2 - \psi_1) + \alpha_2 \left(\frac{kT}{\varepsilon}\right)^{-\psi_2} \Gamma(2 - \psi_2)\right] \tag{4.49}$$

方程式(3.73)使得方程式(4.47)中 VSS 分子的碰撞频率的参考值可以写成黏性系数的形式,即

$$\nu_0 = \frac{5(\alpha + 1)(\alpha + 2)}{2\alpha(5 - 2\omega)(7 - 2\omega)} \frac{\rho}{\mu} \tag{4.50}$$

单位时间、单位体积内的碰撞次数由方程式(1.11)给定为

$$N_{c,0} = \frac{5(\alpha + 1)(\alpha + 2)}{2\alpha(5 - 2\omega)(7 - 2\omega)} \frac{np}{\mu} \tag{4.51}$$

方程式(1.12)和方程式(4.8)给出平衡平均自由程为

$$\lambda_0 = \frac{4\alpha(5 - 2\omega)(7 - 2\omega)}{5(\alpha + 1)(\alpha + 2)} \left(\frac{m}{2\pi kT}\right)^{1/2} \frac{\mu}{\rho}$$

$$= \frac{4\alpha(5 - 2\omega)(7 - 2\omega)}{5\pi^{1/2}(\alpha + 1)(\alpha + 2)} \frac{\beta\mu}{\rho} \tag{4.52}$$

若取 $\omega = 1/2$ 和 $\alpha = 1$，则可得到简单硬球的结果。总截面是常数，可由方程式（4.45）和式（1.10）直接写出碰撞频率的表达式为

$$\nu_0 = 2^{1/2} \sigma_{\mathrm{T}} n \, \overline{c'} = \frac{4}{\pi^{1/2}} \sigma_{\mathrm{T}} n \left(\frac{kT}{m} \right)^{1/2} \tag{4.53}$$

单位时间、单位体积内的碰撞次数再次由方程式（1.11）给定为

$$N_{\mathrm{c},0} = 2^{-1/2} \sigma_{\mathrm{T}} n^2 \, \overline{c'} \tag{4.54}$$

平衡平均自由程由方程式（4.53）和式（1.12）给定为

$$\lambda_0 = \left(2^{1/2} \sigma_{\mathrm{T}} n \right)^{-1} = \left(2^{1/2} \pi d^2 n \right)^{-1} \tag{4.55}$$

它也可以由方程式（4.52）写为

$$\lambda_0 = \frac{16}{5} \left(\frac{m}{2\pi kT} \right)^{1/2} \frac{\mu}{\rho} \tag{4.56}$$

硬球方程在数值和分析研究中广泛用于推导真实分子的有效直径和定义平均自由程。这些过程一般用在单个温度下，若用于大范围温度，就会出现误差。相容修正和精确计算要求分子模型的截面以与真实气体中相似的方式随相对碰撞速度变化。传统的硬球方程必须由基于更真实模型的方程代替，而 VSS 模型是一个显而易见的选择。这也与更真实依赖温度的直径和克努森数的定义一致。

应用 VSS 模型得到的平均自由程方程式（4.52）中 VSS 模型的平均自由程，与应用硬球模型得到的平衡平均自由程方程式（4.56）只差一个数值因子 $\alpha(5 - 2\omega)(7 - 2\omega)/[4(\alpha + 1)(\alpha + 2)]$。这一数值对于 $\omega = 1/2$ 和 $\alpha = 1$ 的硬球模型自然取 1，但对于更真实的 $\omega = 3/4$ 和 $\alpha = 1.532\,5$，则衰减到 0.824 4，对于麦克斯韦分子的极限情况 $\omega = 1$ 和 $\alpha = 2.140\,3$，其进一步衰减到 0.617 3。

平均自由程和黏性系数之间的关系使得 Chapman-Enskog 分布函数可以用局部克努森数表示。方程式（4.52）代入方程式（3.87）且应用到式（3.56）中，有

$$f = f_0 \left\{ 1 - \frac{5\pi^{1/2}(\alpha + 1)(\alpha + 2)\beta v'}{4\alpha(5 - 2\omega)(7 - 2\omega)} \left[3\left(\beta^2 c'^2 - \frac{5}{2} \right) \frac{\lambda}{T} \frac{\partial T}{\partial y} + 4\beta u's \frac{\lambda}{u_0} \frac{\partial u_0}{\partial y} \right] \right\} \tag{4.57}$$

该方程在 Navier-Stokes 方程有效范围内的应用已在第 1 章中讨论。

在 VHS 或 VSS 气体中，若 Q 只是 c_{r} 的函数，则其对所有碰撞的均值可通过

如下方式得到:将 j 取为对应总截面与相对速率乘积的值,再在方程式(4.41)关于 c_r 的积分内包括 Q,然后用所得表达式除以方程式(4.44),即

$$\overline{Q} = \frac{2}{\Gamma(5/2 - \omega)} \left(\frac{m_r}{2kT}\right)^{5/2-\omega} \int_0^\infty Q c_r^{2(2-\omega)} \exp[-m_r c_r^2/(2kT)] \mathrm{d}c_r \quad (4.58)$$

对于 GHS 气体,任何 Q 对所有碰撞的均值为

$$\overline{Q} = \frac{\int_0^\infty Q \sigma_T c_r^3 \exp[-m_r c_r^2/(2kT)] \mathrm{d}c_r}{\int_0^\infty \sigma_T c_r^3 \exp[-m_r c_r^2/(2kT)] \mathrm{d}c_r}$$

利用方程式(4.48),有

$$\overline{Q} = \left(\frac{2}{\pi}\right)^{1/2} \left(\frac{m_r}{kT}\right)^{3/2} \int_0^\infty Q \sigma_T c_r^3 \exp[-m_r c_r^2/(2kT)] \mathrm{d}c_r \Big/ \overline{\sigma_T c_r} \quad (4.59)$$

VSS 气体的碰撞截面随碰撞中相对速度的大小而改变,而方程式(3.60)和式(3.74)表明,其反比于 c_r 的 $2\omega - 1$ 次方。依赖温度的有效直径/参考直径,可以很方便地定义为处于平衡态的 VSS 气体对应 $c_r^{2\omega-1}$ 的均值的直径。该直径通过式(4.60)与方程式(3.60)中定义的参考截面关联,即

$$\sigma_{ref} = \pi d_{ref}^2 = \sigma_{T, ref} c_{r, ref}^{2\omega-1} \Big/ \overline{c_r^{2\omega-1}} \quad (4.60)$$

方程式(4.58)中取 $Q = c_r^{2\omega-1}$,即

$$\overline{c_r^{2\omega-1}} = \left(\frac{2kT}{m_r}\right)^{\omega-1/2} \Big/ \Gamma(5/2 - \omega) \quad (4.61)$$

方程式(4.60)、式(4.61)与方程式(3.67)、式(3.73)结合可给出温度为 T_{ref}、黏性系数为 u_{ref}、温度指数为 ω 时的参考直径,即

$$d_{ref} = \left[\frac{5(\alpha+1)(\alpha+2)(mkT_{ref}/\pi)^{1/2}}{4\alpha(5-2\omega)(7-2\omega)\mu_{ref}}\right]^{1/2} \quad (4.62)$$

基于这一关系的平均截面要比由方程式(3.59)推导出来的硬球截面大一个因子,$4(\alpha+1)(\alpha+2)/[\alpha(5-2\omega)(7-2\omega)]$。结果与先前关于平均自由程的发现是一致的,这意味着只要截面基于该参考直径,方程式(4.56)对应的硬球结果也适用于 VHS 气体。

VSS 模型可以通过方程式(3.74)实现,它即使没有用到平衡气体的结果,也可以通过式(4.62)的参考直径实现。后一个选择避免了将黏性系数作为参考量,即使是黏性系数在物理上不相关的时候。

方程式(4.60)可以写成

$$\pi d_{\mathrm{ref}}^2 \overline{c_{\mathrm{r}}^{2\omega-1}} = \sigma_{\mathrm{T, ref}} c_{\mathrm{r, ref}}^{2\omega-1} = \pi d^2 c_{\mathrm{r}}^{2\omega-1}$$

其中, d 是相对速度为 c_{r} 时的直径。利用方程式(4.61),有

$$d = d_{\mathrm{ref}} \left\{ \left[2kT_{\mathrm{ref}} / (m_{\mathrm{r}} c_{\mathrm{r}}^2) \right]^{\omega-1/2} / \Gamma(5/2-\omega) \right\}^{1/2} \tag{4.63}$$

附录 A 给出了参考温度为 0℃ 时由方程式(4.62)得到的一些典型参考直径值。可变硬球模型最早表述(Bird,1981)中对应于式(4.63)的方程和参考直径,与此处的定义差一个小的数值因子。这是由于它是基于 c_{r}^2 均值的 $\omega-1/2$ 次方,而不是 $c_{\mathrm{r}}^{2\omega-1}$ 的均值。参考直径定义中选择的任意度不那么重要,可以通过方程式(4.62)和式(4.63)来消除。它不仅复现了方程式(3.64),而且表明模型不依赖 d_{ref},也不要求是平衡气体。

参考直径的引入与方程式(1.10)、式(4.44)和式(4.63)的结合,使得 VHS 或 VSS 气体中每个分子的碰撞频率可写成

$$\nu_0 = 4d_{\mathrm{ref}}^2 n \left(\pi kT_{\mathrm{ref}} / m \right)^{1/2} \left(T / T_{\mathrm{ref}} \right)^{1-\omega} \tag{4.64}$$

类似地,平衡平均自由程可写成

$$\lambda_0 = \left[2^{1/2} \pi d_{\mathrm{ref}}^2 n \left(T_{\mathrm{ref}} / T \right)^{\omega-1/2} \right]^{-1} \tag{4.65}$$

注意,麦克斯韦气体($\omega=1$)的碰撞频率与温度无关,而硬球气体($\omega=1/2$)的平均自由程与温度有关。真实气体的 ω 值在这两个极限之间,碰撞频率和平均自由程都依赖温度。质心参考系中的平动能为 $E_{\mathrm{t}} = 1/2 m_{\mathrm{r}} c_{\mathrm{r}}^2$,将 $Q = 1/2 m_{\mathrm{r}} c_{\mathrm{r}}^2$ 代入方程式(4.59)得到碰撞中的平均平动能为

$$\overline{E_{\mathrm{t}}} = (5/2-\omega)kT \tag{4.66}$$

对于硬球分子的特殊情形,式(4.66)简化为

$$\overline{E_{\mathrm{t}}} = 2kT \tag{4.67}$$

在化学反应中, $E_{\mathrm{t}} = 1/2 m_{\mathrm{r}} c_{\mathrm{r}}^2$ 大于某个参考值 E_{m} 的碰撞所占的比例非常重要。总碰撞次数正比于方程式(4.43)中的积分,取积分中 c_{r} 的下界为

$(2E_m/m_r)^{1/2}$，可以得到 $E_t > E_m$ 的碰撞次数。因此，该比例为

$$\frac{dN}{N} = \frac{2}{\Gamma(5/2 - \omega)} \left(\frac{m_r}{2kT}\right)^{5/2-\omega} \int_{(2E_m/m_r)^{1/2}}^{\infty} c_r^{2(2-\omega)} \exp\left(-\frac{m_r c_r^2}{2kT}\right) dc_r$$

$$(4.68)$$

如果引入不完全伽马函数，式(4.68)可写成

$$\frac{dN}{N} = \Gamma[5/2 - \omega, E_m/(kT)]/\Gamma(5/2 - \omega) \qquad (4.69)$$

对于硬球分子，$\omega = 1/2$，方程式(B.6)的简化公式使得式(4.69)可写成

$$\frac{dN}{N} = \exp[-E_m/(kT)][E_m/(kT) + 1] \qquad (4.70)$$

这个比例大于更真实分子中的值，因为真实分子的碰撞截面随着相对平动能的增大而减小。图 4.6 给出对于硬球模型（$\omega = 0.5$）、更真实情况（$\omega = 0.75$）及极限软球情况（$\omega = 1$）下该比例作为相对平动能函数的图形。

上述结果的一个重要变化形式发生在如下情况：只对基于沿碰撞拱线速度分量的能量感兴趣，或者硬球分子和 VHS 分子沿中心线的速度分量的能量。

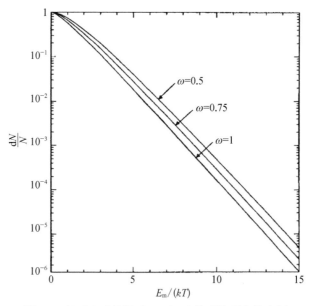

图 4.6   相对平动能超过 $E_m/(kT)$ 的碰撞所占的比例

这意味着,对于给定的 c_r,角度 θ_A 必须为 $0 \sim \arccos\left[\left(2E_m/m_r\right)^{1/2}/c_r\right]$。 VHS 分子的微分截面为 $\sigma \mathrm{d}\Omega = \left[\sigma_T/(4\pi)\right]\sin\chi\mathrm{d}\chi\mathrm{d}\varepsilon$。 方程式 (2.21) 表明 $\sin\chi\mathrm{d}\chi = -4\sin\theta_A\cos\theta_A\mathrm{d}\theta_A$,具有所要求的相对平动能有效总碰撞截面 σ_E 的公式为

$$\sigma_E = -2\sigma_T\int_0^{\arccos\left[\left(2E_m/m_r\right)^{1/2}/c_r\right]}\sin\theta_A\cos\theta_A\mathrm{d}\theta_A$$

由于 $\sin\theta_A\mathrm{d}\theta_A = -\mathrm{d}(\cos\theta_A)$

$$\sigma_E = \sigma_T\left(1 - \frac{2E_m}{m_rc_r^2}\right) \tag{4.71}$$

将方程式 (4.71) 括号中的因子代入式 (4.48) 即可得到所求比例,为

$$\frac{\mathrm{d}N}{N} = \frac{2}{\Gamma(5/2-\omega)}\left(\frac{m_r}{2kT}\right)^{5/2-\omega}\int_{(2E_m/m_r)^{1/2}}^{\infty}c_r^{2(2-\omega)}\left(1 - \frac{2E_m}{m_rc_r^2}\right)\exp\left(-\frac{m_rc_r^2}{2kT}\right)\mathrm{d}c_r$$

对其求积分,给出

$$\frac{\mathrm{d}N}{N} = \frac{1}{\Gamma(5/2-\omega)}\left[\Gamma\left(5/2-\omega,\frac{E_m}{kT}\right) - \frac{E_m}{kT}\Gamma\left(3/2-\omega,\frac{E_m}{kT}\right)\right]$$
$$\tag{4.72}$$

对于硬球气体的特殊情况,式 (4.72) 可简化为特别简单的结果,即

$$\frac{\mathrm{d}N}{N} = \exp\left[-E_m/(kT)\right] \tag{4.73}$$

这是沿中心线相对平动能大于 E_m 的碰撞所占的比例。

4.4 混合气体中的碰撞量

方程式 (1.36)~式 (1.41) 是混合气体碰撞频率和平均自由程的一般结果。 4.3 节中的基本方程容许不同质量的分子之间的碰撞,3.5 节中指出了对碰撞中每个组分组合最好定义各自的碰撞参数。对于 VHS 分子或 VSS 分子,这些参数包括参考直径、参考温度及温度指数 ω。

考虑 s 种 VHS 分子组成的混合气体,有 $s\times s$ 组参考量。导出简单气体结果的方程式 (4.2) 的分析,可以很容易地给出平衡气体中一个 p 分子与所有 q 分子

之间的碰撞频率。该组合的折合质量与对应参考参数结合使用,给出

$$(\nu_{pq})_0 = 2\pi^{1/2}(d_{\text{ref}})_{pq}^2 n_q [T/(T_{\text{ref}})_{pq}]^{1-\omega_{pq}} [2k(T_{\text{ref}})_{pq}/m_r]^{1/2} \quad (4.74)$$

由方程式(1.37)可得到组分 p 的碰撞频率,即

$$(\nu_p)_0 = \sum_{q=1}^{s} 2\pi^{1/2}(d_{\text{ref}})_{pq}^2 n_q [T/(T_{\text{ref}})_{pq}]^{1-\omega_{pq}} [2k(T_{\text{ref}})_{pq}/m_r]^{1/2} \quad (4.75)$$

混合气体的碰撞频率由方程式(1.38)给出,而单位时间、单位体积内的碰撞次数由方程式(1.11)给出。

组分 p 分子的平均自由程等于平均热速率除以其碰撞频率,由方程式(4.8)和式(4.75)有

$$(\lambda_p)_0 = \left\{ \sum_{q=1}^{s} \pi(d_{\text{ref}})_{pq}^2 n_q [(T_{\text{ref}})_{pq}/T]^{\omega_{pq}-1/2} \left(1 + \frac{m_p}{m_q}\right)^{1/2} \right\}^{-1} \quad (4.76)$$

最后,混合气体的全局平均自由程为

$$\lambda_0 = \sum_{p=1}^{s} \frac{n_p}{n} \left\{ \sum_{q=1}^{s} \pi(d_{\text{ref}})_{pq}^2 n_q [(T_{\text{ref}})_{pq}/T]^{\omega_{pq}-1/2} \left(1 + \frac{m_p}{m_q}\right)^{1/2} \right\}^{-1} \quad (4.77)$$

因此,对涉及混合气体的流动问题,准确获得克努森数的取值不是一件容易的事情。

进一步分析需要用到的一个结果是,平衡气体中组分 p 分子和组分 q 分子之间单位时间、单位体积内的碰撞次数,即

$$(N_{pq})_0 = 2\pi^{1/2}(d_{\text{ref}})_{pq}^2 n_p n_q [T/(T_{\text{ref}})_{pq}]^{1-\omega_{pq}} [2k(T_{\text{ref}})_{pq}/m_r]^{1/2} \quad (4.78)$$

注意,该表达式将每个碰撞计算了两次,即每个碰撞既贡献了 N_{pq},也贡献了 N_{qp}。当上述结果退化到简单气体碰撞次数的结果时,必须用到 $1/2$ 的对称因子。

在相对速率为 c_r 时,确定碰撞截面的有效直径由方程式(4.63)给定为

$$d_{pq} = (d_{\text{ref}})_{pq} \left\{ [2k(T_{\text{ref}})_{pq}/(m_r c_r^2)]^{\omega-1/2}/\Gamma(5/2 - \omega_{pq}) \right\}^{1/2} \quad (4.79)$$

VHS 分子碰撞中的平均相对平动能可以由简单气体理论的相似拓展得到,即

$$\overline{(E_{\text{tr}})_{pq}} = (5/2 - \omega_{pq})k(T_{\text{ref}})_{pq} \quad (4.80)$$

将该结果拓展到整个气体中,再次要求涉及每个分子组合碰撞频率的求和及平均过程。

4.5　与固体壁面的平衡

　　Maxwell 提出了两种模型,用以描述静态平衡气体与保持平衡的固体壁面间的相互影响作用。**镜面反射**是完全弹性的,分子速度的法向量在固体壁面反向,其平行分量保持不变。在**漫反射**中,每个分子反射之后的速度与其初始速度无关。然而,反射回来的分子作为一个整体服从半程平衡态或麦克斯韦分布,就像它们是从壁面发射出来的那样。平衡态漫反射要求壁面温度和反射回来气体麦克斯韦分布的温度都等于气体温度。在镜面反射的情况下,气体可以具有平行于壁面的来流速度,镜面反射壁面在函数上完全等同于对称面。

　　气体壁面和固体壁面在分子层次上保持平衡的一般要求是相互作用须满足**可逆性条件**。它是气体-壁面以一定入射速度和反射速度相互作用的概率与逆作用概率之间的关系[Cercignani(1969)、Wennaas(1971)和 Kuscer(1971)],可写成

$$c_r \cdot eP(-c_r, -c_i)\exp[-E_{c_r}/(kT_w)] = -c_i \cdot eP(c_i, c_r)\exp[-E_{c_i}/(kT_w)]$$

$$(4.81)$$

单位向量 e 垂直于温度为 T_w 的壁面, $P(c_1, c_2)$ 是分子以速度 c_1 反射、速度 c_2 离开壁面的概率, E_c 是分子的能量。该条件与细致平衡的原理有关,气体与壁面平衡的镜面反射模型和漫反射模型都能满足。

参考文献

BIRD, G.A. (1981). Monte Carlo simulation in an engineering context. *Progr. Astro. Aero.* 74, 239-255.

CERCIGNANI, C. (1969). *Mathematical methods in kinetic theory*. Plenum Press, New York.

KUSCER, J. (1971). Reciprocity in scattering of gas molecules by surfaces. *Surface Sci.* 25, 225-237.

MAXWELL, J.C. (1879). *Phil. Trans. Roy. Soc.* 1, Appendix.

WENAAS, E.P. (1971). Scattering at gas-surface interface. *J. Chem. Phys.* 54, 376-388.

第 5 章

非弹性碰撞和壁面相互作用

5.1 具有转动能的分子

如第 1 章所述,转动能只与双原子分子和多原子分子有关。而且,绕小转动惯量的轴不存在转动,如双原子分子原子核之间的轴。经典单原子模型的最现实之处是力心点,其显而易见的拓展是由固定距离隔开的两个或多个力心点。

Lordi 和 Mates(1970)研究了**二心排斥模型**,发现对于每套碰撞参数都需要复杂的数值求解。该模型得不到输运量表达式的封闭形式,而且它应用在要求数百万典型碰撞计算的模拟中也不实际。**球柱模型**由光滑弹性柱和两个半球组成,它是简单硬球模型的自然延伸,而且明显适用于双原子气体。球柱模型的碰撞动力学由 Curtiss 和 Muckenfuss(1958)发展起来。该模型在确定空间取向和角速度时需要额外的变量,但特别困难的是,这一取向及其截面随时间变化。两个分子是否碰撞不仅依赖它们的接近距离,还取决于它们是否"啮合"或"抵触"。而且,一个碰撞事件中还可能有很多其他影响因素。**加权球模型**由 Jeans(1904)引入,由 Dahler 和 Sather(1962)及 Sandler 和 Dahler(1967)进一步发展。尽管其在几何上是球状的,但分子绕着重力的偏移中心不是几何中心旋转,这会遇到本质上与球柱模型相同的缺陷。具有不变取向碰撞截面的旋转分子准确物理模型是**粗球模型**,该模型的名称基于其基本物理性质,两个分子在接触点的速度受碰撞反向。这一模型最早由 Bryan(1894)引入,Pidduck(1922)分析了其输运性质。它是最容易应用的模型,将在 5.2 节进行详细描述,其输运性质由 Chapman 和 Cowling(1970)给出并进行了严格讨论,如同单原子气体的硬球模型,其黏性系数正比于温度的平方根。它比硬球模型更不切实际的是,轻微的碰撞可能导致大的偏转。另外,任何碰撞都可能导致转动能和平动能之间的大规模交换,而且转动弛豫时间不切实际得短。弛豫时间可以通过让一部分碰撞满足硬球(而不是粗球)动力学得以延长。然而,似乎看不到绕开该模型主要劣势的方法,因为它有三个内自由度,而普通气体的多数应用要求两个内自由度。基于准确动力学系统模型的局限性,足以证明其对现象学方法依赖的合理性。

处理内部状态的一个方式是对转动能级之间所有可能转化设置截面。能级的数目是温度与转动特征温度 Θ_r 之比的量级,而转动特征温度在附录 A 中列表给出。除了氢或氘,必须考虑的转动能级的数目非常大,使得对每个转化都基于截面的方法非常困难。这也意味着,转动模态被完全激发而且经典表征是有效的。现象学模型将内能与平动能之间的能量交换叠加到单原子模型上。这些模型是球对称的,但是鉴于真实碰撞倾向于对所有分子取向求平均,平衡气体中没有倾向性的取向,也就不会有严重的局限性。现象学模型必须能够确定必不可少的内自由度数目,以及这些模态之间的均分。当气体处于平衡态时,转动模型和平动模态之间必须完全均分,而且每个量的分布函数必须是麦克斯韦分布。实际上,这意味着过程必须满足互易性原则或细致平衡。它也必须能够确定转动弛豫时间,以及这一时间对温度的依赖。

最广泛使用的现象学模型是 Borgnakke 和 Larsen(1975)的模型,其将在 5.3 节进行详细讨论。细致平衡通过直接从麦克斯韦分布选择碰后速度得以保证。弛豫率由将一定比例的碰撞当作弹性来控制。这一方法从物理观点来看是相当不切实际的,但它满足现象学模型的所有要求。从物理观点来看,"能量塌陷"(Bird,1976)模型更真实且强制均分。然而,它不是推荐的方法,因为它会导致平衡态分布函数的失真且不满足细致平衡。Pullin(1978)对现象学模型进行了综述,引入了一种更实际、但也更烦琐的 Larsen-Borgnakke 方法的推广。

5.2 粗球模型

如前所述,这一模型的本质是接触点的相对速度在碰撞中反向。平动速度和转动速度都对这一相对速度有贡献,其反向通常导致平动模态与转动模态及碰撞分子对之间的能量交换。当然,总能量是守恒的。

粗球模型是最简单、具有转动的物理模型,对与现象学模型的比较测试有用。可以设置现象学模型具有相同的宏观性质,测试的目的是确定典型流动的结果中是否存在差异。简单气体一般满足这种测试,而且分析时假设分子是相同的。现在,其目标是确定平动速度分量值和转动速度分量值碰撞前、后之间的关系,将其作为碰撞参数的函数。

分子的角速度记为 $\boldsymbol{\omega}$,其在 x、y、z 方向的分量分别是 ω_x、ω_y 和 ω_z。分子转动能为 $1/2I\omega^2$,其中,I 为转动惯量。转动惯量依赖分子的径向质量分布,因此允许模型具有一定范围的可变性。最方便地是取均匀质量分布,有

$$I = md^2/10 \tag{5.1}$$

联合分布函数(Chapman and Cowling,1970)为

$$f = \frac{(mI)^{3/2}}{(2\pi kT)^3}\exp\left(-\frac{mc'^2 + I\omega^2}{2kT}\right)$$

它可以写成

$$f = \frac{\beta^3}{\pi^{3/2}}\exp(-\beta^2 c'^2) \cdot \frac{1}{\pi^{3/2}\omega_m^{3/2}}\exp\left(-\frac{\omega^2}{\omega_m^2}\right) \tag{5.2}$$

其中,ω_m 为最概然角速度且通过式(5.3)与温度关联:

$$\omega_m = (2kT/I)^{1/2} \tag{5.3}$$

或对于均匀质量分布,由方程式(5.1)有

$$\omega_m = (20RT)^{1/2}/d \tag{5.4}$$

角速率 ω 关于其最概然值的平衡态分布,完全类似于热速率关于其最概然值的分布。转动轴各方向概率相同。转动温度可定义为

$$\frac{3}{2}kT_{rot} = \frac{1}{2}I\overline{\omega^2} \tag{5.5}$$

一个碰撞对的碰前平动速度和转动速度分别为 $\boldsymbol{c}_1$、$\boldsymbol{c}_2$、$\boldsymbol{\omega}_1$ 和 $\boldsymbol{\omega}_2$。它们是已知的,目标是确定碰后 $\boldsymbol{c}_1^*$、$\boldsymbol{c}_2^*$、$\boldsymbol{\omega}_1^*$ 和 $\boldsymbol{\omega}_2^*$ 值。

此处,碰前相对速度向量 $\boldsymbol{c}_r$ 定义为

$$\boldsymbol{c}_r = \boldsymbol{c}_2 - \boldsymbol{c}_1$$

注意,这里的符号与方程式(2.3)是相反的。接近距离碰撞参数 b 在 $0 \sim d$ 分布,其概率正比于 d,而方位角参数 ε 在 $0 \sim 2\pi$ 均匀分布。如图 5.1 所示,可以在碰撞平面内很方便地定义三个向量 $\boldsymbol{j}$、$\boldsymbol{k}$ 和 $\boldsymbol{l}$。向量 $\boldsymbol{k}$ 由分子 1(位于原点 O)到分

子 2 的中心连线确定。向量 l 沿相对速度 c_r 的方向,连接分子 2 的中心和通过 O 且与 c_r 垂直的平面。最后,碰撞向量 j 由 $j = k + l$ 定义且其大小等于碰撞参数 b。由于 k 的大小为 d 且 l 垂直于 j, 有

$$l = (d^2 - b^2)^{1/2} \qquad (5.6)$$

角度 θ 与 ϕ 定义如下:θ 是 x 轴与 c_r 之间的夹角,ϕ 是 y 轴与包含 x 轴和 c_r 平面的夹角。因此,

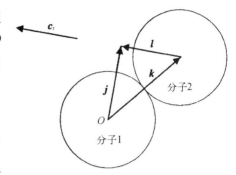

图 5.1　粗球碰撞中的向量 j、k 和 l

$$\cos \theta = u_r / c_r$$

且

$$\cos \phi = v_r / (c_r \sin \theta) \qquad (5.7)$$

取方位角影响参数从平面 $y = 0$ 开始度量,碰撞向量的分量为

$$j_x = b\cos \varepsilon \sin \theta$$
$$j_y = - b(\cos \varepsilon \cos \theta \cos \phi + \sin \varepsilon \sin \phi) \qquad (5.8)$$

和

$$j_z = b(\sin \varepsilon \cos \phi - \cos \varepsilon \cos \theta \sin \phi)$$

l 的大小由方程式(5.6)确定,其分量为

$$l_x = l u_r / c_r,$$
$$l_y = l v_r / c_r \qquad (5.9)$$

和

$$l_z = l w_r / c_r$$

沿连心线的向量 k 的分量 k_x、k_y 和 k_z 满足关系 $k = j - l$。 因此,接触点相对速度的分量为

$$g_x = u_r + \frac{1}{2}[k_y(\omega_{z,1} + \omega_{z,2}) - k_z(\omega_{y,1} + \omega_{y,2})]$$

$$g_y = v_r + \frac{1}{2}[k_z(\omega_{x,1} + \omega_{x,2}) - k_x(\omega_{z,1} + \omega_{z,2})] \qquad (5.10)$$

和

$$g_z = w_r + \frac{1}{2}[k_x(\omega_{y,1} + \omega_{y,2}) - k_y(\omega_{x,1} + \omega_{x,2})]$$

k 和 c_r 的标量积记为 k_c,即

$$k_c = k \cdot c_r = k_x u_r + k_y v_r + k_z w_r$$

平动速度分量的碰后值通过式(5.11)与碰前值关联,

$$u_1^* - u_1 = u_2 - u_2^* = \frac{2}{7}g_x + \frac{5}{7}k_c k_x / d^2$$

$$v_1^* - v_1 = v_2 - v_2^* = \frac{2}{7}g_y + \frac{5}{7}k_c k_y / d^2 \qquad (5.11)$$

和
$$w_1^* - w_1 = w_2 - w_2^* = \frac{2}{7}g_z + \frac{5}{7}k_c k_z / d^2$$

最后,碰后角速度分量为

$$\omega_{x,1}^* - \omega_{x,1} = \omega_{x,2} - \omega_{x,2}^* = \frac{10}{7}(k_y g_z - k_z g_y)/d^2$$

$$\omega_{y,1}^* - \omega_{y,1} = \omega_{y,2} - \omega_{y,2}^* = \frac{10}{7}(k_z g_x - k_x g_z)/d^2 \qquad (5.12)$$

和
$$\omega_{z,1}^* - \omega_{z,1} = \omega_{z,2} - \omega_{z,2}^* = \frac{10}{7}(k_x g_y - k_y g_x)/d^2$$

5.3 简单气体中的 Larsen-Borgnakke 模型

如果把碰撞看成非弹性的,总能量在其平动模态和内部模态之间重新分配,方式是通过在总能量对应模态的平衡分布中取样。弛豫率通过控制非弹性碰撞的比例来实现。实际上,这个比例的倒数提供了弛豫碰撞次数的一个初步近似。弹性碰撞用单原子气体计算,当该模型用于需要数百万碰撞计算的模拟方法时,具有最优计算效率。

为改善模型的物理真实性,Larsen 和 Borgnakke(1974)引入了"限制能量交换"修正,认为所有的碰撞都是非弹性的,但是参与能量交换的碰撞对的能量比例受到限制。从计算的角度来看,其效率要更低一些,而且更严重的是 Pullin (1978)指出它不满足细致平衡。我们只关心一定比例 Λ 完全非弹性碰撞的步骤。真实气体一般具有随温度变化的转动弛豫时间,可以通过比例 Λ 的变化来模拟。如果满足细致平衡,Λ 应该是宏观温度而不是碰撞对能量的函数。这一点将在 11.5 节中进行考察。

对于黏性系数正比于温度 ω 次方的气体,方程式(4.58)可以写成碰撞中平动能 E_t 的形式,即

$$\overline{Q} \propto \int_0^\infty Q E_t^{3/2-\omega} \exp[-E_t/(kT)] \mathrm{d}E_t$$

类似于方程式(3.3),E_t 的分布函数为

$$f_{E_t} \propto E_t^{3/2-\omega} \exp[-E_t/(kT)] \tag{5.13}$$

碰撞对的内能 E_i 是碰撞分子的内能之和,即

$$E_i = \varepsilon_{i,1} + \varepsilon_{i,2} \tag{5.14}$$

具有 ζ 个内自由度的分子内能的分布函数可写成

$$f_{\varepsilon_i} \propto \varepsilon_i^{\frac{\zeta}{2}-1} \exp[-\varepsilon_i/(kT)] \tag{5.15}$$

现在来求 E_i 的分布函数 f_{E_i}。考虑一个碰撞分子对,分子 1 的内能为 $\varepsilon_{i,1}$,分子 2 的内能为 $E_i - \varepsilon_{i,1}$。利用方程式(5.14)和式(5.15)且注意到对于固定的 $\varepsilon_{i,1}$ 有 $\mathrm{d}E_i = \mathrm{d}\varepsilon_{i,2}$,这一比例正比于

$$\varepsilon_i^{\frac{\zeta}{2}-1} (E_i - \varepsilon_{i,1})^{\frac{\zeta}{2}-1} \exp[-E_i/(kT)] \mathrm{d}\varepsilon_{i,1} \mathrm{d}E_i \tag{5.16}$$

内能在 $E_i \sim E_i + \mathrm{d}E_i$ 碰撞对的比例,正比于方程式(5.16)中 $\varepsilon_{i,1}$ 从 $0 \sim E_i$ 积分得到的表达式,即

$$f_{E_i} \propto E_i^{\zeta-1} \exp[-E_i/(kT)] \tag{5.17}$$

碰撞中总能量 E_c 是相对平动能与内能之和,即

$$E_c = E_t + E_i \tag{5.18}$$

E_t 和 E_i 的概率密度正比于 f_{E_t} 和 f_{E_i} 的乘积,即

$$E_t^{3/2-\omega} E_i^{\zeta-1} \exp[-(E_t + E_i)/(kT)]$$

或利用方程式(5.18)有

$$E_t^{3/2-\omega} (E_c - E_t)^{\zeta-1} \exp[-E_c/(kT)]$$

有效温度 T 由碰撞中的总能量 E_c 确定,指数项可以认为是一个常数。因此,平动能特定值的概率为

$$P = C E_t^{3/2-\omega} (E_c - E_t)^{\zeta-1} \tag{5.19}$$

其中, C 是常数。

该概率的最大值发生在

$$E_t / E_c = \frac{3/2 - \omega}{\zeta + 1/2 - \omega} \tag{5.20}$$

且

$$P_{max} = C (3/2 - \omega)^{3/2 - \omega} (\zeta - 1)^{\zeta - 1} [(\zeta + 1/2 - \omega) E_c]^{\zeta + 1/2 - \omega}$$

因此, 概率式(5.19)与最大概率的比值为

$$\frac{P}{P_{max}} = \left[\frac{\zeta + 1/2 - \omega}{3/2 - \omega} \left(\frac{E_t}{E_c} \right) \right]^{3/2 - \omega} \left[\frac{\zeta + 1/2 - \omega}{\zeta - 1} \left(1 - \frac{E_t}{E_c} \right) \right]^{\zeta - 1} \tag{5.21}$$

碰后值 E_t^* 由 $0 \sim E_c$ 随机产生。比值 P/P_{max} 由方程式(5.21)赋值, 且与 $(0, 1)$ 均匀分布的随机数 R_f 比较。如果概率比大于 R_f, 采用该值 E_t^*; 若概率比小于 R_f, 则产生新的值且重复上述过程。这是已知分布抽样的**接受-拒绝**方法的应用, 将在附录 C 中进行讨论。

对于 $\omega = 1/2$ 和两个内自由度的气体, 上述方程的形式特别简单。E_t 的最概然值是 $1/2E_c$ 且概率比值为

$$\frac{P}{P_{max}} = 4 \left(\frac{E_t}{E_c} \right) \left(1 - \frac{E_t}{E_c} \right)$$

注意, 上述分析同样适用于 VHS 模型、VSS 模型和逆幂律模型, 包括硬球气体和麦克斯韦气体。

碰撞中总能量守恒, 由方程式(5.18)得到碰后内能和分子对碰后内能的值为

$$E_i^* = E_c - E_t^* \tag{5.22}$$

它在两个分子之间分配。碰后总内能对该过程而言是一个常数, 且方程式(5.16)表明分子 1 具有能量 $\varepsilon_{i,1}^*$ 的概率为

$$P = D (\varepsilon_{i,1}^*)^{\frac{\zeta}{2} - 1} (E_i^* - \varepsilon_{i,1}^*)^{\frac{\zeta}{2} - 1} \tag{5.23}$$

其中, D 为常数。

当最大概率发生在内能在两个分子之间平均分配时, 概率与最大概率的比为

$$P/P_{\max} = 2^{\zeta-2} \left(\varepsilon_{i,1}^* / E_i^* \right)^{\frac{\zeta}{2}-1} \left(1 - \varepsilon_{i,1}^* / E_i^* \right)^{\frac{\zeta}{2}-1} \tag{5.24}$$

现在,可以与选择碰后相对平动能相同的方式应用接受-拒绝方法。对于两个内自由度的特殊情况,单个分子碰后内能所有值概率相同。

碰后内能可以直接分配给两个分子。质心参考系中的碰后相对速率为

$$c_r^* = \left(2E_t^* / m_r \right)^{1/2} = 2 \left(E_t^* / m \right)^{1/2} \tag{5.25}$$

对于硬球模型和可变硬球模型,上述速率的方向可以随机选择,对于 VSS 模型则用方程式(2.35);对于逆幂律模型,碰后速度分量的方程式(2.22)可以较为方便地进行修正,以与能量变化相适应。

上述方程对 Larsen-Borgnakke 模型数值研究的应用已经足够,但在分析研究的应用中需要分布函数的显式表达式。方程式(5.19)可以写成 E_t/E_c 的概率(碰撞中 E_c 不变),常数可由该概率对 E_t/E_c 从 0~1 积分为 1 的条件来确定。因此,修正的常数为

$$CE_c^{5/2-\omega+\zeta} = \frac{1}{B(5/2 - \omega, \zeta)} = \frac{\Gamma(5/2 - \omega + \zeta)}{\Gamma(5/2 - \omega)\Gamma(\zeta)}$$

且平动能所占比例对应的分布函数为

$$f\left(\frac{E_t}{E_c} \right) = \frac{\Gamma(5/2 - \omega + \zeta)}{\Gamma(5/2 - \omega)\Gamma(\zeta)} \left(\frac{E_t}{E_c} \right)^{3/2-\omega} \left(1 - \frac{E_t}{E_c} \right)^{\zeta-1} \tag{5.26}$$

内能所占比例对应的分布函数为

$$f\left(\frac{E_i}{E_c} \right) = \frac{\Gamma(5/2 - \omega + \zeta)}{\Gamma(5/2 - \omega)\Gamma(\zeta)} \left(1 - \frac{E_i}{E_c} \right)^{3/2-\omega} \left(\frac{E_i}{E_c} \right)^{\zeta-1} \tag{5.27}$$

同样的过程可用于方程式(5.23)表达的概率,给出组分 1 分子碰撞后内能所占比例的分布函数为

$$f\left(\frac{\varepsilon_{i,1}^*}{E_i^*} \right) = \frac{\Gamma(\zeta)}{\left[\Gamma(\zeta/2) \right]^2} \left(\frac{\varepsilon_{i,1}^*}{E_i^*} \right)^{\frac{\zeta}{2}-1} \left(1 - \frac{\varepsilon_{i,1}^*}{E_i^*} \right)^{\frac{\zeta}{2}-1} \tag{5.28}$$

注意,对于两个内自由度的特殊情况,式(5.28)的分布函数变成 1。类似的分布可用于单个分子内能在不同内部模态之间的分配。

上述分析本质上适用于包括可变硬球模型的逆幂律模型,但是 Hassan 和 Hash(1993)证明了它还适用于 GHS 模型。E_t 的分布函数由方程式(4.59)可写成

$$f_{E_t} = \left(\frac{2}{\pi}\right)^{1/2} \frac{2}{m_r^2} \left(\frac{m_r}{kT}\right)^{3/2} \frac{1}{\sigma_T c_r} \sigma_T E_t \exp\left(-\frac{E_t}{kT}\right) \qquad (5.29)$$

现在, f_{E_t} 和 f_{E_i} 的乘积正比于

$$\sigma_T E_t (E_c - E_t)^{\zeta-1} \exp[-E_c/(kT)]$$

且平动能取特定值的概率为

$$P = C \sigma_T E_t (E_c - E_t)^{\zeta-1} \qquad (5.30)$$

其中, C 是与方程式(5.19)中不同的常数。方程式(5.30)可与方程式(3.80)中 GHS 模型的定义结合,给出

$$P = C'[\alpha_1 (E_t/\varepsilon)^{1-\psi_1} + \alpha_2 (E_t/\varepsilon)^{1-\psi_2}] (E_c/\varepsilon - E_t/\varepsilon)^{\zeta-1} \qquad (5.31)$$

其中, C' 是另一个常数。该概率最大值对应的 E_t 值由式(5.32)求解,

$$\begin{aligned}
&\alpha_1 (E_t/\varepsilon)^{-\psi_1} \left[(\psi_1 - \zeta)\frac{E_t}{\varepsilon} + (1 - \psi_1)\frac{E_c}{\varepsilon}\right] \\
&+ \alpha_2 (E_t/\varepsilon)^{-\psi_2} \left[(\psi_2 - \zeta)\frac{E_t}{\varepsilon} + (1 - \psi_2)\frac{E_c}{\varepsilon}\right] = 0
\end{aligned} \qquad (5.32)$$

且 P_{max} 由将该值代入式(5.31)得到。为了将接受-拒绝方法应用于 E_t 的代表值选择,必须用迭代方法来确定 P/P_{max}。 Larsen-Borgnakke 方法中的其余步骤,包括内能在分子之间及每个分子的内能在各模态之间的分配,与逆幂律模型相同。

5.4   混合气体中的 Larsen-Borgnakke 模型

碰撞中的两个分子可能是不同的,不仅体现在质量和直径上,还包括内自由度的数目和黏性系数的温度指数。后一个差异可能导致数学上的困难,但是如果对碰撞中的每个分子组合确定各自的 ω_{12},则简单气体理论可立即拓展到混合气体。相对平动能分布函数的变化仅是 ω 由 ω_{12} 取代。如果 ζ 由分子 1 的内自由度 ζ_1 代替,则方程式(5.15)同样适用。因此,方程式(5.16)成为

$$\varepsilon_{i,1}^{\frac{\zeta_1}{2}-1} (E_i - \varepsilon_{i,1})^{\frac{\zeta_2}{2}-1} \exp[-E_i/(kT)] d\varepsilon_{i,1} dE_i \qquad (5.33)$$

该方程对分子 1 内能的所有值积分可给出 E_i 的分布函数为

$$f_{E_i} \propto E_i^{\bar{\zeta}-1} \exp\left[- E_i/(kT) \right] \tag{5.34}$$

其中，$\bar{\zeta} = (\zeta_1 + \zeta_2)/2$ 是内自由度的平均值。只要 ζ 由 $\bar{\zeta}$ 代替、ω 由 ω_{12} 代替，平动能碰后值的选取就与简单气体情况相同。然而，在混合气体的情况下，必须考虑 $\zeta = 1$ 对应的奇异性。例如，在一个单原子分子与一个双原子分子的碰撞中，平均自由度为 1。而且，转动弛豫率随分子组分变化，转动能变化的一个双原子分子与转动能不变的一个双原子分子之间的碰撞，也可能得到有效内自由度为 1 的值。最大概率发生在 $E_t = E_c$ 的时候，且概率比为

$$P/P_{\max} = (E_t/E_c)^{3/2-\omega_{12}} \tag{5.35}$$

不同分子碰撞中平动能与总能量之比的分布函数是

$$f\left(\frac{E_t}{E_c}\right) = \frac{\Gamma(5/2 - \omega_{12} + \bar{\zeta})}{\Gamma(5/2 - \omega_{12})\Gamma(\bar{\zeta})} \left(\frac{E_t}{E_c}\right)^{3/2-\omega_{12}} \left(1 - \frac{E_t}{E_c}\right)^{\bar{\zeta}-1} \tag{5.36}$$

当参与碰撞的平均内自由度为 1 时，该方程大大简化。

两个分子之间内能分配的方程受到的影响更强烈。分子 1 中内能概率的方程变为

$$P = D \left(\varepsilon_{i,1}^*\right)^{\frac{\zeta_1}{2}-1} \left(E_i^* - \varepsilon_{i,1}^*\right)^{\frac{\zeta_2}{2}-1}$$

其最大概率发生在

$$\varepsilon_{i,1}^* = \frac{1}{2} E_i^* \left(\frac{\zeta_1}{2} - 1\right) \bigg/ \left(\frac{\bar{\zeta}}{2} - 1\right)$$

且概率与最大概率的比为

$$\frac{P}{P_{\max}} = \frac{(\bar{\zeta} - 2)^{\bar{\zeta}-2}}{\left(\frac{\zeta_1}{2} - 1\right)^{\frac{\zeta_1}{2}-1} \left(\frac{\zeta_2}{2} - 1\right)^{\frac{\zeta_2}{2}-1}} \left(\frac{\varepsilon_{i,1}^*}{E_i^*}\right)^{\frac{\zeta_1}{2}-1} \left(1 - \frac{\varepsilon_{i,1}^*}{E_i^*}\right)^{\frac{\zeta_2}{2}-1} \tag{5.37}$$

如果 ζ_1 和 ζ_2 都等于 2，则内能满足均匀分布。和简单气体一样，$\zeta_1 = 2$ 的概率比为

$$\frac{P}{P_{\max}} = \left(1 - \frac{\varepsilon_{i,1}^*}{E_i^*}\right)^{\frac{\zeta_2}{2}-1} \tag{5.38}$$

且 $\zeta_2 = 2$ 的概率比为

$$\frac{P}{P_{max}} = \left(\frac{\varepsilon_{i,1}^*}{E_i^*}\right)^{\frac{\zeta_1}{2}-1} \tag{5.39}$$

ζ_1 和 ζ_2 不相等但其均值为 2 的奇异性更复杂。分子 1 中能量的概率方程为

$$P = D\left(\frac{\varepsilon_{i,1}^*}{E_i^* - \varepsilon_{i,1}^*}\right)^{\frac{\zeta_1}{2}-1} \tag{5.40}$$

其在 $\varepsilon_{i,1}^* = E_i^*$ 且 $\zeta_1/2 - 1$ 为正，在 $\varepsilon_{i,1}^* = 0$ 且 $\zeta_1/2 - 1$ 为负时趋于无穷。接受-拒绝方法在奇异性到达之前作截断用。

分子 1 碰后能量所占比例的分布函数为

$$f\left(\frac{\varepsilon_{i,1}^*}{E_i^*}\right) = \frac{\Gamma(\bar{\zeta})}{\Gamma\left(\frac{\zeta_1}{2}\right)\Gamma\left(\frac{\zeta_2}{2}\right)}\left(\frac{\varepsilon_{i,1}^*}{E_i^*}\right)^{\frac{\zeta_1}{2}-1}\left(1 - \frac{\varepsilon_{i,1}^*}{E_i^*}\right)^{\frac{\zeta_2}{2}-1} \tag{5.41}$$

上述理论可用于多组分混合物中的每种组分对。

5.5   通用 Larsen–Borgnakke 分布

可以定义通用的 Larsen–Borgnakke 分布函数，用以描述平动模态和内部模态之间、分子之间及每个分子内模态之间的能量分配，5.3 节和 5.4 节讨论的分布函数作为特殊情况也包括在其中。考虑一个组分 1 分子和一个组分 2 分子之间的碰撞，参数 $\varXi$ 定义为平均自由度之和，平动能的贡献为 $5/2 - \omega_{12}$，因此

$$\varXi = \left(\frac{5}{2} - \omega_{12}\right) + \frac{\zeta_{rot,1}}{2} + \frac{\zeta_{rot,2}}{2} + \sum\frac{\zeta_{v,1}}{2} + \sum\frac{\zeta_{v,2}}{2} \tag{5.42}$$

其中，下标 1 和 2 分别对应两个分子；下标 rot 和 v 分别对应转动模态和振动模态。振动模态要特殊处理，将在 5.6 节给出。记 $\varXi_a$ 为方程式(5.42)中的一项或几项，$\varXi_b$ 为参与能量分配的其余项。分配给第一组模态的能量为 E_a，分配给第二组模态的能量为 E_b，两组之间能量分布的 Larsen–Borgnakke 结果为

$$f\left(\frac{E_a}{E_a + E_b}\right) = f\left(\frac{E_b}{E_a + E_b}\right)$$

$$= \frac{\Gamma(\varXi_a + \varXi_b)}{\Gamma(\varXi_a)\Gamma(\varXi_b)}\left(\frac{E_a}{E_a + E_b}\right)^{\varXi_a - 1}\left(\frac{E_b}{E_a + E_b}\right)^{\varXi_b - 1} \tag{5.43}$$

两组能量之和 $E_a + E_b$ 是一个常数,等于碰前值之和,因此第一组的平均能量为

$$\frac{\overline{E_a}}{E_a + E_b} = \frac{\Gamma(\varXi_a + \varXi_b)}{\Gamma(\varXi_a)\Gamma(\varXi_b)}\int_0^1 \left(\frac{E_a}{E_a + E_b}\right)^{\varXi_a}\left(\frac{E_b}{E_a + E_b}\right)^{\varXi_b - 1}\mathrm{d}\left(\frac{E_a}{E_a + E_b}\right)$$

该方程可通过方程式(B.4)、式(B.37)和式(B.38)赋值,为

$$\overline{E_a} = \frac{\varXi_a}{\varXi_a + \varXi_b}(E_a + E_b) \tag{5.44}$$

因此,平均能量比等于自由度数目之比,这也确认了 Larsen-Borgnakke 方法导致能量均分。

考虑能量分配到具有两个自由度的一个内模态的特殊情况,$\varXi_a = 1$,方程式(5.43)退化为

$$f\left(\frac{E_a}{E_a + E_b}\right) = \varXi_b\left(1 - \frac{E_a}{E_a + E_b}\right)^{\varXi_b - 1} \tag{5.45}$$

该分布函数服从逆累积分布函数抽样,附录 C 表明对应随机分数 R_f 的代表值为

$$\frac{E_a}{E_a + E_b} = 1 - R_f^{1/\varXi_b} \tag{5.46}$$

内模态能量 E_a 超过某个值 E_d 的概率,可由方程式(5.45)中 $E_a/(E_a + E_b)$ 对 $E_d/(E_a + E_b) \sim 1$ 积分得到,即

$$P_{E_a > E_d} = \left(1 - \frac{E_d}{E_a + E_b}\right)^{\varXi_b} \tag{5.47}$$

注意,能量分配的这些分布不仅从当地平衡态分布中抽样。出现在 Larsen-Borgnakke 方法推导中的麦克斯韦温度,是基于特定碰撞的"有效温度"。

上述分析隐式地假设方程式(5.42)中 $\varXi$ 包括对应碰撞中 Larsen-Borgnakke 能量重新分布的所有模态。已经假设了总碰撞能量 E_c 必须包括对应碰撞中重

新分布的所有能量,下面的分析将表明这是一个没有必要的限制。

考虑具有 ζ 个自由度的单一内模态的能量 ε_1 的选择。如果累积分布是相同的,分布函数就相同;如果用 ε_1 超过参考值 E_a 的概率 $P_{\varepsilon_1 > E_a}$ 代表累积分布,分析也很容易。在碰撞的重新分布中活跃的其他内模态的自由度之和为 $\sum \zeta$。如果碰撞能包括所有内自由度,由方程式(5.43)可写出所考虑模态中能量的分布函数为

$$f\left(\frac{\varepsilon_1}{E_c}\right) = \frac{\Gamma\left(\dfrac{5}{2} - \omega_{12} + \sum \dfrac{\zeta}{2} + \dfrac{\zeta_1}{2}\right)}{\Gamma\left(\dfrac{5}{2} - \omega_{12} + \sum \dfrac{\zeta}{2}\right)\Gamma\left(\dfrac{\zeta_1}{2}\right)}\left(1 - \frac{\varepsilon_1}{E_c}\right)^{\frac{3}{2} - \omega_{12} + \sum \frac{\zeta}{2}}\left(\frac{\varepsilon_1}{E_c}\right)^{\frac{\zeta_1}{2} - 1}$$

$$(5.48)$$

因此,在该特定碰撞中 ε_1 超过 E_a 的概率为

$$P = \frac{\Gamma\left(\dfrac{5}{2} - \omega_{12} + \sum \dfrac{\zeta}{2} + \dfrac{\zeta_1}{2}\right)}{\Gamma\left(\dfrac{5}{2} - \omega_{12} + \sum \dfrac{\zeta}{2}\right)\Gamma\left(\dfrac{\zeta_1}{2}\right)}\int_{E_a/E_c}^1 \left(1 - \frac{\varepsilon_1}{E_c}\right)^{\frac{3}{2} - \omega_{12} + \sum \frac{\zeta}{2}}\left(\frac{\varepsilon_1}{E_c}\right)^{\frac{\zeta_1}{2} - 1}\mathrm{d}\left(\frac{\varepsilon_1}{E_c}\right)$$

方程式(B.40)和式(B.41)使得上式可写成

$$P = I_{1 - E_a/E_c}\left(\frac{5}{2} - \omega_{12} + \sum \frac{\zeta}{2}, \frac{\zeta_1}{2}\right) \tag{5.49}$$

其中,I 是方程式(B.40)定义的函数。

所求概率可以通过对 E_c 超过 E_a 的所有碰撞积分得到。E_c 是分布函数为方程式(5.13)的平动能与分布函数为方程式(5.27)的内能之和。E_c 的分布函数是各函数之积,可以通过常用的方式正则化。因此,

$$P_{\varepsilon_1 > E_a} = \frac{1}{\Gamma\left(\dfrac{5}{2} - \omega_{12} + \sum \dfrac{\zeta}{2} + \dfrac{\zeta_1}{2}\right)}\int_{E_a/(kT)}^\infty \left(\frac{E_c}{kT}\right)^{\frac{3}{2} - \omega_{12} + \sum \frac{\zeta}{2} + \frac{\zeta_1}{2}}$$

$$\times I_{1 - E_a/E_c}\left(\frac{5}{2} - \omega_{12} + \sum \frac{\zeta}{2}, \frac{\zeta_1}{2}\right)\exp\left(-\frac{E_c}{kT}\right)d\left(\frac{E_c}{kT}\right)$$

$$(5.50)$$

如果重新分布只发生在平动能和模态 1 内能之间,则将方程式(5.50)中 $\sum \zeta$ 设

为 0,即可得到其概率。因此,系列重新分布有效的充要条件是式(5.51),与 a 无关。

$$\frac{1}{\Gamma(a+b)}\int_d^\infty c^{a+b-1}I_{1-d/c}(a,\ b)\exp(-c)\mathrm{d}c \qquad (5.51)$$

对于重新分布在具有两个自由度的一个内模态的通常情况, $b=1$,方程式(B.43)可以消去不完全贝塔函数,式(5.51)变为

$$\frac{1}{\Gamma(a+1)}\int_0^\infty c^a\ (1-d/c)^a\exp(-c)\mathrm{d}c$$

而且,如果积分变量变成 $c-d$,则上式可写成

$$\frac{\exp(-d)}{\Gamma(a+1)}\int_d^\infty\ (c-d)^a\exp[-(c-d)]\mathrm{d}(c-d)$$

现在,积分是 $a+1$ 的伽马函数且表达式退化为 $\exp(-d)$,满足条件。对所有不是 1 的 b 需要用数值积分。对 b 的一系列值进行实验,既有小于 1 也有大于 1 的情况。在所有情况下,该表达式不受 a 值的影响。

如果存在一系列重新分布且每个分布只涉及一个内模态和平动模态,Larsen-Borgnakke 进程不会受到影响。尽管每个这种"系列"分布中的"碰撞能"小于涉及所有能量模态的"碰撞能",它由系列情况较大部分的能量进入单一模态来准确平衡。对于具有两个自由度的单一模态的重新分布,出现在方程式(5.45)中的参数 Ξ_b,通过将该模态的有效自由度从 Ξ 中排除得到。这在量子振动模态中是有价值的,因为它无须再确定自由度的有效数目。

5.6　振动能和电子能

将振动模态与转动模态分开处理的原因是,振动能级间距很大且认为振动很少被完全激发。可以利用振动能级间距很大的优点,将每个能级处理成分子间碰撞发生能级跃迁具有指定截面的不同组分。但是,如果采用经典模型,双原子分子显而易见的"物理"模型是用弹簧连接的两个球。这将给 5.1 节讨论的球柱模型带来一系列问题,几乎可以肯定该模型既不充分也不实际。在现象学方法中似乎没有可替代的方式。

　　Larsen-Borgnakke 方法可用于振动模态,既可以通过给每个分子分配连续分布振动能级的经典方法,也可以通过给每个分子分配离散振动能级的量子方法。

　　经典方法将激发度和振动自由度有效数目看成变量。如果振动满足简单谐振子模型,与具有特征振动温度 Θ_V 相关的比振动能为

$$e_V = \frac{R\Theta_V}{\exp(\Theta_V/T) - 1} \tag{5.52}$$

类似于方程式(1.31),在温度 T 时自由度有效数目为

$$\zeta_V = \frac{2\Theta_V/T}{\exp(\Theta_V/T) - 1} \tag{5.53}$$

注意,对于较小的 x,$\exp(x) = 1 + x$,因此当温度相对特征温度很大时,自由度数目趋于 2。每个分子可能具有一系列振动模态,每个振动模态具有一个不同的特征温度。附录 A 给出了典型双原子分子的特征温度。总振动能通过对所有模态求和得到。

　　为将谐振子模型用于 Larsen-Borgnakke 方法,必须根据碰撞能量确定有效温度。如前所述,该方法涉及基于碰撞总能量的隐式温度。如果对每个分子从其相关的总碰撞能中定义有效自由度数目,均分就可以实现。在一个组分 p 分子与一个组分 q 分子的碰撞中,组分 p 分子的有效温度为

$$T_p = \frac{(E_t + \varepsilon_{i,p})/k}{\dfrac{5}{2} - \omega_{pq} + \dfrac{\zeta_{\text{rot},p}}{2} + \displaystyle\sum_{j=1}^{j_p} \frac{\Theta_{V,p,j}/T_p}{\exp(\Theta_{V,p,j}/T_p) - 1}} \tag{5.54}$$

其中,$\zeta_{\text{rot},p}$ 是转动自由度数目;j_p 是该分子的振动模态数目。该方程的求解必须用到迭代方法,对应组分 q 的温度 T_q 也是类似的。每个分子振动自由度的数目,通过将这些温度代入方程式(5.53)且对所有模态求和得到。

　　也有必要将单个分子的内能 ε_i 划分为转动能 ε_r 和振动能 ε_V。注意,表示组分的下标和表示碰后值的星号上标都省略掉了,因为它们每个都适用于三种能量。ε_r 和 ε_V 都按照方程式(5.51)的分布函数分布,方程式(5.16)表明 ε_r 特定值的概率正比于

$$(\varepsilon_r)^{\frac{\zeta_r}{2}-1} (\varepsilon_i - \varepsilon_r)^{\frac{\zeta_V}{2}-1} \tag{5.55}$$

且

$$\varepsilon_V = \varepsilon_i - \varepsilon_r \qquad (5.56)$$

这些方程类似于得到方程式(5.37)的方程,当其中一个或其他指数为 0 或负数时,接受-拒绝方法的应用会导致相似奇异性问题。这些问题可以用与方程式(5.37)的讨论中用到的类似方式处理。另外,内能的分布可以通过调整应用 Larsen-Borgnakke 方法的模态数目来避免。在任何情况下,振动模态的这种经典处理可以用量子模态有效取代。

Larsen-Borgnakke 方法的量子形式,将分子的振动能限制到对应离散量子能级的能量。对某个模态的能级 i,谐振子模型给出该模态的振动能为

$$\varepsilon_i = ik\Theta_V \qquad (5.57)$$

量子模型由 Hass(1993)、Bergemann 和 Boyd(1994)等引入。下面的处理在很大程度上基于后一个模型。能级 i 的玻尔兹曼分布可写成

$$f_{\varepsilon_V} \propto \exp\left(-\frac{\varepsilon_V}{kT}\right)\delta(\varepsilon_V - ik\Theta_V) \qquad (5.58)$$

狄拉克 δ 函数定义为

$$\int_a^b f(x)\delta(x - x_0) = \begin{cases} f(x_0), & 若 \ a < x_0 < b \\ 0, & 其他 \end{cases} \qquad (5.59)$$

整数 i 是 $0 \sim \infty$, δ 函数将能量连续分布的积分有效转化为对离散能级求和。

考虑分子 1 某个振动模态能量的 Larsen-Borgnakke 分布。像 5.5 节最后一段讨论的那样,可以利用内部模态作为连续考虑的优势。参数 $\varXi_b$ 为 $5/2 - \omega_{12}$, "碰撞能" E_c 是分子 1 的碰前振动能与相对平动能之和。不参与选择的那些模态的能量只是相对平动能 E_t,而 E_t 的分布函数由方程式(5.13)给出。ε_V 和 E_t 某个组合的分布函数,由该分布与方程式(5.58)的乘积给出,即

$$(E_c - \varepsilon_V)^{3/2-\omega_{12}}\delta(\varepsilon_V - ik\Theta_V)\exp\{-E_c/(kT)\}$$

该分布中能量 E_c 是常数,指数项也可看成常数。最大概率是基态 $\varepsilon_V = 0$ 时,某个能级与基态的概率比为

$$\frac{P}{P_{max}} = \left(1 - \frac{\varepsilon_V}{E_c}\right)^{3/2-\omega_{12}}\delta(\varepsilon_V - i^*k\Theta_V) \qquad (5.60)$$

分析采用了认为基态 $i^* = 0$、能量为 0 的常用习惯。事实上,这一基态中有一个有限零点能量 $1/2k\Theta_V$,而且在基态的狄拉克 δ 定义中设定一个下限不存在困难。概率比可以写成离散形式,即

$$\frac{P}{P_{max}} = \left(1 - \frac{i^* k\Theta_V}{E_c} \right)^{3/2 - \omega_{12}} \tag{5.61}$$

将接受-拒绝方法用于该概率比,选择分子 1 碰后能级 i^* 的能量。这个选择过程应用于 0 级到最大能级

$$i_{max}^* = \lfloor E_c/(k\Theta_{V,1}) \rfloor \tag{5.62}$$

中均匀分布的整数可能能级,其中,$\lfloor \cdot \rfloor$ 表示截断。

注意,气体作为整体的部分激发,完全来自选择过程中振动能级到离散能级的截断。上述分析用到了谐振子模型能级的相等间距。另外,该模型可基于每个分子的非谐振子模型实际振动能级。如果选择过程得到对应离解能级的振动能级,离解就会发生,对应化学反应的速率系数将在 6.6 节中进行推导和讨论。

电子能级的玻尔兹曼分布给出能级 i 的分子所占比例为

$$\frac{N_i}{N} = \frac{g_i \exp[-\varepsilon_{el,i}/(kT)]}{\sum g_i \exp[-\varepsilon_{el,i}/(kT)]} \tag{5.63}$$

其中,$\varepsilon_{el,i}$ 是能级 i 的能量;g_i 为简并度(层级中状态的数目),且求和是针对所有电子能级。狄拉克 δ 函数可以再次用来将该离散分布写成 ε_{el} 的连续分布函数,即

$$f_{\varepsilon_{el}} \propto g_i \exp\{-\varepsilon_{el}/(kT)\} \delta(\varepsilon_{el} - \varepsilon_{el,i}) \tag{5.64}$$

Larsen-Borgnakke 方法可以以类似的方式应用于振动。但是,最好在应用接受-拒绝方法之前的状态选择中考虑简并度的影响。状态选择是在平动模态和电子模态之间,且"碰撞能" E_c 是这些模态的能量之和。最大的可能能级由 E_c 的截断确定,在允许能级总的状态数目中均匀选择可能状态时要考虑简并度。接受-拒绝方法通过下面的概率比应用于选好的状态:

$$\frac{P}{P_{max}} = \left(1 - \frac{\varepsilon_{el,i}}{E_c} \right)^{3/2 - \omega_{12}} \tag{5.65}$$

5.7　弛豫率

考虑一团气体,其某个特定模态的温度 T_i 不同于整个气体的温度。分子间碰撞使得 T_i 向最终平衡温度**弛豫**。由方程式(5.44)有,通过 Larsen–Borgnakke 方法选择的完全激发内部模态能量均值为

$$\bar{\varepsilon} = E_c / (5/2 - \omega + \bar{\zeta}) \qquad (5.66)$$

其中, E_c 为总碰撞能量; $\bar{\zeta}$ 为贡献给出 E_c 的内自由度的均值。对于选定的过程, E_c 是由方程式(5.66)描述的一个常数,但其因碰撞不同发生变化且其均值由下式近似:

$$\overline{E_c} = (5/2 - \omega_{12} + \bar{\zeta}) k T_e$$

其中, T_e 为气体的**最终平衡**温度。如果(非平衡)碰撞频率为 ν 且非弹性碰撞的比例为 Λ,能量转化为内部模态的全局速率为

$$\frac{\mathrm{d}\varepsilon_i}{\mathrm{d}t} = \nu \Lambda k T_e$$

能量从该模态转化的速率为

$$\frac{\mathrm{d}\varepsilon_i}{\mathrm{d}t} = - \nu \Lambda k T_i$$

因此,内温的净变化率为

$$\frac{\mathrm{d}T_i}{\mathrm{d}t} = \nu \Lambda (T_e - T_i) \qquad (5.67)$$

其中, ν 和 Λ 都可能是温度的函数,且该方程对 $\nu \Lambda t$ 的积分给出

$$T_i = T_e - (T_e - T_{i,0}) \exp(- \nu \Lambda t) \qquad (5.68)$$

其中, $T_{i,0}$ 为内温在 0 时刻的值。

弛豫时间定义为(Chapman and Cowling, 1970)平衡态的扰动衰减到其初始值的 $1/e$ 所需要的时间。这个时间是 $1/(\nu \Lambda)$,在"碰撞频率时间尺度"内的弛豫碰撞次数近似为

$$Z_{i} = 1/\Lambda \tag{5.69}$$

转动模态的一个更精确的结果是

$$Z_{i} = \frac{3\zeta_{rot}(5 - 2\omega + \zeta_{rot})}{(3 + \zeta_{rot})(5/2 - \omega)(5/2 - \omega + \zeta_{rot})\{1 - [1 - \zeta_{rot}\Lambda/(5/2 - \omega + \zeta_{rot})]^{2}\}} \tag{5.70}$$

图 5.2 画出的是 $\zeta_{rot} = 2$ 的情况。对于真实情况，乘积 ΛZ_{i} 偏离 1 的近似值相对较小。

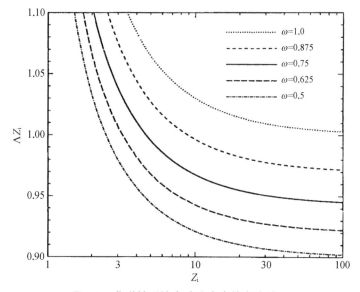

图 5.2   非弹性碰撞在弛豫率中的占比关系

5.8   气体-壁面相互作用

多数问题涉及气体分子与固体壁面之间的相互作用。气体一般具有相对于壁面的来流速度，这意味着气体驻点温度不同于其静温。另外，壁面温度必然与它们中的至少一个不同，而且入射分子的分布函数也与反射分子的不同。因此，靠近壁面的气体的分布函数将不是平衡分布，而且分子在碰到壁面前相对于壁面的能量一般与其反射回来的能量不同，该过程是非弹性的。当前描述气体-壁面相互作用的模型大部分在本质上是现象学的，其适当性随壁面的性质和分子相对于壁面碰撞能的大小而变化。最常用的模型是 4.5 节关于平衡态气体-壁面相互作用中讨论到的漫反射模型和镜面反射模型的推广。

漫反射模型最常用的推广是容许入射分子和反射分子具有不同的温度。例如,可以假设入射到壁面的分子具有温度为 T_i 的平衡态气体的特征,而反射回来的分子具有温度为 T_r 的平衡态气体的特征。注意,温度 T_r 可能与壁面温度 T_w 不同。反射回来的分子让其温度调整到壁面温度的一个标志是**热调节系数**,即

$$a_c = (q_i - q_r)/(q_i - q_w) \tag{5.71}$$

其中,q_i 和 q_r 分别是入射和反射的能量通量;q_w 是 $T_r = T_w$ 时的漫反射带走的能量通量;a_c 的范围是从无调节时的 0 到完全热调节时的 1,也可以对动量的法向分量和切向分量定义调节系数。然而,调节系数可以写成宏观压强、剪切应力和热通量的函数,通常更倾向于直接用这些能量描述相互作用。

"工程"壁面与正常温度气体作用的实验表明,反射过程近似于完全热调节的漫反射。这种行为可能是由于壁面微观上的粗糙导致入射分子遇到多重散射,或者是由于分子顷刻之间在壁面受阻或吸附。多数分析和数值研究基于漫反射的假设,很幸运的是这对于绝大多数实际气体已经足够。当下列因素中的一个或多个出现时,漫反射假设就必须严格审视:

(1) 通过暴露在高温、高真空中除气的光滑金属表面;

(2) 气体分子质量与表面分子质量之比相对于 1 很小;

(3) 分子相对于表面的平动能大于几个电子伏特。

从仔细准备和彻底除气壁面的热线到静止气体热传导的测量表明,热调节系数可以明显小于 1。事实上,轻质气体在重金属表面的热调节系数可能相对于 1 很小(Thomas,1967)。其他的实验,用分子束作用到类似准备的壁面,表明反射回来的分子在平均意义上能保持平行于壁面的一些动量。这些结果由用到高度稀薄气体的超声速风洞实验所强化,它们表明诸如锥体的阻力系数可能明显低于漫反射的预期值。轨道上碳表面原子氧角分布的测量表明,径向的反射粒子通量存在峰值(Gregory and Peters,1986)。这个问题对于高速流动特别严重。当入射分子相对于壁面的平动能与对应壁面温度相比值很大时,完全热调节不那么容易实现。另外,对于极高速流场,部分平动能将转化为入射分子而不是壁面分子的内能,也可能存在与壁面分子或者吸附的气体分子之间的化学反应。

受上述不确定性强烈影响的一个实际问题是卫星轨道阻力的预测。大气分

子相对于壁面的平动能大约为 4 eV, 而标准情况下静止气体的典型值为 0.025 eV。另外, 卫星表面由于长期暴露在高度真空中而干净除气。不仅卫星的阻力系数是不确定的, 而且大气密度也是不确定的。

　　分子与壁面相互作用的任何模型将比气相中分子间碰撞的模型复杂, 即使对没有吸附气体层的宏观扁平表面也是如此。不仅不存在一种气体-壁面相互作用模型, 而且不大可能出现一个新的模型能够在很宽的参数范围内, 对气体和壁面所有组合进行充分的定量研究。对于某个特定应用, 如果存在足够的实验数据, 就可以用来确定满足物理约束的经验模型中的可调参数。在这种模型缺失的情况下, 非漫反射最经常用到, 其假设一定比例 ε 的分子发生镜面反射, 而其余分子发生漫反射。然而, 该模型既无法复现特殊情况下已经得到的分子束数据, 也无法验证结果应该位于完全漫反射和完全镜面反射之间的隐式假设, 因而需要一个更适用的经验性模型。

　　通常让人们接受的是, 任何这种模型应该满足方程式(4.81)定义的可逆性条件。然而, 它在非平衡情况下的证明(Wenaas, 1971)是基于壁面作为具有大量相同分量相空间数组的模型。在每个分量只与气体分子作用一次的假设下, 可逆性条件是量子力学上时间可逆不变性的一个推论。当入射分子的碰撞能量大到能产生壁面晶格原子之间的聚合反应时, 可逆性原则的有效性可能有所保留。Miller 和 Subbarao(1986)在实验上验证了可逆性原则, 但是他们的分子束实验仅限于窄的能量范围且反射回来的能量与入射能量区别不大。Cercignani 和 Lampis(1971)提出了一种满足可逆性的气体-壁面相互作用的模型。该模型由 Lord(1991a; 1991b)进一步发展, 其结果将在下面进行总结。

　　该模型假设反射过程中速度的法向分量和切向分量之间没有耦合。设 u 是由表面温度最概然分子速度正则过的分子速度法向分量, 而 v 和 w 是类似正则过的切向分量。

　　分子以正则过的切向分量 v_i 入射、v_r 反射的概率为

$$P(v_i, v_r) = \left[\pi a_t(2 - a_t)\right]^{-1/2}\exp\left\{-\left[v_r - (1 - a_t)v_i\right]^2 / \left[a_t(2 - a_t)\right]\right\}$$

(5.72)

其中, a_t 是该分量的速度调节系数, $\alpha_t = a_t(2 - a_t)$ 可以认为是该分量的能量由 kT 正则化的调节系数。这些方程满足可逆性方程式(4.81)和正则性条件, 即

$$\int_{-\infty}^{\infty} P(v_i, v_r)\,\mathrm{d}v = 1$$

(5.73)

速度法向分量正则条件中的积分范围是 $0\sim\infty$，对应的概率或"散射核"为

$$P(u_i,u_r)=\frac{2u_r}{\alpha_n}I_0\big[2(1-\alpha_n)^{1/2}u_iu_r/\alpha_n\big]\exp\left[\frac{u_r^2+(1-\alpha_n)u_i^2}{\alpha_n}\right]$$

(5.74)

可以证明，两个切向分量大小 $(v^2+w^2)^{1/2}$ 的概率函数满足式(5.74)，角速度两个分量的函数也满足这一关系式。Lord 引入了图 5.3 所示的图像来演示这个一般概率函数，入射分子的状态可用 x 轴上的点 P 表示，离开原点的距离 OP 表示 u_i、$(v_i^2+w_i^2)^{1/2}$ 或 ω_i，点 Q 代表反射分子的平均状态且其位于 OP 上，使得 $OQ/OP=(1-\alpha)^{1/2}$，其中能量调节系数为 α_n 或 α_t。反射分子的真实状态由点 R 表示，且该状态的概率分布由中心在 Q 的二维高斯分布给定。这表明，状态位于 r、θ 处 $r\mathrm{d}r\mathrm{d}\theta$ 微元里的概率为

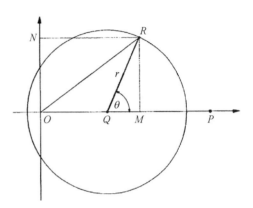

图 5.3　Cercignani-Lampis-Lord 模型的几何表征

$$(\pi\alpha)^{-1}\exp(-r^2/\alpha)r\mathrm{d}r\mathrm{d}\theta \tag{5.75}$$

其中，r 为距离 QR；θ 为角 PQR，注意到 θ 的所有值概率相同。距离 OR 代表 u_r、$(v_r^2+w_r^2)^{1/2}$ 或 ω_r，而投影 OM 和 ON 代表 v_r 和 w_r 或者反射双原子分子角速度的两个分量。

　　该模型的一个缺陷是速度分量的调节系数与这些分量的系数值直接关联，意味着它不包括不完全热调节漫反射的情况。这一情况由 Lord(1991)对该模型的拓展予以包含。

参考文献

BERGEMANN, F. and BOYD, I.D. (1994). New discrete vibrational energy model for the direct simulation Monte Carlo method. *Prog. in Aero. and Astro.* 157, in press.

BIRD, G.A. (1976). Molecular gas dynamics, Oxford University Press.

BORGNAKKE, C. and LARSEN, P.S. (1975). Statistical collision model for Monte Carlo simulation of polyatomic gas mixture. *J. Comput. Phys.* 18, 405-420.

BRYAN, G.H. (1894). *Rep. Br. Ass. Advant. Sci.*, p.83.

CERCIGNANI, C. and LAMPIS, M. (1974). In *Rarefied gas dynamics*, (ed. K. Karam-cheti), p. 361, Academic Press, New York.

CHAPMAN, S. and COWLING, T.G. (1970). The mathematical theory of non-uniform gases (3rd edn.), Cambridge University Press.

CURTISS, C.F. and MUCKENFUSS, C. (1958). Kinetic theory of nonspherical molecules. *J. Chem. Phys.* 29, 1257-1272.

DAHLER, J.S. and SATHER, N.E. (1962).Kinetic theory of loaded spheres I.*J. Chem. Phys.* 38, 2363-2382.

GREGORY, S.J. and PETERS, R.N. (1986). In *Rarefied gas dynamics*, (ed.V. Boffi and C. Cercignani), 1, pp. 641-656, B.G. Tuebner, Stuttgart.

HAAS, B.L., McDONALD, J.D., and DAGUM, L. (1993). Models ofthermal relaxation mechanics for particle simulation methods. *J. Comput. Phys.* 107, 348-358.

HAAS, B.L.,HASH, D.,BIRD, G.A., LUMPKIN, F.E.,and HASSAN, H. (1994). Rates of thermal relaxation in direct simulation Monte Carlo methods. *Phys.Fluids.*, to be published.

HASSAN, H.A. and HASH, D.B. (1993). A generalized hard-sphere model for Monte Carlo simulation.*Phys. Fluids A* 5, 738-744.

HINSHELWOOD, C.N. (1940). *The kinetics of chemical change*, p.39. Clarendon Press, Oxford.

JEANS, J.H. (1904). *Q Jl. Pure Appl. Math.* 25, 224.

LARSEN, E.S. and BORGNAKKE, C. (1974). In *Rarefied gas dynamics* (ed. M. Becker and M. Fiebig), 1, Paper A7, DFVLR Press,Porz-Wahn, Germany.

LORD, R.G. (1991a). In *Rarefied gas dynamics* (ed. A.E. Beylich), p. 1427, VCH Verlagsgesellschaft mbH, Weinheim, Germany.

LORD, R.G. (1991b). Some extensions to the Cercignani-Lampis gas scattering kernel. *Phys. Fluids A* 3, 706-710.

LORDI, J.A and MATES, R.E. (1970). Rotational relaxation in in nonpolar diatomic molecules. *Phys. Fluids* 13, 291-308.

MILLER, D.R. and SUBBARAO, R.B. (1971).Direct experimental verification of the reciprocity principle for scattering at the gas-surface interface. *J. Chem. Phys.*, 55, 1478-1479.

PIDDUCK, F.B. (1922). *Proc. R. Soc. A* 101, 101.

PULLIN, D.I. (1978). Kinetic models for polyatemic molecules with phenomenological energy exchange. *Phys. Fluids* 21, 209-216.

SANDLER, S.I. and DAHLER, J.S. (1967). Kinetic theory ofloaded spheres IV. *J. Chem. Phys.* 47, 2621-2630.

THOMAS, L.B. (1967). In *Fundamentals of gas-surface interactions*, p.346, Academic Press, New York.

WENAAS, E.P. (1971). Equilibrium cosine law and scattering symmetry at the gas-surface interface. *J. Chem. Phys.* 54, 376-388.

第 6 章

化学反应和热辐射

6.1 简介

鉴于气相化学反应的基本理论主要关注分子层次的过程（Levine and Bernstein, 1987），分子模型是适用于化学反应气流的理想模型。这一理论为实验化学所支持，后者越来越关注分子层次测量。另外，当前使用计算方法来研究反应分子之间的相互作用，但是它们会涉及每组碰撞参数的大量计算。一次流动模拟涉及数以亿计的碰撞，对每个碰撞进行这种计算是不可能的，但是有可能对关注碰撞的所有碰撞参数输出建立一个数据库。这样一个数据库可以被每个碰撞访问，不仅提供了化学反应问题的一个实用手段，还剔除了对前面章节提出的近似分子模型的需求。然而，现有的微观数据是不完整的，当前反应气流的计算机模拟还必须基于近似模型。

模拟模型与 6.2 节中将要列出的化学反应的著名碰撞理论相关。考虑到微观数据不足，反应流动的初始模拟（Bird, 1979）由动理学理论从连续速率常数推导出微观数据。该理论将在 6.3 节中给出，而 6.4 节处理碰撞理论到三分子碰撞的拓展，得到 6.6 节中关于产生化学平衡的正、逆截面比的推导。联合理论将在 6.7 节中用于离解-复合反应，这一节还对这些化学反应提出一个新模型，引入描述振动激发的 Larsen-Borgnakke 模型，将离解问题转化为对应离解能级的振动激发进行处理。

新的方法只需要振动弛豫率的数据，避免了对离解速率显式数据的需求。这与振动-离解的基本理论是一致的。该方法在 6.8 节中拓展到交换反应，而且再次得到与测量值一致的预测速率。

至于 5.5 节中广义 Larsen-Borgnakke 分布在化学反应中的应用，应该注意的是这些分布的麦克斯韦气体形式（如 $\omega = 1$）与理论化学（Levine and Bernstein，1987；5.5.4 节）中用到的"先验分布"是相同的。用分子模型区分遭遇碰撞的分子集合与构成气体的分子集合。5.5 节引入的更一般结果，使非弹性碰撞的实际分布（反应后的分布可能仍然不同）与先验分布一致。信息理论很大程度上是多余的，"熵极大"过程对建立平衡也不再是必需的。

6.2　双分子反应的碰撞理论

多数气相化学反应可以处理成碰撞过程。我们已经看到 VHS 分子模型提供了真实单原子气体的一种充分表征，现象学模型得到了具有内自由度气体的可接受结果。现在考察能处理包括化学反应和热辐射的经典现象学方法。作为化学反应速率最简单理论建立起来的经典碰撞理论，提供了一个逻辑出发点。

稀疏气体模型专门处理二体碰撞，而且很容易拓展到**双分子**反应。典型的双分子反应可以写成

$$A + B \longleftrightarrow C + D, \tag{6.1}$$

其中，A、B、C 和 D 代表不同的分子组分。注意，本书将"分子"一词作为一个通称使用，包括原子、离子、电子、光子及分子。如方程式（6.1）所示，只要单步发生的反应不出现反应物之外的组分，组分 A 浓度变化的**速率方程**可写成

$$-\frac{\mathrm{d}n_A}{\mathrm{d}t} = k_f(T)n_A n_B - k_r(T)n_C n_D \tag{6.2}$$

粒子数密度作为浓度的度量，用它来代替常记为 $[N_A]$ 的单位体积内的摩尔数。两者通过 $n_A = \mathcal{N}[N_A]$ 联系起来，其中，$\mathcal{N}$ 是阿伏伽德罗常量。**速率系数**或"常数" $k_f(T)$ 和 $k_r(T)$ 分别对应正反应和逆反应。速率系数是温度的函数且不依赖粒子数密度和时间。原本具有经验性基础的一个进一步结果是速率系数具有形式为

$$k(T) = \Lambda T^{\eta} \exp(-E_a/kT) \tag{6.3}$$

其中，Λ 和 η 是常数；E_a 称为反应的**活化能**。对于 $\eta = 0$ 的特殊情况，该方程称为 Arrhenius 方程。这一公式本质上是宏观的，热力学温度的使用隐含假设该过程不涉及高度热非平衡。这要求反应过程的时间尺度应该大于平均碰撞时间，

这使得分子的平动速度和转动速度保持本质上的麦克斯韦分布。

尽管总截面 σ_T 最开始是定义在弹性碰撞中,但它在涉及平动和完全激发内部模态之间能量交换的碰撞中的应用不需要任何修正。然而,对化学反应或离散振动能级的激发,要引入单独的**反应截面** σ_R。它是一个总截面,但是对反应更全面的认知使得微分截面可以确定为碰撞参数的函数。反应截面与弹性截面之比 σ_R/σ_T 可以认为是弹性碰撞导致化学反应的概率,可以定义为**位阻因子**。然而,位阻因子的应用意味着反应截面应该小于弹性截面,尽管一般情况都是如此,但还是应该保留反应截面大于弹性截面的可能性。如果 A 和 B 之间的双分子反应具有活化能 E_a,除非质心参考系中的平动能及可利用的任何内能超过活化能,否则双分子反应就不会发生。如果双分子反应是吸热的(即需要能量输入),活化能必须大于或等于这一反应能。需要指出的是,释放热量的放热反应可能具有有限活化能。

一个简单但不实际的情形是选择硬球模型,且假设沿着中心线的平动能小于 E_a 时反应截面为 0,超过 E_a 时反应截面等于 σ_R。假设气体准平衡,组分 A 分子的反应碰撞频率由方程式(4.75)的弹性碰撞频率、方程式(4.73)的比例和比例 σ_R/σ_T 的乘积给出。因此,A 分子的正反应速率由方程式(1.39)给定为

$$\frac{\mathrm{d}n_A}{\mathrm{d}t} = -\frac{\sigma_R n_A n_B}{\varepsilon}\left(\frac{8kT}{\pi m_r}\right)^{1/2}\exp\left(-\frac{E_a}{kT}\right) \tag{6.4}$$

其中,ε 为对称因子。若 A $\neq$ B,则 ε 取为 1;若 A = B,则 ε 取为 2。

该方程与式(6.2)、式(6.3)的比较表明,碰撞理论结果具有期待的形式。然而,硬球模型对于真实气体是不充分的,反应截面可能不是常数,而且内自由度可能贡献于碰撞能。为处理更真实的分子模型,需要拓展传统碰撞理论的结果。

6.3　给定反应速率的反应截面

考虑这样一种情况,碰撞能 E_c 包括 A 分子 ζ_A 个内自由度的能量和 B 分子 ζ_B 个内自由度的能量。如果内能贡献之和记为 E_i,则方程式(5.27)表明

$$f_{E_i} \propto E_i^{\bar{\zeta}-1}\exp\left[-E_i/(kT)\right]$$

其中,$\bar{\zeta} = (\zeta_A + \zeta_B)/2$ 是贡献于碰撞能的内自由度的均值。在幂律 VHS 分子

中,与碰撞相关的相对平动能 E_t 的分布函数由方程式(5.13)给定为

$$f_{E_t} \propto E_t^{3/2-\omega_{AB}} \exp[-E_t/(kT)]$$

其中,ω_{AB} 是组分 A 分子与组分 B 分子碰撞的黏性-温度指数。在这种情况下,包含全部平动能且在限制能量于中心线时发生的还原,将通过能量对反应截面的依赖成为可能。$E_c = E_i + E_t$ 的分布函数由 E_i 和 E_t 的分布乘积给出。对于 E_i 的固定值,它可以写成

$$f_{E_c} \propto (E_c - E_i)^{3/2-\omega_{AB}} E_i^{\bar{\zeta}-1} \exp[-E_c/(kT)]$$

而且,该分布可以对 E_i 的所有值积分,给出碰撞能的平均分布函数。对碰撞能所有值的平均分布应该为 1,而常数可以通过这一条件得到。E_c 由 kT 正则后分布的最终结果为

$$f\left(\frac{E_c}{kT}\right) = \frac{1}{\Gamma(\bar{\zeta} + 5/2 - \omega_{AB})} \left(\frac{E_c}{kT}\right)^{\bar{\zeta}+3/2-\omega_{AB}} \exp[-E_c/(kT)] \qquad (6.5)$$

E_c 大于 E_a 的碰撞的比例通过式(6.5)中的 $E_c/(kT)$ 在 $E_a/(kT) \sim \infty$ 积分得到,其结果为

$$\frac{dN}{N} = \frac{\Gamma(\bar{\zeta} + 5/2 - \omega_{AB}, E_a/(kT))}{\Gamma(\bar{\zeta} + 5/2 - \omega_{AB})} \equiv Q[\bar{\zeta} + 5/2 - \omega_{AB}, E_a/(kT)]$$

$$(6.6)$$

该方程中的不完全伽马函数可以通过方程式(B.6)简化,当第一项为整数时,可以得到特别简单的结果。对于硬球分子及整数的内自由度数目,方程式(6.6)简化为

$$\frac{dN}{N} = \exp\left(-\frac{E_a}{kT}\right)\left[1 + \frac{E_a}{kT} + \frac{1}{2}\left(\frac{E_a}{kT}\right)^2 + \cdots + \frac{1}{(n+1)!}\left(\frac{E_a}{kT}\right)^{\bar{\zeta}+1}\right]$$

$$(6.7)$$

对于 $E_a \gg kT$ 的反应,最后一项是最主要的,而且 $s = \bar{\zeta} + 2$ 经常因定义给反应贡献能量的"平方项"数目而被提及(Vincenti and Kruger, 1965)。

如果反应截面具有形式

$$\sigma_R = \begin{cases} 0, & E_c \leqslant E_a \\ \sigma_T C_1 (E_c - E_a)^{C_2} (1 - E_a/E_c)^{\bar{\zeta}+3/2-\omega_{AB}}, & E_c > E_a \end{cases} \qquad (6.8)$$

其中，C_1、C_2 是常数，可以得到形如方程式(6.3)的速率系数(Bird,1979,1981)。组分 A 分子的正反应速率由方程式(1.39)、式(4.75)、式(6.5)和式(6.8)给定为

$$\frac{\mathrm{d}n_\mathrm{A}}{\mathrm{d}t} = \frac{2}{\pi^{1/2}\varepsilon} n_\mathrm{A} n_\mathrm{B} \sigma_\mathrm{ref} \left(\frac{2kT_\mathrm{ref}}{m_\mathrm{r}}\right)^{1/2} \left(\frac{T}{T_\mathrm{ref}}\right)^{1-\omega_\mathrm{AB}} \frac{C_1}{\Gamma(\bar{\zeta} + 5/2 - \omega_\mathrm{AB})}$$

$$\times \int_{E_a'/(kT)}^{\infty} (E_\mathrm{c} - E_\mathrm{a})^{C_2} (1 - E_\mathrm{a}/E_\mathrm{c})^{\bar{\zeta}+3/2-\omega_\mathrm{AB}} \left(\frac{E_\mathrm{c}}{kT}\right)^{\bar{\zeta}+3/2-\omega_\mathrm{AB}}$$

$$\exp\left(-\frac{E_\mathrm{c}}{kT}\right) \mathrm{d}\left(\frac{E_\mathrm{c}}{kT}\right)$$

如果积分中的变量为 $E_\mathrm{c} - E_\mathrm{a}$，积分转化为伽马函数且速率系数为

$$k(T) = \frac{2C_1\sigma_\mathrm{ref}}{\pi^{1/2}\varepsilon} \left(\frac{2kT_\mathrm{ref}}{m_\mathrm{r}}\right)^{1/2} \frac{\Gamma(\bar{\zeta} + C_2 + 5/2 - \omega_\mathrm{AB})}{\Gamma(\bar{\zeta} + 5/2 - \omega_\mathrm{AB})} \frac{k^{C_2} T^{C_2+1-\omega_\mathrm{AB}}}{T_\mathrm{ref}^{1-\omega_\mathrm{AB}}} \exp\left(-\frac{E_\mathrm{a}}{kT}\right)$$

$$(6.9)$$

方程式(6.9)和式(6.3)的比较表明，方程式(6.8)中的常数可以写成

$$C_1 = \frac{\pi^{1/2}\varepsilon\Lambda}{2\sigma_\mathrm{ref}} \frac{\Gamma(\bar{\zeta} + 5/2 - \omega_\mathrm{AB})}{\Gamma(\bar{\zeta} + \eta + 3/2)} \left(\frac{m_\mathrm{r}}{2kT_\mathrm{ref}}\right)^{1/2} \frac{T_\mathrm{ref}^{1-\omega_\mathrm{AB}}}{k^{\eta-1+\omega_\mathrm{AB}}}$$

和

$$C_2 = \eta - 1 + \omega_\mathrm{AB}$$

因此，每个 $E_\mathrm{c} > E_\mathrm{a}$ 的碰撞，幂律 VHS 分子之间反应的概率(或位阻因子)为

$$\frac{\sigma_\mathrm{R}}{\sigma_\mathrm{T}} = \frac{\pi^{1/2}\varepsilon\Lambda T_\mathrm{ref}^{\eta}}{2\sigma_\mathrm{ref}(kT_\mathrm{ref})^{\eta-1+\omega_\mathrm{AB}}} \frac{\Gamma(\bar{\zeta} + 5/2 - \omega_\mathrm{AB})}{\Gamma(\bar{\zeta} + \eta + 3/2)} \left(\frac{m_\mathrm{r}}{2kT_\mathrm{ref}}\right)^{1/2} \frac{(E_\mathrm{c} - E_\mathrm{a})^{\eta+\bar{\zeta}+1/2}}{E_\mathrm{c}^{\bar{\zeta}+3/2-\omega_\mathrm{AB}}}$$

$$(6.10)$$

当 $\bar{\zeta} + \eta + 1/2$ 大于 0 时，该概率在 E_c 趋于 E_a 时趋于 0；但当 $\bar{\zeta} + \eta + 1/2$ 小于 0 时，该概率在 E_c 趋于 E_a 时趋于无穷。后者在物理上是不真实的，η 不应该小于 $-1/2 - \bar{\zeta}$。大的负值是内部模态贡献于碰撞能的反应的表征。注意，当 η 小于 $-1 + \omega_\mathrm{AB}$ 时，随着 E_c 趋于无穷，反应概率趋于 0。空气中的离解反应通常具有-1 量级的 η 值，方程式(6.10)给定的反应概率在 E_c 的某个值时取最大值。这种类型的能量-截面曲线由分子束实验(Gardiner,1989)所证实。

内部模态对碰撞能的贡献是任意参数，希望得到的速率系数通常可以由一

定范围的 $\bar{\zeta}$ 所匹配,但当上述考虑与可利用的内能上的限制结合时,可以发现这个范围很有限。相对于弹性截面,得到的反应截面通常很小,但是对于非常快的反应,它们可以接近却很难超过弹性截面。

上述反应概率的理论提供了一种微观反应模型,可以复现连续意义下的经典速率方程。然而,方程式(6.8)的形式在很大程度上是基于数学上易处理的考虑,模型本质上是现象学的。如 6.1 节所述,理想的微观模型应该包含微分截面作为能量状态和碰撞参数函数的完整信息。这些原本可以由为实验所支持的大量子理论计算得到。对于特定反应存在一些微观数据,但对工程兴趣的反应极为少有。在进行比较时,现象学理论的反应截面具有正确的数量级。这个一致性为现象学模型所得结果的有效性提供了基础,而这些模型通常用于高度非平衡的稀薄气体流动中。

6.4 拓展到三分子反应

三分子反应涉及三个分子且与三体碰撞有关。它是高温空气中的一种重要反应,是氧分子和氮分子离解的逆反应或复合反应。典型的离解-复合反应可以表示成

$$AB + T \longleftrightarrow A + B + T \tag{6.11}$$

其中,AB 表示将要离解的分子;A 和 B 是原子(如果 AB 是多原子,则至少有一个是分子);T 是"第三者"原子或分子。吸热反应的离解需要能量 E_d。类似数量的能量与放热复合反应有关,而且方程式(6.11)中的逆反应看起来像双分子反应而不像涉及三个分子的三分子反应。然而,二体碰撞动量方程式(2.1)和能量方程式(2.2)在出现放热时得不到满足,因此复合反应需要三体碰撞。正反应中组分 A 或组分 B 的生成速率可写成

$$\frac{dn_A}{dt} = k_f n_{AB} n_T \tag{6.12}$$

而逆反应中组分 A 的损失速率为

$$\frac{dn_A}{dt} = k_r n_A n_B n_T \tag{6.13}$$

注意,三分子反应的速率常数与数密度的乘积具有和双分子反应的速率常数相同的维数。

一方面,通过对两个分子之间的二体碰撞设定"寿命",可以将碰撞理论拓展到三体碰撞,然后将三方的碰撞看成前两个分子的组合与第三个分子之间的第二个二体碰撞。另一方面,复合可以看成两个二体碰撞的组合。第一个二体碰撞形成一个共轨分子对,通过与第三个分子发生的第二个二体碰撞达到稳定,条件是第二个二体碰撞在足够短的时间内发生。这两种方法是等效的,不管第一个二体碰撞中寿命对于相对速率和平动能的依赖如何,复合概率都正比于第三种组分的数密度 n_T。如果方程式(6.11)中逆反应的复合速率由具有方程式(6.3)形式的速率方程确定,组分 A 分子和组分 B 分子之间的每个二体碰撞的复合速率可以由与方程式(6.10)类似的方式得到。如果活化能取为 0,内自由度的贡献也是 0,与二体碰撞相关的复合概率为

$$\frac{\sigma_R}{\sigma_T} = \frac{\pi^{1/2} n_T \varepsilon \Lambda T_{ref}^{\eta}}{2\sigma_{ref}} \frac{\Gamma(5/2 - \omega_{AB})}{\Gamma(\eta + 3/2)} \left(\frac{m_r}{2kT_{ref}}\right)^{1/2} \left(\frac{E_c}{kT_{ref}}\right)^{\eta - 1 + \omega_{AB}} \quad (6.14)$$

除非 $\eta - 1 + \omega_{AB}$ 等于或大于 0,否则该概率在 E_c 趋于 0 时趋于无穷。ω_{AB} 的值接近 0.75,因此 η 不应该小于 0.25。实际上这是一个比双分子反应更严格的约束。

6.5　化学平衡

化学平衡要求正反应与逆反应之间的平衡,使得所有组分的浓度不随时间变化。因此,由双分子反应的方程式(6.2)有

$$K_{eq} \equiv \frac{k_f}{k_r} = \frac{n_C n_D}{n_A n_B} \quad (6.15)$$

其中,K_{eq} 为**平衡常数**。类似地,三分子离解-复合反应的平衡常数由方程式(6.2)和式(6.13)写成

$$K_{eq} \equiv \frac{k_f}{k_r} = \frac{n_A n_B}{n_{AB}} \quad (6.16)$$

对于**对称**或者**同核**双原子分子的离解,组分 A 和组分 B 相同,式(6.16)成为

$$K_{eq} \equiv \frac{k_f}{k_r} = \frac{n_A^2}{n_{AA}} \tag{6.17}$$

离解度 α 可以定义为已离解气体的质量分数,即

$$\alpha = \frac{n_A m_A}{\rho} = \frac{n_A}{n_A + 2n_{AA}} \tag{6.18}$$

方程式(6.17)和式(6.18)的结合表明:

$$\frac{\alpha^2}{1 - \alpha} = \frac{m_A}{2\rho} \frac{k_f}{k_r} \tag{6.19}$$

平衡态统计力学将系统中各种组分的数密度与配分函数联系起来。对双分子反应,有

$$\frac{N_C N_D}{N_A N_B} = \frac{Q^C Q^D}{Q^A Q^B} \exp\left(-\frac{E_a}{kT} \right) \tag{6.20}$$

其中,Q 是各组分的**配分函数**,上标表示组分;E_a 理解为正反应与逆反应的活化能之差。粒子数 N 与系统体积通过

$$N = nV$$

相联系,因此方程式(6.15)和式(6.20)结合使得该反应的质量作用定律可以写成

$$K_{eq} \equiv \frac{k_f}{k_r} = \frac{n_C n_D}{n_A n_B} = \frac{Q^C Q^D}{Q^A Q^B} \exp\left(-\frac{E_a}{kT} \right) \tag{6.21}$$

在三分子离解-复合反应的情况下,系统体积无法消除且对应方程为

$$K_{eq} \equiv \frac{k_f}{k_r} = \frac{n_A n_B}{n_{AB}} = \frac{Q^A Q^B}{V Q^{AB}} \exp\left(-\frac{E_a}{kT} \right) \tag{6.22}$$

对称分子的方程式(6.19)可以写成

$$\frac{\alpha^2}{1 - \alpha} = \frac{m_A}{2\rho V} \frac{(Q^A)^2}{Q^{AA}} \exp\left(-\frac{E_d}{kT} \right) \tag{6.23}$$

每个配分函数可以写成各自平动配分函数、转动配分函数、振动配分函数和

电子配分函数的乘积,即

$$Q = Q_{tr}Q_{rot}Q_vQ_{el} \tag{6.24}$$

对于涉及高温空气的反应,在感兴趣的温度范围内,存在配分函数的近似表达式。首先,平动配分函数为

$$Q_{tr} = V\left(2\pi mkT/h^2\right)^{3/2} \tag{6.25}$$

注意,当该函数应用到双分子或三分子反应时,平衡常数与系统的体积无关。其次,转动配分函数一般可写成

$$Q_{rot} = T/(\varepsilon'\Theta_r) \tag{6.26}$$

其中,ε' 为对称因子,对同核分子为 2,对异核分子为 1。谐振子模型得到的振动配分函数具有形式为

$$Q_v = 1/\left[1 - \exp(-\Theta_V/T)\right] \tag{6.27}$$

最后,电子配分函数通过对 j 个能级求和得到,即

$$Q_{el} = \sum_{i=0}^{j} g_i \exp(-\Theta_{el,i}/T) \tag{6.28}$$

其中,g_i 为简并度;基态能量 $\Theta_{el,0}$ 设为 0。

　　配分函数已用于计算反应气体的平衡组成,它们应用于高温空气的一些结果已经在图 1.9 和图 1.10 中给出。它们可用于从正反应速率系数计算逆反应速率系数,也可以验证所列正、逆反应速率系数的一致性。

　　微观层次的反应截面应该与细致平衡的原理一致。由于化学反应涉及内部状态和平动状态,所以反应气体可逆性原理的推导难以实现,但是数据可以以得到化学平衡的方式加以利用。

6.6　平衡碰撞理论

　　涉及化学反应流动的连续介质研究,几乎总是用到正、逆反应的形如方程式 (6.3) 的速率方程。然而,方程式 (6.3) 的简单形式与配分函数的数学复杂性不匹配,而且每套速率方程只与窄温度范围内的化学平衡一致。该温度范围通常因反应不同而不同,而且对于具有很多同步反应的复杂气体,任何温度下都得不

到正确的平衡态。如果用6.3节和6.4节中的理论,从正、逆反应速率方程确定反应截面,在基于计算的实践中也会出现相同的误差。

如果该理论只用于计算正反应的反应截面,而逆反应的反应截面通过配分函数与正反应关联,就可以克服上述困难。配分函数中的温度必须是当地宏观温度。反应几乎不变地只在一个方向要求活化能,而且将该方向的反应选为正反应。逆反应的反应截面可以设为弹性截面的比例 F,而且对于双分子碰撞该比例只是宏观温度的函数。在三分子逆反应的情况下,它还正比于碰撞中构成第三体的分子的数密度。两种情况下该比例都与碰撞能无关,即对双分子碰撞有

$$\sigma_R / \sigma_T = F \tag{6.29}$$

对三分子碰撞有

$$\sigma_R / \sigma_T = n_T F \tag{6.30}$$

双分子逆反应中组分 C 的数密度随时间的变化为

$$dn_C / dt = n_C v_{CD} F$$

碰撞频率的方程式(4.75)可以用于 v_{CD},得到的方程与方程式(1.39)和式(6.2)结合给出

$$k_r = (2/\varepsilon) \pi^{-1/2} \sigma_{ref} (T/T_{ref})^{1-\omega} (2kT_{ref}/m_r)^{1/2} F \tag{6.31}$$

其中,σ_{ref}、T_{ref} 和 ω 的值为逆反应中碰撞对对应的值。很容易看出,只要 F 由方程式(6.30)而不是式(6.29)确定,该方程也适用于三分子逆反应。正反应速率具有方程式(6.3)的形式且可以写成

$$k_f = \Lambda_f T^{\eta_f} \exp[- E_a / (kT)] \tag{6.32}$$

速率系数的方程式(6.31)和式(6.32)可以代入方程式(6.21),对于双分子反应有

$$\frac{\Lambda_f T^{\eta_f} \exp[- E_a / (kT)]}{(2/\varepsilon) \pi^{-1/2} \sigma_{ref} (T/T_{ref})^{1-\omega} (2kT_{ref}/m_r)^{1/2} F} = \frac{Q^C Q^D}{Q^A Q^B} \exp\left(- \frac{E_a}{kT} \right) \tag{6.33}$$

消除指数项并利用方程式(6.29),有

$$\frac{\sigma_R}{\sigma_T} = \frac{\Lambda_f T^{\eta_f}}{(2/\varepsilon)\,\pi^{-1/2}\sigma_{ref}\,(T/T_{ref})^{1-\omega}\,(2kT_{ref}/m_r)^{1/2}}\,\frac{Q^A Q^B}{Q^C Q^D} \tag{6.34}$$

相同的方法用于三分子逆碰撞给出

$$\frac{\sigma_R}{\sigma_T} = \frac{\Lambda_f T^{\eta_f}}{(2/\varepsilon)\,\pi^{-1/2}\sigma_{ref}\,(T/T_{ref})^{1-\omega}\,(2kT_{ref}/m_r)^{1/2}}\,\frac{n_T V Q^{AB}}{Q^A Q^B} \tag{6.35}$$

正如所期待的,反应概率是宏观温度的函数。尽管相对于正反应 E_c 的依赖其少一些物理真实性,但该概率能得到准确平衡。

该理论可以拓展到稀有反应,其逆反应具有有限活化能 $E_{a,r}$。方程式(6.33)右端指数项中的能量为正、逆反应活化能的差值。另外,碰撞频率必须通过将其乘以能量超过 $E_{a,r}$ 的碰撞所占的比例来消除。在温度 T 下,平衡气体中该比例由方程式(6.6)给出,双分子碰撞修正的表达式为

$$\frac{\sigma_R}{\sigma_T} = \frac{\pi^{1/2}\Lambda_f T^{\eta_f}\Gamma(\bar{\zeta}+5/2-\omega)\exp[-E_{a,r}/(kT)](Q^A Q^B)/(Q^C Q^D)}{(2/\varepsilon)\sigma_{ref}\,(T/T_{ref})^{1-\omega}\,(2kT_{ref}/m_r)^{1/2}\Gamma[\bar{\zeta}+5/2-\omega,E_{a,r}/(kT)]}$$

$$\tag{6.36}$$

其中,$\bar{\zeta}$ 为贡献于 $E_{a,r}$ 的内自由度的平均数。该反应概率只适用于能量大于 $E_{a,r}$ 的反应,对三分子反应可用方程式(6.35)中相同的因子。

6.7 离解-复合反应

前面的理论可以通过其在离解-复合反应中的应用来演示。例如,对于氧气

$$O_2 + T \longleftrightarrow 2O + T \tag{6.37}$$

Gupta 等(1990)给出适用于所有碰撞对象或"第三体"的反应典型速率为

$$k_f = 6.0 \times 10^{-12} T^{-1}\exp[-8.2 \times 10^{-19}/(kT)]$$
$$k_r = 8.3 \times 10^{-45} T^{-1/2} \tag{6.38}$$

对于二体反应,速率系数的单位为 $m^3/(n \cdot s)$,三体反应为 $m^6/(n^2 \cdot s)$。

一方面,方程式(6.38)中速率系数的应用隐式假设了平衡常数为

$$K_{eq} = 7.23 \times 10^{32} T^{-1/2}\exp(-59\,400/T) \tag{6.39}$$

另一方面,统计力学得到的平衡常数由方程式(6.22)给定为

$$K_{eq} = \frac{(Q^O)^2}{VQ^{O_2}}\exp\left(-\frac{E_a}{kT}\right)$$

方程式(6.25)~式(6.28)的近似配分函数代入上述方程,利用附录 A 中给出的氧气的数据,有

$$
\begin{aligned}
K_{eq} = {}&1.785 \times 10^{28} T^{1/2}[\,1 - \exp(-2\,270/T)\,]\exp(-59\,400/T)\\
&\times [\,5 + 3\exp(-228.9/T) + \exp(-325.9/T)\\
&+ 5\exp(-22\,830/T) + \exp(-48\,621/T)\,]^2 \qquad (6.40)\\
&/[\,3 + 2\exp(-11\,393/T) + \exp(-18\,985/T)\,]
\end{aligned}
$$

电子态的数目通过忽略在感兴趣温度下只做很小贡献的状态进行截断。另外,振动函数基于谐振子模型且忽略转动-振动耦合。这些影响在 Jaffe (1987)的一项研究中进行了讨论,得到的配分函数和平衡常数由 Park(1990) 列表给出。

图 6.1 比较了由方程式(6.39)和方程式(6.40)得到的平衡常数,表明它们只在温度为 3 500 K 时一致。然而,Park(1990)得到了更准确的平衡常数,表明方程式(6.38)的速率在高温下接近平衡。氮气的近似配分函数中的误差要小一些。

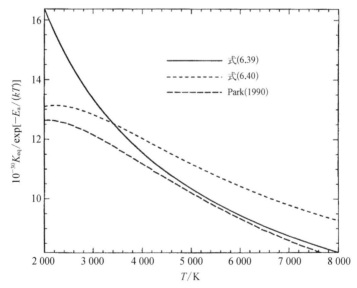

图 6.1   从典型速率系数得到的平衡态常数与从统计力学得到的值比较

方程式(6.38)的正向速率可以通过方程式(6.10)转化为依赖碰撞能的位阻因子。为了避免该方程在 $E_c = E_a$ 时的奇异性,贡献于 E_c 的内自由度的平均数目不能小于 0.5。图 6.2 表明,反应概率是碰撞能的函数。对于 $\bar{\zeta} = 0.5$,反应截面可能大于弹性截面。然而,内自由度较大的贡献是完全正常的,而且从物理观点看它们得到更为实际的位阻因子。

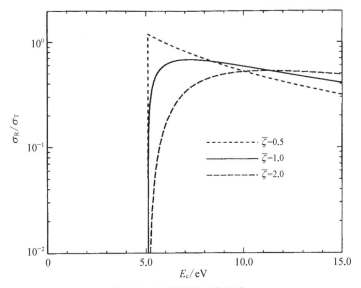

图 6.2 氧离解的反应概率

方程式(6.38)中的逆反应速率与方程式(6.10)结合得到 $E_c \rightarrow 0$ 时的无限反应概率,这可以通过设置温度指数 $\eta = 1 - \omega_{AB}$ 来避免。此时,E_c 的指数为 0 且反应截面与弹性截面之比为常数。η 的变化应该通过常数 Λ 的变化来补偿,k_r 在感兴趣的温度下保持不变。对于 3 500 K 的温度,注意第三体数密度等于全局数密度,其结果为

$$\sigma_R / \sigma_T = 0.9 \times 10^{-4} n/n_0 \qquad (6.41)$$

其中,n_0 是标准情况下的数密度。该方法与 6.6 节讨论过的"平衡碰撞理论"一致。如果方程式(6.14)中 $\eta = 1 - \omega_{AB}$ 且该方程中的逆向速率由方程式(6.22)中的正向速率代替,则方程式(6.14)与方程式(6.35)相同。然而,方程式(6.41)的截面比或位阻因子只近似地得到平衡,更倾向于完全省掉逆向速率方程且将逆反应的反应截面建立在平衡碰撞理论上。这一理论既适用于双分子逆反应和三分子逆反应,也能处理具有有限活化能的逆反应。

对于氧复合的方程式(6.35),用方程式(6.38)的正反应速率和方程式(6.25)~式(6.28)的近似配分函数来赋值,得到图6.3所示的结果。σ_R/σ_T 的值是两个氧原子之间任何二体碰撞复合的概率,这与碰撞能无关,但是依赖气体温度。精度可以通过配分函数的列表值(Park,1990)来改善。对于数密度的依赖反映了复合反应是三分子反应的事实。

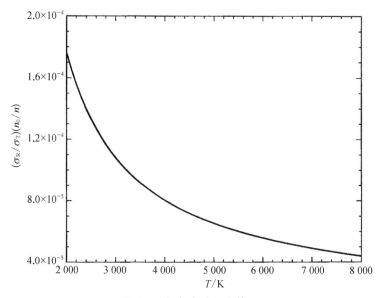

图 6.3   氧复合的反应截面

尽管前述理论能匹配实验测得的反应速率且能得到所有温度下的平衡态,它本质上是现象学的,但若能有一个与物理联系更紧密的理论就更好了。当分子的振动能达到离解能对应的值时,离解发生。因此,最好能结合离解和振动激发的理论。在平衡气体中,单个分子获得振动模态下离解能 E_d 的速率,可以从Larsen-Borgnakke 理论计算得出。尽管该理论也是现象学的,但其参数是由测得的振动弛豫率推导出的。

考虑易发生离解的双原子分子振动激发的非弹性碰撞。振动能超过离解能的概率可以直接由方程式(5.47)写出。设 $\varXi_b$ 等于平动贡献与碰后内部模态总数之和,$E_a + E_b$ 等于总碰撞能 E_c。 如果分子 1 在碰撞中离解,得到的原子没有转动自由度和振动自由度,则该分子所有的内能用于破坏原子间的键。考虑第三体分子(记为 2)也是双原子的情况,碰撞能足够高,振动模态和转动模态都包含在 $\varXi_b$ 中,其为 $9/2 - \omega$,所需的概率为

$$P' = (1 - E_d/E_c)^{9/2 - \omega} \tag{6.42}$$

这一概率只用于 E_c 大于 E_d 的碰撞, 且其值由方程式(6.5)的积分给出。$\varepsilon_{v, 1}$ 大于 E_d 的全局概率通过在这一积分中引入方程式(6.42)的概率得到, 即

$$P_{\varepsilon_{v, 1} > E_d} = \frac{1}{\Gamma(\bar{\zeta} + 5/2 - \omega)} \int_{E_d/(kT)}^{\infty} \left(\frac{E_c}{kT}\right)^{\bar{\zeta} + 3/2 - \omega} \exp\left(-\frac{E_c}{kT}\right) P' d\left(\frac{E_c}{kT}\right) \tag{6.43}$$

方程式(6.43)中内自由度的均值为两个分子的碰前状态。如果振动模态完全激发、均值为 4, 则方程式(6.43)变成

$$P_{\varepsilon_{v, 1} > E_d} = \frac{1}{\Gamma(13/2 - \omega)} \int_{E_d/(kT)}^{\infty} \left(\frac{E_c}{kT}\right) \left(\frac{E_c - E_d}{kT}\right)^{9/2 - \omega} \exp\left(-\frac{E_c}{kT}\right) d\left(\frac{E_c}{kT}\right)$$

它可以通过简单的变换来赋值, 即

$$P_{\varepsilon_{v, 1} > E_d} = \left[1 + \frac{E_d}{(11/2 - \omega)kT}\right] \exp\left(-\frac{E_d}{kT}\right) \tag{6.44}$$

在 Larsen-Borgnakke 理论的应用中, 分布中的抽样只用于一定比例的碰撞。每个模态用各自的比例, 这些比例的倒数定义转动和振动弛豫碰撞次数。振动弛豫的 Landau-Teller 理论预测在温度为 20 000 K 量级时振动碰撞次数为单位 1 量级, 而且假定能量重分布发生在能量大于方程式(6.43)对应积分值的所有碰撞中是合理的。这本质上是在满足能量判据的碰撞中假设了单位 1 量级的位阻因子, 而且方程式(6.44)右端的表达式成为导致离解的碰撞所占的比例。

单位时间、单位体积内的离解数目, 由上述比例与气体中单位时间、单位体积内相关组分分子之间的碰撞次数的乘积得到。碰撞频率由方程式(4.74)和式(1.39)给定为

$$N_{12} = 2 \pi^{-1/2} \sigma_{\text{ref}} n_1 n_2 (T/T_{\text{ref}})^{1 - \omega} (2kT_{\text{ref}}/m_r)^{1/2}$$

这个碰撞频率移除了对称因子, 是由于当分子 1 和分子 2 是相同组分时, 任何一个分子都满足离解的要求。上式可与方程式(6.12)和式(6.44)结合, 给出速率系数的下列表达式:

$$k_f = \frac{2\sigma_{\text{ref}}}{\pi^{1/2}} (T/T_{\text{ref}})^{1 - \omega} (2kT_{\text{ref}}/m_r)^{1/2} \left[1 + \frac{E_d}{(11/2 - \omega)kT}\right] \exp\left(-\frac{E_d}{kT}\right) \tag{6.45}$$

多数反应足够慢,使得使用碰撞频率不会导致明显误差。对于非常快的反应,需要有一个修正,而这一点已由 Baras 和 Nicolis(1990)所讨论。

如果离解发生在一个双原子分子与一个原子的碰撞中,则所有的内能必须在分子 1 里面,Ξ_b 为 $5/2 - \omega$。而且,碰前分子的自由度平均数为 2,最终结果为

$$k_f = \frac{2\sigma_{\text{ref}}}{\pi^{1/2}} \left(T/T_{\text{ref}} \right)^{1-\omega} \left(2kT_{\text{ref}}/m_r \right)^{1/2} \left[1 + \frac{E_d}{(7/2 - \omega)kT} \right] \exp\left(-\frac{E_d}{kT} \right)$$

$$(6.46)$$

这一理论本质上是由 Fowler 和 Guggenheim(1952)提出、由 Hansen(1965)应用于离解"可利用能"理论的改进。尽管原始理论要求贡献于离解所需能量内自由度数目的任意选择,但能量分配现在由 Larsen-Borgnakke 分布函数定义且不存在可任意处理的参数。然而,需要指出的是,这些方程在对应离解的温度下假设了单位 1 的离解数,它们可以通过在分母中包含有限 Z_v 来更一般化。

图 6.4 比较了方程式(6.45)对氧气离解速率系数的预测与方程式(6.38)得到的正方向系数。氮气对应的离解速率由 Gupta 等(1990)给定为

$$k_f = 3.2 \times 10^{-13} T^{1/2} \exp\left[-1.56 \times 10^{-18}/(kT) \right] \qquad (6.47)$$

可与方程式(6.45)的预测进行比较。方程式(6.38)和式(6.47)的离解速率系数

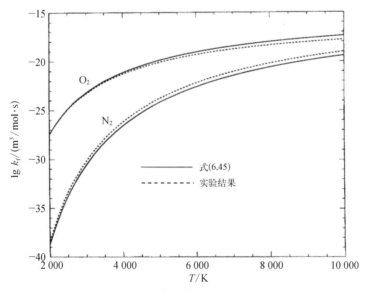

图 6.4 氧气和氮气离解的速率系数

是基于方程式(6.3)由实验数据拟合的曲线。通常接受的是,正向离解速率至少受三种不确定性的一个因子影响,而且很明显预测的离解速率具有正确的量级。

Bird(1994)比较了方程式(6.45)和式(6.46)的理论离解速率系数,以及氮气、氧气离解在一定范围的测得系数。理论值一般处于或者刚好低于实验结果的范围。在温度高于 10 000 K 时一致性更好,随温度的变化与具有 $\eta = -1/2$、基于实验的系数吻合得很好。由原子导致的离解实验速率系数,通常高于由分子导致的离解实验速率系数,但是其因子一般大于理论预测值。

必须记住的是,像这样的完全经典理论,无法考虑真实气体中存在的量子效应。尽管这些效应对于如氧气和氮气等较重的分子相对小一些,但是轻质气体和电离反应仍要小心处理。

离解的这个"准确可用能"理论与 6.5 节中发散的复合"平衡碰撞"理论一致。如果碰撞对中每个分子内自由度的平均数 $\bar{\zeta}$ 显式得到,则方程式(6.45)和式(6.46)能写成适用于所有三体分子的形式,即

$$k_{\mathrm{f}} = \frac{2\sigma_{\mathrm{ref}}}{\pi^{1/2}} \left(T/T_{\mathrm{ref}} \right)^{1-\omega} \left(2kT_{\mathrm{ref}}/m_{\mathrm{r}} \right)^{1/2} \left[1 + \frac{E_{\mathrm{d}}}{(\bar{\zeta} + 3/2 - \omega)kT} \right] \exp\left(- \frac{E_{\mathrm{d}}}{kT} \right)$$

(6.48)

它与类似分子的方程式(6.35)结合,给出复合的概率为

$$\frac{\sigma_{\mathrm{R}}}{\sigma_{\mathrm{T}}} = 2C \left[1 + \frac{E_{\mathrm{d}}}{(\bar{\zeta} + 3/2 - \omega)kT} \right] \frac{n_{\mathrm{T}} V Q^{\mathrm{A_2}}}{(Q^{\mathrm{A}})^2}$$

(6.49)

其中,常数 C 接近 1,是离解碰撞中先对速度与碰撞截面的平均乘积,再与复合碰撞中相同量之比。

6.8　交换反应和电离反应

在高温空气条件下,存在几个改变已离解原子特性的反应。它们是具有速率系数(Gupta et al,1990)为

$$k_{\mathrm{f}} = 5.3 \times 10^{-21} T \exp\left[- 2.72 \times 10^{-19}/(kT) \right]$$

的

$$NO + O \longleftrightarrow O_2 + N$$

和具有正方向速率系数为

$$k_f = 1.12 \times 10^{-16} T \exp[-5.17 \times 10^{-19}/(kT)]$$

的

$$N_2 + O \longleftrightarrow NO + N \tag{6.50}$$

方程式(5.47)的通用 Larsen-Borgnakke 结果也可用于这些反应。如果双原子分子的转动模态包括在第二组中,参数 Ξ_b 为 $7/2 - \omega$,有

$$P' = (1 - E_a/E_c)^{7/2 - \omega}$$

注意,该方程中的 E_a 是交换反应的活化能,而不是第一组模态的能量。碰前平均内自由度数目为2,方程式(6.49)的积分得到非常简单的结果,即

$$P_{\varepsilon_{v,1} > E_a} = \exp\left(-\frac{E_a}{kT}\right) \tag{6.51}$$

现在,活化能远小于离解能,必须在主项中引入一个有限振动弛豫数 Z_v,即

$$k_f = \frac{2\sigma_{ref}}{\pi^{1/2} Z_v} (T/T_{ref})^{1-\omega} (2kT_{ref}/m_r)^{1/2} \exp\left(-\frac{E_a}{kT}\right) \tag{6.52}$$

振动弛豫碰撞次数 τ_v 是碰撞频率和弛豫时间的乘积。Landau-Teller 理论认为,弛豫时间与温升的 $-1/3$ 次方有关。普通气体温度在 5 000 K 量级时的实验数据是存在的,且其肯定了 Landau-Teller 的预测。Millikan 和 White(1963)指出,测得的系数可以拟合为表达式

$$p\tau_v = C \exp(C_2 T^{-1/3})$$

其中,C 和 C_2 是常数。该方程可以与压强的方程式(1.28)及碰撞频率的方程式(4.64)或式(4.74)结合,得到振动碰撞次数作为温度表达式的函数,即

$$Z_v = (C_1/T^\omega) \exp(C_2 T^{-1/3}) \tag{6.53}$$

其中,C_1 为另一个常数。

当方程式(6.53)中的振动碰撞次数由对应正向反应活化能的温度赋值时,方程式(6.52)所预测的速率系数与方程式(6.56)基于实验系数的对比在图6.5中给出。在缺乏 NO 对应数据的情况下,将表 A.6 中 N_2 的数据用于两种气体。考虑到振动碰撞次数中的不确定性,与连续流速率数据的吻

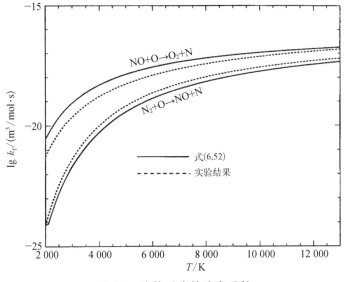

图 6.5　交换反应的速率系数

合再次令人满意。

　　尚不清晰的是,转动能在交换反应中起多大作用,这一不确定性可能带来的后果可以通过忽略转动模态来考察。此时,常用 Larsen-Borgnakke 分布中的参数 $\varXi_b = 5/2 - \omega$ 且有

$$P' = (1 - E_a/E_c)^{5/2-\omega}$$

现在,内自由度的平均碰前数目为 1,方程式(6.43)的积分再次得

$$P_{\varepsilon_{v,1} > E_a} = \exp\left(-\frac{E_a}{kT}\right) \tag{6.54}$$

忽略碰后转动而导致的能量进入振动模态概率的增大,完全由在碰前计算 E_c 超过 E_a 的概率中省略转动而抵消,这与 5.5 节中 Larsen-Borgnakke 方法应用的判据一致。

　　方程式(6.54)是内部模态数目不发生改变的碰撞的一般性结论。它定义了单一模态碰后能量大于 E_a 的碰撞所占的比例,其在图 6.6 中与总能量 E_c 超过 E_a 的碰撞所占的比例比较。后一个比例由方程式(6.6)给出,图 6.6 是 $\omega = 0.75$ 及贡献于 E_c 的平均内自由度数目一定范围的函数值。ω 对该函数的影响已由图 4.6 给出。

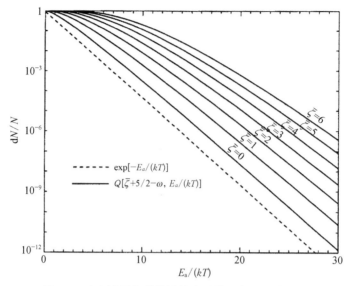

图 6.6 确定满足各种能量约束碰撞所占比例的函数

电离反应涉及电子状态。除了电子能级广泛且不均匀分布外,它们之间的迁移还受到限制性选择规则的影响,这意味着简单经典理论不能成功预测电离反应的速率系数。尽管如此,但现有能量理论应该提供这些速率的上限。

考虑一个氮气分子与另一个氮气分子碰撞而发生的电离,即

$$N_2 + N_2 \longleftrightarrow N_2^+ + e + N_2$$

其典型速率系数为

$$k_f = 2.5 \times 10^{-22} T^{1/2} \exp\left[2.5 \times 10^{-18} / (kT) \right] \tag{6.55}$$

与电子激发有关的平均分子能量为

$$\varepsilon_{el} = \left[k \sum_{i=0}^{j} g_i \Theta_{el,i} \exp(-\Theta_{el,i}/T) \right] / \Theta_{el} \tag{6.56}$$

且当能级温度为 $T = \Theta_{el}$ 时每个能级的贡献为 kT。从一个分子的电子模态中获得电离能的概率,由方程式(6.51)近似给出。将其中的活化能设置为电离能 E_i,速率系数类似于方程式(6.52),即

$$k_f = \frac{2\sigma_{ref}}{\pi^{1/2} Z_i} \left(T/T_{ref} \right)^{1-\omega} \left(2kT_{ref}/m_r \right)^{1/2} \exp\left(-\frac{E_i}{kT} \right)$$

该方程与方程式(6.55)的比较得到一个近似为 0.000 1 的位阻因子,它本质上是电离截面与弹性截面之比。

空气中初始电离的重要反应是联合电离反应,而不是直接碰撞电离,即

$$N + O \longleftrightarrow NO^+ + e$$

其典型速率常数为

$$k_f = 1.5 \times 10^{-20} T^{1/2} \exp\left[-4.5 \times 10^{-19} / (kT)\right] \tag{6.57}$$

在这种情况下,常用 Larsen-Borgnakke 分布的应用要求方程式(6.43)的数值积分,而且引起反应的"可利用能"碰撞所占的比例小于 1%。

6.9　转动辐射的经典模型

键-键辐射可能由于转动状态之间的迁移而发射出来。它只在具有稳态电偶极矩的异核分子中明显,而且在处理如氮气和氧气等双原子对称分子时不需要考虑这种类型的辐射。Rieger(1974)比较了转动发射的量子模型和经典模型,表明经典模型能得到有用的结果。

经典模型将分子看成转动极子且辐射能力由分子转动能的减少来匹配。角速度的大小通过式(6.58)与转动能 E_r 联系,即

$$\omega = (2E_r/I)^{1/2} \tag{6.58}$$

其中,I 为转动惯量。辐射的波长是

$$\lambda = 2\pi c/\omega = (2\pi^2 c^2 I/E_r)^{1/2} \tag{6.59}$$

其中,c 为光速。经过时间 Δt 后,角速度衰减为

$$\omega' = \omega / (1 + \delta \omega^2 \Delta t)^{1/2} \tag{6.60}$$

且

$$\delta = \frac{\mu_e^2}{3\pi c^3 I \varepsilon_0}$$

其中,μ_e 为电偶极矩;ε_0 为自由空间电介质常数。

辐射波长的对应变化是

$$\lambda' = \lambda (1 + \kappa \Delta T/\lambda^2)^{1/2} \tag{6.61}$$

且
$$\kappa = \frac{4\pi\mu_e^2}{3\varepsilon_0 cI}$$

这段时间内发射出来的辐射能为

$$E_{\text{rad}} = \frac{1}{2}I(\omega^2 - {\omega'}^2) = 2\pi^2 c^2 I(1/\lambda^2 - 1/{\lambda'}^2) \tag{6.62}$$

氟化氢（HF）分子可以用来演示这些方程中量的大小。转动惯量为 1.34×10^{-47} kg/m^2 且电偶极矩为 6.07×10^{-30} C/m，在温度 T 时典型角速度为 $(kT/I)^{1/2}$，则在温度为 2 000 K 时这个量为 4.5×10^{13} m^{-2}，与这个频率相关的波长为 4.2×10^{-5} m，这意味着转动辐射一般落在电磁谱的红外区。

6.10 键–键热辐射

键–键热辐射是原子和分子间量子化能级辐射迁移的结果。这些辐射事件是自发的且不直接与分子间碰撞关联。原子内的迁移发生在电子能级之间，但对于分子，辐射迁移涉及转动、振动和电子能级。由于能级指明特定模态的能量，特定能级对电子能级之间的迁移涉及声子的固定能量 e_p，所以该能量通过式（6.63）与频率关联：

$$e_p = h\nu \tag{6.63}$$

因此键–键转化导致发射线和吸收线。

自然发射的概率由爱因斯坦系数 A_{nm} 表述，该系数通过定义来使得单位时间内位于能量状态 n 的粒子经历到状态 m 的迁移且辐射能量在固体角 dΩ 内的概率为 A_{nm}dΩ，因此单位时间、单位体积内 $n \to m$ 的迁移数为

$$-(\mathrm{d}n/\mathrm{d}t)_{n \to m} = 4\pi n_n A_{nm} = n_n/\tau_{nm} \tag{6.64}$$

其中，τ_{nm} 为转化的平均辐射周期。爱因斯坦系数也在吸收和辐射的诱导发射中定义。然而，已经证明了这些系数与平衡约束有关，而且三个中只有一个是独立的。

表 6.1 给出了平均辐射寿命和辐射波长的典型值。在标准密度下，平均辐射寿命比平均碰撞时间大几个数量级，但在低密度下具有可比性。此时，没有足够的碰撞来保持高电子能级的分子所占的比例，辐射被说成"碰撞受限"。

表 6.1　空气分子带系

键	转　化	τ/s	λ/m
N_2, 1+	$3\rightarrow2$	1.1×10^{-5}	1.06×10^{-6}
N_2, 2+	$5\rightarrow3$	2.7×10^{-8}	0.34×10^{-6}
O_2, S–R	$5\rightarrow1$	8.2×10^{-9}	0.20×10^{-6}
NO, β	$3\rightarrow1$	6.7×10^{-7}	0.22×10^{-6}
NO, γ	$2\rightarrow1$	1.2×10^{-7}	0.23×10^{-6}

在平衡气体中,位于电子能级 i 的分子所占的比例,由方程式(5.63)的玻尔兹曼分布给定。如果该方程适用,则称气体位于"局部热平衡"。对于非平衡情况,Larsen–Borgnakke 方法可被用来选择电子状态,如 5.6 节所述,这需要激发与弹性截面之比。

在非弹性碰撞和化学反应的情况下,有可能形成粒子层次的现象学模型,使得描述与密度大到模型适用时连续介质模型给定的描述相同。但是,这对于热辐射是不可能的。

参考文献

BARAS, F and NICOLIS, G. (1990). Microscopic simulations of exothermic chemical systems. In *Microscopic simulations of complex flows* (ed. M. Mareschal), pp. 339−352, Plenum Press, New York.

BIRD, G. A. (1979). Simulation of multi-dimensional and chemically reacting flows. In *Rarefied gas dynamics* (ed. R. Campargue), pp. 365−388, CEA, Paris.

BIRD, G. A. (1981). Monte Carlo simulation in an engineering context. *Progr. Astro. Aero.*, 74: Part I, 239−255.

BIRD, G. A. (1994). A new chemical reaction model for DSMC calculations. *Prog. in Astro. and Aero.* 158, in press.

FOWLER, R. H. and GUGGENHEIM, E. A. (1952). *Statistical thermodynamics*, Cambridge University Press.

GARDINER, W.C. (1969). *Rates and mechanisms of chemical reactions*, Benjamin, New York.

GUPTA, R.N., YOS, J.M., THOMPSON, R.A., and LEE, K-P (1990). A review of reaction rates and thermodynamic and transport properties for an 11-species air model for chemical and thermal nonequilibrium calculations to 30 000 K, NASA Reference Publication 1232.

JAFFE, R.L. (1987). The calculation of high-temperature equilibrium and non-equilibrium specific heat data for N_2, O_2, and NO. Am. Inst. Aero. and Astro. Paper AIAA−87−1633.

HANSEN, C. F. (1965). Estimates for collision-induced dissociation rates. *AIAA J.* 3, 61−66.

LEVINE, R. D. and BERNSTEIN, R. B. (1987). *Molecular reaction dynamics and chemical* reactivity, Oxford University Press.

MILLIKAN, R.C. and WHITE, D.R. (1963). Systematics of vibrational relaxation. *J. Chem. Phys.* 39, 3209-3213.

PARK, CHUL (1990). *Nonequilibrium hypersonic aerothermodynamics*, Wiley, New York.

REIGER, T.J. (1974). Pure rotational emission from diatomic molecules in the quantum and classical limits. *J. Quant. Spectrosc. Radiat. Transfer*, 14, 59-67.

VINCENTI, W.G. and KRUGER, C.H. (1965). *Introduction to physical gas dynamics*, Wiley, New York.

第 7 章

无 碰 撞 流 动

7.1 双峰分布

正如第 1 章中讨论的那样,无碰撞流动或自由分子流是极限情况,其对应的克努森数趋于无穷,即

$$Kn = \frac{\lambda}{L} \to \infty \qquad (7.1)$$

无碰撞流动要么与极低密度有关,此时平均自由程很大,要么对应于非常小的特征尺度。

在分子间碰撞缺失的情况下,无碰撞流场由几类分子的叠加构成。这些分子类可能是具有不同温度的不同来流,它们之间具有相对速度,也可能是自由来流和从壁面反射回来的分子。在多数情况下,不同组分均服从平衡分布或麦克斯韦分布。它们的叠加使得在无碰撞流动中全程分布或部分分布贡献于感兴趣的区域。

首先考虑两个**全程**分布贡献于流场的情况,分别用下标 1 和 2 表示。它们处于不同的温度。不失一般性地,相对速度的大小 c_r 可以选定沿着气体 2 的 x 方向。气体由数密度为 n_1 的静止气体和数密度为 n_2 且有来流速度 c_r 的气体构成。它们的分布函数分别为

$$f_1 = (\beta_1^3/\pi^{3/2}) \exp[-\beta_1^2(u^2 + v^2 + w^2)] \qquad (7.2)$$

和

$$f_2 = (\beta_2^3/\pi^{3/2}) \exp\{-\beta_2^2[(u - c_r)^2 + v^2 + w^2]\} \qquad (7.3)$$

联合分布函数为

$$nf = n_1 f_1 + n_2 f_2$$

且方程式(3.3)给定的宏观量或分布函数的矩为

$$\overline{Q} = \frac{1}{n} \int_{-\infty}^{\infty} \int_{-\infty}^{\infty} \int_{-\infty}^{\infty} (n_1 Q_1 f_1 + n_2 Q_2 f_2) \, \mathrm{d}u \mathrm{d}v \mathrm{d}w \tag{7.4}$$

平均分子质量通过取 $Q = m$ 得到,即

$$\overline{m} = (n_1 m_1 + n_2 m_2)/n \tag{7.5}$$

方程式(1.43)定义的混合气体来流速度通过取 $Q = mu$ 得到,由方程式(7.5)有

$$c_0 = \frac{n_2 m_2}{n_1 m_1 + n_2 m_2} c_\mathrm{r} \tag{7.6}$$

平动能温度倾向于通过方程式(1.51)的替代定义得到,取 $Q = mc^2$ 且利用方程式(7.5)和式(7.6)有

$$T = \frac{1}{n} \left(n_1 T_1 + n_2 T_2 + \frac{n_1 m_1 n_2 m_2}{n_1 m_1 + n_2 m_2} \frac{c_\mathrm{r}^2}{3k} \right) \tag{7.7}$$

它还可以写成

$$T = \overline{T} \left(1 + \frac{2 n_1 n_2}{3 n^2} \bar{s}^2 \right) \tag{7.8}$$

其中, $\overline{T} = (n_1 T_1 + n_2 T_2)/n$; $\bar{s} = c_\mathrm{r} / (2k\overline{T}/\overline{m})^{1/2} = c_\mathrm{r} \overline{\beta}$。

　　尽管两股来流的分子间不存在碰撞,但两股具有较高相对速度的冷气体的叠加可能导致较高的动理学温度。这是由于两个具有明显相对速度的平衡速度分布的叠加,可能得到高度非平衡的速度分布函数。动理学温度对所有分布函数能很好定义,然而除了平衡情况(此时它等于动理学温度),热力学温度没有定义。无碰撞流中的动理学温度不能解释或混淆为热力学温度。

　　在多数情况下,外形使得指定位置每个分布函数只有部分被用到。例如,考虑来流密度 n_∞、速度 c_∞、温度 T_∞,以与壁面法向成夹角 θ 直接入射。坐标系与 4.2 节中计算分子通量用到的坐标系相同,如图 4.2 所示。来流的分布函数为

$$f_\infty = (\beta_\infty^3 / \pi^{3/2}) \exp\{ -\beta_\infty^2 [(u - c_\infty \cos\theta)^2 + (v - c_\infty \sin\theta)^2 + w^2] \}$$

$$(7.9)$$

而且,如果壁面是漫反射,完全调节到壁面温度 T_w,反射回来的分子的分布函数为

$$f_r = (\beta_w^3 / \pi^{3/2}) \exp[-\beta_w^2 (u^2 + v^2 + w^2)]$$

$$(7.10)$$

反射分子的粒子数密度 n_r,由定常情况下从壁面反射回来的分子数目等于入射分子数目这一条件给出。由方程式(4.22)和式(4.24)有

$$\frac{n_r}{2\pi^{1/2}\beta_w} = \frac{n_\infty}{2\pi^{1/2}\beta_\infty} \{ \exp(-s^2 \cos^2\theta) + \pi^{1/2} s \cos\theta [1 + \mathrm{erf}(s \cos\theta)] \}$$

因此

$$n_r = n_\infty (T_\infty / T_w)^{1/2} \{ \exp(-s^2 \cos^2\theta) + \pi^{1/2} s \cos\theta [1 + \mathrm{erf}(s \cos\theta)] \}$$

$$(7.11)$$

其中, $s = c_\infty \beta_\infty = c_\infty / (2kT_\infty / m)^{1/2}$。气体在组分上是均匀的,质量 m 适用于入射分子和反射分子。矩方程应该基于两个**半程**分布且可以写成

$$\bar{Q} = \frac{1}{n} \int_{-\infty}^{\infty} \int_{-\infty}^{\infty} \left(\int_0^{\infty} n_\infty Q_\infty f_\infty \, du + \int_{-\infty}^{\infty} n_r Q_r f_r du \right) dv dw$$

$$(7.12)$$

壁面上方的数密度 n 可以通过将 Q 设置为 1 得到,即

$$n = [1 + \mathrm{erf}(s \cos\theta)] n_\infty / 2 + n_r / 2$$

或者利用方程式(7.11)有

$$n = \frac{n_\infty}{2} \{ 1 + \mathrm{erf}(s \cos\theta) $$
$$+ (T_\infty / T_w)^{1/2} \{ \exp(-s^2 \cos^2\theta) + \pi^{1/2} s \cos\theta [1 + \mathrm{erf}(s \cos\theta)] \} \}$$

$$(7.13)$$

该密度在壁面处适用,而且只要流动在宏观上保持均匀,在壁面上方也适用。当 $s \cos\theta > 3$ 时,指数项可以忽略,残差函数非常接近 1,此时数密度可以写成

$$n = n_\infty [1 + (T_\infty / T_w)^{1/2} \pi^{1/2} s \cos\theta]$$

$$(7.14)$$

来流速度的分量,可以通过将 θ 取为对应分子速度分量得到。x 方向上的速

度分量垂直于壁面,对于联合分布为零,y 方向上平行于壁面的速度分量为

$$v_c = \frac{1}{2}(n_\infty/n_r) c_0 \sin\theta [1 + \mathrm{erf}(s\sin\theta)] \tag{7.15}$$

可将方程式(7.11)代入 n_r,但是如果不这么做,**滑移速度**的起源将更清晰。**温度跳跃**也可以由方程式(7.12)算出,但是表达式非常复杂。

7.2　分子溢出和蒸发

用有小孔的薄板将平衡气体与真空隔开,发生的流动为分子溢出。如果孔的尺寸相对于平均自由程足够小,每个从小孔通过的分子受其他流向或通过孔的分子的影响可以忽略。此时,通过孔的通量与平衡气体中通过任何小面元的通量相同,如同 4.2 节中分析的那样,粒子数通量由方程式(4.24)给出,其乘以质量 m 便可得到单位面积的自由分子流质量通量为

$$\Gamma_f = \frac{nm}{2\pi^{1/2}\beta} = \rho\left(\frac{RT}{2\pi}\right)^{1/2} \tag{7.16}$$

自由分子流质量通量可与连续介质理论有效时的结果比较,此时平均自由程远小于孔的尺寸。无黏连续介质模型在孔的平面是超声速壅塞流。因此,连续流质量通量为

$$\Gamma_c = \rho^* a^*$$

其中,$*$ 表示声速条件。自由分子流结果的宏观量是驻点条件,利用标准一维定常连续流声速与驻点条件之间的关系,有

$$\Gamma_c = \left(\frac{2}{\gamma+1}\right)^{\frac{\gamma+1}{2(\gamma-1)}} \rho (\gamma RT)^{1/2} \tag{7.17}$$

其中,γ 为气体的比热比。连续流和自由分子流的结果只差一个数值因子。

方程式(7.16)和式(7.17)的比较表明,自由分子流与连续流质量通量之比为

$$\frac{\Gamma_f}{\Gamma_c} = \frac{1}{(2\pi\gamma)^{1/2}}\left(\frac{\gamma+1}{2}\right)^{\frac{\gamma+1}{2(\gamma-1)}} = 0.549\,4, \quad \gamma = 5/3 \tag{7.18}$$

假设孔是圆形的,克努森数的唯一选择是未扰动气体的平均自由程与孔的直径之比。对于这样一个非常简单的外形问题,可以预期的是两个极限之间的过渡随着克努森数在 0.1~10 的变化是单调的。Liepmann(1961)深入讨论了溢出流,其报告的实验证实了这些预期。

气体流动中不同分子来流和分子组分之间的作用通过分子间碰撞实现。鉴于它们不出现在无碰撞流中,相对复杂一些的流动可以通过简单流动建立。有几个重要的例子涉及溢出流的组合。

首先,考虑具有小孔的薄板两侧都是平衡气体的情况。对于足够大的克努森数,两个方向都会发生溢出,每个流动都不受另一个流动的影响。如果小孔一侧的气体在保持温度 T_A 的容器中,另一侧在保持温度 T_B 的容器中,则每个方向的通量相等。如果两个容器中是相似的简单气体,方程式(7.16)给出

$$\rho_A (RT_A)^{1/2} = \rho_B (RT_B)^{1/2}$$

则利用方程式(1.28)有

$$\frac{p_A}{p_B} = \left(\frac{T_A}{T_B}\right)^{1/2} \tag{7.19}$$

可以建立两容器之间的压强差。这种现象称为**热蒸发**。

其次,考虑组分 1 和组分 2 组成的混合气体由包括一系列自由分子小孔的薄膜与真空隔开的情况。经过薄膜之后,气体被收集起来,收集的气体的粒子数密度将正比于粒子数通量比,再次用到方程式(7.16)且注意 $R = k/m$,有

$$\frac{n_1'}{n_2'} = \frac{n_1}{n_2} \left(\frac{m_2}{m_1}\right)^{1/2} \tag{7.20}$$

其中,下标对应收集的气体。方程式(7.20)表明,轻质气体的粒子数密度大一些。

溢出气体中气体的空间分布同样有趣。小孔上游的数密度记为 n_0,以区别于溢出气体的粒子数密度 n。单位时间内通过面积为 S 的小孔且速度在 $c \sim c + dc$、与小孔平面法向夹角在 $\theta \sim \theta + d\theta$ 的分子数目由方程式(4.39)给定为

$$2\pi^{-1/2} n_0 S \beta^3 c^3 \exp(-\beta^2 c^2) \sin\theta \cos\theta \, d\theta \, dc$$

当这些分子移开一段距离 r(大于小孔的半径)时,它们穿过面积为 $2\pi r^2 \cos\theta d\theta$ 的环面单位时间内的粒子数为

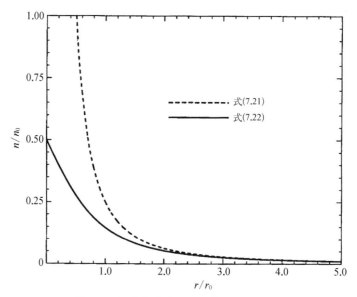

图 7.1　沿着小孔中心法线的粒子数密度

$$2\pi c r^2 \cos\theta \mathrm{d}n\mathrm{d}\theta$$

因此，c 类场分子的数密度 $\mathrm{d}n$ 为

$$\mathrm{d}n = \frac{n_0 S\cos\theta}{r^2}\frac{\beta^3}{\pi^{3/2}}c^2\exp(-\beta^2 c^2)\mathrm{d}c$$

对所有速度从 $0\sim\infty$ 积分有

$$n = \frac{n_0 S\cos\theta}{4\pi r^2} \tag{7.21}$$

"余弦分布"叠加到溢出分子数密度的"逆平方"衰减上。方程式(7.21)要求 r 大于小孔的半径 r_0，可用于得到沿着中心法向数密度的准确表达式(即沿着溢出流的轴或中心线)。考虑小孔平面上半径为 x、厚度为 $\mathrm{d}x$ 的环形微元。对于这个环形微元，其轴向使得 $\cos\theta = r/(r^2+x^2)^{1/2}$ 且沿着轴的数密度为

$$n = \frac{n_0 r}{2}\int_0^{r_0}\frac{x\mathrm{d}x}{(x^2+r^2)^{1/2}}$$

$$\tag{7.22}$$

或

$$n = \frac{n_0}{2}\{1-[1+(r_0/r)^2]^{-1/2}\}$$

7.3 一维定常流动

如果流动可以通过一个方向上的分子通量方程来求解,就可以认为它是一维的。尽管流场是二维或三维的,但分子溢出问题的质量通量可以描述为一维的。这是流动的最简单情况,经典 Couette 流动和平行板间传热问题的自由分子极限可与对应连续流动进行比较。

考虑距离为 h 的两个无穷长平行板间的**一维传热问题**,h 相对于板间气体的平均自由程 λ 很小。假设上板发生完全热调节到 T_U 的漫反射,下板发生完全热调节到 T_L 的漫反射。板间数密度为 n 的单原子气体,包括由下板发出的数密度为 n_L、温度为 T_L 的气体,以及由上板发出的数密度为 n_U、温度为 T_U 的向下运动的气体。

从壁面一侧漫反射分子的通量,与从表面另一侧假想平衡气体的溢出分子是相同的。反射分子的数密度是假想气体的 1/2,因为它们的 1/2 在垂直于壁面的方向运动。由方程式(4.23)和式(4.24)有

$$n_U T_U^{1/2} = n_L T_L^{1/2}$$

由于 $n = n_U + n_L$,有

$$n_L = \frac{n T_U^{1/2}}{T_U^{1/2} + T_L^{1/2}}, \quad n_U = \frac{n T_L^{1/2}}{T_U^{1/2} + T_L^{1/2}} \tag{7.23}$$

从下板的能量通量 q_L 由取 $\beta = (2RT_L)^{-1/2}$ 及 $\rho = 2n_L m$ 得到(方程式4.27),即

$$q_L = m n_L \pi^{-1/2} (2RT_L)^{3/2}$$

类似地,上板向下的热通量为

$$q_U = m n_U \pi^{-1/2} (2RT_U)^{3/2}$$

向上的净流量通量可结合方程式(7.23)与上述方程得到,即

$$q_f = -2^{3/2} \rho \pi^{-1/2} R^{3/2} T_U^{1/2} T_L^{1/2} (T_U^{1/2} - T_L^{1/2}) \tag{7.24}$$

两板间传热的连续理论为

$$q_c = -K(dT/dy)$$

且 y 方向垂直于下板。如果 $K = CT^{\omega}$ 且 C 和 ω 是常数,则有

$$q_c = - \frac{C}{\omega + 1} \frac{\mathrm{d}\, T^{\omega+1}}{\mathrm{d}y}$$

静止气体中的连续能量方程要求 q_c 是常数,因此

$$T^{\omega+1} = - \frac{(\omega + 1) q_c}{C} y + 常数$$

由于 $y = 0$ 时 $T = T_L$,积分中的常数为 $T_L^{\omega+1}$,连续解可以通过取 $y = h$ 得到,即

$$q_c = - \frac{C(T_U^{\omega+1} - T_L^{\omega+1})}{(\omega + 1)h} \tag{7.25}$$

对于这一流动,自由分子和连续解在函数关系和数值常数上都不同。自由分子流热传导正比于气体密度且不依赖板间距,而连续流的结果反比于板间距且不依赖气体密度。因此,

$$q_c/q_f \propto \frac{1}{\rho h} \propto \frac{\lambda}{h} \propto Kn \tag{7.26}$$

即连续流与自由分子流热传导之比正比于流场的克努森数。

自由分子流传热问题可以通过给定上板 x 方向(板所在平面)一个速度 U 轻而易举地拓展为 Couette 流动,其下板保持静止。粒子数通量和法向动量通量不受这一速度影响。从上板出来的分子具有平均速度 U,导致下板上的剪切应力 τ_L 由设置方程式(4.26)中 $s = U\beta$、$\beta = (2RT_U)^{-1/2}$、$\rho = 2n_U m$ 和 $\theta = \pi/2$ 得到,即

$$\tau_L = mn_U U (2RT_U/\pi)^{1/2}$$

或利用方程式(7.23)有

$$\tau_L = \frac{\rho U}{T_U^{1/2} + T_L^{1/2}} \left(\frac{2RT_U T_L}{\pi} \right)^{1/2} \tag{7.27}$$

密度的定义中包括了 2 的因子,是由于通量方程用到了上板另一侧的虚拟气体,这样数密度为 $2n_U$,下板反射回来的分子不贡献于剪切应力,τ_U 的贡献为 0。上板上有一个大小相等、方向相反的剪切应力。从上板出来的能量通量 q_U 由方程式(4.27)进行类似代入得到,即

$$q_U = mn_U \, (2RT_U/\pi)^{1/2}(U^2/2 + 2RT_U) \tag{7.28}$$

在上述两种情况下,两板间气体在宏观上是均匀的。两个平衡分布的结合,给出非平衡双峰分布函数为

$$f = \frac{1}{\pi^{1/2}n}\{ n_U\beta_U^3\exp\{ - \beta_U^2[\, (u - U)^2 + v^2 + w^2] \} \tag{7.29}$$
$$+ \, n_L\beta_L^3\exp[- \beta_L^2(u^2 + v^2 + w^2)] \}$$

气体的宏观性质可通过该分布函数对应矩的赋值得到,x 方向来流速度大小为

$$u_0 = (n_U/n) U \tag{7.30}$$

而温度为

$$T = \left[T_L^{1/2}\left(T_U + \frac{1}{3}U^2/R \right) + T_U^{1/2}T_L \right] /(T_U^{1/2} + T_L^{1/2}) \tag{7.31}$$

因此,板的壁面与邻近气体存在温度间断和速度间断,这样的间断一般出现在自由分子流的壁面处。

7.4　一维非定常流动

非定常流动性质的确定,可以通过使用 Narasimha(1962)引入变换的无碰撞玻尔兹曼方程较好解决。由于不存在分子间碰撞,所以方程式(3.20)的右端项消失。在不存在外力场的情况下,无碰撞玻尔兹曼方程为

$$\frac{\partial}{\partial t}(nf) + \boldsymbol{c} \cdot \frac{\partial}{\partial \boldsymbol{r}}(nf) = 0 \tag{7.32}$$

在方程式(3.6)中已经看到,nf 与相空间中的分布函数 F 相同,因此函数关系是 $nf(\boldsymbol{c}, \boldsymbol{r}, t)$。本书关心的是方程式(7.32)的初值问题的应用,即

$$nf(\boldsymbol{c}, \boldsymbol{r}, t = 0) = n_i f_i(\boldsymbol{c}, \boldsymbol{r}) \tag{7.33}$$

方程式(7.32)具有 Liouville 方程的形式,nf 沿着分子运动路径,即方程的特征线保持常数,有

$$nf(\boldsymbol{c}, \boldsymbol{r}, t) = n_i f_i(\boldsymbol{c}, \boldsymbol{r} - \boldsymbol{c}t) \tag{7.34}$$

方程式(7.34)可以乘以分子量 Q 并对整个速度空间积分,给出

$$n\overline{Q}(\boldsymbol{r}, t) = \int_{-\infty}^{\infty} Q n_i f_i(\boldsymbol{c}, \boldsymbol{r} - \boldsymbol{c}t) \mathrm{d}c$$

现在对 $\boldsymbol{c}$ 进行变换

$$\boldsymbol{r'} = \boldsymbol{r} - \boldsymbol{c}t \tag{7.35}$$

其雅可比矩阵为

$$\frac{\partial(x', y', z')}{\partial(u, v, w)} = -t^3$$

因此,

$$n\overline{Q}(\boldsymbol{r}, t) = \frac{1}{t^3} \int Q n_i f_i\left(\frac{\boldsymbol{r} - \boldsymbol{r'}}{t}, \boldsymbol{r'}\right) \mathrm{d}r' \tag{7.36}$$

积分极限为时间 $t = 0$ 时的气体范围。

作为案例,考虑 $x = 0$ 的平面左侧的半无穷静止均匀气体,与平面右侧的真空用薄板隔开。在时间 $t = 0$ 时,移除薄板后气体自由膨胀到真空。假定气体为单原子且开始处于温度 T_1、粒子数密度 n_1,现在的问题是确定气体粒子数密度、速度和温度与 x 和 t 的函数关系式,这里 x 和 t 分别小于平均自由程和平均碰撞时间。它称为**自由膨胀**问题,而且极有可能是最简单的一维非定常无碰撞流动。

方程式(7.36)的一维形式为

$$n\overline{Q}(x, t) = \frac{1}{t} \int Q n_i f_{u_i}\left(\frac{x - x'}{t}, x'\right) \mathrm{d}x' \tag{7.37}$$

其中, $x' = x - ut$。方程式(4.13)表明分布函数是 $\beta_1 = (2RT_1)^{-\frac{1}{2}}$ 的函数, $n_i = n_1$ 且 $Q = 1$,密度为

$$n(x, t) = \frac{1}{t} \int_{-\infty}^{0} n_1 (\beta_1 / \pi^{1/2}) \exp(-\beta_1^2 u'^2) \mathrm{d}x'$$

$$= \frac{n_1}{\pi^{1/2}} \int_{\beta_1 x/t}^{\infty} \exp\left[-\frac{\beta_1^2 (x - x')^2}{t^2}\right] \mathrm{d}\left[\frac{\beta_1(x - x')}{t}\right]$$

因此,用附录 B 中标准积分有

$$\frac{n}{n_1} = \frac{1}{2}\mathrm{erfc}\left(\frac{\beta_1 x}{t}\right) \tag{7.38}$$

类似地,来流速度通过取 $Q = u$ 得到,为

$$nu_0 = \left(\frac{1}{2}\pi^{-1/2}n_1/\beta_1\right)\exp\left[-(\beta_1 x/t)^2\right]$$

或 $$\beta_1 u_0 = \pi^{-1/2}\exp\left[-(\beta_1 x/t)^2\right]/\mathrm{erfc}(\beta_1 x/t) \tag{7.39}$$

注意,方程式(7.38)和式(7.39)是 $\beta_1 x/t$ 的函数。当 $x = 0$ 时,$n/n_1 = 1/2$ 且 $\beta_1 u_0 = \pi^{-1/2}$。穿过 $x = 0$ 的平面的粒子数通量为常数且等于 $n_1/(2\pi^{1/2}\beta_1)$,与方程式(7.16)的比较表明,这与定常溢出问题的粒子数通量相同。图 7.2 给出了 n/n_1 和 $\beta_1 u_0$ 作为 $\beta_1 x/t$ 的函数图像。密度的图形关于原点对称,它从未扰动密度开始,以 $\exp\left[-(\beta_1 x/t)\right]$ 的形式衰减。

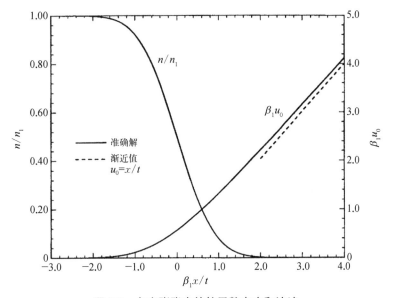

图7.2 自由膨胀中的粒子数密度和流速

这样的分析并不仅限于用来确定流场。例如,考虑上述问题的拓展,在 $x = x_w$ 处有一个镜面反射壁。问题是确定 $Kn = \lambda_1/x \to \infty$ 时自由分子情况下的壁面压强 P_w,此时壁面压强等于 $x = x_w$ 处法向动量通量的 2 倍。因此,取 $x = x_w$ 且 $Q = mu^2$ [方程式(7.37)]有

$$p_w = \frac{2}{t} \int_{-\infty}^{0} \pi^{-1/2} \beta_1 n_1 m u^2 \exp(-\beta_1^2 u^2) \, dx'$$

$$= \frac{2\rho_1 \beta_1}{\pi^{1/2}} \int_{\beta_1 x_w/t}^{\infty} \left(\frac{x_w - x'}{t}\right)^2 \exp\left[-\frac{\beta_1^2 (x_w - x')^2}{t^2}\right] d\left(\frac{x_w - x'}{t}\right)$$

再次用到标准积分有

$$\frac{p_w}{p_1} = 1 - \mathrm{erf}\left(\frac{\beta_1 x_w}{t}\right) + \frac{2}{\pi^{1/2}} \left(\frac{\beta_1 x_w}{t}\right) \exp\left(-\frac{\beta_1^2 x_w^2}{t^2}\right) \tag{7.40}$$

自由分子膨胀问题的分析可以拓展到有限厚度的气云膨胀。如果厚度远小于未扰动平均自由程,无碰撞分析适用于任何时刻和任何位置。如果气体开始在 $x = l$ 和 $x = -l$ 之间均匀分布,密度和流速可以通过与方程式(7.38)和式(7.39)相同的方式得到,但是 x' 是 $-l \sim l$ 而不是 $-\infty \sim 0$,密度和流速的结果为

$$n/n_1 = \{\mathrm{erf}[\beta_1(x+l)/t] - \mathrm{erf}[\beta_1(x-l)/t]\}/2 \tag{7.41}$$

和

$$\beta_1 u_0 = \frac{\exp[-\beta_1^2 (x-l)^2/t^2] - \exp[-\beta_1^2 (x+l)^2/t^2]}{\pi^{1/2}\{\mathrm{erf}[\beta_1(x+l)/t] - \mathrm{erf}[\beta_1(x-l)/t]\}} \tag{7.42}$$

其粒子数密度和流速的特征分别如图 7.3 和图 7.4 所示。一方面,对于

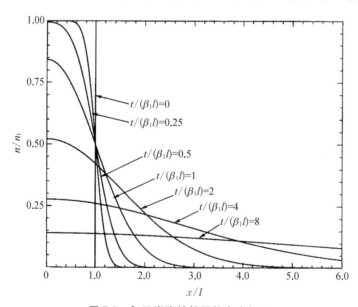

图 7.3　气云膨胀的粒子数密度剖面

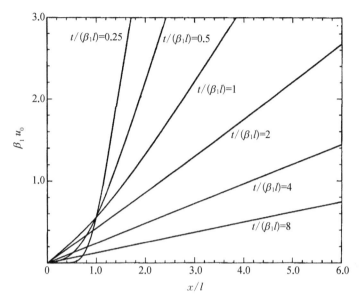

图7.4 气云非定常膨胀的流速剖面

$x = -l$ 到 $x = l$ 气云所在初始范围内的点,密度单调下降,速度增大到极值后下降。另一方面,对于原本在初始气体云之外的点,最大速度位于气云的前端,而密度增大到极值后衰减。Narasimha(1962)还处理了对应的圆柱和球的对称流动。

一维活塞问题是另一种基本流动,其结果将在后面用作参考。镜面反射平面活塞在 $t = 0$ 时突然获得速度 $\pm U$ 并进入或离开原本静止的粒子数密度为 n_1、温度为 T_1 的均匀气体。这个问题与自由膨胀问题区别很大。但是,如果参考系随着活塞面运动,可以认为活塞固定在 $x = 0$ 的平面,而右侧气体在 $t = 0$ 时获得朝着平面 $-U$ 的速度。类似地,左侧的气体可以认为突然获得远离平面的速度。现在,无碰撞玻尔兹曼方程式(7.37)可用于这一问题。

粒子数密度为

$$n = \frac{1}{t}\int_0^\infty n_1 \frac{\beta_1}{\pi^{-1/2}}\exp\left[-\beta_1^2\left(u+U\right)^2\right]\mathrm{d}x'$$
$$+ \frac{1}{t}\int_{-\infty}^0 n_1 \frac{\beta_1}{\pi^{-1/2}}\exp\left[-\beta_1^2\left(u-U\right)^2\right]\mathrm{d}x'$$

该式中第一项对应于初始时刻位于 $x = 0$ 右侧的气体;第二项对应于初始时刻位于 $x = 0$ 左侧的气体。如果用标准积分,它可以写成

$$n/n_1 = \pi^{-1/2} \left\{ \int_{-\beta_1(x/t-U)}^{\infty} \exp\{-\beta_1^2[(x-x')/t+U]^2\} \mathrm{d}\{[(x-x')/t+U]\} \right.$$

$$\left. + \int_{\beta_1(x/t-U)}^{\infty} \exp\{-\beta_1^2[(x-x')/t-U]\} \mathrm{d}\{[\beta_1(x-x')/t-U]\} \right\}$$

其赋值给出

$$n/n_1 = 1 + \frac{1}{2}\left[\,\mathrm{erf}(\beta_1 x/t + s) - \mathrm{erf}(\beta_1 x/t - s)\,\right] \tag{7.43}$$

其中,$s = U\beta$ 为活塞的速度比。

粒子数密度的解由图 7.5 给出。U 的符号规定是使正的 s 对应于活塞朝着气体运动,而负的 s 对应于活塞远离气体运行。对于正的 s,气体以速度 $x/t = 2U$ 向活塞或对称面运动,或以速度 $x/t = 2U$ 在固定于静止气体的参考系中朝着活塞运动。叠加到这个之上,前缘由于分子热运动而扩散。在小速度比下,后一个效应占主要地位,活塞面的粒子数密度为

$$n/n_1 = 1 + \mathrm{erf}(s) \tag{7.44}$$

对于负的 s,n/n_1 的值在 $1\sim0$,与正值对应的 $1\sim2$ 的值对称。

其他流场属性的解,如流速,可以通过在方程式(7.37)中代入对应 Q 的值得到。活塞面的压强可以通过自由膨胀入射问题中导出方程式(7.40)的类似计算

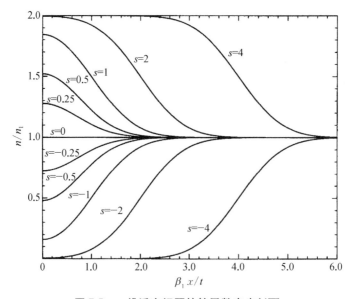

图 7.5　一维活塞问题的粒子数密度剖面

得到。应该记住的是,无碰撞流中的压强张量一般是各向异性的。

7.5 自由分子空气动力学

本节关注稳定飞行空气动力绕流体壁面上的压强、剪切应力和传热。壁面压强和剪切应力可以对整个物体进行积分,确定整个物体上的全局气动力。很多应用中要用到物体周围的流场性质。克努森数一般定义为未扰动大气的平均自由程与物体的特征尺度之比,自由分子解在克努森数足够大时适用。这个假设的判据是:在这些条件下,从物体上反射回来的分子在经过非常大的距离之后才与另一个分子发生碰撞。如此碰撞的产物与物体碰撞的可能性可以忽略,入射分子还是处于平衡态自由来流的分子。注意,在确定自由来流假设适用性中,最重要的碰撞是自由来流分子和反射分子之间的碰撞,而且它们的平均自由程可能远小于自由来流平均自由程。当速度比(马赫数)很大且壁面温度处于来流温度量级时,这一点特别重要。

壁面性质满足 4.2 节中通量方程在入射分子和反射分子的应用。下标 i 和 r 分别用来标记入射分子流和反射分子流。如果通量朝向壁面就认为它是正的。在壁面不存在吸附和释放的情况下,壁面微元上的入射分子通量必须由反射粒子通量平衡。因此,

$$\dot{N} = \dot{N}_i + \dot{N}_r = 0 \tag{7.45}$$

$$p = p_i + p_r \tag{7.46}$$

$$\tau = \tau_i + \tau_r \tag{7.47}$$

且

$$q = q_i + q_r \tag{7.48}$$

结果明显依赖气体-壁面相互作用的性质,在缺乏描述该作用的一般性理论的情况下,通常用经典漫反射和镜面反射的组合来计算。从 4.5 节中关于这些模型的讨论可以看出,对镜面反射有

$$p_r = p \text{ 或 } p = 2p_i \tag{7.49}$$

$$\tau_r = -\tau_i \text{ 或 } \tau = 0 \tag{7.50}$$

且

$$q_r = -q_i \text{ 或 } q = 0 \tag{7.51}$$

方程式(7.45)~式(7.48)对漫反射的唯一简化是

$$\tau_r = 0 \text{ 或 } \tau = \tau_i \tag{7.52}$$

对于较小的壁面微元，p_i、τ_i 和 q_i 的值分别由方程式(4.25)、式(4.26)和式(4.31)给出。这些方程将 p_i、τ_i 和 q_i 给定为壁面法向量与来流速度 U_∞ 之间夹角 θ 的函数。**入射角** $\alpha = \pi/2 - \theta$，在空气动力学研究中经常用到。与该研究有关的其他参数包括来流密度 $\rho_\infty = n_\infty m$、参数 $\beta_\infty = (2RT_\infty)^{-1/2}$、来流温度 T_∞ 的函数和来流的速率比 $s = U_\infty \beta_\infty$。方程式(7.49)~式(7.52)表明，这些结果可以给出镜面反射情况的完整解。

在漫反射中，分子先是相对于壁面静止，再以对应温度 T_r 的平衡分布释放。因此，p_r 和 q_r 的量由静止气体的通量方程给出，由方程式(4.25)有

$$p_r = \frac{n_r m}{4\beta_r^2} \tag{7.53}$$

而且由方程式(4.32)有

$$q_r = \left(\frac{\gamma + 1}{\gamma - 1} \right) \frac{n_r m}{8\pi^{1/2}\beta_r^3} \tag{7.54}$$

参数 n_r 可以认为是穿过壁面流出的虚拟气体的粒子数密度。n_r 的值由7.1节中的条件和表达式(7.45)给出，即壁面微元的净粒子通量为零。由方程式(7.11)有

$$n_r = n_\infty (T_\infty/T_r)^{1/2} \{ \exp(-s^2 \sin^2\alpha) + \pi^{1/2} s \sin\alpha [1 + \mathrm{erf}(s\sin\alpha)] \} \tag{7.55}$$

这个虚拟的内部粒子数密度不应该与壁面上的数密度 n_s 混淆，方程式(7.13)给出它是入射到壁面的来流数密度与离开壁面的 n_r 之和的 1/2，即

$$n_s = \frac{1}{2} \{ [1 + \mathrm{erf}(s\sin\alpha)] n_\infty + n_r \} \tag{7.56}$$

朝向壁面的粒子数通量可以无量纲地写成

$$\frac{\dot{N}_i}{n_\infty U_\infty} = \frac{1}{2\,\pi^{1/2}s}\{\exp(-s^2\sin^2\alpha) + \pi^{1/2}s\sin\alpha[1 + \mathrm{erf}(s\sin\alpha)]\}$$

$$(7.57)$$

如图 7.6 所示。当 s 相对于 1 很小时,粒子数通量之比大于 1,这是由于即使在速率比为零时也存在分子热运动朝向壁面的通量。当速率比很大时,垂直于来流的壁面微元的粒子数通量之比为 1。在这种情况下,朝向壁面背面的粒子数通量特别小。

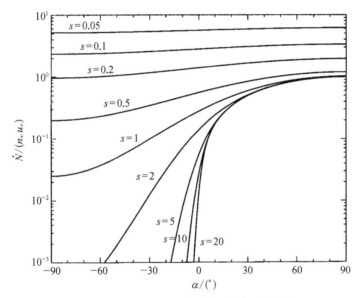

图 7.6 以入射角 α 到壁面微元的粒子数通量

如果比例为 ε 的分子镜面反射而剩余 $1-\varepsilon$ 的比例漫反射,上述结果可以结合起来给出压强、剪切应力和热传导的一般表达式。压强为

$$p/p_\infty = (2\beta_\infty^2 p/\rho_\infty)$$

$$= \left[(1+\varepsilon)\,\pi^{-1/2}s\sin\alpha + \frac{1}{2}(1-\varepsilon)\,(T_r/T_\infty)^{1/2}\right]\exp(-s^2\sin^2\alpha)$$

$$+ \left[(1+\varepsilon)\left(\frac{1}{2} + s^2\sin^2\alpha\right) + \frac{1}{2}(1-\varepsilon)\,(T_r/T_\infty)^{-1/2}\,\pi^{1/2}s\sin\alpha\right][1$$

$$+ \mathrm{erf}(s\sin\alpha)]$$

$$(7.58)$$

包括温度比的项是基于漫反射分子。镜面反射的分子与面元上入射分子的贡献相同。与该压强比相关的**压强系数**为

$$C_{\mathrm{p}} = \frac{p - p_\infty}{\frac{1}{2}\rho_\infty U_\infty^2} = \frac{(p/p_\infty) - 1}{\frac{1}{2}\gamma(Ma)^2} = \frac{(p/p_\infty) - 1}{s^2} \tag{7.59}$$

其中, Ma 为来流速度与声速之比。压强系数在小速率比时可能相对于 1 很大,因为无碰撞流中压强扰动直接正比于速率比,而不是连续流动中的速度比的平方。最好是避免负的系数,因此对于无碰撞流动可以定义修正的压强系数为

$$C_{\mathrm{p}}' = \frac{p/p_\infty}{s^2} \tag{7.60}$$

无碰撞压强可以由基于入射分子的修正压强系数 $(C_{\mathrm{p}}')_{\mathrm{i}}$ 和基于反射分子的 $(C_{\mathrm{p}}')_{\mathrm{r}}$ 的对应图像较好地示意,它们分别由图 7.7 和图 7.8 给出。反射分子的结果是漫反射的,而且修正压强系数乘上了来流与反射气体温度之比的平方根。当速率比很大时,在接近壁面法向的流动中,基于入射分子的压强系数为 2。在高速流动中,基于反射分子的压强系数相对小一些,除非壁面温度相对于未扰动气体的温度很大。反向入射壁面的压强很小,除非速度比为 1 或更小。剪切应力的一般结果为

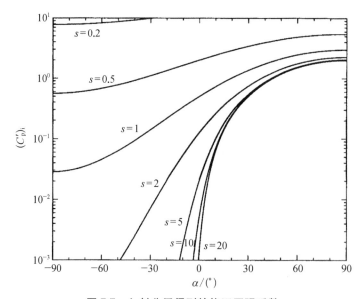

图 7.7   入射分子得到的修正压强系数

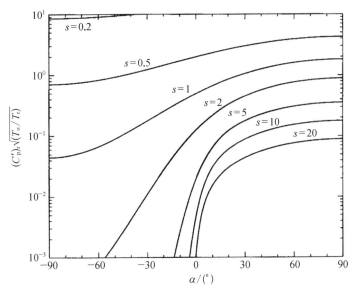

图 7.8 反射分子得到的修正压强系数

$$\tau/p_\infty = (2\beta_\infty^2 p/\rho_\infty)$$
$$= \pi^{-1/2}(1-\varepsilon)s\cos\alpha\{\exp(-s^2\sin^2\alpha) + \pi^{1/2}s\sin\alpha\cdot[1 + \text{erf}(s\sin\alpha)]\} \tag{7.61}$$

当地壁面摩擦系数定义为

$$c_f = \frac{\tau}{\frac{1}{2}\rho_\infty U_\infty} = \frac{\tau/p_\infty}{\frac{1}{2}\gamma(Ma)^2} = \frac{\tau/p_\infty}{s^2} \tag{7.62}$$

对于完全镜面反射,剪切应力为 0;对于完全漫反射,剪切应力完全基于入射分子。图 7.9 表明当速度比很小时,最大表面摩擦系数发生在 0° 入射,而在很高速率比时发生在 45° 入射。

朝向表面的热传导的一般结果是

$$2\beta_\infty^3 q/\rho_\infty = (1-\varepsilon)/(2\pi^{1/2})\left\{\left\{s^2 + \gamma/(\gamma-1) - \left[\frac{1}{2}(\gamma+1)/(\gamma-1)\right](T_r/T_\infty)\right\}\right.$$
$$\left.\times\{\exp(-s^2\sin^2\alpha) + \pi^{1/2}s\sin\alpha[1 + \text{erf}(s\sin\alpha)]\} - \frac{1}{2}\exp(-s^2\sin^2\alpha)\right\} \tag{7.63}$$

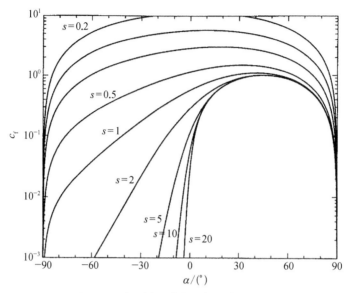

图 7.9 壁面微元的当地表面摩擦系数

而传热系数可以定义为

$$C_h = \frac{q}{\frac{1}{2}\rho_\infty U^3} = \frac{2\beta_\infty^3 q/\rho_\infty}{s^3} \qquad (7.64)$$

其包括温度比的项代表漫反射分子带走的能量。图 7.10 和图 7.11 分别给出 $\gamma = 5/3$ 时入射分子和反射分子对传热的贡献。入射分子贡献同样适用于任何比例的镜面反射,但是它对净传热的贡献为 0。对于较高流速,可以看出只有在温度比近似为 s^2 时反射传热才能等于入射传热。注意,依照本章中用到的符号惯例,方程式(5.54)的能量调节系数成为

$$a_c = \frac{q_i + q_r}{q_i + q_w} = \frac{q}{q_i + q_w}$$

因此,如果右端乘以调节系数 a_c,方程式(7.63)中的反射气体温度 T_r 可以用壁面温度 T_w 代替。对于完全热调节,所有方程中 T_r 都可以用 T_w 代替。

绝热壁面微元上的"绝热壁面温度" T_a 对应 $q = 0$,此时,由方程式(7.63)有

$$\frac{T_a}{T_\infty} = \frac{2(\gamma-1)}{\gamma+1}\left\{\frac{\gamma}{\gamma-1} + s^2 - \frac{\frac{1}{2}\exp(-s^2\sin^2\alpha)}{\exp(-s^2\sin^2\alpha) + \pi^{1/2}s\sin\alpha[1 + \mathrm{erf}(s\sin\alpha)]}\right\}$$

$$(7.65)$$

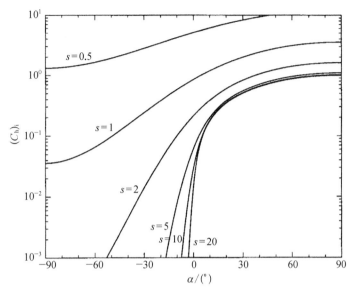

图 7.10 入射分子得到的热传导系数

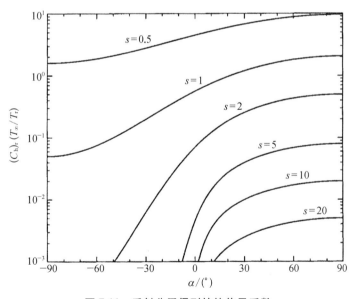

图 7.11 反射分子得到的热传导系数

将绝热壁面温度 T_a 与连续驻点温度 T_0 比较是有益的。其中，T_0 的定义为

$$\frac{T_0}{T_\infty} = 1 + \frac{\gamma - 1}{2} Ma^2 = 1 + \frac{\gamma - 1}{\gamma} s^2 \qquad (7.66)$$

由方程式(7.65)和式(7.66)可以看出,在较高速度比流动中,对于正入射的壁面,无碰撞绝热壁面温度与连续流驻点温度之比趋于 $2\gamma/(\gamma+1)$。对于单原子气体该比例为 5/4,对于双原子气体该比例为 7/6。这一温度比的通常表现如图 7.12 所示。在超声速流动中,在反方向入射的壁面处它小于 1 且在板的背面最终趋于 0,这是因为到达壁面的分子相对于壁面的速度很小。然而,这些条件下的粒子数密度微不足道,结果完全不重要。

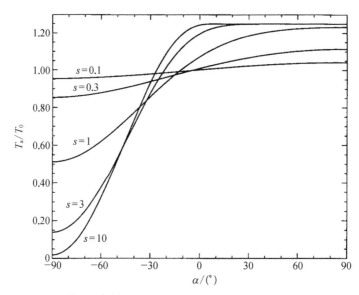

图 7.12 单原子气体无碰撞绝热壁面温度与连续流驻点温度之比

上述方程可以直接用来确定置于速度比为 s、入射角为 α 的来流中的薄板受到的气动力。对于下壁面,α 为正值,而对于上壁面 α 为负值。上板压强可以直接从下板压强中减掉,得到单位面积上的净力,则法向力系数可以由方程式(7.58)写成

$$
\begin{aligned}
C_N = \big[& 2(1+\varepsilon)\,\pi^{-1/2} s \sin\alpha \exp(-s^2 \sin^2\alpha) \\
& + (1-\varepsilon)\,(T_r/T_\infty)^{1/2}\,\pi^{1/2} s \sin\alpha \\
& + (1+\varepsilon)(1+2s^2\sin^2\alpha)\,\mathrm{erf}(s\sin\alpha) \big]/s^2
\end{aligned}
\tag{7.67}
$$

平行力系数可以从剪切应力方程式(7.61)由类似方式得到,为

$$
C_P = 2(1-\varepsilon)\,\pi^{-1/2} s \cos\alpha \{ \exp(-s^2\sin^2\alpha) + \pi^{1/2} s \sin\alpha\,\mathrm{erf}(s\sin\alpha) \}/s^2
\tag{7.68}
$$

法向力系数和平行力系数可以分解到垂直和平行于来流的方向,以得到平板的升力系数和阻力系数。参考面积再次基于俯视面积,结果为

$$
\begin{aligned}
C_{\mathrm{L}} = {} & \frac{4\varepsilon}{\pi^{1/2}s}\sin\alpha\cos\alpha\exp(-s^2\sin^2\alpha) \\
& + \frac{\cos\alpha}{s^2}\left[1 + \varepsilon(1 + 4s^2\sin^2\alpha)\right]\mathrm{erf}(s\sin\alpha) \\
& + \frac{1-\varepsilon}{s}\pi^{1/2}\sin\alpha\cos\alpha\,(T_{\mathrm{r}}/T_\infty)^{1/2}
\end{aligned}
\tag{7.69}
$$

且

$$
\begin{aligned}
C_{\mathrm{D}} = {} & \frac{2[1 - \varepsilon\cos(2\alpha)]}{\pi^{1/2}s}\exp(-s^2\sin^2\alpha) + \frac{\sin\alpha}{s^2}\big\{1 + 2s^2 \\
& + \varepsilon[1 - 2s^2\cos(2\alpha)]\big\}\mathrm{erf}(s\sin\alpha) \\
& + \frac{1-\varepsilon}{s}\pi^{1/2}\sin^2\alpha\,(T_{\mathrm{r}}/T_\infty)^{1/2}
\end{aligned}
\tag{7.70}
$$

图 7.13 和图 7.14 分别给出了速度比为 10 且壁面温度等于来流温度时平板的升力系数和升阻比。这些是典型的轨道条件,说明完全反射时自由分子流的升力表现很差。只有在不切实际的镜面反射条件下才会有好的升力表现。在较低速度比时的升力表现要稍微好一些。

对于非平板外形,方程式(7.58)、式(7.61)和式(7.63)要对整个壁面积分。这一工作已在简单外形下开展,Schaaf 和 Chambre(1961)列出了当时已存在的解,得出封闭形式分析解的可能性依赖问题的几何复杂性。

上述方法可以通过半径为 r 的球的阻力系数的计算来演示。选用极坐标使得极点指向来流反方向,极角 θ 与 4.2 节通量方程中的角 θ 相同。因此,本节中用到的入射角 $\alpha = \pi/2 - \alpha$,基于球正面的阻力系数为

$$
C_{\mathrm{D}} = \frac{D}{\frac{1}{2}\rho_\infty U^2\pi r^2} = \frac{\int_0^\pi (p\cos\theta + \tau\sin\theta)2\pi r^2\sin\theta\,\mathrm{d}\theta}{\frac{1}{2}\rho_\infty U^2\pi r^2}
$$

压强的方程式(7.58)和剪切应力的方程式(7.61)代入该方程且对积分赋值,有

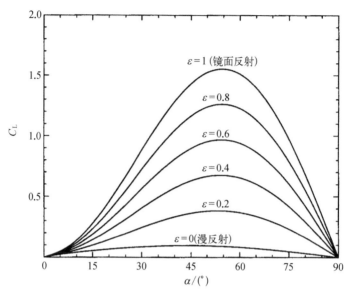

图 7.13 平板在 $s=10$、$T_r=T_w$ 时的升力系数

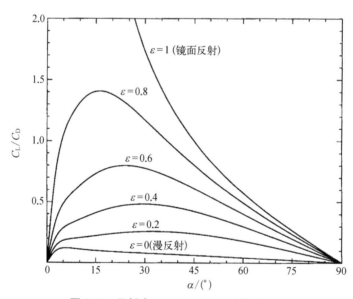

图 7.14 平板在 $s=10$、$T_r=T_w$ 时的升阻比

$$C_D = \frac{2s^2+1}{\pi^{1/2}s^3}\exp(-s^2) + \frac{4s^4+4s^2-1}{2s^4}\mathrm{erf}(s) + \frac{2(1-\varepsilon)\,\pi^{1/2}}{3s}\left(\frac{T_w}{T_\infty}\right)^{1/2}$$

$$(7.71)$$

方程式（7.71）的一个重要特征是，镜面反射的部分从除了基于反射分子的温度比的项外的所有项中消失。因此，对于冷球，镜面反射和漫反射得到的阻力系数相同，而且当速率比很大时它们趋于共同值 2。这是由外形造成的，镜面反射中驻点附近的高压与漫反射条件下最大半径处的高剪切应力匹配，这个结果不能解释为球的阻力系数不依赖气体-壁面作用模型。5.6 节已经指出，镜面反射和漫反射的结合只是真实散射率的一种近似，而有些模型会得到远不同于 2 的极限阻力系数。

　　某些外形的阻力可能高度依赖气体-壁面作用模型。例如，方程式（7.70）表明，较高速率比下冷垂直板的阻力系数为

$$C_\mathrm{D} = 2 + 2\varepsilon \tag{7.72}$$

这种情况下镜面反射和漫反射极限之间的差值为 2，因为剪切应力没有贡献，所以阻力完全依赖压强。对于 0° 入射角的平板，漫反射情况下剪切应力的存在会导致有限阻力，而不是真实的完全镜面反射情况所得阻力为 0。

　　对于混合气体的情况，上述方程分别适用于每种分子组分且这些结果可以叠加。

7.6　热泳

　　尽管粒子的温度可能是均匀的且等于当地气体温度，但浸没在具有温度梯度的气体中的小颗粒会受到热力。这个力本质上是由 Chapman-Enskog 分布函数的非对称性造成的，该现象称为**热泳**。对于密度足够低或者足够小的粒子，分子间碰撞可以忽略且效应的大小由自由分子分析来预测。除了非平衡边界条件，这个例子与先前无碰撞流的不同之处还在于对应连续流的结果并没有很好定义。

　　考虑半径为 r 的球形粒子，如图 7.15 所示，取球心为原点且选 x 轴为温度梯度方向。Chapman-Enskog 分布的一阶近似由方程式（3.85）给定为

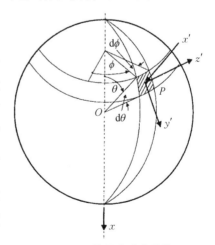

图 7.15　作用在球上热泳分析的坐标系统

$$f = f_0 \left[1 - \frac{4}{5} \frac{\beta^2 K}{RT} \left(\beta^2 c^2 - \frac{5}{2} \right) u \frac{dT}{dx} \right] \tag{7.73}$$

现在,考虑球上由纬度角 θ 和经度角 ϕ 确定的点 P 所在的面元。x' 轴、y' 轴 和 z' 轴的选择使得 x' 轴垂直且指向面元,y' 轴沿着平面 OPx 与面元的交线。在参考系 x' 轴、y' 轴和 z' 轴中应用方程式(1.18)和式(3.3)及方程式(7.73)的 f,得到通过壁面微元量 Q 的通量为

$$\frac{n\beta^3}{\pi^{3/2}} \int_{-\infty}^{\infty} \int_{-\infty}^{\infty} \int_{0}^{\infty} Q U \exp\left[-\beta^2 (U^2 + V^2 + W^2) \right]$$

$$\times \left\{ 1 - \frac{4}{5} \frac{\beta^2 K}{\rho RT} \left[\beta^2 (U^2 + V^2 + W^2) - \frac{5}{2} \right] (U\cos\theta + V\sin\theta) \frac{dT}{dx} \right\} dU dV dW$$

其中,U、V、W 分别为 x' 轴、y' 轴和 z' 轴方向的速度分量。将 $Q = mU$ 和 $Q = mV$ 分别代入上式,即可得入射分子影响的压强 p_i 和剪切应力 τ_i 为

$$p_i = \frac{\rho}{4\beta^2} - \frac{2\beta K}{5 \pi^{1/2}} \cos\theta \frac{dT}{dx} \tag{7.74}$$

和

$$\tau_i = \frac{\beta K}{5 \pi^{1/2}} \sin\theta \frac{dT}{dx} \tag{7.75}$$

像方程式(7.74)中右端第一项那样,在球面均匀分布的项,明显对球面所受净力不做任何贡献。Chapman-Enskog 分布的一个性质是粒子数通量各向同性,所以壁面温度是均匀的,漫反射分子所受到的力也是均匀的且对球面受净力的贡献为 0。镜面反射导致的压强为 P_i。漫反射分子导致的剪切应力为 0 而镜面反射分子导致的剪切应力为 $-\tau_i$。球面所受的净力为

$$F = -\frac{\beta K}{5 \pi^{1/2}} \frac{dT}{dx} \int_{0}^{\pi} \left[2(1 + \varepsilon) \cos^2\theta + (1 - \varepsilon) \sin^2\theta \right] 2\pi r^2 \sin\theta d\theta$$

其中,ε 为镜面反射分子所占的比例。因此,

$$F = -\frac{16}{15} \pi^{1/2} \beta r^2 K \frac{dT}{dx} \tag{7.76}$$

这个结果最早由 Waldmann(1959)得到。注意,镜面反射分子所占的比例 ε 从最终结果中消失是由于圆球外形,这种情况对于其他形状的粒子不会发生。

壁面温度均匀对应于具有很高热传导系数的粒子。对于热传导系数较低的粒子,其壁面可能存在温度梯度,这将导致受力增大。即使周围的气体具有均匀温度,漫反射分子作用在非均匀温度粒子上,压力的不平衡也会产生一种力。壁面温度不均匀经常是由热辐射引起的,平衡背景气体中的现象称为**光泳**。

7.7　多次反射的流动

如果从壁面反射回来的分子再次入射到壁面上而不是完全逃溢,无碰撞流的分析将困难很多。涉及多次相互作用的流动在内流动和复杂几何体的外部绕流中具有实际应用。

考虑暴露在自由分子条件下的壁面。单位时间内从外部气体直接入射到面元 dS 上的分子数记为 $\dot{N}_1(S)\,dS$。现在,记从 S' 处的面元 dS' 反射回来的分子撞击到 S 处的概率为 $P(S',\,S)$。1 s 内与壁面发生第二次碰撞撞击到 dS 的分子数为

$$\dot{N}_2(S)\,dS = \int_S P(S',\,S)\dot{N}_1(S)\,dS'dS$$

类似地,第三次碰撞撞击到 dS 的分子数为

$$\dot{N}_3(S)\,dS = \int_S P(S',\,S)\dot{N}_2(S)\,dS'dS$$

因此,如果 $\dot{N}(S)$ 为 S 处的总粒子通量

$$\dot{N}(S) = \dot{N}_1(S) + \dot{N}_2(S) + \dot{N}_3(S) + \cdots$$
$$= \dot{N}_1(S) + \int_S P(S',\,S)\left[\dot{N}_1(S) + \dot{N}_2(S) + \dot{N}_3(S) + \cdots\right]dS'$$

或

$$\dot{N}(S) = \dot{N}_1(S) + \int_S P(S',\,S)\dot{N}(S)\,dS' \tag{7.77}$$

这是一个第二类 Fredholm 积分方程,它的解形成涉及多次反射无碰撞流动分析的一部分。

作为例子,考虑通过长度为 b、半径为 r 的圆形管道的自由分子流。管道的中线沿 x 方向且原点在管道入口。通过管道的分子,包括不与管道内壁面元发

生碰撞而直接通过的分子,以及从每个内壁面元释放出来的分子。因此,通过管道的总通量 $\dot{N}_t$ 为

$$\dot{N}_t = \dot{N}_d + \int_0^b \dot{N}(x) P_e(x)\,\mathrm{d}x \tag{7.78}$$

其中, $\dot{N}_d$ 是直接粒子通量; $P_e(x)$ 是分子在 x 处 $\mathrm{d}x$ 长度的微元里反射并穿过管道的概率; $\dot{N}(x)$ 满足方程式(7.77)的轴对称形式,即

$$\dot{N}(x) = \dot{N}_1(x) + \int_S P(x',\,x)\dot{N}(x)\,\mathrm{d}x \tag{7.79}$$

该方程的解最早由 Clausing(1932)得到,Patterson(1971)进行了详细讨论。对于这一简单外形,函数 $\dot{N}_d$、$P_e(x)$、$\dot{N}_1(x)$ 和 $P(x',\,x)$ 可以通过直接但是烦琐的分析得到。但是, $\dot{N}(x)$ 的积分方程的解必须由数值得到。方程式(7.78)的最终积分要求假设 $\dot{N}(x)$ 是 x 的线性函数,其系数由方程式(7.79)的数值解提供。

一方面,上述问题的几何形状相对较简单,对于更复杂的问题,分析积分方程的主要分析方式不太实际。另一方面,称为**测试粒子蒙特卡罗方法**(Davis,1961)的概率数值方法理想地适用于这一类问题。用电子计算机计算大量典型分子轨迹,这些轨迹共同预测真实系统的行为,由于分子间碰撞可以忽略,所以这些轨迹相互不依赖且可连续地产生。以下通过圆形管道通量问题的应用来演示这一方法,主要计算与通量相关的 N_t 和 N_d。

模拟程序的流程如图 7.16 所示。该图中用到的其他符号包括:管道的长与半径之比 $L = b/r$,进入管道的总测试粒子数目 N_e,r_1 是粒子在 $x = 0$ 处的初始半径,l_1、m_1 和 n_1 分别是初始轨迹与 x 轴、y 轴、z 轴的方向余弦,x_c 是 b 与圆柱内或者其在 $x = 0$ 外假想投影的交点 x 坐标,而 l_c、m_c 和 n_c 分别是与圆柱内表面发生漫反射之后粒子轨迹的方向余弦。

初始半径的分布函数是附录 C 中处理的情况之一,其表达式直接由式(C.6)给定为

$$r_1 = (R_f)^{1/2} r \tag{7.80}$$

这样就通过整个平面内的均匀分布随机选择初始半径。然而,相对于进入管道中的真实气体分子数目,轨道的数目特别小,初始状态中散射导致的相关性可以通过取均匀分布来避免。因此,第 N 个轨迹初始半径的方程为

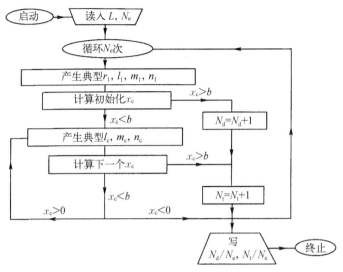

图 7.16 圆柱管道通量测试蒙特卡罗程序的流程图

$$r_1 = \left[(N - 0.5)/N_1 \right]^{1/2} r \qquad (7.81)$$

通过管道入口平面进入管道的分子粒子数通量,由方程式(4.20)中取 $Q = 1$ 得到。外部气体处于平衡态,分布函数可代入方程式(4.4)的极坐标形式,其中极坐标轴沿着管道的轴方向。u 速度分量可以写成 $c' \cos \theta$ 且分子粒子数通量为

$$\dot{N}_{\mathrm{i}} = \frac{n \beta^3}{\pi^{3/2}} \int_0^\infty \int_0^{2\pi} \int_0^{\pi/2} c'^3 \exp(\beta^2 c'^2) \sin \theta \cos \theta \, \mathrm{d}\theta \mathrm{d}\phi \mathrm{d}c \qquad (7.82)$$

分子通过管道的概率依赖其在入射平面的初始方向,以及其在管道内壁任何交点反射回来的方向。需要指出的是,这个概率不依赖分子速率 c' 且没有必要考虑这个量的分布。

经度角 ϕ 在 $0 \sim 2\pi$ 均匀分布,由式(C.5)得到其典型值为

$$\phi = 2\pi R_{\mathrm{f}} \qquad (7.83)$$

纬度角 θ 的分布可以通过 $\cos \theta$ 的分布较好处理,这是由于

$$\sin \theta \cos \theta \mathrm{d}\theta = - \cos \theta \mathrm{d}(\cos \theta)$$

$\cos \theta$ 的分布函数与半径为 r 的分布函数相同。$\cos \theta$ 的极值是 $0 \sim 1$,有

$$\cos \theta = R_{\mathrm{f}}^{1/2} \qquad (7.84)$$

方向余弦 l_1、m_1 和 n_1 分别为

$$
\begin{aligned}
l_1 &= \cos\theta, \\
m_1 &= \sin\theta\cos\phi, \\
n_1 &= \sin\theta\sin\phi
\end{aligned}
\tag{7.85}
$$

粒子轨迹与圆柱的交点或其在 $x = 0$ 处的投影与 b 的交点,可以直接通过三维坐标得到。模拟研究中广泛应用的一般定理是直线:

$$
\begin{aligned}
x &= x_i + l_1 s, \\
y &= y_i + m_1 s, \\
z &= z_i + n_1 s
\end{aligned}
\tag{7.86}
$$

和二次表面:

$$
\begin{aligned}
f(x, y, z) &\equiv a_{11}x^2 + a_{22}y^2 + a_{33}z^2 + 2a_{23}yz + 2a_{31}zx \\
&\quad + 2a_{12}xy + 2a_{14}x + 2a_{24}y + 2a_{34}z + a_{44} = 0
\end{aligned}
\tag{7.87}
$$

的交点,由方程:

$$
A_1 s^2 + 2A_2 s + A_3 = 0
\tag{7.88}
$$

的根给出。其中,

$$
\begin{aligned}
A_1 &= a_{11}l_1^2 + a_{22}m_1^2 + a_{33}n_1^2 + 2a_{23}m_1n_1 + 2a_{31}n_1l_1 + 2a_{12}l_1m_1, \\
A_2 &= l_1(a_{11}x_i + a_{12}y_i + a_{13}z_i + a_{14}) + m_1(a_{21}x_i + a_{22}y_i + a_{23}z_i + a_{24}) \\
&\quad + n_1(a_{31}x_i + a_{32}y_i + a_{33}z_i + a_{34})
\end{aligned}
$$

且

$$
A_3 = f(x_i, y_i, z_i)
$$

方程式(7.88)的实根可以代入方程式(7.86)来确定交点。由于当前算例是轴对称的,所以可取 $y_i = -r_1$ 且 $z_i = 0$,系数 a_{22} 和 a_{33} 等于 1,$a_{44} = -r^2$,其他系数均为 0。因此,方程式(7.86)~式(7.88)给出粒子轨迹与圆柱的交点的 x 坐标的方程为

$$
x_c = l_1\{r_1m_1 + [r^2(m_1^2 + n_1^2) - r_1^2n_1^2]^{\frac{1}{2}}\}/(m_1^2 + n_1^2)
\tag{7.89}
$$

由于轴对称性,所以交点的 y 坐标和 z 坐标可以取为 $-r$ 和 0。如果交点在

圆柱内,则漫反射假设意味着 l_c、m_c 和 n_c 的选取与前面关于 l_1、m_1 和 n_1 的选取相同。注意,现在通量方向沿 y 轴而不是 x 轴。利用方程式(7.86)~式(7.89)可以得到下一个交点的 x 坐标为

$$x = x_c + 2l_c r m_c / \sqrt{m_c^2 + n_c^2} \tag{7.90}$$

其中,x 值即为 x_c 的下一个值。

　　附录 D 给出了该方法的一个 Fortran77 实现。这是一个只包含 30 行可执行命令的程序。Clausing(1932)对 $L=1$ 的计算是 $N_t/N_e = 0.672$。33 MHz i486 CPU 的个人计算机在这种情况下每秒可以计算 10 000 个轨迹。10^7 个典型轨迹的结果为 $N_t/N_e = 0.672\ 0$,$N_d/N_e = 0.382\ 0$。样本为 10^7 中的统计散射明显小于 0.001,与预期吻合。如果每次取 1 000 个作为样本,运算 10 000 次,这样也得到 10^7 个轨迹,但其散射将很明显。这些结果如图 7.17 所示,其中 N_s 为具有特定值 N_t 的轨迹个数。计算所得的分布与方程式(1.15)所定义的正态分布进行了比较。对于容量为 1 000 的样本,N_s 的正态分布可以写成 N_t 的函数,即

$$N_S = 10\ 000\ (2\pi\ \overline{N_t})^{-1/2} \exp[-(N_t - \overline{N_t})^2/(2\ \overline{N_t})] \tag{7.91}$$

其中,均值 $\overline{N_t} = 672$。它的标准差等于均值的平方根,近似为 26。实际的散射比

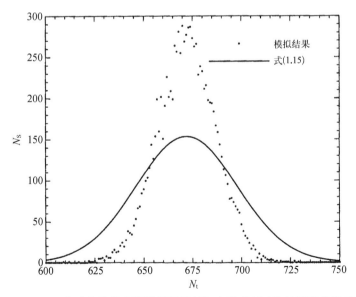

图 7.17 10 000 个独立蒙特卡罗模拟的散射与方程式(1.15)的正态分布的比较

正态分布的预测值要小,几乎所有结果都与均值相差 26 以内。如果结果拟合到正态分布,则实际标准差为 14。估计散射大小的一个有效方式是将结果除以样本大小的平方根。对于这种情况,标准差的估计值约为 21。

如前所述,真实流动涉及的分子数目一般比模拟中的样本容量大很多数量级,而且最好能极小化散射。入口平面处分子初始半径的散射可以通过方程式 (7.81) 减小,但是其对散射减小的作用几乎可以忽略。然而,入射分子的方向余弦也可以分布得更均匀一些。在设置每个轨迹的初始条件时,程序要求三个随机变量,因此初始分布是三维的。程序 FMF(附录 D)里 NTR 中的第 N 个循环可以由 NTR 立方根(NTC)的三个嵌入循环 N_1、N_2 和 N_3 取代。对于第 N_1 个轨迹,第一个随机分数可以用

$$(N_1 - R_f)/\text{NTC} \tag{7.92}$$

取代,涉及 N_2 和 N_3 的其他两个分数可以用相似表达式处理。这种做法可以使得轨迹的初始状态在三维空间分布得更加均匀。这是减小方差的一种方式,得到的散射如图 7.18 所示。

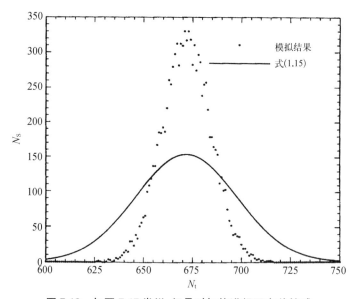

图 7.18 与图 7.17 类似,但是对初值进行了方差缩减

实际散射的正态分布拟合的标准方差约为 12。散射反比于样本容量的平方根,因此相似的散射减小可以通过将样本容量增大 1/3 得到。如果模拟还用到分子速度,则初始分布将是四维的,对每次运行的 1 000 个样本进行方差缩减

没有实际意义。

　　Clausing 的分析解与其他半径比值也有相似吻合。测试粒子蒙特卡罗方法的实现,要比基于 Fredholm 积分方程的分析方法容易得多。计算 $10^7 \sim 10^8$ 个轨迹的代价是可以忽略的,四个图的精度可由蒙特卡罗方法得到。但是,蒙特卡罗方法的主要优点是复杂流场几何的处理。这使得积分方程发生不切实际的变化,通常可以通过模拟程序几句命令行的更改来实现。Davis(1961)计算了工程上关注的一系列外形。

　　上面的例子只要求确定通过管道与进入管道的分子粒子数流量之比。当蒙特卡罗方法用于如确定复杂外形阻力系数等问题时,有必要将动量输运与气体密度进行关联。对于定常流动,最简单的方式就是假设每个模拟轨迹代表大量真实轨迹。对所有轨迹的动量输运和能量输运求和可以给出动量通量和能量通量,以及压强、剪切应力和热传导。

　　测试粒子蒙特卡罗方法不适用非定常流动计算。对于这些问题,最好用第10 章所述的无碰撞 DSMC 方法。用这一方法同时计算大量轨迹,相关时间参数也对应于真实气体中的物理时间。

参考文献

CLAUSING, P. (1932). *Annln. Phys.* 12, 961.

DAVIS, D.H. (1961). Monte Carlo calculation of molecular flow rates through a cylinder elbow and pipes of other shapes. *J. Appl. Phys.* 31, 1169−1176.

LIEPMANN, H.W. (1961). Gaskinetic and gasdynamics of orifice flow. *J. Fliud. Mech.* 10, 65−79.

NARASIMHA, R. (1962). Collisionless expansion of gases into vacuum. *J. Fliud. Mech.* 12, 294−308.

PATERSON, G.N. (1971). *Introduction of kinetic theory of gas flows.* University of Toronto Press, Toronto.

SCHAAF, S.A. and CHAMBER, P.L. (1961). *Flow of rarefied gases.* Princeton University Press.

WALDMANN, L.Z. (1959). *Z. Naturforsch* A14, 589.

第 8 章

过渡区流动的分析方法

8.1 方法分类

这里的过渡区流动是指平均自由程相对于流动特征尺度既不那么大也不那么小的流动。与完整玻尔兹曼方程有关的数学困难,使得无法采用直接手段获取准确的封闭形式解。而且,对于涉及化学反应和热辐射的流动,甚至形成包括这些效应的玻尔兹曼方程都会出现困难。这就意味着,尽管已经研究了大量的非直接手段,但是其中很多都涉及一定程度的近似,而这些近似对于简单一些的方程是不适用的。因此,有必要区分和评估大量竞争性方法得到的结果。下列问题的答案将对评估过程非常有益:

(1) 方法是否依赖某些参数函数形式的任意假设,或者是方程的任意修正;

(2) 方法是否能得到因变量的表达式,或者只不过将方程转化为相对于原方程更容易求解的形式(无论是分析还是数值);

(3) 方法是否能处理所有参数的所有值,或者仅局限于一个参数要么非常大要么非常小的极限情况;

(4) 它在考虑真实气体效应、边界条件上的复杂程度,以及该方法处理的流场维数;

(5) 方法是否需要完整流场的初始近似,是否依赖随后迭代过程的收敛性。

在涉及任何程度的近似时,必须将其结果与其他分析、数值方法及实验的结果进行详细对比,这在问题(1)的答案是确定时非常重要。一般的结论不能只基于单一情况或单一问题。另外,比较测试应该尽可能基于整个流场内流动量的完整范围,而不是单一积分量随克努森数的变化情况。无碰撞流和连续流两种极限情况的解存在的事实意味着,不那么好的解可以通过物理上并不真实但恰好能拟合这些极限之间的方法得到。应该仔细观察基于引入了可调参数的近似解。

对于第(2)个问题,应该注意的是有些分析方法能够提供"解",但是它对于指定的流动需要大量的数值工作。在某些情况下,这些数值工作甚至超过问题的直接数值求解,可以认为这些方法提供替代性或准确性稍差的表述,而不是解。

涉及大扰动的问题总是非线性的,而且不存在不需要假设和近似的分析方法。对于近连续流区和近无碰撞流区,小扰动方法可以基于小的克努森数或其倒数。有些方法还要求速度比很小或很大,或者流动扰动本身很小。特别地,如果扰动足够小,速度分布函数只是从平衡态或麦克斯韦形式的轻微扰动,利用小扰动方法可得到线性化玻尔兹曼方程。该方程的理论由 Cercignani(1968;1969)进行了详细处理。小扰动解提供了重要参考值,特别是它们从无任何参数假设或方程修正中得到。然而,这些解只对相对简单边界条件的一类受限问题存在,而且它们在实际问题中的应用有限。

大量方法在本质上是依赖速度分布函数的假设。这些假设多数可以归类为 8.2 中将讨论到的**矩方法**。主要近似的其他方面是改变玻尔兹曼方程本身的形式。它表明玻尔兹曼方程求解是非常困难的,因此大量研究人员采用了这一基本方法,并在相当长一段时间内获得了广泛的认可。这种**模型方程**方法将在 8.3 节中进行讨论。

8.2　矩方法

这种方法利用了矩方程,即先将玻尔兹曼方程乘以分子量 Q,再对其在速度空间进行积分。Q 的矩方程如方程式(3.27)推导,其形式为

$$\frac{\partial}{\partial t}(n\overline{Q}) + \nabla \cdot (n\,\overline{cQ}) - nF \cdot \overline{\frac{\partial Q}{\partial c}} = \Delta[Q] \tag{8.1}$$

气体宏观量在 1.4 节中定义为微观分子量 Q 的均值。像 3.3 节讨论的那样,将 Q 的各种值代入方程式(8.1)得到宏观量的一系列方程。但是,第二项中 $\overline{cQ}$ 的出现意味着,随着 Q 涉及 c 的高阶项,每个方程涉及更高次项的矩,得到无穷多方程和矩。方程式(3.3)使得典型的矩可以写成 $\overline{Q} = \int_{-\infty}^{\infty} Qf\mathrm{d}c$,而矩方法的根基是

假设 f 符合包含有限宏观量或矩的一些表达式。基于 c 的最高次项的方程包括更高阶的矩,但它现在可以用较低阶的矩写出来,进而封闭方程系列并形成确定系统。

玻尔兹曼方程的 Chapman-Enskog 解已在 3.5 节进行了讨论,它是基于速度分布函数 f 级数展开的二阶解。级数可以写成如下形式:

$$f = f_0 \left[1 + \alpha_1 (Kn) + \alpha_2 (Kn)^2 + \cdots + \alpha_n (K_n)^n \right] \tag{8.2}$$

其中,系数 α_n 只是 ρ、c_0 和 T 的函数。这里克努森数定义为平均自由程与流动梯度的长度之比。一阶解是当地平衡态或麦克斯韦分布函数 f_0,此时气体可以完全由 ρ、c_0 和 T 描述。剪切应力张量 τ 和热通量矢量 q 在平衡气体中消失且守恒方程式(3.33)~式(3.35)退化为无黏流的 Euler 方程。守恒方程是由 Q 分别等于 m、mc 及 $1/2mc^2$ 形成的五个矩方程,而且由于这些量在碰撞中守恒,所以碰撞项 $\Delta[Q]$ 消失。

Chapman-Enskog 二阶解得到方程式(3.86)的分布函数,它也只涉及 ρ、c_0 和 T。分布函数使得 τ 和 q 可以分别写成系数 μ 和速度梯度的乘积,以及 K 与温度梯度的乘积,将守恒方程退化为连续空气动力学的 Navier-Stokes 方程。

上述考虑表明,从动理学的观点来看,Euler 方程和 Navier-Stokes 方程都可以看成玻尔兹曼方程的"五矩"解,前者在 $Kn \to 0$ 时有效,而后者在 $Kn \ll 1$ 时有效。在连续空气动力学中,Euler 方程描述可逆绝热(等熵)流动,而 Navier-Stokes 方程提供黏性流动的标准描述。这意味着一阶和二阶 Chapman-Enskog 解只不过将小克努森数流动的分子和连续手段协调起来。很明显,方程式(8.2)中 f 的展开在克努森数趋于 1 时失效,但是也存在利用多于两项来将连续手段拓展到更高克努森数的可能性。方程式(8.2)的三阶解得到 Burnett 方程。它们在 3.5 节中讨论过且已指出,它们不仅拓展了 Navier-Stokes 方程有效的范围,而且给出了所有克努森数下更为准确的描述。但是,它们特别复杂,其封闭形式甚至对于 Navier-Stokes 层次近似很容易求解的简单问题都不存在。而且,对于较高的克努森数,求解 Burnett 方程的数值代价甚至大于后续章节将讨论的直接求解方法的精确解。

Grad(1949)提出了 f 另一种形式的展开,他用的是 Hermite 张量多项式级数。其一阶解依然是当地麦克斯韦分布;其三阶解得到 f 的表达式是当地麦克斯韦分布乘以涉及 τ、q、ρ、c_0 和 T 的一个表达式。这意味着,确定系统需要的矩方程总数等于守恒方程中因变量的总数,这个数目很容易看出为 13,因此得到 Grad 的十三矩方程。尽管它们代表动理学理论的进步和重要发展,但它们在过渡流区特定问题的应用被证明是令人失望的(Schaaf and Chambre,1969)。

将 Navier-Stokes 方程的克努森数上限进行显著拓展的系统展开方法的失败意味着,必须对过渡区分布函数可用近似进行更根本性的改进。对于具有两点边界条件的一维定常流动,可将 f 选定为边界处的两个麦克斯韦分布的组合。

作为第一个例子,考虑两个无穷平板之间的一维热通量,使用的是 Liu 和 Lees(1961)的"四矩解"。位于 $y = 0$ 的下板温度为 T_L,位于 $y = h$ 的上板温度为 T_U。关于分布函数形式的假设是,它是两个处于不同温度的半程麦克斯韦函数的组合,可以表示为

$$nf = N_1 f_1 + N_2 f_2 \tag{8.3}$$

其中,f_1 和 f_2 分别对应正 y 方向和负 y 方向运动分子的分布函数。麦克斯韦分布的温度 T_1 和 T_2 及参数 N_1 和 N_2 都是 y 的函数。

任何分子量 Q 的平均由方程式(8.3)、式(3.3)和式(4.1)给定为

$$
\begin{aligned}
\overline{Q} = \frac{1}{n} \Bigg[& \frac{N_1 \beta_1^3}{\pi^{3/2}} \int_{-\infty}^{\infty} \int_{0}^{\infty} \int_{-\infty}^{\infty} Q \exp(-\beta_1^2 c'^2) \, du dv dw \\
& + \frac{N_2 \beta_2^3}{\pi^{3/2}} \int_{-\infty}^{\infty} \int_{-\infty}^{0} \int_{-\infty}^{\infty} Q \exp(-\beta_2^2 c'^2) \, du dv dw \Bigg]
\end{aligned}
\tag{8.4}
$$

边界条件是来流速度为 0 且 $c' = c$。取 Q 等于 m、v、c^2 和 $1/2 m v c^2$ 得到下列关于重要宏观变量的表达式,即

$$\rho = nm = \frac{1}{2}(N_1 + N_2)m \tag{8.5}$$

$$v_0 = \bar{v} = (N_1/\beta_1 - N_2/\beta_2)/(2n\,\pi^{1/2}) \tag{8.6}$$

$$T = \overline{c^2}/(3R) = (N_1/\beta_1^2 + N_2/\beta_2^2)/(4nR) \tag{8.7}$$

和

$$q_y = \frac{1}{2} nm \overline{vc^2} = m(N_1/\beta_1^3 - N_2/\beta_2^3)/(2\,\pi^{1/2}) \tag{8.8}$$

它们用到了四个未知量 N_1、N_2、β_1 和 β_2。由方程式(3.27)有这一问题的矩方程为

$$\frac{\mathrm{d}}{\mathrm{d}y}\left(n\int_{-\infty}^{\infty}Qvf\mathrm{d}c\right)=\Delta[Q] \tag{8.9}$$

守恒量 m、mv 和 $1/2mc^2$ 提供了所需四矩方程中 Q 的三个明显选项。对于这些方程,碰撞积分消失,方程式(8.9)成为

$$n\int_{-\infty}^{\infty}Qvf\mathrm{d}c=\text{常数} \tag{8.10}$$

取 $Q=m$ 可以得

$$N_1/\beta_1-N_2/\beta_2=0 \tag{8.11}$$

方程式(8.11)中的常数为 0 是由于其左端可通过方程式(8.6)与垂直于板的流向速度联系起来,而界面条件要求它在板面消失。对于 $Q=v$,方程式(8.10)得到

$$N_1/\beta_1^2+N_2/\beta_2^2=\text{常数}$$

利用方程式(8.7)有

$$N_1/\beta_1^2+N_2/\beta_2^2=4p/m \tag{8.12}$$

压强 $p=nmRT$ 对于该流动是一个常数。类似地,取 $Q=1/2mc^2$ 且利用方程式(8.8)有

$$N_1/\beta_1^3-N_2/\beta_2^3=2\,\pi^{1/2}q_y/m \tag{8.13}$$

由于这个问题本质上涉及 y 方向的传热,Liu 和 Lees(1961)取四矩中 $Q=1/2mvc^2$,所以方程式(8.9)成为

$$\frac{5m}{16}\frac{\mathrm{d}}{\mathrm{d}y}\left(\frac{N_1}{\beta_1^4}+\frac{N_2}{\beta_2^4}\right)=\Delta\left[\frac{1}{2}mvc^2\right]$$

$1/2mvc^2$ 的碰撞积分可以类似于 3.3 节中 u^2 的碰撞积分来赋值,而且对于麦克斯韦分子的特殊情况,其结果(Vincenti and Kruger,1965)为

$$\Delta\left[\frac{1}{2}mvc^2\right]=-\pi A_2(5)(2\kappa/m)nq_y$$

常数 $A_2(5)$ 和参数 κ 可以通过麦克斯韦分子热传导系数的方程式(3.56)和式(3.64)消除。第四个矩方程变成

$$\frac{\mathrm{d}}{\mathrm{d}y}\left(\frac{N_1}{\beta_1^4} + \frac{N_2}{\beta_2^4}\right) = -\frac{8Rpq_y}{mK} \tag{8.14}$$

现在,由方程式(8.5)、式(8.7)和式(8.11)有

$$T = \frac{p}{nmR} = (2R\beta_1\beta_2)^{-1} = (T_1T_2)^{1/2} \tag{8.15}$$

它与方程式(8.8)和式(8.12)联合给出

$$\frac{1}{\beta_1} - \frac{1}{\beta_2} = \frac{\pi^{1/2}q_y}{2p}$$

$$\frac{N_1}{\beta_1^4} + \frac{N_2}{\beta_2^4} = \frac{4p}{m}\left(\frac{\pi q_y^2}{4p^2} + 2RT\right) \tag{8.16}$$

因此,方程式(8.14)可以写为

$$q_y = -K\frac{\mathrm{d}T}{\mathrm{d}y} \tag{8.17}$$

当然,这是标准的连续流结果。四矩法与连续解的不同之处仅在于其边界条件。
连续解的边界条件为

$$T_1 = T_\mathrm{L}, \quad y = 0$$
$$T_2 = T_\mathrm{U}, \quad y = h \tag{8.18}$$

而方程式(8.15)和式(8.16)给出 $y = 0$ 处的温度 T_0 及 $y = h$ 处的温度 T_h 分别为

$$T_0 = T_\mathrm{L} - \frac{1}{2}\left(\frac{1}{2}\pi T_\mathrm{L}/R\right)^{1/2} q_y/p$$

$$T_h = T_\mathrm{U} + \frac{1}{2}\left(\frac{1}{2}\pi T_\mathrm{U}/R\right)^{1/2} q_y/p \tag{8.19}$$

对于麦克斯韦分布的气体, $K = CT$,由方程式(7.25)给定的方程式(8.17)的
解为

$$q_y = -\frac{C}{2}(T_h^2 - T_0^2)/h \tag{8.20}$$

方程式(8.19)和式(8.20)形成 q_y、T_0 和 T_h 的封闭解集。热通量的解可以表征为
q_y 与自由分子通量 q_f 之比,而 ε_f 是基于平均自由程平均值与平板间距的全局克

努森数的函数。方程式(4.52)和式(3.56)使得平均自由程可以写成

$$\lambda = \frac{8}{15} \left(\frac{1}{2\pi RT} \right)^{1/2} \frac{K}{R\rho} = \frac{8}{15} \left(\frac{1}{2\pi RT} \right)^{1/2} \frac{CT}{R\rho} \qquad (8.21)$$

注意,该流动中压强是常数,基于板间气体平均自由程的克努森数为

$$Kn = \frac{\overline{\lambda}}{h} = \frac{8C \overline{T^{3/2}}}{15h \, (2\pi R)^{1/2} p} \qquad (8.22)$$

这些方程可以数值求解,$T_U/T_L = 4$ 的结果如图 8.1 所示。在这种情况下,连续流到分子流的过渡以克努森数 0.2 为中心且跨越超过千倍的变化。在 $Kn = 0.001\,8$ 时它与连续解的偏差为 1%,而在 $Kn = 140$ 时热通量达到自由分子值的 99%。过渡流的经验"搭桥公式",一般由克努森数为 0.1 时的连续解到克努森数为 10 时的自由分子解构造光滑曲线。但是对于这个问题,该方法不为四矩解所支持。

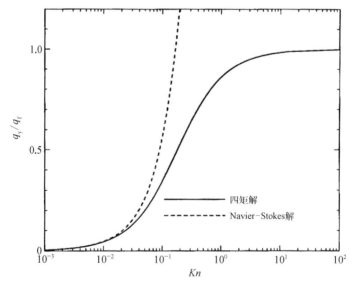

图 8.1   温度比为 4 的平行板间一维热传导的四矩解

温度为 T_P 的壁面的温度跳跃或"滑移"可以用**当地**克努森数 Kn' 表示,此处 Kn' 定义为当地平均自由程与温度梯度的尺度之比,所得温度跳跃为

$$T - T_P = \pm \frac{15\pi}{16} \, (T_P T)^{1/2} \frac{\lambda}{T} \frac{dT}{dy} = \pm \frac{15\pi}{16} \, (T_P T)^{1/2} (Kn') \qquad (8.23)$$

其中,正、负号分别对应下板和上板。向上运动和向下运动的分子之间的温度差为

$$T_1 - T_2 = -\frac{15\pi}{16}\left[(T_1T)^{1/2} + (T_2T)^{1/2}\right]\frac{\lambda}{T}\frac{dT}{dy} \tag{8.24}$$

这与温度跳跃的结果一致。

方程式(8.23)表明,当克努森数趋于零时温度跳跃趋于零,传热趋于连续结果。但是,方程式(8.3)假设的分布函数并不趋于 Chapman-Enskog 分布函数。这可以通过计算 Chapman-Enskog 气体中向上运动分子的温度和向下运动分子的温度之间的温差来演示。在这种气体中,向上运动的分子的温度 T^+,通过将方程式(4.57)中来流速度设置为 0,将该表达式代入方程式(3.3)和式(1.29)且对 v 从 $0 \sim \infty$ 积分得到。向下运动的分子的温度可以类似方式得到,则向上运动和向下运动的分子之间的温差为

$$\frac{T^+ - T^-}{T} = -\frac{5(\alpha+1)(\alpha+2)}{\alpha(5-2\omega)(7-2\omega)}\frac{\lambda}{T}\frac{dT}{dy} \tag{8.25}$$

麦克斯韦气体的情况由 $\omega = 1$ 给定,且方程式(8.24)和式(8.25)的比较表明,它们不仅差一个为 2 的因子。因此,在较小的全局克努森数时说四矩解与 Navier-Stokes 解吻合是不正确的。在远离壁面处,Chapman-Enskog 解显然要更准确一些,而四矩解用到了从壁面漫反射回来分子的正确分布。但是,可以安全地推论说,温差跳跃比与当地克努森数处于同一数量级。如果来流速度分量 u_0 在 y 方向变化,向上运动和向下运动的分子的来流速度也存在差值。它可以与方程式(8.25)相同的方式得到,即

$$\frac{u^+ - u^-}{u} = -\frac{5(\alpha+1)(\alpha+2)}{2\alpha(5-2\omega)(7-2\omega)}\frac{\lambda}{u}\frac{du}{dy} \tag{8.26}$$

这意味着,壁面处**速度滑移**比也与当地克努森数处于同一数量级,而此时克努森数基于来流速度梯度的尺度。如果修正常用的"无滑移"边界条件考虑固壁处的速度滑移和温度滑移,则基于 Navier-Stokes 方程的连续流动解可以得到改善。Chapman-Enskog 分布在一个称为**克努森层**的区域内调整到壁面分布,其厚度与平均自由程处于同一数量级。

最著名的矩方法极有可能是激波结构的 Mott-Smith 方法。它也是一维流动,而且假设波内的分布函数可以表征为适用于均匀上游流动和下游流动分布

函数的线性组合。它是一个双峰分布,可写成

$$nf = N_1 f_1 + N_2 f_2 \tag{8.27}$$

其中,下标 1 和 2 分别表示均匀上游条件和均匀下游条件。该方程与四矩分布函数的方程式(8.3)相同,但式(8.3)中 f_1 和 f_2 是变量而不是常数,而且分布不是双峰函数。取 x 轴垂直于波,方程式(4.1)给出

$$f_1 = \frac{\beta_1^2}{\pi^{3/2}} \exp\{-\beta_1^2 [(u - u_{01})^2 + v^2 + w^2]\}$$

$$f_2 = \frac{\beta_2^2}{\pi^{3/2}} \exp\{-\beta_2^2 [(u - u_{02})^2 + v^2 + w^2]\} \tag{8.28}$$

权重因子 N_1 和 N_2 在波的上游取 $N_1 = n_1$ 和 $N_2 = 0$;在波的下游取 $N_1 = 0$ 和 $N_2 = n_2$。 方程式(8.27)可以对整个速度空间积分,而且方程式(3.2)的正则条件要求

$$n = N_1 + N_2 \tag{8.29}$$

　　上游条件和下游条件之间守恒方程的应用,得到 n_2、u_{02} 和 β_2 作为 n_1、u_{01} 和 β_1 函数的 Rankine - Hugoniot"跳跃"方程。波内所有流动量作为双峰分布式(8.27)对应矩的赋值,要求 n、N_1 和 N_2 作为波内位置函数的解。这些量之间的第一个关系已由方程式(8.29)给出。第二个关系可以将质量守恒定律应用于上游条件和波内一点得到。方程式(3.30)给出

$$n_1 u_{01} = n u_0 \tag{8.30}$$

而用方程式(8.27)定义的分布函数对 $u_0 = \int_{-\infty}^{\infty} u f dc$ 赋值有

$$n_1 u_{01} = N_1 u_{01} + N_2 u_{02} \tag{8.31}$$

第三个关系式由额外一个矩方程提供。这个方程中 Q 的选择是任意的,Mott - Smith 用到了 u^2 和 u^3。 对于 $Q = u^2$,稳态一维流动的方程式(3.27)为

$$\frac{d}{dx}(n \overline{u^3}) = \Delta[u^2]$$

利用麦克斯韦分子或 $v = 1/2$ 的 VHS 分子的碰撞积分方程式(3.66)有

$$\frac{d}{dx}(n \overline{u^3}) = \frac{p}{m} \frac{\tau_{xx}}{\mu} \tag{8.32}$$

方程式 (3.64) 和式 (3.65) 表明, 这些气体模型的黏性系数可以写成 CT, 其中, C 为常数。平均自由程的方程式 (4.52) 可以用上游条件写为

$$C = \frac{\rho_1 \lambda_1}{2} \left(\frac{2\pi k}{mT_1} \right)^{\frac{1}{2}}$$

其代入方程式 (8.32) 有

$$\frac{\mathrm{d}}{\mathrm{d}x}(n\,\overline{u^3}) = \frac{(2RT_1/\pi)^{1/2}}{n\lambda_1} \frac{n}{m} \tau_{xx} \tag{8.33}$$

现在,

$$n\,\overline{u^3} = N_1 \int_{-\infty}^{\infty} u^3 f_1 \mathrm{d}c + N_2 \int_{-\infty}^{\infty} u^3 f_2 \mathrm{d}c$$

且

$$\int_{-\infty}^{\infty} u^3 f_1 \mathrm{d}c = \frac{\beta_1^3}{\pi^{3/2}} \int_{-\infty}^{\infty} \int_{-\infty}^{\infty} \int_{-\infty}^{\infty} \left[u_{01} + (u - u_{01}) \right]^3 \exp\{ -\beta_1^2 \left[(u - u_{01})^2 + v^2 \right.$$
$$\left. + w^2 \right] \} \mathrm{d}u \mathrm{d}v \mathrm{d}w = u_{01}(u_{01}^2 + 3RT)$$

对第二项可以得到类似的表达式, 利用式 (8.30) 有

$$n\,\overline{u^3} = N_1 u_{01}(u_{01}^2 + 3RT_1 - u_{02}^2 - 3RT_2) + n_1 u_{01}(u_{02}^2 + 3RT_2)$$

上游状态和下游状态之间的能量守恒要求:

$$u_{01}^2 + 5RT_1 = u_{02}^2 + 5RT_2$$

因此

$$\frac{\mathrm{d}}{\mathrm{d}x}(n\,\overline{u^3}) = \frac{2}{5} u_{01}(u_{01}^2 - u_{02}^2) \frac{\mathrm{d}N_1}{\mathrm{d}x} \tag{8.34}$$

另外, 由方程式 (1.26) 且注意到 τ_{xx} 关于 x 轴对称, 有

$$(n/m)\tau_{xx} = n^2(\overline{c'^2}/3 - \overline{u'^2}) = 2n^2(\overline{v'^2} - \overline{u'^2})/3$$

类似于从方程式 (1.29) 到方程式 (1.29a) 的推导, 即

$$\overline{u'^2} = \overline{u^2} - u_0^2$$

且 u^2 的均值可以以上述处理 u^3 的均值相同的方式赋值, 给出

$$\frac{n}{m}\tau_{xx} = 2n(nu_0^2 - N_1 u_{01}^2 - N_2 u_{02}^2)/3$$

利用方程式(8.29)~式(8.31),有

$$\frac{n}{m}\tau_{xx} = 2\{(N_1 u_{01} + N_2 u_{01})^2 - N_1(N_1 + N_2)u_{01}^2 - N_2(N_1 + n_2)u_{02}^2\}/3$$

$$= -2N_1 N_2 (u_{01} - u_{02})^2/3$$

N_2 可以再次通过方程式(8.31)消掉,得到

$$\frac{n}{m}\tau_{xx} = -\frac{2}{3}N_1(n_1 - N_1)\frac{u_{01}}{u_{02}}(u_{01} - u_{02})^2 \tag{8.35}$$

方程式(8.34)和式(8.35)代入方程式(8.33)得到下列 N_1/n_1 作为 x/λ_1 函数的微分方程为

$$\frac{\mathrm{d}}{\mathrm{d}(x/\lambda_1)}\left(\frac{N_1}{n_1}\right) = -\alpha\frac{N_1}{n_1}\left(1 - \frac{N_1}{n_1}\right) \tag{8.36}$$

其中,

$$\alpha = \frac{5}{3\pi^{\frac{1}{2}}}\frac{(2RT_1)^{1/2}}{u_{02}}\frac{u_{01} - u_{02}}{u_{01} + u_{02}} \tag{8.37}$$

方程式(8.36)的解为

$$N_1 = \frac{n_1}{1 + \exp\{\alpha(x/\lambda_1)\}} \tag{8.38}$$

将它和方程式(8.31)代入方程式(8.27),给出波内分布函数作为 x/λ_1 函数的表达式。满足方程式(8.28)的密度分布为

$$\frac{n - n_2}{n_1 - n_2} = \frac{N_1}{n_1} = \frac{1}{1 + \exp[\alpha(x/\lambda_1)]} \tag{8.39}$$

其他宏观量可以通过双峰分布对应的矩得到。

对于 Navier-Stokes 方程能充分描述的弱激波(激波马赫数小于1.6),Mott-Smith 解是不充分的。但是,12.11 节中将表明双峰分布对于非常强的激波是定性正确的,而且 Mott-Smith 方法对预测激波结构是相当成功的。当选择的分子模型与黏性系数相匹配时,激波厚度 L 能够预测得很好,但是真实波形不如理论

预测的那样对称。必须记住的是,强激波厚波的较好结果基于第四个矩方程中量 Q 选择为 u^2。它是通常的选择,但是并不存在严格的判据,而且 Rode 和 Tanenbaum(1967)及 Sather(1973)证明了该结果对它非常敏感。需要指出的是,在实验结果表明 $Q = u^2$ 合理的同时,有争论说(Desphande and Narasimha, 1969) u^3 的结果应该比 u^2 的结果好。

Muckenfuss(1962)将该方法拓展到其他逆幂律模型,使得匹配真实气体温度指数及黏性系数的真实值成为可能,同时提高了与测量值的一致性。已经发现,激波厚度与逆幂律模型中的指数 η 和激波马赫数 $(Ma)_s$ 通过式(8.40)关联

$$L/\lambda_1 \propto (Ma)_s^{4/(\eta-1)} \tag{8.40}$$

VHS 分子模型的判据是:分子模型的可观测效应与碰撞截面随相对速率的变化完全相关。激波结构问题中的显著碰撞是以下游温度 T_2 为特征相对速率发生的碰撞,激波前、后的温度比正比于 $(Ma)_s^2$,由方程式(3.61)和式(3.68)有

$$\frac{(\sigma_T)_2}{(\sigma_T)_1} \propto \left(\frac{T_2}{T_1}\right)^{-v} \propto (Ma)_s^{4/(\eta-1)} \tag{8.41}$$

因此,激波厚度随激波马赫数的增大与对应碰撞截面的减小完全一致。

矩方法已成功用于如冷凝和蒸发等其他一维定常问题。尽管该方法的一些应用结果与实验符合得相当好,但是由于该方法基于好几个任意选择,其解也不是唯一的。它们一方面与假设分布函数的形式有关;另一方面与矩方程中非守恒量的选择有关。即使对于相同问题,一套参数的最好选择对另一套参数不一定是最好的。此外,利用更复杂分布函数进而增大矩的数目,并不一定得到更一致的结果。矩方法也没有应用到二维和诸如绕球等定常过渡流区的轴对称问题。最主要的问题是,在这种流动中,分布函数的形式从一个位置到另一个位置发生显著变化。对于更复杂问题,形成适合的分布函数表达式的困难在于,它在速度空间中是三维的而不是轴对称的。最后,即使能找到可行的近似分布函数,但得到的方程可能比对应黏性连续流的 Navier-Stokes 方程更难求解。

8.3　模型方程

模型方程方法涉及玻尔兹曼方程本身形式的近似。正是玻尔兹曼方程右端

的碰撞项带来了最大的数学困难,而且它也是需要修正的项。最著名的模型方程是用 Bhafnagar、Gross 和 Krook(1954)命名的 BGK 方程,它可以写成

$$\frac{\partial}{\partial t}(nf) + \boldsymbol{c} \cdot \frac{\partial}{\partial r}(nf) + \boldsymbol{F}\frac{\partial}{\partial c}(nf) = n\nu(f_0 - f) \tag{8.42}$$

尽管参数 ν 一般认为是碰撞频率,其具有严格的函数依赖,即其正比于密度且依赖温度,但认为其与分子速度 $\boldsymbol{c}$ 无关。

当地麦克斯韦分布 f_0 的出现意味着,该方程依然是一个积分-微分方程。这是由于 f_0 是流速 $\boldsymbol{c}_0$ 和温度 T 的函数,而它们又要从 f 的积分得到。对 f_0 和 f 积分必须得到 $\boldsymbol{c}_0$ 和 T 的相同值,因此对守恒量求矩时碰撞项消失。这一条件确保 BGK 方程与守恒方程相容。

由方程式(8.42),不受外力的静止均匀气体的 BGK 方程为

$$\frac{\partial}{\partial t}f = \nu(f_0 - f)$$

很明显它在平衡时有正确解 $f = f_0$。 Chapman-Enskog 方法可用于该方程。它将守恒方程转化为 Navier-Stokes 方程的形式,尽管输运性质中的数值常数不对应任何认可的分子模型。BGK 方程显然可以给出正确的无碰撞或自由分子解,因为此时碰撞项的形式无关紧要。准确解跨越整个克努森数范围,而且得到或接近该范围极端的正确极限。然而,在过渡流区,近似碰撞项会导致不确定的误差。

方程式(8.42) 和式(3.20) 的比较表明,玻尔兹曼方程中的碰撞项的消耗分量 $-\int_{-\infty}^{\infty}\int_0^{4\pi}n^2ff_1c_r\sigma\mathrm{d}\Omega\mathrm{d}c_1$ 在 BGK 方程中由 $-n\nu f$ 取代。正确的速度依赖碰撞频率 $\nu(\boldsymbol{c})$ 由玻尔兹曼项直接给出为

$$\nu(\boldsymbol{c}) = n\int_{-\infty}^{\infty}\int_0^{4\pi}f_1c_1\sigma\mathrm{d}\Omega\mathrm{d}c_1 \tag{8.43}$$

只有物理不真实的麦克斯韦分子或 $\omega = 1$ 的 VHS 分子不依赖分子速度。BGK 方程中使用不依赖速度的 ν 是一个不合理的假设,但是至少消耗项的形式是正确的。代表生成碰撞的生成项分量不存在这样的说法,它可以写成 $n\nu f_0$,而且假设了在具有不依赖速度的碰撞频率的平衡气体中,通过散射进入 $\boldsymbol{c}$ 类的分子数目等于散射出该类的数目。

Liepmann 等(1962)将 BGK 方程应用于激波结构问题。对于一维定常流

动,方程式(8.42)成为

$$u \frac{\mathrm{d}}{\mathrm{d}x}(nf) = n\nu(f_0 - f) \tag{8.44}$$

它的积分给出下列积分方程:

$$nf = \int_{\mp\infty}^{x} \frac{n\nu f_0(x')}{u} \exp\left(-\int_{x'}^{x} \frac{\nu \mathrm{d}x''}{u}\right) \mathrm{d}x' \tag{8.45}$$

其中, x' 和 x'' 分别是虚拟变量且下限中的正负号对应的正负 u。 方程式(8.45)由 Liepmann 等(1962)数值求解,他们要求 f_0 的初值猜想。对于马赫数明显小于 2 的激波,其解与 Navier-Stokes 方程的解符合得很好,与实验也吻合得很好。对于非常强的激波,该方法得到高度对称的速度波形和密度波形,此时,上游区域较测量波形延伸了很多。BGK 方程在非常强的激波的上游区域失败的原因极可能是使用了不依赖 f 的碰撞频率。碰撞频率通过 BGK 方程的结果与 T 关联,但是由于该关系式基于近平衡理论,因而对于波前缘的高度非平衡区域是不充分的。

　　在涉及小扰动且边界条件由平衡分布描述的问题中,BGK 方程的内在假设不太可能导致有害的效果。此时,不管 Kn 的值为多大,分布函数与麦克斯韦形式偏差都很小。这将得到玻尔兹曼方程的线性化形式和 BGK 方程,对它们而言,模型方程在数学上的相对简单特性非常明显。另外,温度的变化引起碰撞截面的变化很小,分子模型的重要性不是那么突出。Cercignani(1969;1988)的绝大部分结论是针对 BGK 方程而不是针对完整玻尔兹曼方程。确实存在一些涉及小扰动且实际上重要的问题,正如 Cercignani(1991)指出的那样,它们一般涉及低马赫数且包括一系列环境问题。但是,对于涉及大扰动和复杂物理效应的非线性问题,分析解根本不存在,必须考虑数值方法。

参考文献

BHATNAGAR, P.L., GROSS, E. R and KROOK, M. (1954). Model for collision processes in gases, I. Small amplitude processes in charged and neutral one-component systems. *Phys. Rev.* 94, 511-524.

CERCIGNANI, C. (1969). *Mathematical methods in kinetic theory.* Plenum Press, New York.

CERCIGNANI, C. (1988). *The Boltzmann equation and its applications.* Springer, New York.

CERCIGNANI, C. (1991). *Mathematics and the Boltzmann equation.* In *Rarefied Gas Dynamics* (ed. A. E. Beylich), pp 3-13. VCH, Weinheim.

DESHPANDE. S. M. and NARASIMHA, R, (1969). The Boltzmann collision integrals for a combination of Maxwellians. *J. Fluid Mech.* 36, 545–554.

GRAD. H. (1949). On the kinetic theory of rarefied gases. *Commun. Pureappl. Math.* 2, 331–407.

SCHAAF. S. A. and CHAMBRE, RL. (1961). *Flow of rarefied gases.* Princeton University Press.

LIEPMANN, H. W, NARASIMHA, R., and CHAHINE, M. T (1962). Structure of a plane shock layer. *Phys. Fluids* 5, 1313–1344.

LIU. C. Y and LEES, L. (1961). *Kinetic theory description of plane compressible Couette flow.* In *Rarefied gas dynamics* (ed. L. Talbot), pp 391–428. Academic Press, New York.

MOTT-SMITH, H. M. (1951). The solution of the Boltzmann equation for a shock wave. *Phys. Rev.* 82, 885–892.

MUCKENFUSS, C. (1962). Some aspects of shock structure according to the bimodal model. *Phys. Fluids* 5, 1325–1336.

RODE, D. L. and TANENBAUM, B. S. (1967). Mort-Smith shock thickness using the ν_x^p method. *Phys. Fluids* 10, 1352–1354.

SATHER. N. R (1973). Approximate solutions of the Boltzmann equation for shock waves. *Phys. Fluids* 16, 2106–2109.

VINCENTI. W.G. and KRUGER, C. H. (1965). *Introduction to physical gas dynamics.* Wiley, New York.

YTREHUS. T (1994). Moment solutions in the kinetic theory of strong evaporation and condensation; Application in cometary dust-gas dynamics. *Prog. in Astro. and Aero.* 158, in press.

第9章

过渡区流动的数值方法

9.1 方法分类

如第8章所述,一方面,极少有"分析"方法得到封闭形式的解,而且最终结果的产生依赖数值途径。另一方面,"数值"方法从一开始就依赖计算。尽管玻尔兹曼方程是气体流动在分子层次上被接纳的数学模型,而且分析方法几乎无一例外地都基于这一方程,很大一部分数值方法是基于流动物理的直接模拟且不依赖数学模型。虽然可以用手段上的差异定义两类方法,但是如果试图将某些模拟方法与玻尔兹曼方程充分严格地联系起来,将使得模拟非常复杂,尽管它们的确是方程的"解"。此外,所有利用模拟粒子或分子的方法将被归为模拟方法。

模拟方法的一个普遍困难是它们并不唯一,某一特定方法中可能有很多变量,而且,对方法或者计算过程的修正,都可能改变相对优势甚至是方法的适用性。尽管方法的描述没有改变,同一方法由同一个人的不同成功应用,也可能使用相同的方案。反言之,对计算流程中常用变量的使用进行改变,就可以声称重新定义了一种不同名的新方法。这可能导致混淆且给"质量控制"带来困难。在所有数值方法受这些影响的同时,物理模拟方法受到如下事实的考验:它们不像求解方程的传统数值方法清晰地进行定义。这个问题受学术论文长度和内容限制的困扰,后者不容许方案背后理论的深入考究,只研究计算机程序的实际编程。而且,物理模拟随着更多物理效应的囊括变得更加准确,程序变得更加牢固,而且在"产品运行"之前的代码验证需要大量测试算例。

9.2 直接玻尔兹曼 CFD

玻尔兹曼方程最直接的数值方法是利用计算流体力学的传统方法。对于简单气体,速度分布函数是唯一的变量,可以通过其在相空间的离散点或微元,用有限差分形式或有限体积形式表征它的值。

一个主要困难是该表征必须用到大量的离散点或微元。对于只在一个空间方向具有梯度的定常一维流动问题,速度分布函数在速度空间中轴对称,在相空间中要用到三维数组。而且,速度空间是无界的,必须进行有界截断使得在它之外的分子比例可以忽略。这个问题在超声速或高温流动中特别严重,因为相对于气体整体具有很高速度的极小比例的分子会对宏观流动性质有显著的影响。对于二维流动,分布函数是三维的,在相空间中要求五维数组。如果流动是非定常的,则时间还应该作为另一个变量。如果每个维度用 100 个格点,用有限差分或有限元求解三维非定常流动的玻尔兹曼方程就要用到 10^{14} 个格点。在混合气体中,要对每个分子组分求解适当耦合的方程组。另外,与这些组分相关的内部模态进一步增加了相空间的有效维数。例如,化学反应或热辐射等物理效应给玻尔兹曼方程带来了不可逾越的障碍,这是因为其逆碰撞的定义存在困难。基于这些困难,玻尔兹曼方程的直接求解仅限于简单流动构型、单原子气体和中、低马赫数。即便如此,碰撞项赋值所需的大量计算仍存在问题。积分由离散近似求和得到,在相空间中的每个点,必须对所有速度空间点求和,而求和中的每项本身又是对碰撞的碰撞参数求和。直接求解用到的求和方法,可以减少与碰撞项有关的计算代价。

玻尔兹曼方程直接数值求解的第一个成功方法由 Nordsieck 和 Hicks(1967)以及 Yen(1970)的一系列文章引入。他们处理了一维定常流动问题,且对方程左端的"类流体"项用到了传统有限差分技术。蒙特卡罗取样技术用于减少与碰撞项有关的求和的计算代价。他们用到了定常流动方程,这需要分布函数在整个流场内的初始估计,而最终解由迭代方法得到。计算网格中点的数目取极小,而且碰撞由速度空间点间的替代表征,碰撞中的速度存在有效截断。这将导致迭代过程中逐步建立的系统误差。为确保误差在传统守恒定律有效的范围内,他们用到了方差极小化方法。除了与碰撞项有关的新问题,剩余项的有限差分方法还引入了网格依赖和稳定性等常见问题。尽管存在这些困难,但在一系列问题上仍然得到了令人满意的结果,其中,最值得一提的是正激波结构问题(Hicks et al,1972)。

玻尔兹曼 CFD 方法由 Tcheremissine(1973)拓展到二维定常流动。碰撞积分赋值的蒙特卡罗方法的替代由 Tcheremissine(1991)和 Tan 等(1989)提出并进行测试。这些方法试图通过聚焦速度分布函数于更加非平衡的部分,以此降低与碰撞项有关的计算代价。玻尔兹曼 CFD 方法的本质缺陷是需要对速度空间指定有界网格,这将导致全局计算代价和方法使用简洁性的问题。任何通过将位置依赖方法应用于速度空间来降低计算代价的努力,都使得该方法应用更困难。

9.3　确定性模拟

尽管是气体的粒子属性导致了与玻尔兹曼方程有关的数学困难,但它也允许通过发展基于物理的模拟方法来予以克服。直接模拟方法通过计算机中的大量仿真分子对真实气体进行模拟。这个数目从早期计算的数百到当今某些模拟的数以百万。位置坐标、速度分量和每个分子的内部状态都存储在计算机中,而且它们随着代表性碰撞和模拟空间中界面相互作用而随时改变。模拟中的时间参数可以与真实流动中的物理时间相同,而且所有计算都是非定常的。尽管定常流动可以作为非定常流动的长时间状态得到,但由于定常流动由物理上真实的非定常流动发展而来,所以边界条件也存在一些问题。没有必要对流场进行初值估计,也不存在人为迭代过程。

分子动力学(molecular dynamics,MD)方法(Alder and Wainwright,1957)是第一个物理模拟方法。尽管该方法在设置分子初始构型时要用到概率方法,但随后分子运动的计算以及碰撞和边界相互作用是确定性的。在截面叠加时发生碰撞,而且方法直接应用的计算时间正比于模拟分子数目的平方。该方法的一个主要困难是,给定分子大小、流场构型和气体密度,仿真分子数目不是一个自由参数。

较好表征流动中涉及的分子数目的参数,是一个平均自由程立方体内的分子数目。对于名义分子直径为 4×10^{-10} m 的情况,方程式(1.58)给出这一分子数目为

$$N_{\lambda} \equiv n\lambda^{3} = 3\,856\,(n_{0}/n)^{2} \tag{9.1}$$

其中，n_0 为标准数密度。如果考虑每个方向上延伸到 30 个平均自由程的三维流场的 MD 模拟，则标准密度下需要大约 10^8 个仿真分子。然而，对于密度为标准密度 100 倍的相同计算，其所需的仿真分子数目减少到 10^4。因此，真实分子直径的 MD 计算仅限于稠密气体，而且绝大部分 MD 应用属于这一类型。注意，玻尔兹曼方程限于稀疏气体，要求密度不大于标准密度的 2 倍。

在另一个极端情况下，典型稀薄气体动力学问题涉及的密度比为 10^{-6} 量级，方程式(9.1)表明此时所需的仿真分子数目为 10^{20}。如果 MD 方法用于低密度问题，则正确的平均自由程只能通过用少量大分子代替大量小分子的方法得到。这将导致由不正确状态方程、有偏差的碰撞参数及某些情况下在尖角和小口聚集或困住的分子而产生的误差。此类应用中最著名的是 Meiburg(1986)的工作，他将其应用于弦长为 75 个平均自由程的斜平板的二维非定常绕流，所需分子直径为 0.75 乘以平均自由程或平板弦长的 1%。MD 计算必须是三维的，Meiburg 的计算用到一个具有镜面反射边界的"薄片"。这一方法对于轴对称流动是不适用的，后者要求完全三维计算。应该注意的是，很多二维 MD 计算用到圆柱分子而不是球形分子，这将导致非物理的宏观性质。MD 方法经证实对稠密气体和液体(Allen and Tildesley,1987)的模拟是有价值的，对于稀疏气体则不适用。

9.4 概率性模拟方法

第一个概率性模拟方法由 Haviland 和 Lavin(1962)引入且称为**测试蒙特卡罗方法**。无碰撞流动的测试蒙特卡罗方法在 7.7 节中给出，在 7.7 节它作为处理涉及多次壁面反射复杂流动的逻辑方法。在过渡区，它必须处理分子间碰撞及分子-壁面相互作用，这只在已有整个流场的表征时才能实现。选择分布函数作为它的表征，且如有限差分方法所示，存于相空间的一系列位置中。该方法与有限差分方法有相同的缺陷，它要对整个流场中分布函数进行初始估计。计算大量具有假定分布的"测试粒子"轨迹，作为典型分子间碰撞的"目标"气体。然后用测试或入射分子的历史轨迹，构造更新的目标分布。持续这一过程，直至目标分布与入射分布没有差异。

测试粒子方法的替代是引入时间变量，且在计算机中同时跟踪大量仿真分子的轨迹。9.3 节中的第一段同样适用于这一方法，称为**直接模拟蒙特卡罗方法**，但是概率方法依赖稀疏气体假设。因此，MD 只限于稠密气流，DSMC 方法则只能用于稀疏气流。DSMC 方法最早用于均匀气体弛豫问题(Bird, 1963),在流动中的第一个应用是激波结构问题(Bird, 1965)。Hammersley 和 Handscomb (1964)指出,"蒙特卡罗方法由关注随机数实验的实验数学分支构成"。他们也将"直接模拟"用于概率性问题的建模,是蒙特卡罗方法的最简单形式。"直接模拟蒙特卡罗"一词是一个总称,包括但不限于过去引入的该方法的变形。

DSMC 的本质近似是对一小段时间或"步长"内的分子运动和分子间碰撞进行解耦。所有分子对应这个时间步长运动一段距离(包括边界作用的计算),然后计算这个时间段对应的代表性碰撞集。时间步长应该小于平均碰撞时间,而且只要满足这个条件,经验表明结果就不依赖其真实值。分子运动程序是普适的,将分子简单排序到网格和亚网格将使得所有碰撞发生在邻近网格内。选择代表性碰撞概率的程序是基于形成基本动理学理论的关系式,这一理论已经超过一个世纪。正因如此,该方法与包括玻尔兹曼方程的经典动理学理论具有相同的局限,最主要的限制是分子混沌的假设和稀疏气体的要求。DSMC 方法不适用稠密气体和长程相互作用占主导地位的强电离等离子体。

只在物理空间中要求网格或空间微元结构,而速度空间信息包含在仿真分子的位置和速度中。物理空间结构是使碰撞分子的选择和宏观流动性质的抽样更加容易。可利用物理空间中的对称性来减少网格结构的维数及每个分子需要存储的位置坐标数,但是碰撞总是作为三维现象处理。要注意的是,仿真分子的位置和速度连续分布、速度空间不受限制,而且质量守恒、动量守恒和能量守恒强制在计算机截断误差范围内。

微观边界条件是由各个分子的行为而不是由分布函数确定的,这使得将化学反应等复杂物理效应融入模拟容易一些。DSMC 方法使用正确物理尺寸的仿真分子,且它们的数目通过每个仿真分子代表一定量(F_N 个)真实分子以降低到可管理的层次。这一般是很大的数目,有时候可以利用其大小通过分布值而不是仿真分子的单一值来确定某些性质。在零时刻,宏观边界条件通常处理为均匀气体。流动以物理上真实的方式从初始状态随时间演化,而不是通过初始近似的迭代。所有过程都可以确定下来,计算时间直接正比于模拟分子数。DSMC 方法的计算效率远高于 MD 方法。

只要电场可以从理论分析或 DSMC 方法以外的计算得到,DSMC 方法就可用于弱电离的气体。由于电子数密度和离子数密度统计涨落引起的伪场一般比真实场还大,所以场的信息无法直接从模拟得到。当德拜距离很小时,可以通过将电子与离子一起运动而强迫避免电中性。例如,Sugimura 和 Vogenz(1975)研究,有限电场可以通过同步求解泊松方程(Bird,1986)得到。另外,波前的场可以用双极扩散的近似理论来估计。

9.5 离散方法

虽然格子气细胞自动机(Boon,1990)和类似方法具有比 DSMC 方法还高的计算效率,但是这是以损失物理真实性为代价的。事实上,这些方法更准确地说是给出气体相似物而不是气体模型。

格子气的名称来自物理空间离散成的规则点阵或节点,时间也离散成均匀步长,粒子速度限定在一个值或几个值。流体模拟的对称性要求平面或二维格子应该是三角形而不是正方形。每个节点的状态信息包含在一个字节量级字长。速度和时间步长使得粒子刚好运动到另一个节点,通常是一个相邻节点。节点之间的相互作用通过对这些字节每个比特的处理来实现。相互作用的规则已经发展起来,它们使得连续性方程和动量方程得到满足,而且系统作为整体表现出类流体行为。然而,它在建立温度时存在困难,能量方程并没有恰当定义,其气体性质也不与任何真实气体类似。Long 等(1987)定量比较了三角形格子模型得到的结果和实验数据及分析解。

Nodiga 等(1989)研究了基于正方形格子包括对角的九速度模型。它有三个速度,这样粒子在每个时间步长内要么静止,要么运动到相邻节点。它们能够定义克努森数,表现出意味着趋于平衡的玻尔兹曼 H 定理,而且演示了激波的产生。另外,尽管系统是可逆的,它在反向运动时对随机扰动非常敏感,但是系统表现出了很多非物理特征,而且无法定义足够精度的热力学使得模型用于真实气体预测。

平面格点的使用意味着气体及流动是二维的。三维格子已经发展起来,它们需要三个字节量级长度来描述每个节点。事实上,空闲节点和占据节点导致的内存需求是格子气模型的一个劣势。它在三维计算的情况下特别严重,而且与更真实的 DSMC 分子模型相比,其可能否定近似格子气模型的存储节省。

格子胞自动机有其自身合理性的研究领域,它们给出了涉及大量粒子群体性行为现象的视角。然而,当其用于气体流动时,其物理现实意义的层次使得其对工程研究用处不大。

离散坐标或**离散速度法**由 Broadwell(1964)引入并经 Gatignol(1970)推广。

速度空间的离散,使得玻尔兹曼方程可以由一系列非线性双曲型微分方程取代。这个集合中方程的数目等于离散速度点的个数,而且碰撞项涉及对所有速度点的二次求和。这个集合的求解是一个艰难的任务,其应用仅限于简单外形和简单模型。

一方面,在离散坐标法的某些应用中,离散速度点的个数如此之少,以至于该方法类似于格子气模型的分析形式。另一方面,DSMC 方法的某些形式用到了大量的离散速度(Goldstein et al,1989)。Gropengiesser 等(1991)引入了一种称为"有限点集"的方法,用到了物理空间和相空间的离散。直接模拟方法中连续分布、离散速度和分子位置的相对优势与劣势,将在第 10 章中讨论。

参考文献

ALLEN, M. P. and TILDESLEY, D. J. (1987). *Computer simulation of liquids*. Oxford University Press.

ALDER, B. J. and WAINWRIGHT, T. E. (1957). Studies in molecular dynamics. *J Chem. Phys*. 27, 1208-1209.

BIRD, G. A. (1963). Approach to translational equilibrium in a rigid sphere gas. *Phys. Fluids* 6, 1518-1519.

BIRD, G. A. (1965). *Shock wave structure in a rigid sphere gas*. In *Rarefied gas dynamics* (ed. J. H. de Leeuw), Vol. 1, pp. 216-222, Academic Press, New York.

BIRD, G. A. (1989). Computation of electron density in high altitude re-entry flows. *Am. Inst. Aero. and Astro*. Paper 1889-1882.

BOON, J. P (1980). *Lattice gas automata: a new approach to the simulation of complex flows*. In *Microscopic simulations of complex flows* (ed. M. Mareschal), pp. 25-45. Plenum Press, New York.

BROADWELL, J. E. (1964). Study of rarefied flow by the discrete velocity method. *J Fluid Mech*. 19. 401-414.

GATIGNOL, R. (1970). Theorie Cinětique d'un gaz a repartition discrebte de vitesses. *Z. Ftugwissenschaften* 18. 93-97.

GOLDSTEIN, D., STURTEVANT, B., and BROADWELL, J. E. (1989). Investigation of the motion of discrete-velocity gases. *Prog. in Astro. and Aero*. 118. 100-117.

GROPENGIESSER, F, NEUNZERT, H., STRUCKMEIER, J., and WIESEN, B. (1991). *Rarefied gas flow around a disc with different angles of attack*. In *Rarefied gas dynamics* (ed. A. E. Beylich), pp.546-553, VCH, Weinheim.

HAMMERSLEY, J. M. and HANDSCOMB, D. C. (1964). *Monte Carlo methods*. Wiley New York.

HAVILAND, J. K. and LAVIN, M. L. (1962). Applications of the Monte Carlo method to heat transfer in a rarefied gas. *Phys. Fluids* 5, 1399-1405.

HICKS, B. L., YEN, S-M, and REILLY, B. J. (1972). The internal structure of shock waves. *J*.

Fluid Mech. 53, 85-112.

LONG, L. N., COOPERSMITH, R. M., and MCLACHLAN, B. G. (1987). Cellular automatons applied to gas dynamics problems, *Am. Inst. of Aero. and Astro.*, Paper 87-1384.

MEIBURG, E. (1986). Comparison of the molecular dynamics method and the direct simulation technique for flows around simple geometries. *Phys. Fluids* 29, 3107-3113.

NADIGA, B. T., BROADWELL, J. E., and STURTEVANT, B. (1989). Study ofamultispeed cellular automaton. *Prog. in Astro. and Aero.* 118, 155-170.

NORDSSINK, A. and HICKS, B. L. (1967). *Monte Carlo evaluation of the Boltzmann collision integral.* In *Rarefied gas dynamics* (ed. C. L. Brundin), pp. 675-710, Academic Press. New York.

SUGIMURA, T and VOGENITZ, F. W. (1975). Monte Carlo simulation of ion collection by rocket-borne mass spectrometer. *J. Geophys. Res.* 80. 673-684.

TAN, Z., CHEN, Y. K, VARGHESE, P. L., and HOWELL, J. R. (1989). New numerical strategy to evaluate the collision integral of the Boltzmann equation. *Prog. in Astro. and Aero.* 118. 359-373.

TCHEREMISSINE, F.G. (1973). *Dokl. Akad. Nauk SSSR* 209. 811-814.

TCHEREMISSINE, F. G. (1991). *Fast solutions of the Boltzmann equation.* In *Rarefied gas dynamics* (ed. A. E. Beylich), pp.273-284, VCH, Weinheim.

YEN, S-M., (1970). Monte Carlo solutions of nonlinear Boltzmann equation for problems of heat transfer in rarefied gases. *Int. J. Heat Mass Transfer* 14. 1865-1869.

第 10 章

直接模拟相关的一般性问题

10.1　简介

　　本书的后续章节关注 DSMC 方法的具体方案,通过演示程序来实现,并通过程序的结果来验证和演示。推荐的 DSMC 方法的方案发展了相当一段时间,而且这个发展仍将继续。在模拟的多数方面存在替代方案,而且对于特定应用,最佳选择也存在争论。与方法直接相关的问题将在它们出现的章节处理。但是,对于大量与直接模拟方法相关的一般性问题,最好是在 DSMC 算法的陈述和实现之前加以讨论。

10.2　与玻尔兹曼方程的关系

　　玻尔兹曼方程诞生于 1872 年,此后 90 年中,流体力学所有领域的理论进展都基于相关方程的数学分析。电子计算机在 1960 年前后开始可用,而且它引入了不依赖流动传统数学模型而直接模拟物理流动的能力。然而,流体力学的传统数学使得模拟方法的接受存在困难。传统数学在某些时候依然强大,人们认为由玻尔兹曼方程给出的近似数学模型的数值解,远比对玻尔兹曼方程未做任何近似的物理模拟的结果更有意义。直接数值求解玻尔兹曼方程的方法已取得进展,但是很明显直接模拟的解更容易获得。模拟方法的相对优势随流动构型增大,而且在工程上感兴趣的多数情况下,直接模拟不存在实用的替代。尽管如此,模拟方法还是由于其物理(而不是数学的)根基持续受到批评。

　　作为这种批评的回应,可以指出的是,玻尔兹曼方程也并非"坚如磐石",它也是从非常接近 DSMC 方法背后的物理原因推导出的。如前所述,不仅玻尔兹曼方程和 DSMC 方法都要求分子混沌和稀疏气体假设,而且主要区别是 DSMC 方法不依赖逆碰撞的存在。已经证明了玻尔兹曼方程可以从 DSMC 方法推导出(Bird,1970),尽管这个推导基于已经废弃的碰撞抽样的“时间计数”方法,但新的方法更接近经典动理学理论。因此,DSMC 方法与玻尔兹曼方程本身具有同样牢固的根基。而且,由于不依赖逆碰撞,它可用于三体化学反应等复杂现象,而这对玻尔兹曼方程来说是不可能的。

正如玻尔兹曼方程的直接数值求解存在计算近似,DSMC 方法中也有计算近似。这些将在 10.5 节进行讨论,其主要与仿真分子的数目及空间与时间的有限离散有关。正是这些计算近似而不是实际模拟方案,引入了验证方法测试算例的需求。尽管这些测试算例处理特定流动构型,DSMC 方法是通用的。另外,在分子模型和边界作用中也存在物理近似。对于这些问题,在直接模拟环境中引入更复杂、更准确的模型,要比在正式玻尔兹曼方程求解中容易得多。

MD 方法最适合于接近临界点的稠密气体效应研究。玻尔兹曼方程对稠密气体无效,但是没有方程可取代它的位置。将直接模拟目标局限于玻尔兹曼方程的解属于过度限制。MD 方法比 DSMC 方法更容易被人接受,一个可能原因是稠密气体和液体在微观层次不存在可接受的数学模型;另一个可能原因是 MD 方法在很大程度上是确定性的。

考虑到 DSMC 方法的物理基础,存在性、唯一性和收敛性等在方程的传统数学分析中重要的问题,在很大程度上是无关紧要的。同时,如果能对该方法的所有方案构造一个分析表征,使得可以对其进行存在性、唯一性和收敛性的正式证明,就更容易为人所接受。遗憾的是,这种尝试的一个共同问题是,亚网格的使用等重要使用细节很难添加到分析模型中。对于某些限定条件的步骤,例如,当网格中只有一两个分子对碰撞时所采取的举措,带来了更大的困难。另外,DSMC 方法的某些概率性方面,如不受欢迎的随机游走效应的引入,带来了难以解决的困难。尽管它们可能出现在模拟中,但不出现在分析表述中。最后,化学反应和热辐射这些物理效应太过复杂,超出了任何分析描述的可能性。这种分析描述的任何要求,都是趋于抑制发展最优模拟方法的一个可回避的约束。

Nanbu(1980)引入了 DSMC 方法的一种变形,其由玻尔兹曼方程直接推导出来,而且其收敛性证明由 Babovsky 和 Illner(1989)给出。由于单分子速度分布函数是玻尔兹曼方程中唯一的因变量,Nanbu(1980)的方法只改变了碰撞涉及的两个分子中一个分子的速度。这与真实气体在物理上明显是不一致的,而且其明显劣势是,必须进行碰撞次数两倍的计算。更糟糕的是,每次碰撞中并不存在严格的动量守恒和能量守恒,它们只是在平均意义下守恒,而且每次碰撞中这些量都存在随机游走。随机游走将在 10.4 节展开讨论,它使得大扰动问题的结果质量变差,小扰动流动的结果无用。"有限点集法"(Gropengiesser et al, 1991)是 DSMC 方法的另一种变形,其声称直接与玻尔兹曼方程有关。仿真分子的位置和速度都截断到相空间中事先确定好的点。结果中的散射看起来比类似量级的 DSMC 方法的计算要高一些,最可能的解释是截断方法也会导致随机游走。

10.3　变量的正则化或量纲化

基本物理数据总是以有量纲的形式出现,但是实验结果一般都表述为无量纲形式。当无量纲参数可用于联系很多不同实验的数据时,后者特别受欢迎。在分析工作中,基本方程总是转化为无量纲的形式,这样结果自动是最通用的形式。DSMC 方法最早应用于基本流动而且使用不真实的硬球分子模型,这意味着其结果不能与实验值直接比较,但是可以很容易地用无量纲参数表述。其与实验值的比较可以通过匹配无量纲参数实现。对于稀薄气体流动,克努森数是最重要的参数,而且它是数据项中的一项。此时,存在强烈的需求来将其余数据表述为无量纲形式或正则形式。

一个因素是,早期阐述 DSMC 方法的程序(Bird,1976a)使用的是正则化变量,但是过去这些年很多问题逐渐凸显出来。其中,一个问题是,很多读者在理解正则化方案时,较其他 DSMC 方案存在更多困难。更糟糕的是,很多正则化方案给出了这一方法根基的错误印象。特别是,平均自由程由"截面"变量得到,而"截面"变量正比于仿真分子数目。类似于 MD 方法中的直径,基于这一变量的直径几乎总是比真实分子直径大很多数量级。这个大小在 DSMC 方法中并不重要,因为它仅用于在设定碰撞频率时考虑相对小数目的仿真分子。最好将每个仿真分子所代表的分子数目作为一个单独的参数,而在设置碰撞频率时用真实气体截面。另一个问题是,对于 VHS 分子或 VSS 分子组成的混合气体,不可能得到平均自由程封闭形式的表达式,此时正则化格外困难。另外,复杂流动可能涉及化学反应,此时正则化几乎是不可能的。

另一个因素是,现在的 DSMC 方法是在工程背景中或与实验同步进行的,现有的分子模型对于模拟结果足够实用,以至于可以直接与测量值比较。因此,最好将程序中的所有变量设置为有量纲的形式。如果要求无量纲结果,可以对结果进行正则化。这样简化了很多过程,如玻尔兹曼常量等物理常数在程序中显式出现。后续章节中的演示程序使用有量纲变量,全书用国际单位制。

10.4 统计散射和随机游走

用相对少量的仿真分子代表海量真实分子意味着,DSMC 方法的结果受一定程度的统计散射影响,即在多数应用中散射比真实气体中要大很多数量级。散射一般可假设满足泊松分布,标准差与样本容量平方根的倒数处于同一数量级。总的仿真分子数目通常使得与瞬时样本相关的散射层不可接受的大,而且需要累积样本。其结果通常基于定常流动的时间平均或非定常流动的系综平均。

重要的一点是物理空间的体积,只有在流场是三维时才完全确定。二维流动中的“带”宽和一维流动中的“截面面积”可以以任何方式指定。为方便起见,一般将它们设为单位值,而这通常会导致每个仿真分子将代表巨量的真实分子数目。但是,带宽或截面面积可以取为特别小的值,这样真实分子与仿真分子可以一一对应。此时的散射应该具有物理意义,而且这种情况已在一系列综述文章(Garcia,1990)中得到研究。最初的结果(Garcia,1986)表明,DSMC 方法完全复现平衡通量,而且在非平衡系统中测得的速度-密度静态相关函数峰值正比于温度梯度,这与理论及轻度散射实验吻合。后来的研究(Malek Mansour,1987)表明,温度涨落与关联方程的数值求解吻合得较好。Couette 流动模拟中的涨落也与涨落动力学理论的预测进行过比较(Garcia et al,1987),吻合得也很好。

可以利用仿真分子几乎总是代表大量真实分子这一事实,在物理上适当的情况下,对变量引入物理空间和速度空间均匀间距而不是随机间距。DSMC 方案实现过程中在处理分子的初始位置时通常用到这一点。Babovsky 等(1989)引入了一种称为“低偏差”的 DSMC 方法的变形,它将已知的均匀性用于所有过程中的分布。例如,在 VHS 分子的情况下,质心参考系中相对速度的碰后方向在空间中是均匀分布的。因此,对于特定时间步长内网格中的所有碰撞,这些方向应该在空间中尽可能地均匀分布。这种做法的一个选项是,用拟随机序列或低偏差序列代替完全随机序列(Kuipers and Niedeerriter,1976)。Morokoff 和

Caflisch(1991)证明了这些方法的收益很小,除非分布的瞬时样本大到可以提供该分布的合理表征。不幸的是,多数涉及分子速度的分布在速度空间中是多维的,而且每个时间步长内仅处理较小的样本容量。DSMC 方法还没有表现出系统性的方差减小。但是,7.7 节表明,相对于用于无碰撞流动的测试粒子蒙特卡罗方法,该方法在更大样本时可得到一定程度的方差减小。

如前所述,统计涨落随样本容量的平方根减小,而且可以通过重复模拟达到所需样本容量的数量级来实现所需的精度层次。抽样量逐步趋于其正确值的行为有时称为"收敛"。这种说法并不令人满意,因为统计涨落的逐步减小与传统 CFD 方法中经常提到的"收敛"是完全不同的过程。

在某些应用中,结果的散射并没有降到一定程度,反而随时间增长。研究发现,这种行为是由模拟方案允许一个变量或多个变量的随机游走产生的。随机游走的一个特征是,与平均位置或平均值的偏离随时间的平方根增大。这个偏离可能导致输出变量增大或减小,而且零交点之间的平均时间也随时间的平方根增长。

只要在任何模拟方案中一个分子量只是在平均意义上守恒而不是完全守恒就可能出现随机游走。分子量有位置坐标、速度分量和内能。"Nanbu 方案"引起的随机游走已在 10.2 节进行了讨论。基于**权重因子**的组分应用得到相似的随机游走。在处理示踪组分的时候已经用到了这种权重因子,如果每个仿真分子在每个组分中代表相同数量的真实分子,则示踪组分的代表分子将非常少。如果示踪分子中每个仿真分子相对于主要组分代表更少的真实分子,则示踪分子的样本就会增大,而且这种差异以权重因子体现。然而,在不同权重的分子之间发生的碰撞中,具有较大权重的组分的分子性质只在部分碰撞中发生变化。这样,在每个碰撞中,动量和能量并不严格守恒,它们只是在平均意义下守恒,而且从严格守恒的每个偏离都是这个量的一个随机游走。随机游走带来的偏差可能超过样本增大而导致示踪气体中散射的减少,此时不再推荐使用基于权重因子的组分。

在位置坐标或速度分量截断成离散值存于计算机时也会出现随机游走。这样做的目的是通过将坐标分量和速度分量"打包"成整数来减少内存需求。离散坐标法一般通过将碰撞速度限制到事先确定的满足动量守恒和能量守恒的离散值来回避这一问题。当考虑内能模态时,这是不可能的。当位置坐标截断到离散值时,似乎不存在任何回避随机游走的方式,即使存在海量的可利用点。

由于计算机变量操作和存储的精度有限,一定程度的截断不可避免。这意味着随机游走总是存在的,不管时间步长有多小,也不管逻辑上有多"准确"。这个效应可以通过监控由 1 000 个分子组成的均匀气体的 DSMC 方法模拟来考察。使用 32 Byte 的字长,在 50 000 000 次碰撞(每个分子 100 000 次)后,总能量的改变不超过 3/1 000。这意味着不可避免的随机游走在可接受的范围内。

不可避免的统计散射及其只依赖样本容量平方根的事实,一直是 DSMC 方法的主要问题。计算任务的大小意味着,在很多年里该方法被认为只适用于涉及大扰动的问题。例如,在涉及低、亚声速流速的问题中,当考虑分子速度分量的散射时,统计"噪声"可能比所需的"信号"大一个数量级。计算代价的降低意味着,现在至少可能对一维流动通过数以百万的时间平均或系综平均将散射降低到 1/1 000 以下。在瞬时抽样或模拟的初始阶段,弱的扰动可能完全淹没在散射中,但是只要方案排除随机游走,其长时间平均的建立就趋于正确值。

10.5 计算近似

与 DSMC 方法有关的计算近似有:仿真分子与真实分子之比、分子运动与碰撞解耦的时间步长及物理空间中有限网格和亚网格的尺寸。

第一个近似导致统计散射,如 10.4 节所述,但是似乎不存在这一比例的任何值使得涨落改变其属性或者变得不稳定。有可能定性地争论涨落在某些流场构型中是不稳定的,例如,考虑低密度超声速激波层的头波部分,密度中的涨落将导致该区域中分子与来流发生更多碰撞,而且正的涨落将会加强,但是,存在很多这一类流动的模拟而且涨落是稳定的。这是一个经验性的结果,而且最好有该稳定性的证明。当散射确实具有物理意义时,其与理论预测一致的事实给出了一些慰藉。

当最严重的统计问题出现在真实气体效应显著时,极少分子朝分布的极端运动。与真实分子相比,仿真分子数目太少,以至于分布的重要部分可能无法充分覆盖。这个问题一般在化学反应或热辐射中出现。后一种情况的一种求解是利用每个仿真分子代表大量真实分子这一事实,给每个仿真分子指定电子态的分布而不是一个单独状态。在所有已经模拟的流动中,唯一对仿真分子数目敏感的无反应流动(Bird,1976b),是锥形分子束撇渣器中的超声速流动,这是由于具有垂直于轴的高速分子撞击到锥内之后,可以产生大量相似分子反射回分子束中,超声速分子束退化到亚声速流动。模拟流动中崩溃的时间要比真实气体中长很多。要注意的是,它本质上是一种物理效应,尽管是假的,但可以由统计预测。

　　DSMC 方法模拟随时间步长和网格尺寸趋于零变得更加准确。需要指出的是,扰动应该以声速或激波速度传播,尽管网格尺寸与时间步长之比可能远小于这个比例。因此,没有类似于连续 CFD 方法中有限差分方法 Courant 条件的稳定性判据。在该方法发展的早期阶段(Bird,1976a),还有人关心这个比例的大小,这是由于选择潜在碰撞对的时候不考虑网格中分子的相对位置。人们担心的是,网格两侧分子碰巧发生碰撞后,这些分子立即迁移到邻近网格,引起伪扰动以等于网格尺寸与时间步长之比的速度传播。实际上,这个比例已经设置为声速或激波速度的很多倍,而且没有伪扰动的迹象。这可能是由于预测的扰动依赖偶然事件的持续性。如后面所述,在任何情况下,亚网格的使用明显地减小了这些效应的范围。

　　DSMC 方法最开始将网格内的分子看成真实气体在网格位置的代表。因此,如前所述,在选择潜在分子对时不考虑网格内分子的相对位置。Meiburg (1986)指出,如果网格内存在速度梯度,当与反向随机选择的参数耦合时,网格两端选择碰撞对会使由该分子碰前速度表征的系统梯度反向。这种特殊的反向情形是不大可能发生的,更准确地说碰撞会减少网格内的涡量。有人可能会说多数 CFD 方法不容许网格**内**的涡量,而涡量只能由不同网格**间**的梯度表示。在一定程度上,DSMC 方法保持网格内的涡量,是对多数 CFD 方法的一种改进。幸运的是,通过使所有碰撞发生在邻近亚网格的引入,它可以表现得更好。DSMC 方法包括一个最优效率的排序格式,使得指定网格内分子对的选取是未分类整理的分子数组。它已经拓展使得选取来自亚网格,后者由网格的极小剖分形成。亚网格的使用涉及可忽略的计算增量,而且已经表明 DSMC 方法给出旋涡流动的良好描述。事实上,原始的形式可以给出这种流动的良好结果,而 Meiburg (1986)的相反推论是基于比推荐尺寸大一个数量级的网格的计算。

　　网络的线性尺度应该小于尺度度量所在方向的宏观流动梯度。在宏观流动梯度很大的区域,这意味着网格尺寸应该在当地平均自由程的三分之一量级,而时间步长应该远小于当地平均碰撞时间。这些原则将在后续章节中的一些应用中受到严格考究。

　　另外,明显和敏感的误差都可能由不可避免的计算机算法所引起,这些“数字假象”将在附录 E 中进行讨论。

参考文献

BABOVSKY, H., GROPENGIESSER, F., NEUNZERT, H., STRUCKMEIER, J. and WIESEN, B. (1989). Low discrepancy method for the Boltzmann equation. *Prog. in Astro. and Aero.* 118, 85-99.

BABOVSKY, H. and ILLNER, R. (1989). A convergence proof for Nanbu's simulation method for the full Boltzmann equation. *SIAM J. Num. Anal.* 26, 45-65.

BIRD, G. A. (1976a). *Molecular gas dynamics.* Oxford University Press.

BIRD, G. A. (1976b). Transition regime behaviour of supersonic beam skimmers. *Phys. Fluids* 19, 1486-1491.

BIRD, G. A. (1970). Direct Simulation of the Boltzmann Equation. *Phys. Fluids*, 13. 2676-2681.

GARCIA, A. L. (1990). Hydrodynamic fluctuations and the direct simulation Monte Carlo method. In *Microscopic simulations of complex flows* (ed. M. Mareschal), pp. 177-188. Plenum Press, New York.

GARCIA. A. L. (1986). Nonequilibrium fluctuations studied by a rarefied gas simulation. *Phys. Rev. A* 34, 1454-1457.

GARCLA, A. L., MALEK MANSOUR, M., LIE, G. C., MARESCHAL, M., and CLEMENTI, E. (1987). Hydrodynamic fluctuations in a dilute gas under shear. *Phys. Rev. A* 36, 4348-4355.

GROPENGIESSER, F, NEUNZERT, H., STRUCKMEIER, J. and WIESEN, B. (1991). Rarefied gas flow around a disc with different angles of attack. In *Rarefied gas dynamics* (ed. A. E. Beylich), pp. 546-553, VCH, Weinheim.

KUIPERS, L. and NIEDERREITER, H. (1976). *Uniform distribution of sequences.* Wiley, New York.

MALEK MANSOUR, M., GARCIA, A. L., LIE, G. C. and CLEMENTI, E. (1987). Fluctuating hydrodynamics in a dilute gas. *Phys. Rev. Letters* 58, 874-877.

MEIBURG, E. (1986). Comparison of the Molecular Dynamics method and the direct simulation technique for flows around simple geometries. *Phys. Fluids* 29, 3107-3113.

MOROKOFF, W.J. and CAFLISCH, R. E. (1991). A quasi-Monte Carlo approach to particle simulation of the heat equation, UCLA Computational and Applied Mathematics Report 91-13.

NANBU. K. (1980). Direct simulation scheme derived from the Boltzmann equation. I. Multicomponent gases. *J. Phys. Soc. of Japan* 45, 2042-2049.

第 11 章

均匀气体中的 DSMC 方案

11.1　碰撞抽样方法

　　模拟代表性分子间碰撞的 DSMC 方案,可以用均匀或"零维"气体推导和较好演示。但是,为了使 DSMC 方案能在后续程序中作为子程序直接使用,均匀气体被划分为一维结构的网格和亚网格。这也在每个网格或亚网格内分子数目导致的任何效应测试方案中用到。建立正确碰撞频率的程序基于网格,而单个碰撞对从亚网格中选取。

　　均匀气体中,两个分子碰撞的概率正比于它们的相对速率 c_r 与碰撞截面 σ_T 的乘积。非平衡碰撞频率的方程式(1.11),可用于建立每个网格内在时间步长 Δt 内发生的碰撞次数 $N_c \Delta t$,而且这一数值可以计算得出。要对每个网格计算 c_r 与 σ_T 乘积的平均值并将其最大值记录下来。碰撞对依据接受-拒绝方法选取,且特定分子对的概率由 c_r 与 σ_T 乘积与其最大值之比确定。但是,该方案的计算时间正比于网格内总分子数的平方。

　　为得到直接正比于分子数的计算时间,Bird(1976)引入了"时间计数"或 TC 方法。它涉及代表性碰撞的计算,而且在每次碰撞中网格内时间参数推进对应碰撞的量。这个过程不断重复,直到网格时间赶上流动时间。这一过程具有最优的计算效率,而且已经从分析上证明了它得到了正确的非平衡碰撞频率。然而,在特别强激波前缘等高度非平衡的情况下,概率与时间上间隔的关联会带来问题。偶然接收的小碰撞概率的碰撞可能导致网格时间往前推进很长一段时间,以至于很多时间步长内不再有碰撞计算。研究人员提出了一系列替代格式(如 Koura(1986)),它们之中有些只涉及小的时间损失。但是,本书中使用的是一种称为 NTC 的方法(Bird,1986),它完全避免了 TC 方法的问题而不失计算效

率。它还有其他的优势,即碰撞选择对的数目在进入碰撞模块之前就已经确定,
而不是随着网格时间接近流动时间而在模块里面,这使得碰撞程序的向量化变
得容易。

考虑体积为 V_C 的一个 DSMC 网格,其中每个仿真分子代表 F_N 个真实分子。
两个仿真分子在 Δt 内发生碰撞的概率,等于它们总截面以相对速度扫过的体积
与网格体积之比,即

$$P = F_N \sigma_T c_r \Delta t / V_C \tag{11.1}$$

相对速率随着碰撞对的选择而改变,而且总碰撞截面一般是相对速率的函数,但
是方程式(11.1)中的其他量与这一选择无关。网格内真实分子的个数为 nV_C 且
平均仿真分子个数 $N = nV_C / F_N$,其中,n 是真实气体的数密度。完全碰撞集可以
通过选择网格里所有 $N(N-1)/2$ 碰撞对来计算,且通过概率 P 计算碰撞。该方
法已用于 DSMC 方法模拟,但是由于 P 一般是一个很小的量,而且其选择接近正
比于分子数的平方,效率不高。由于 F_N 是一个极大的数,选择对数应该是 $N^2/2$
且其误差对小的 N 值很显著。程序可以更高效一些,而且第二个困难可通过只
包括一定比例碰撞对来移除,所得碰撞概率由方程式(11.1)除以这一比例而增
大。最高效率在比例使得最大碰撞概率为 1 时得到。因此,该比例由

$$P_{max} = F_N (\sigma_T c_r)_{max} \Delta t / V_C \tag{11.2}$$

给出,而且每个时间步长内的选择对数由该方程乘以 $N^2/2$ 得到。然而,在多数
情况下,N 是一个涨落量,而且由于平方的均值与均值的平方不同,N^2 应该由瞬
时值与时间平均值或系综平均值的乘积取代。因此,NTC 方程使一个时间步长
内网格中的选择对数为

$$\frac{1}{2} N \overline{N} F_N (\sigma_T c_r)_{max} \Delta t / V_C \tag{11.3}$$

而且碰撞的概率为

$$\frac{\sigma_T c_r}{(\sigma_T c_r)_{max}} \tag{11.4}$$

要注意的是,如果通过 F_N 减半来实现 N 加倍,碰撞选择对数也将加倍,计数
时间对 N 是线性的。要对每个网格存储参数 $(\sigma_T c_r)_{max}$ 的值,而且最好对其设置
一个较大的合理初值,但是要准备抽样过程涉及更大值时其可以自动更新。注

意到,该参数在式(11.3)中是分子而在式(11.4)中是分母,碰撞概率不会受到参数准确值的影响。在统计散射的范围内,NTC 方法得到简单气体和混合气体中准确碰撞概率,不管其在平衡态或非平衡态。

在混合气体的情况下,方案不依赖组分且 NTC 方法最好用作单一组分的所有分子。然而,当分子质量相差很大时会出现现实问题,这是由于涉及轻分子的碰撞具有较大的相对速率,而且由于它们会用在 $(\sigma_{\mathrm{T}} c_{\mathrm{r}})_{\max}$ 中,较重分子的接受率要低一些且全局选择过程会低效。该方法可分别用于每个组分,且由方程式(11.3)和式(11.4)有组分 p 分子和组分 q 分子之间的碰撞满足

$$\frac{1}{2} N_p \overline{N_q} F_N \left[(\sigma_{\mathrm{T}} c_{\mathrm{r}})_{\max} \right]_{pq} \Delta t / V_{\mathrm{C}} \tag{11.5}$$

和

$$\frac{\sigma_{\mathrm{T}} c_{\mathrm{r}}}{\left\{ (\sigma_{\mathrm{T}} c_{\mathrm{r}})_{\max} \right\}_{pq}} \tag{11.6}$$

当存在大量组分时,将导致存储问题,必须对每个网格定义涉及总组分数双下标的变量。其解决办法是将分子分为不同的组,且认为 p 和 q 定义组分组而不是单一组分。

11.2　碰撞测试程序

附录给出了 DSMC0.FOR 的 FORTRAN 77 程序来测试均匀气体混合物中的 NTC 方案。每个网格中的仿真分子是评估碰撞格式表现的重要因子,尽管气体是均匀的,但它划分为一系列网格和亚网格。流场构型是一维的,在两个垂直于 x 轴的壁面上发生镜面反射。演示程序的总体结构由附录 G 中列出的程序 DSMC0S.FOR 给出。

由用户处理的变量只是 PARAMETER 中声明的那些,它们设置有下标的变量的维数,而子程序 DATA0 设置特定运行的数据。在程序中,设定数据的子程序总是作为最后一个子程序。主程序包括一个流动抽样之间 NIS 个时间步长的循环和一个重启文件 DSMC0.RES,以及输出文件 DSMC0.OUT 更新之间 NSP 次抽样之间的循环。程序在 NPT 次更新之后终止。除了这些循环,主程序还调用可在其他程序中使用的、尽可能标准化的子程序。

第一个子程序称为 INIT0,在程序要求继续或者进行新的计算时通过输入"1"来启动新的调用。该子程序设定物理常数且调用数据子程序。在这种情况下,数据仅限于独立组分,它们被转化为所有碰撞类更加全面的信息。流场划分为 MNC 个网格,每个网格的宽度为 CW 且被分成 NSC 个等宽的亚网格。最后设置气体初始状态的随机位置和速度分量。由于流动是一维的,所以对每个分子只存储 x 坐标。垂直于 x 轴的平面内所有位置都是等概率的。注意,三个速度分量都被存起来且碰撞作为三维事件计算。第二个子程序 SAMPI0 初始化抽样变量。

子程序 MOVE0 将分子运动对应于时间段 DTM 的距离。除了在壁面 $x = $ XF 和 $x = $ XR 处的镜面反射外,该过程是普适的。镜面反射将垂直于壁面的速度分量反向,而平行于壁面的速度分量保持不变。在 x_c 处撞击垂直于 x 轴的壁面且原本要运动到 x_c 以外的分子,最终位置由

$$x_c - x = x' - x_c$$

或

$$x = 2x_c - x' \tag{11.7}$$

给出。

子程序 INDEX 将分子按不同分组间、同一分组内的顺序用一维数组 IR 进行排序。最后,在网格内,它将分子按照亚网格顺序排列。这一排序过程用到多维链接列表且计算时间直接正比于总分子数目。交叉参考数组允许从相同组分组、相同或相邻亚网格中有效选择分子对作为可能碰撞对。

子程序 COLLM 中用 NTC 方法确定对应的碰撞集,包括选择代表性碰撞对的子程序 SELECT 和计算碰撞的子程序 ELASTIC。注释语句阐述了代码所依赖的方程。子程序 ELASTIC 中,质心参考系里相对速度碰后分量的选择需要进一步的讨论。在该参考系中,VSS 模型 c_r 的偏转角由方程式(2.36)给定,即

$$\cos(\chi/2) = (b/d)^{1/\alpha}$$

其中,直径 d 是两个分子间碰撞的有效直径。因此,

$$\cos\chi = 2\left[(b/d)^2\right]^{1/\alpha} - 1$$

而且碰撞参数 b 和 d 之比的平方在 0~1 均匀分布。这一分布是随机分数本身的分布,因此(偏转角)选择规则可写成

$$\cos\chi = 2R_{\mathrm{f}}^{1/\alpha} - 1 \qquad\qquad (11.8)$$

对于可变硬球模型，$\alpha = 1$ 且碰后相对速度所有方向概率相同。可以利用这一优势，用仰角 θ 代替方程式 (11.8) 中的 χ，从 $0 \sim 2\pi$ 均匀分布中选择方位角 ϕ。碰后相对速率的三个分量可用相对速率乘以 $\cos\theta$、$\sin\theta\cos\phi$ 和 $\sin\theta\sin\phi$ 得到。VSS 模型要求用方程式 (2.22) 的更复杂表达式来计算碰后相对速度分量。当散射参数 α 非常接近 1 时，VHS 方法应该可代替 VSS 方法。

按照以上解释，排序子程序 INDEX 和碰撞子程序 COLLM 由于引入了只在大质量差异气体混合物下需要的分子组而大大复杂化。除了使程序更难阅读外，该处理还将计算代价增大了几个百分点。然而，该程序只用于测试碰撞方案，目标是发展能处理 DSMC 所有应用的通用子程序。简单气体的简化方案由程序 DSMC0S.FOR 演示。

每个网格的流场性质由子程序 SAMPLE0 抽样，而输出文件 DSMC1.OUT 由子程序 OUT0 更新。后一个子程序用到了一些前面章节中给出的宏观性质的定义。变量使用双精度以防止总碰撞次数超出单精度数的极限 (参考附录 E)。排序和碰撞选择方案的操作运行，通过对碰撞中分子的平均分离的抽样来测试。当每个亚网格中平均 2.5 个分子且所有分子组分都在同一组时，平均分离稍低于亚网格宽度的 40%，这意味着抽样碰撞位于最邻近的理想碰撞。另外，考察了方程式 (11.4) 中的碰撞对接受率。相对速率与碰撞截面乘积的最大值初始设置为这些组分最常用组合的参考截面与 300 m/s 的乘积，后者近似于这些分子在初始温度下的最概然速率。对于下一段描述的测试情况，最开始的接受率约为 55%，随着最大值随小概率、具有极大相对速率的碰撞而增大时，其衰减到 45% 左右。如同 11.1 节解释的那样，只要最大值是合理的，碰撞频率就是正确的，而且它不会受最大值缓慢增大的影响。

如前所述，影响数组维数的数据在 PARAMETER 声明中设定。测试算例用到了 1 000 个分子 (MNM = 1 000)、50 个网格 (MNC = 50)。每个网格有 8 个亚网格 (MNSC = 400)、五个组分 (MNSP = 5) 及一个分组 (MNSG = 1)，其余的参数在子程序 DATA0 中设置。初始气体的粒子数密度为 10^{20} m^{-3}，温度为 300 K。分子组分占比从最普遍组分的 0.6 到最不普遍组分的 0.02。流场沿着 x 轴从原点延展到 $x = 1$ m，且假定其截面为 1 m^2。为得到 1 000 个分子，每个仿真分子所代表的真实分子个数设置为 10^{17}。典型的分子速度分量为 200 m/s，时间步长为 0.000 025，得到 x 方向 0.005 m 的典型位移。这是网格宽度的 25%，将这个值选为时间步长。流动每 4 个时间步长抽样一次(这应该导致成功抽样间的很小相关度)且文件每 40 次抽样更新一次。程序在 500 次文件更新之后停止。由于这仅是一个测试程序,所以分子直径和质量设置为真实气体对应量级的名义值。另外,数据子程序中应该设置的很多分子性质,在初始化子程序中设置为常用值。将所有相互作用的黏性系数温度指数设为 0.75,且通过将散射参数设为 1 来选择可变硬球模型。

由于本测试算例中 1 000 个仿真分子的相对较小样本及每个分子初始速度分量独立设置,全局气体温度不同于名义值。全局气体温度与名义值 300 K 差 1~2℃。另外,尽管气体名义上是静止的,但散射会导致其有有限速度。对于这一样本,单个速度分量位于 10 m/s 量级。

通过变量 NCOL 计数的总碰撞次数为 17 214 867 次,而且每碰撞一次双下标变量 COL 对应的值往前推进 1。DSMC0.FOR 一次运行之后,NCOL 的终态如表 11.1 所示。

表 11.1 碰撞样本大小

组 分	1	2	3	4	5
1	17 590 774	6 923 654	3 101 569	2 769 354	712 407
2	6 923 654	2 683 570	122 127	1 053 081	277 859
3	3 101 569	122 127	504 620	430 004	125 206
4	2 769 354	1 053 081	430 004	357 630	107 509
5	712 407	277 859	125 206	107 509	27 600

表 11.2 给出了抽样碰撞频率与平衡混合气体的准确分析结果方程式(4.78)的对比。除了示踪组分(组分 5)之间的碰撞频率以外,碰撞频率与理论值符合得非常好。5-5 碰撞次数低了大约 5 个标准差,偏离比较明显。每个亚网格中的平均分子数为 2.5,如果考虑一个亚网格包含一个组分 5 分子,则亚网格中存在另一个组分 5 分子的概率低于 1/30。考虑到示踪分子的不利统计及潜在碰撞对选择中忽略分子组分的事实,该结果相当好。

表 11.2 碰撞频率与理论值之比

组 分	1	2	3	4	5
1	0.999 384	1.000 546	1.001 161	1.000 897	0.997 228
2	1.000 546	0.996 645	1.002 060	1.001 812	1.001 123

（续表）

组　分	1	2	3	4	5
3	1.001 161	1.002 060	0.993 330	0.997 551	1.004 228
4	1.000 897	1.001 812	0.997 551	0.983 847	1.003 631
5	0.997 228	1.001 123	1.004 228	1.003 631	0.966 407

重复运行，将每个组分作为单独一个组。25 类碰撞中的任何一个在碰撞对选择和碰撞频率建立上分别处理。碰撞频率的结果如表 11.3 所示，现在 5-5 碰撞频率与理论值符合得很好。然而，由于现在指定了碰撞对的组分，所以选择通常被强迫到亚网格之外，此时碰撞对间的平均距离从 0.000 98 增大到 0.002 47，约等于亚网格宽度。这个增大是不被希望的，而且通常更宁愿接受示踪组分自身碰撞的稍低碰撞频率。

表 11.3　每个组分形成一个独立组时碰撞频率与理论值之比

组　分	1	2	3	4	5
1	1.001 099	1.000 952	1.000 459	1.001 607	1.001 462
2	1.000 952	1.002 584	0.999 471	0.999 052	0.997 745
3	1.000 459	0.999 471	1.004 441	0.998 531	0.996 351
4	1.001 607	0.999 052	0.998 531	1.002 897	0.993 467
5	1.001 462	0.997 745	0.996 351	0.993 467	1.004 225

尽管碰撞对的接受率更高一些，但将每个组分指定为一个独立碰撞组会导致计算时间的增大。这一接受率最关注的是，相对速率与碰撞截面的乘积的最大值 $(\sigma_\mathrm{T} c_\mathrm{r})_{\max}$，在长时间运行中会增大到选择过程变得非常低效的程度。因此，对于所有分子在同一组中的情况，对该乘积的均值在所有网格内进行抽样，任何网格中的最大值和最小值都记录下来，其结果如图 11.1 所示。该乘积的初始值设为过低的值，即 1.155×10^{-16} m^3/s，但其在最开始的几次碰撞中就增加到允许正确碰撞频率建立的值。这一测试的重要结论是，即使在长时间运行中，稀有的极快碰撞不会将 $(\sigma_\mathrm{T} c_\mathrm{r})_{\max}$ 增大到使选择过程变得非常低效的程度。如果定常流场中 $(\sigma_\mathrm{T} c_\mathrm{r})_{\max}$ 的值每百万次成功碰撞重置一次，则碰撞频率不会受到影响且程序将稍微高效一点。演示程序并没有这么做，但是建议碰撞对选择接受率应该包括在输出中且对其进行监控。

除检查每个网格中的粒子数等计算参数在推荐值时程序是否给出满意结果外，还应该研究这些参数取值不合理时模拟失效的方式。可将先前测试算例中

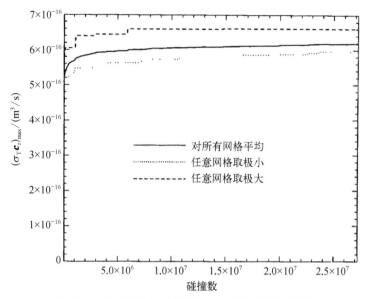

图 11.1   相对速率与碰撞截面乘积最大值的抽样值

的 FNUM 增大 10 倍并重新运行,这样仿真分子数减少到 100。此时,每个网格中的平均分子数只有 2,而且每四个亚网格中只有一个分子。对于所有组分在一个组的情形,表 11.4 表明示踪分子间 5-5 碰撞频率的误差非常明显,而且其他组分与较稀有组分之间的碰撞频率也存在矛盾。碰撞对之间的平均分离距离增大到 0.004 74 m,这比每个网格中有足够多分子数的情形要糟糕 5 倍。

表 11.4   每个网格只有两个分子且所有组分在同一组时碰撞频率与理论值之比

组　分	1	2	3	4	5
1	0.997 301	1.016 905	1.036 046	1.043 018	1.019 806
2	1.016 905	0.968 886	1.033 997	1.046 500	1.021 853
3	1.036 046	1.033 997	0.952 629	1.062 859	1.053 332
4	1.043 018	1.062 859	1.062 859	0.936 944	1.071 641
5	1.019 806	1.071 641	1.053 332	1.071 641	0.503 295

当所有组分独立分组时,表 11.5 表明所有碰撞频率都比理论值高 2~3 个百分点。碰撞对的平均间距增大到 0.006 14 m。分子组可用于获取示踪分子间更准确的碰撞频率,但这是以增大碰撞分子对之间的分离为代价的,而这在每个网格及亚网格中平均分子数目满足最小推荐值时并不是必需的。

表 11.5 每个网格只有两个分子且所有组分在独立分组时碰撞频率与理论值之比

组 分	1	2	3	4	5
1	1.025 179	1.025 466	1.025 064	1.025 147	1.028 721
2	1.025 466	1.034 196	1.022 251	1.022 258	1.029 195
3	1.025 064	1.022 251	1.030 747	1.021 415	1.022 737
4	1.025 147	1.022 258	1.021 415	1.025 757	1.022 754
5	1.028 721	1.029 195	1.022 737	1.022 754	1.018 747

为演示应该用分子组的条件,计算由分子数目分别占 10% 的氦气和 90% 的氙气组成的混合气体。全局数密度、温度、仿真分子数、网格数及亚网格数与测试算例完全相同。对于一个分子组,碰撞对的全局接受率为 26%,但每个组分认为是一个组使其增大到 46%。这使得计算时间减少 25%,而碰撞对之间的平均间距增大 60%。像这样的大质量比相当少见,而且即使计算时间上的减少很明显,在标准 DSMC 程序中包含多个分子组的情况也是少有的。但是它们在电子出现时确实变得重要,而且这是临界考虑。

如前所述,考虑简单气体而不是混合气体时,是否有其他途径和程序是存在争论的。现在用 DSMC0.FOR 简单气体的版本来评估混合代码用于简单气体时的额外代价。该程序在附录 G 中以 DSMC0S.FOR 给出。对于子程序 DATA0S 中的数据,在运行对应数据时,简单气体程序比混合气体程序只快 11%。计算时间的比较可能依赖编译器,特别是对分子组分可以通过优化编译移除冗余循环的情形。但是该结果表明,不值得对简单气体和混合气体使用不同程序,余下的程序将针对更通用的情况。

DSMC0S 中 VSS 散射指数的值为 1.0 ~ 1.5。使用 VSS 而不是 VHS,计算时间的增大为 12%,比运行更通用混合程序引起的增大稍微大一点。在 NTC 碰撞方案中,这一简单气体算例的碰撞对接受率约为 55%。

相对于混合气体更通用的 DSMC0.FOR,DSMC 方案在源代码层次上用简单气体实现 DSMC0S.FOR 更容易理解。

11.3 转动弛豫和平衡

程序 DSMC0R.FOR 是程序 DSMC0.FOR 的拓展,其在双原子或多原子转动能选择中引入了 Larsen-Borgnakke 模型的实现。

分子 N 的转动能存储在 $PR(N)$ 中,这个变量构成了 COMMON/MOLSR/。名为 COMMON/GASR/ 的变量包含每个组分的转动自由度和弛豫时间的信息。对于转动弛豫率随相对速度或宏观温度的变化没有可靠且通用的理论,这里规定转动碰撞次数是温度的二阶多项式。

子程序 DATA0R 中的主要测试数据是简单双原子气体,其转动碰撞次数为常数 5。仿真分子个数为 100 000 且只有一个网格和亚网格。初始时刻,气体的平动能温度设为 500 K 而转动温度设为 0 K。时间步长设为平均碰撞时间的大约 1/2,且流场在每个时间步长抽样一次并输出结果。假设气体在 100 个时间步长或每个分子碰撞 50 次之后达到平衡。在这个弛豫阶段,样本在每个时间步长设置为 0。宏观性质代表瞬时抽样,温度的时间历史发送到文件 RELAX.OUT 中。在稳态或平衡态建立以后,宏观性质的抽样用时间平均。

Larsen-Borgnakke 计算在子程序 INELB 中,且在 SELECT 和 ELASTIC 子程序之间被碰撞子程序调用。第一步是确定是否需要调整一个分子或两个分子的转动能。一个分子的转动能发生变化的概率等于弛豫碰撞次数 Λ 的倒数。这样,如果认为分子 L 的转动能是"非弹性的"且要发生变化,就将指示器 IRL 设置为 0,而如果它是"弹性的"且不发生变化,就将指示器 IRL 设置为 1。分子 M 的指示器 IRM 以相同方式设置。变量 ECC 设为要被分配的总能量,称为能量的 Larsen-Borgnakke 重分配中的"可利用能"。两个分子上的这一循环,将 XIB 设置为参与再分配(对应 5.5 节中的参数 Ξ)的总模态数(平动和转动)。

只要 IRL 等于 1 就先选分子 L 的转动能;然后,如果 IRM 等于 1 就选择分子 M 的转动能。在每个选择中,对应于这一选择的模态从 XIB 中抽取,因此这个参数对应于 Larsen-Borgnakke 方法中的 Ξ_b。新转动能与 ECC 之比设置为变量 ERM,通过两个内自由度的方程式(5.46)或三个内自由度的子程序 LBS。子程序 LBS 中的选择基于方程式(5.43)的通用 Larsen-Borgnakke 分布。E_a 与 E_b 之和为可利用能且记为 E_c。因此,E_a 特定值与其最大值之比可写为

$$\frac{P}{P_{\max}} = \left[\frac{\Xi_a + \Xi_b - 2}{\Xi_a - 1} \left(\frac{E_a}{E_c} \right) \right]^{\Xi_a - 1} \left[\frac{\Xi_a + \Xi_b - 2}{\Xi_b - 1} \left(1 - \frac{E_a}{E_c} \right) \right]^{\Xi_b - 1}$$

$$(11.9)$$

变量 XIA 和 XIB 分别代表 Ξ_a 和 Ξ_b。选择基于接受-拒绝方法,子程序在 Ξ_a 和 Ξ_b 其中一个或都等于 1 时,区别为通用表达式或简化表达式。

在两个分子都要选择的情况下,可利用能在分子 L 的新转动能被选择之后减小。但是,初始可利用能或总可利用能对于分子 L 和分子 M 是平等可获取的,这是由于分子 L 的新转动能可能是 0,而其初始转动能已经包含在 ECC 中。如果总可利用能先在平动能和内能之间分配,然后内能在不同分子之间分配,则最终的结果是相同的。前面用到了单一内部模态的选取,这是由于在后面建立的量化变形方法中必须用到该方法。

拓展抽样途径包括转动能,输出则包含混合气体和每个分子组分的转动温度。由式(1.31)有组分 p 的转动温度为

$$T_{\text{rot},p} = (2/k)(\overline{\varepsilon_{\text{rot},p}/\zeta_p}) \tag{11.10}$$

其中,ε_{rot} 为单个分子的转动能。混合气体的转动温度定义为

$$T_{\text{rot}} = (2/k)(\overline{\varepsilon_{\text{rot}}}/\bar{\zeta}) \tag{11.11}$$

而全局温度由式(1.32)定义为

$$T = (3T_{\text{tr}} + \bar{\zeta}T_{\text{rot}})/(3 + \bar{\zeta}) \tag{11.12}$$

分子速度和转动能的分布函数也被抽样且输出到 DSMC0R.OUT 中。

将方程式(11.12)应用于主测试算例,给出一个名义温度 300 K。给定样本容量为 100 000,实际全局温度为 299.736 K。对约 1/2 个平均分子碰撞时间的区间进行抽样,然后从 50 ~ 500 个平均碰撞时间作时间平均,得到的转动温度为 299.700 K 且平动能温度为 299.760 K。样本容量为 90 000 000 且偏差为 0.000 1。这对应约一个标准差,表明方案会导致均分。这种大小的样本容量要求 32 位机器上的双精度。

近似弛豫方程式(5.68)在 5.7 节用本质上宏观的观点进行了推导,用到了气体的内部温度和平衡(或全局)温度且没有考虑仿真分子的有限样本。在转动能选择中,当一个分子被接收时,能量从总碰撞能中选取,其平均值在整个计算中与全局温度有关。在静止气体的这个绝热过程中全局温度是常数,而弛豫方程的另一个近似可以从 Larsen-Borgnakke 选择过程推导出来。从微观观点来看,弛豫可以看成所有分子由转动调整选取之后向平衡转化的过程。选择中被接收了**一次或多次**的分子比例 F_s 的平均能量正比于全局温度或平衡温度 T,而没有被接收的分子比例 F_u 的平均能量正比于初始转动温度 $T_{\text{rot},0}$。因此,转动

温度可以写成

$$T_{rot} = F_s T + F_u T_{rot, 0} \tag{11.13}$$

经过时间 t 之后,总分子数 N 中被选择的次数等于 $N\nu\Lambda t$, 其中, ν 是每个分子的碰撞频率; Λ 是转动中非弹性碰撞所占的比例。对未选择部分运用概率理论的标准结果且注意到总比例之和为 1,方程式(11.13)可写为

$$T_{rot} = T - (T - T_{rot, 0})(1 - 1/N)^{N\nu\Lambda t} \tag{11.14}$$

对于 $N \gg 1$ 及 $N\nu\Lambda t \gg 1$, 方程式(11.14)可近似为

$$T_{rot} = T - (T - T_{rot, 0})\exp(-\nu\Lambda t) \tag{11.15}$$

这与方程式(5.64)一致。

对于主测试算例, $T = 300$、$\Lambda = 1/5$ 且 $T_{rot, 0} = 0$, 转动温度的预测值为

$$T_{rot} = 300[1 - \exp(-\nu t/5)] \tag{11.16}$$

而平动能温度可类似地给定为

$$T_{tr} = 300 + 200\exp(-\nu t/5) \tag{11.17}$$

图 11.2 比较了弛豫过程的 DSMC 结果和方程式(11.16)及式(11.17)的预

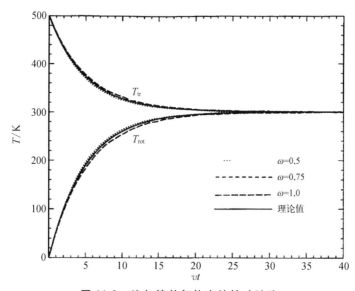

图 11.2　均匀简单气体中的转动弛豫

测。理论是近似的,弛豫过程对温度黏性指数与更准确的方程式(5.70)一致。$\omega = 0.75$ 和 $Z_r = 5$ 的 DSMC 结果与简单近似解几乎完全一致是偶然的。图 11.2 验证了子程序 INELR 编制的 Larsen-Borgnakke 弛豫在表达为"碰撞时间尺度"时是一个指数过程。而且,弛豫数由 Larsen-Borgnakke 模型中非弹性碰撞所占比例的倒数近似给出。应该注意的是,图 11.2 中的横坐标基于每个分子的抽样碰撞频率。它只在 $\omega = 1$ 的麦克斯韦情况下是线性的,因为此时碰撞频率不依赖碰撞对之间的相对速度。另外,碰撞频率在 $\omega = 0.75$ 及硬球情况下存在差异。在应用测得弛豫时间来模拟真实气体时会导致问题。如果测得或"手册"值声明是"碰撞次数",它本质上是确定如何建立碰撞频率。存在因子为 2 的可能性,仅仅是由于引用的弛豫碰撞次数是基于 **碰撞事件** 而不是基于 **每个分子的碰撞**。在任何情况下,所引用的碰撞频率几乎肯定是基于不现实的硬球模型。可以进行修正,但是在弛豫率依赖温度的情况下,这一速率系数对温度的依赖必须与任何非麦克斯韦模型中出现的碰撞频率对温度的依赖一致。VHS 模型和VSS 模型具有明确的截面,而该问题对于涉及任意截断的如逆幂律模型更加严峻。

弛豫率其他定义的存在,导致情况更加复杂。前面的讨论用到了基于温度与平衡值 T_e 的偏离的传统定义式(5.67)。此时,内能给定为

$$dT_i/dt = (T_e - T_i)/\tau \tag{11.18}$$

其中,τ 是弛豫时间。Lumpkin 等(1991)用到了一个类似的定义,但是用转动温度代替平衡温度,即

$$dT_i/dt = (T_{tr} - T_i)/\tau_a \tag{11.19}$$

其中,τ_a 是替代弛豫时间。这个定义经常是以能量而不是以温度的形式表述,在平衡条件未知时的连续流研究中用到。此时,平动能是热浴的特征,弛豫时间是压强和温度的函数。Vincenti 和 Kruger(1965)注意到这在严格意义上并不是一个弛豫过程且称 τ_a 为 **局部弛豫时间**。当方程式(11.19)可用且 T_i 基于两个内自由度时,方程式(11.18)和式(11.19)的解是相似的,而且替代弛豫时间与传统弛豫时间由式(11.20)关联,

$$\tau = 3\tau_a/5 \tag{11.20}$$

一方面,除了在弛豫时间定义上的区别外,Lumpkin 等(1991)的结果与程

序 DSMC0R 的结果有些差异,这是由于其在编程细节上存在并不明显的区别。在子程序 INELR 中,Larsen–Borgnakke 模型用于"单个分子",其基础是在能量重新分配时每个分子按概率 Λ 依次考虑。另一方面,Lumpkin 等(1991)将该概率用于碰撞对;而且,如果碰撞对被接受,能量再分配用于两个分子。导致弛豫率上区别的原因,可从推出方程式(11.17)的理论看出。只要涉及平动模态和转动模态的多数碰撞使得再分配只作用到一个分子上,较高比例的再分配就会涉及先前再分配中不涉及的分子。如果碰撞对中的两个分子总是选作再分配,输运会低效一些,而且程序会进行临时修改来实现"碰撞对"选项。

任何一个方案均可用于对给定弛豫率建模,但是图 11.3 表明要用到不同的 Λ 值。程序用数组 SPR 表征每个组分的转动弛豫概率随碰撞对象所属组分的变化,但它只能在采用"单分子"选项时实现。这个例子表明,在期刊文章中通常并不描述的方案细节可能导致结果的明显区别和相应的混淆。这种情况提供了 DSMC 方案中不充分描述导致困难的警示。每部分都不清楚替代方案的存在,更不用说用到了哪个方案。

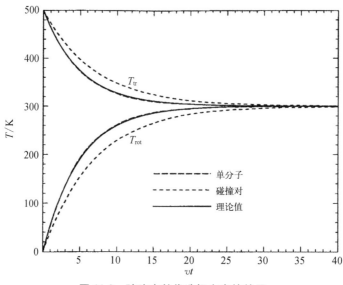

图 11.3　弛豫率替代选择方案的效果

上述讨论和第 5 章的理论都表明,弛豫碰撞次数倾向于基于弛豫时间 τ。然而,测得的 Z 值通常基于当地弛豫时间 τ_a,而且其必须在 Larsen–Borgnakke 非弹性占比作为传统近似设置为 $1/Z$ 之前做出调整。

子程序 INELR 以分层形式实现 Larsen-Borgnakke 方案。其首先在平动分量和转动分量间分配能量,此时两个分子都参与再分配,其次在分子间分配转动能。图 11.3 对应的"单分子"结果由替代子程序 INELRS 得到,它也包括在 DSMC0R 中,实现了 5.5 节描述的串联再分配。最后每个分子依次考虑再分配,一旦被接受,分配到第二的转动能是被第一次再分配修正过的。5.5 节表明其导致均分,而且图 11.3 验证了它不影响弛豫率。理论结果再次基于式(11.16)和式(11.17)。

分子速率和转动能分布函数在 400 个点输出到文件 DSMC0R.OUT 中。速率分布的结果在图 11.4 中与理论分布的方程式(4.6)比较。尽管在高速尾部存在小样本导致的散射,但很明显碰撞方案不会导致对麦克斯韦分布的歪变。为将转动能分布与平衡分布比较,方程式(5.15)中的常数必须由正则化条件(0~1 的积分为 1)来赋值,其结果为

$$f_{\varepsilon_r} = \frac{1}{\Gamma\left(\frac{1}{2}\zeta_r\right) kT} \left(\frac{\varepsilon_r}{kT}\right)^{\frac{1}{2}\zeta_r - 1} \exp\left(-\frac{\varepsilon_r}{kT}\right) \quad (11.21)$$

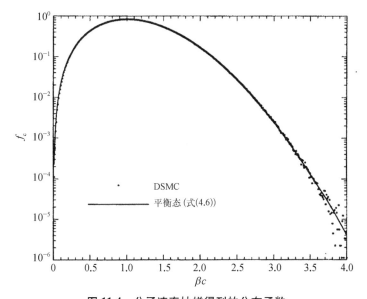

图 11.4　分子速率抽样得到的分布函数

对于两个转动自由度的特殊情况,最大概率出现在零转动能的时候,而且概率是一个简单的指数函数。该结果与单一内部模态能级的玻尔兹曼

分布一致。主测算算例涉及两个转动自由度的气体,抽样所得的分布在图 11.5 中与方程式(11.21)中的预测比较。由图 11.5 可知,它们吻合得很好。

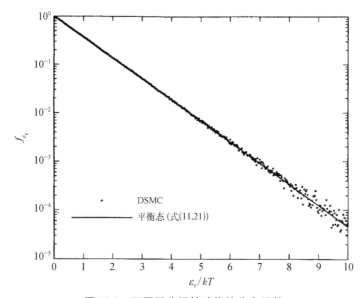

图 11.5　双原子分子转动能的分布函数

对气体混合物进行类似转动弛豫计算。混合气体由 50% 的三个转动自由度的多原子分子、25% 的两个转动自由度的双原子分子和 25% 的没有转动自由度的单原子分子组成。其主要成分的弛豫碰撞次数为 5,双原子分子的弛豫碰撞次数为 10,分子质量再次设置为名义值。

这种气体的平均内自由度为 2,对于 500 K 的初始平动能温度,最终平衡温度应该还是 300 K。在平衡建立以后,基于时间平均的混合气体全局温度为 299.74 K,平动能温度为 299.81 K,转动温度为 299.63 K。多原子分子的值是类似的,分别为 300.14 K、299.77 K 和 299.73 K,双原子分子的值也是类似的,即 300.14 K 和 299.32 K,而单原子分子的平动能温度为 299.55 K。这验证了方程式(11.10)~式(11.12)的混合气体及各组分温度的定义,得到了一致的值。

弛豫行为与简单气体相似,但是每个分子的碰撞频率因组分不同而不同;尽管弛豫曲线在“碰撞时间尺度”上符合方程式(11.15),但多原子气体的绝对时间尺度与双原子气体不同。

多原子分子中转动能的分布是有趣的。内自由度为 ζ_r 的多原子分子,最概然转动能为 $(1/2\zeta_r - 1)kT$。这对于双原子气体是 0,但是对于多原子气体是 $1/2kT$。DSMC 计算所得的分布函数与理论分布函数的比较由图 11.6 给出。要注意的是,这些比较是验证 DSMC0R.FOR 的代码,而不是 Larsen-Borgnakke 方法本身。该方法基于从相关平衡分布选择平动能和内能,因此任何偏离都意味着其实现过程出现误差。

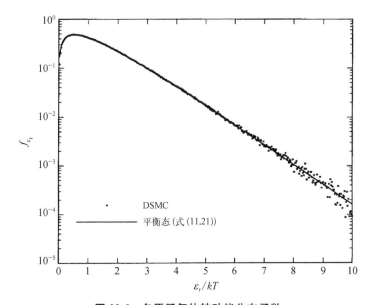

图 11.6　多原子气体转动能分布函数

Larsen-Borgnakke 方法在物理上是不真实的,因为只有部分碰撞处理为非弹性。进一步的批评来自小平衡分布中选择碰后值,这也意味着,该方法在高度非平衡情况下是不充分的。然而,需要指出的是,分布的"温度"随碰撞变化,不能反映非平衡度。

5.3 节中已经指出,为响应第一种批评引入了 Larsen-Borgnakke 方法的一种修正形式,在程序 DSMC0R 中由替代子程序 INELRA 实现。它认为所有碰撞都是非弹性的,但是每个碰撞中只传输转动能计算值的比例 Λ。这并不会影响弛豫率,但是该方案并不满足细致平衡。稳态的转动温度和平动能温度分别为 297.83 K 和 301.58 K。更严重的是,转动能的平衡分布函数受到显著影响。图 11.7 表明转动能的带宽变窄,而且较高能量和较低能量都被低估了,修正模型可能导致化学反应中依赖转动能的误差。

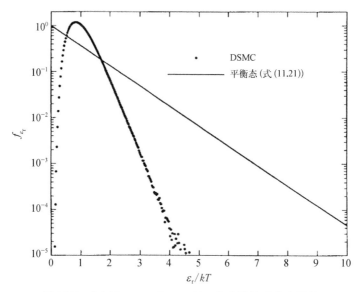

图 11.7　修正 Larsen-Borgnakke 方法的转动分布函数

11.4　振动激发

　　程序 DSMC0V.FOR 关注振动激发的建模。该程序使用谐振子模型,实现 5.6 节列出的 Larsen-Borgnakke 模型的量子形式。它不仅比经典形式更实际,也更容易实现且具有更短的执行时间。每个分子存储的振动信息是振动模态的能级。该程序假设每个分子只有一个振动模态,通常多于一个振动模态的多原子分子要求不同能级。能级是相对较小的整数且倾向于利用多数编译器可执行的短整型,但是该程序限制于 FORTRAN 77 标准。

　　主测试算例的数据设置在子程序 DATA0V 中。它验证了双原子简单气体中单个振动模态与平动模态和转动模态保持平衡,而且从能级的分布中取样。DSMC0R.FOR 中转动模态的初始温度总是 0,而且 DSMC0V.FOR 中的转动模态和振动模态既可设为 0,也可设为初始平动能温度 FTMP。在后一种情况下,子程序 INIT0V 要求选择代表性转动能级和振动能级,让它对应温度 T。

　　首先考虑转动能级的选择。对于具有两个自由度的双原子分子,方程式 (C.16) 使得其值直接与随机数 R_f 关联,即

$$\varepsilon_{\mathrm{r}} = -\ln(R_f)kT \tag{11.22}$$

当 ζ_{r} 不等于 2 时,可以用接受–拒绝方法产生 $\varepsilon_{\mathrm{r}}/(kT)$ 的典型值。这个量的分布函数由方程式(C.13)给出,其概率与最大概率之比为

$$\frac{P}{P_{\max}} = \left(\frac{1}{\zeta/2 - 1} \frac{\varepsilon}{kT} \right)^{\zeta/2-1} \exp\left(\frac{\zeta}{2} - 1 - \frac{\varepsilon}{kT} \right) \tag{11.23}$$

该比例的接受–拒绝方法在子程序 SIE 中实现。

现在考虑温度为 T 的气体分子的代表性振动能级选取。谐振子模型可用于振动特征温度为 Θ_{V} 的模态。由方程式(5.57)有,振动能级限制于 $ik\Theta_{\mathrm{V}}$ 给定的离散值,其中, i 的值从 0 到无穷。一个振动模态有两个自由度,能级可由方程式(11.22)所选择的能量进行截断确定,即

$$i = \lfloor -\ln(R_f)T/\Theta_{\mathrm{V}} \rfloor \tag{11.24}$$

得到方程式(11.22)的积分分布函数可由方程式(C.15)写成

$$F_{\varepsilon_{\mathrm{V}}/(kT)} = 1 - \exp\left[-\varepsilon_{\mathrm{V}}/(kT) \right] \tag{11.25}$$

经截断后得到能级 i 的能量 $\varepsilon_{\mathrm{V}}/(kT)$ 位于 $i\Theta_{\mathrm{V}}/T \sim (i+1)\Theta_{\mathrm{V}}/T$, 而方程式(11.25)表明抽样在此区间的比例为

$$\exp(-i\Theta_{\mathrm{V}}/T) - \exp\left[-(i+1)\Theta_{\mathrm{V}}/T \right]$$

因此,单个分子振动能的平均值可写为

$$\begin{aligned}
\overline{\varepsilon}_V = {} & k\Theta_{\mathrm{V}} \left[\exp(-\Theta_{\mathrm{V}}/T) - \exp(-2\Theta_{\mathrm{V}}/T) \right] \\
& + 2k\Theta_{\mathrm{V}} \left[\exp(-2\Theta_{\mathrm{V}}/T) - \exp(-3\Theta_{\mathrm{V}}/T) \right] \\
& + 3k\Theta_{\mathrm{V}} \left[\exp(-3\Theta_{\mathrm{V}}/T) - \exp(-4\Theta_{\mathrm{V}}/T) \right] \\
& + \cdots
\end{aligned}$$

或

$$\overline{\varepsilon}_V = k\Theta_{\mathrm{V}} \exp(-\Theta_{\mathrm{V}}/T) \left[1 + \exp(-\Theta_{\mathrm{V}}/T) + \exp(-\Theta_{\mathrm{V}}/T)^2 + \cdots \right]$$

它涉及无穷几何级数与小于 1 的因子乘积,其最终结果

$$\overline{\varepsilon}_{\mathrm{V}} = \frac{k\Theta_{\mathrm{V}}}{\exp(\Theta_{\mathrm{V}}/T) - 1} \tag{11.26}$$

与谐振子结果的方程式(5.52)完全一致。这个结果证明了,从完全激发模态的

连续分布中选取量子能级的截断值正确地考虑了气体的部分振动激发。

子程序 INELV 中集成了振动激发和转动激发的方案。该程序实现了 5.5 节中最后一段引入的且 5.6 节讨论所基于的 Larsen-Borgnakke 方法的串行应用。依次考虑分子且在转动模态之前考虑振动模态。振动方案是 5.6 节中方案的直接实现,代码由注释与对应的方程编号相联系。

振动温度通常定义为方程式(5.52)的谐振子结果中的温度,其对应于平均振动能的抽样值。在混合气体的情况下它要求迭代,而且该定义不适用于更实际的非简谐情形。温度的一个替代度量由状态的玻尔兹曼分布给出。由方程式(5.63)可以看出,给定两个能级之间的能量间距,两个能级的分子数之比可以用于定义振动温度。当处于平衡时,基于各种能级组合的温度相等,而且对于谐振子模型,常用温度等于基于方程式(5.63)的温度。理想的情况是,温度应该基于能级密度对数图像中通过所有能级的直线的斜率。但是,对所有网格中大量能级的分子数目进行抽样需要大量存储,因此本程序中只抽样了两个能级。

初始化和抽样路径包括数组 CSV,其统计每个网格中每个模态的振动能。该数组在输出子程序 OUTOV 中用于确定每个模态、每个分子的平均振动能,数组 CSVS 统计每个组分中位于基态的分子数 N_0 和位于第一振动能级的数目 N_1,组分 m 的振动温度可写为

$$T_{V, m} = \Theta_{V, m}/\ln(N_{0, m}/N_{1, m}) \tag{11.27}$$

该模态的有效自由度数目为

$$\zeta_{V, m} = 2\,\overline{\varepsilon}_{V, m}/(kT_{V, m}) \tag{11.28}$$

尽管该程序利用了振动能级的相等间距,但这两个方程不以任何方式依赖谐振子模型。全局振动温度为

$$T_V = \sum_{m=1}^{j} (\zeta_{V, m} T_{V, m}) \Big/ \sum_{m=1}^{j} (\zeta_{V, m}) \tag{11.29}$$

求和过程针对单一组分温度的模态和所有组分全局振动温度的所有模态。现在,全局温度为

$$T = (3T_{tr} + \overline{\zeta}_{rot} T_{rot} + \zeta_V T_V)/(3 + \overline{\zeta}_{rot} + \zeta_V) \tag{11.30}$$

DSMC0V.FOR 中给出的数据针对双原子气体,其只有一个特征温度为 2 000 K 的振动模态,初始平动能温度为 5 000 K,"运行选项"使得转动温度和振动温度也取为该值。这个运行验证了温度保持平衡,全局、平动、转动和振动的

时间平均值分别为 5 006 K、5 007 K、5 009 K 和 5 002 K。如图 11.8 所示,抽样得到的振动模态分布函数与玻尔兹曼分布完全吻合。该图还表明,基于最初两个能级的温度与基于全局分布的温度相同。

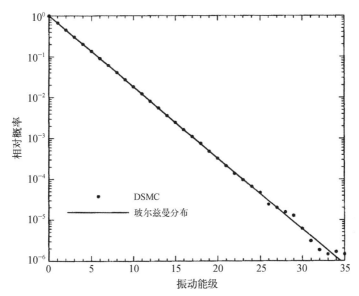

图 11.8　$\Theta_V = 2\,000$ K 的气体在 5 000 K 时的振动模态分布函数

测试算例中振动自由度的有效数目为 1.630,这与方程式(5.53)得到的理论值 1.627 也几乎完全吻合。对其他温度进行类似运行,振动激发度作为温度的函数在图 11.9 中与谐振子模型比较,吻合程度再一次在统计散射的范围内。

将初始转动温度和振动温度设为 0 K、初始平动能温度设为 5 000 K,再次运行程序,最终的平衡温度为 2 388 K。如果量子方案对弛豫过程没有影响,则理论上的弛豫方程为

$$T_V = T_{rot} = 2\,388\left[1 - \exp(-\nu t/5)\right] \tag{11.31}$$

弛豫过程的数据写入文件 RELAX.OUT 中该测试算例的结果如图 11.10 所示。计算用到了 100 000 个分子,统计散射约为 1%。转动温度的散射与它是一致的,但是由于振动温度基于第一个能级的分子数目,所以散射明显偏高。如果容许更高的散射,如方程式(11.27),则振动温度的弛豫行为是令人满意的。

然而,该定义不能用于非平衡自由度大到处于振动能级分子的分布明显偏离玻尔兹曼形式的情况。例如,如果基态和第一能级之间存在总体倒置,则方程式(11.27)将得到负的温度。在稍微不那么极端的情况下,如强激波后的振动弛

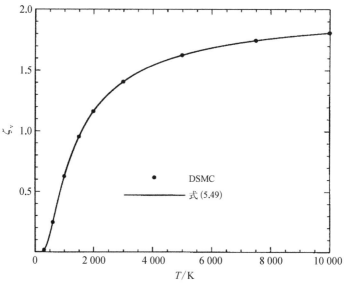

图 11.9 $\Theta_V = 2\,000\ K$ 的气体的激发程度

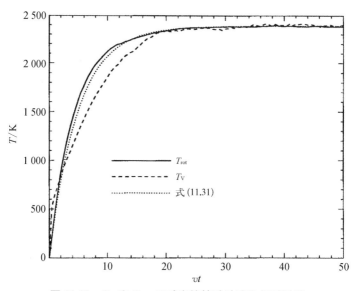

图 11.10 Z_{rot} 和 $Z_V = 5$ 对应的转动弛豫和振动弛豫

豫,较高能级的数量比低能级增长得快,按照方程式(11.27)将得到不切实际的低振动温度。更糟糕的是,这一低振动温度与振动温度真实平均值经方程式(11.28)结合,导致单个模态的"有效自由度数目"的值超过 2。这在物理上是不正确的,当其代入方程式(11.29)及式(11.30)时,还会导致全局温度中的误

差。可以基于对应方程式(5.52)中的谐振子模型,得到另一种定义(Vincenti and Kruger,1965),为

$$T_{V,m} = \Theta_{V,m}/\ln(1 + k\Theta_{V,m}/\bar{\varepsilon}_{V,m}) \tag{11.32}$$

如果用到量子振动模态,则方程式(5.54)可将该定义建立在平均能级之上,即

$$T_{V,m} = \Theta_{V,m}/\ln(1 + 1/\bar{i}) \tag{11.33}$$

有效自由度的数目直接由方程式(5.53)给出,全局振动温度和温度的方程式(11.29)和式(11.30)仍然适用。

　　测试算例中的数据用到了常数形式的振动和振动弛豫碰撞次数,但是程序也提供了它们作为温度函数的选项。宏观温度的使用确保细致平衡的原则得到满足,这已在 5.3 节关于 Larsen-Borgnakke 模型的讨论中指出。但是如果能量再分配的概率是基于碰撞中能量的“碰撞温度”的函数,则模型能得到改善。Larsen-Borgnakke 模型包括的温度,等于能量 E_c 除以贡献于 E_c 的有效自由度数目与玻尔兹曼常量之积。这一温度可写为

$$T_{coll} = E_c/(\Xi k) \tag{11.34}$$

其中,Ξ 由方程式(5.42)给定。程序 DSMC0V.FOR 用到了串行应用选项,而且 Larsen-Borgnakke 分配总是在平动模态和单个内部模态之间。参数 Ξ 对于转动模态为 $5/2 + \omega_{12}$ 加 2;对于振动模态为 $5/2 + \omega_{12}$ 加上振动自由度的平衡数目。为了检测在弛豫率依赖碰撞温度下能否满足细致平衡,DSMC0V.FOR 中依赖温度振动率的选项用到了方程式(11.34)定义的温度 T_{coll}。ζ_V 对 Ξ 的贡献是基于直接从式(11.28)抽样 ζ 的变量 SVIB。

　　令依赖碰撞温度的弛豫碰撞次数及方程式(6.53)中的常数 C_1 和 C_2 分别等于 10 和 100,重复两个算例,得到的弛豫碰撞次数作为温度的函数,如图 11.11 所示。它是一种典型行为,在低温下弛豫碰撞次数极高,但在高温时弛豫碰撞次数降到 1 以下。所有模态设置为 5 000 K 的测试算例,验证了依赖“碰撞温度”的变化率与细致平衡是一致的。各模态的平均温度和振动分布函数与常数形式振动弛豫碰撞频率对应的量无法区分。弛豫测试算例的结果如图 11.12 所示,更能代表真实气体。转动模态比平动模态更快达到平衡,而振动弛豫随温度的下降而变慢。时间平均全局平衡温度为 2 387 K,而平动能温度、转动温度和振动温度分别为 2 387 K、2 385 K 和 2 386 K。更重要的是,振动能的分布函数再次完全符合玻尔兹曼分布。

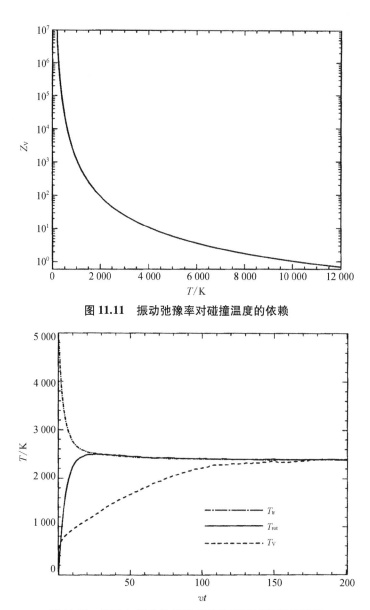

图 11.11 振动弛豫率对碰撞温度的依赖

图 11.12 振动与温度依赖速率的弛豫测试算例的结果

11.5 离解和复合

模拟真实气体的 DSMC 方案,在程序 DSMC0D.FOR 中拓展到离解反应和复合反应。该程序仅限于同核双原子气体的离解,选择氮气为测试算例。离解与振动激发紧密相连,程序利用了 5.6 节发展的振动量子模型。程序中的振动方案是真实的非简谐(不等间距)能级。

氮气的振动能级 i 的能量由下列经验方程给出,

$$
\begin{aligned}
\varepsilon_{V,i} = k \Big\{ &3\,395 \Big[\Big(i + \frac{1}{2} \Big) - 0.006\,126 \Big(i + \frac{1}{2} \Big)^2 \\
&+ 0.000\,003\,18 \Big(i + \frac{1}{2} \Big)^3 \Big] - 1\,692.3 \Big\}
\end{aligned} \tag{11.35}
$$

为了将基态能量 $(i = 0)$ 设置为 0,将零点能量扣除。离解的特征温度为 113 200 K,落到能级 46~47。作为对比,谐振子模型的最大能级为 33。振动的大小通常用 Morse 势表示,将振动势能描述为

$$
U = E_d \big\{ 1 - \exp[-\beta(r - r_e)] \big\}^2 \tag{11.36}
$$

这一能量在核间距离 $r = r_e$ 时为零,在 $r \to \infty$ 时振动势能趋于离解能 E_d。对于氮气,r_e 为 1.094×10^{-10} m 且参数 β 为 2.67×10^{10}/m,这些值的振动势能构成图 11.13。对于谐振子,所有振动能级的平均分子间距都等于 r_e,但是在非简谐情况下,图 11.13 表明其在较高振动能级时增大 60%,这种增大可用于估算这些分子碰撞截面的增大。

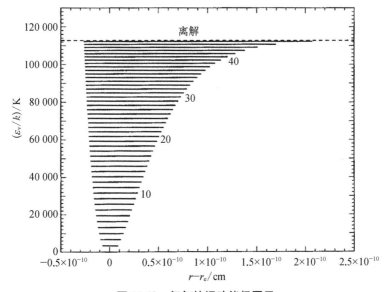

图 11.13　氮气的振动能级图示

作为数据的一部分,子程序 DATA0D 中能级的能量用 ELEV 记录。与 DSMC0V.FOR 一样,振动特征温度记录在数组 SPD 中,最大振动能级(稍低于离解极限)设置在数组 MLEV 中,与离解-复合直接相关的数据是 SPD 中离解的特征温度及 IDISS、IRECC 和 IRSC 中的组分信息。

当 Larsen-Borgnakke 选择的能量进入振动模态导致大于最大能级的能级时,分子发生离解,而离解率应该与 6.6 节的理论一致。利用复合的"平衡碰撞"理论,原子-原子碰撞中复合截面与弹性截面之比由方程式(6.49)给定。

碰撞中能量的 Larsen-Borgnakke 分布基于程序 DSMC0V.FOR,利用每个活跃的内部模态独立与平动模态发生作用的"串行"方案。为了考虑碰前转动能、振动能及平动能在平动和振动之间的分布,对其进行修正。一旦碰撞能超过离解能,就进行重新分配以确定能否发生离解。用接受-拒绝方法选择的可能能级应该大于离解能级,因此假设想象的能级具有等于离解能间距的能量间距。如果所选能级超出离解极限,则通过将组分代码设置为其正确值的相反数来将分子标记离解。离解能从碰撞能中抽取出来,但是少量能量存为转动能且最终转化为原子之间的相对平动能。如果分子立即变为两个原子,分子数目将发生变化,分子排序会很麻烦。被标记的分子在后续碰撞中仍然可用,但是内能不再发生变化。离解的代码在子程序 DISSOC 中,在所有碰撞完成之后被调用。子程序 ELASTIC 用于计算新产生原子之间的"碰撞"。碰撞中的质心速度等于分子速度,碰撞后的平动能等于分配给分子的转动能。这一方案会导致离解计算中的质量守恒、动量守恒和能量准确守恒。

Larsen-Borgnakke 方法的串行应用意味着,DSMC 方案对应于原子碰撞导致的离解速率系数的方程式(6.52)的推导。分子和原子作为碰撞对的不同结果,看起来可能与 Larsen-Borgnakke 方法应用的串行选项背后的逻辑相矛盾。但是,差别仅发生在离解碰撞中来源于这些碰撞中转动模态的消失。程序 DSMC0D.FOR 中的测试算例是纯氮气,其初始状态为具有平动模态、转动模态和振动模态,温度为 30 000 K 的平衡气体。气体的初始数密度 n_i 等于标准数密度,离解和复合随气体向化学平衡发生。方程式(6.52)的速率系数可与方程式(6.2)结合,给出氮原子生成速率最初的理论结果。该结果在图 11.14 中与 DSMC0D.FOR 的结果比较。

计算得到的氮原子生成速率初始值比理论值高大约25%。这与基于振动碰撞次数为1的假设的理论不同,能量对于离解足够大的碰撞中,Z_v 的实际值将反应速率减小约1/3。理论值与计算值的差异在于其要求谐振子模型的振动能

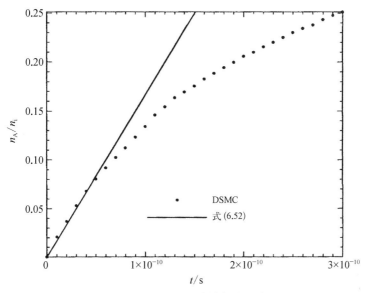

图 11.14　氮原子生成的初始速率

连续分布。DSMC0D.FOR 通过将能级数据调整到对应于谐振子模型均匀分布的能级,来测试非简谐模型的影响。此时,氮原子生成速率的初始值是非简谐模型值的 60%,这就解决了理论值与计算值之间的偏差问题。

非简谐模型反应速率高一些的原因在于方程式(5.61)中接受-拒绝方法应用之前的可能能级的**均匀**选择。由于非简谐模型的能级集中在较高能级,所以其增大了离解的概率。值得怀疑的是能级的均匀选择是否正确。如果振动能量从连续分布方程式(C.16)选取,然后截断到一个能级,这一效应或许可以避免。然而,一旦这么做,平衡振动温度要低 10% 的量级。非简谐模型增大反应速率是一种真实效应,而且它使得 6.6 节的“准确可利用能理论”的反应速率更接近测得的反应速率。

程序 DSMC0D.FOR 的复合方案是基于得到方程式(6.35)的“平衡碰撞理论”。出现在方程中的配分函数的比例,同时出现在平衡离解度的方程式(6.23)中,对称双原子气体可写为

$$\frac{(Q^A)^2}{VQ^{A_2}} = \left(\frac{\pi m_A k}{h^2}\right)^{3/2} \Theta_r T^{1/2} \left[1 - \exp(-\Theta_V/T)\right] \frac{(Q_{el}^A)^2}{Q_{el}^{A_2}} \quad (11.37)$$

氮气的值可以代入方程式(11.37)且将其结果代入方程式(6.35),得到

$$\frac{\sigma_R}{\sigma_T} = \frac{9.907 \times 10^{-29}(1 + 41\,000/T)n}{T^{1/2}\left[\,1 - \exp(-3\,395/T)\,\right]\left[\,4 + 10\exp(-27\,658/T) + 6\exp(-41\,495/T)\,\right]^2}$$

这在每次碰撞都赋值有些过于复杂,在感兴趣的温度范围内精确到几个百分点,可以近似为

$$\sigma_R/\sigma_T = 8 \times 10^{-27}nT^{-1} \tag{11.38}$$

程序假设每个弹性碰撞中复合的概率由形如式(11.38)的方程给定,数值因子和温度指数设置在数组 RECC 中。方程式(6.49)中的数值因子 C 设置为 1,由于正反应速率比理论值高出 25%,所以数值因子增大到 1.0×10^{26}。

对于两个原子之间的每次碰撞,复合的概率由子程序 COLLMC 计算且累积概率 PRC 随之增大。当 PRC 超过 1 时,两个原子标识为复合,PRC 减去 1 且复合开关 IRECOM 由 0 变为 1。这种情况下的标识是通过将组分代码乘以表征最大分子数的参数,再加上其要发生复合的原子的地址代码来实现。组分代码和复合对象的地址都可以通过该整数解码出来。实际复合在子程序 RECOMB 中编码,像 DISSOC 那样,其在时间段对应的碰撞计算完成之后被调用,而且排序数组直到它们在下一个时间步长重设之后才需要。一旦 IRECOM 为 1,扫描分子来确定标记的原子且将复合对象进行解码。计算这些原子的相对能量,它们复合为分子且其速度设置为原子对的质心速度。第三体分子由子程序 SELECT 选择,而子程序 ELASTIC 用于计算三体分子和新分子之间的碰撞。该碰撞中的能量由原子的碰前相对能量和离解能给出。Larsen-Borgnakke 方法用于重新分配新分子和三体分子之间的平动能、新分子的转动模态和振动能。

在 DSMC0D.FOR 的一个运行中,直到复合速率等于离解速率时气体组分才不发生改变。方程式(11.37)和式(6.23)可以与氮气的物理数据结合起来,给出离解平衡度作为初始数密度 n_i 和平衡温度 T 的函数的下列表达式,

$$\frac{\alpha^2}{1 - \alpha} = (0.504\,7 \times 10^{28}/n_i)\,T_i^{1/2}\left[\,1 - \exp(-3\,395/T)\,\right]\left[\,4 + 10\exp(-27\,658/T)\right.$$
$$\left. + 6\exp(-41\,495/T)\,\right]^2\exp(-113\,200/T)$$

$$\tag{11.39}$$

电子配分函数包括在方程式(11.37)中,尽管模拟中并没有包括电子激发。这不

会导致任何不一致,因为这些函数对方程式(11.38)和式(11.39)的贡献是相等的,而且额外的配分函数对平衡状态的改变很小。离解平衡度作为温度的函数如图 11.15 所示,有初始数密度等于标准数密度,也有等于该值十分之一的情形。由于三体碰撞在稀薄气体中是稀有事件,所以离解发生在与离解特征温度比较低的温度。

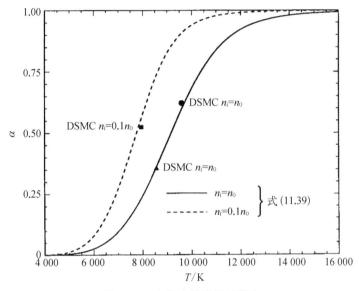

图 11.15　氮气中的离解平衡度

图 11.15 中圆形符号代表的离解度和温度是初始温度为 30 000 K 的算例的弛豫结果。氮分子平衡时振动自由度的有效数目为 1.69,可以与谐振子对应的值 1.67 比较。因此,振动模态中全局能量的非简谐效应比离解率中的非简谐效应弱得多。如果初始温度减少到 20 000 K,则气体弛豫到图 11.15 中三角形符号代表的条件。最后一个测试算例是初始温度为 25 000 K,数密度为标准数密度的 1/10,平衡状态由方形符号表示,计算所得状态与理论平衡状态再次吻合得很好。在这种较低密度的平衡下,每 100 万个碰撞中大约有 1 个复合(和离解)反应。复合的比例随气体密度线性下降,而且在稀薄条件下,复合如此稀有,一般会被忽略。

离解模型与振动激发模型的结合,会导致离解速率和平衡状态的满意结果。6.6 节表明,交换反应也可以基于振动弛豫率。Carlson(私人通信)指出,DSMC方法可用于五组元真实气体计算而不需要任何基于实验的反应速率。

11.6　涨落和相关性

统计涨落效应出现在所有 DSMC 方法的结果中。像 10.4 节讨论的那样,这些涨落可以与真实气体中的涨落相关,毕竟它们处于宏观上停滞的平衡气体中,很明显其是非耗散的。有些计算方法会将涨落作为数值效应进行强化或减弱。而且,有些情况下真实气体中会出现宏观涨落,它们可以与微观涨落本质中的变化关联。有必要对在均匀气体 DSMC 模拟中的涨落进行定量描述。

涨落的特性由程序 DSMC0F 确定,它基于简单气体程序 DSMC0。该程序对粒子数涨落的大小分布、宏观性质的均方数涨落及时空相关函数进行抽样。第一步是验证 1.4 节粒子数涨落满足泊松分布式(1.14)和式(1.15)。图 11.16 表明,DSMC0F 运行中粒子数 N 的抽样概率 $P(N)$ 与方程式(1.15)的预测一致。

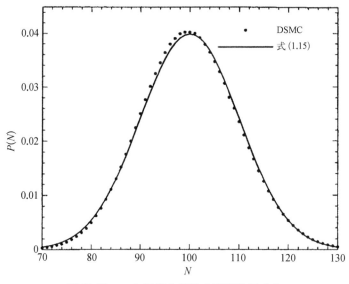

图 11.16　一个网格中模拟分子的数目分布

瞬时粒子数 N 和平均粒子数 nV 的偏离与粒子数密度的涨落 δn 有关。如果宏观量的平均记为 $\langle \cdot \rangle$,则指定位置的粒子数的**均方涨落**定义为

$$K(0) \equiv \langle \delta n \delta n \rangle \tag{11.40}$$

只要平均涨落为零,均方涨落就可以与一个量的均值和均方关联。再以粒子数

密度为例,有

$$\langle \delta n \delta n \rangle = \langle nn \rangle - \langle n \rangle \langle n \rangle \tag{11.41}$$

DSMC0F 中用该表达式计算粒子数密度的均方涨落和每个网格的速度分量。它不能用于温度,其原因如方程式(1.29)所示,涨落会导致静止气体中的伪速度,它们会导致温度的系统性降低。如果认为该效应是温度涨落的贡献,则该涨落的均值不为 0。

若涨落比例为样本容量的平方根量级,粒子数密度的正则**均方涨落**将为单位量级,即

$$\hat{K}(0) = (\langle \delta n \delta n \rangle / n^2) \langle N \rangle = \langle \delta N \delta N \rangle / \langle N \rangle \tag{11.42}$$

最概然分子速度 c'_m 可用于定义速度分量正则均方涨落,如对 u 有

$$\hat{K}(0) = (\langle \delta u \delta u \rangle / c'^2_m) \langle N \rangle \tag{11.43}$$

图 11.17 给出了这些正则均方涨落的抽样值。粒子数密度的均方涨落存在相当大的散射,但是整个流场中的均值非常接近 1。速度分量的对应值的涨落要明显小一些,它们都接近 0.5。注意, $c'^2_m = 2kT/m$, 如果以 kT/m 作为正则化,则速度分量的正则值也接近 1。

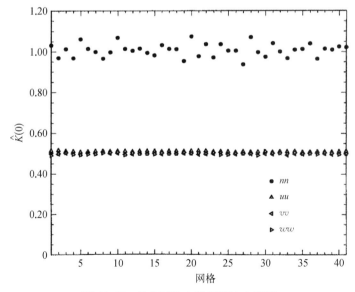

图 11.17　每个网格中的正则均方涨落

如果对时间、空间上分离的两个点上涨落的乘积进行平均,则得到对应的时空关联函数。例如,粒子数密度的时空关联函数为

$$\hat{K}(t) = (\langle \delta n \cdot \delta n_t \rangle / n^2) \langle N \rangle = \langle \delta N_0 \delta N_t \rangle / \langle N \rangle \tag{11.44}$$

其中,下标 0 表示先前方程中未作下标的局部涨落;下标 t 表示相同位置但间隔时间 t 处的涨落。要注意的是,正则化中用到的均值并非时间的函数。

图 11.18 给出了 DSMCOF 的流动中边界间中部网格的抽样时间关联函数,它包括与速度分量相似方式正则化的温度关联函数,但是用平均温度取代最概然分子速率。当时间间隔趋于 0 时,关联函数退化到均方涨落。即使在该极限下,速度分量 u 和 v 也是不相关的,垂直于表面的速度分量的关联函数比其他函数明显要下降得快。

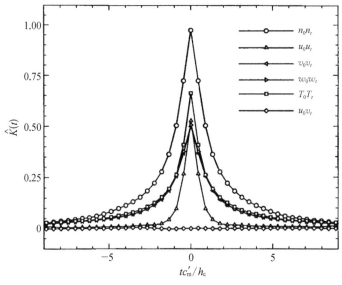

图 11.18　正则化时间关联函数

时间间隔由网格宽度 h_c 除以最概然分子速率正则化,这正是垂直于网格边缘以该速度运动的分子穿过网格的时间,并且该正则化没有考虑平均自由程和碰撞频率。程序 DSMCOF 所列数据的网格宽度等于平均自由程的 1/10。以关闭碰撞来重复计算得到无碰撞或自由分子的结果,也用密度增大 5 倍来重复,这样网格密度为平均自由程的 0.5。图 11.19 比较了这三个密度关联函数。对其他函数也得到相似结果,粒子数密度、平均自由程和碰撞频率对关联函数的衰减影响很小。这是一个稍微令人吃惊的结果,气体分子的平均扩散率受碰撞频率强烈影响(Bird,1986)。

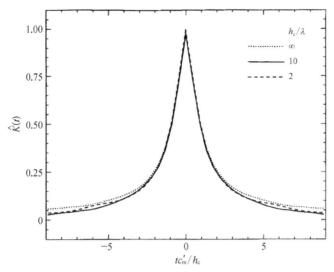

图 11.19　粒子数密度对时间关联函数的影响

宏观上均匀气体中的粒子数密度的正则化空间关联函数为

$$\hat{K}(x) = (\langle \delta n_0 \cdot \delta n_x \rangle / n^2)\langle N \rangle = \langle \delta N_0 \delta N_x \rangle / \langle N \rangle \qquad (11.45)$$

该函数再次在中央网格抽样且该位置用下标 0 表示。关联函数绘画的横坐标为
网格序号,空间距离 x 由网格高度正则化。当距离趋于 0 时,关联函数再次等于
均方涨落,但是图 11.20 表明不同网格中的涨落没有关联的迹象。

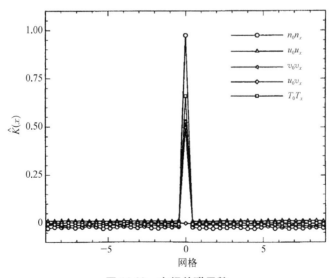

图 11.20　空间关联函数

参考文献

BIRD, G. A. (1976). *Molecular gas dynamics*. Oxford University Press.

BIRD. G. A. (1986). The diffusion of individual molecules within a gas. In *Rarefied gas dynamics* (ed. V. Boffi and C. Cercignani), vol. 1, pp 400–409, B. G. Teubne Stuttgart.

BIRD, G. A. (1989). Perception of numerical methods in rarefied gas dynamics. *Progr. Astro. and Aero.* 118, 211–226.

HERZBERG, G. (1950). *Spectra of diatomic molecules*. Van Nostrand, New York.

KOURA. K. (1986). Null-collision technique in the direct simulation Monte Carlo technique. *Phys. Fluids* 29, 3509–3511.

LUMPKIN. K., HAAS, B. and BOYD, I. (1991). Resolution of differences between collision number definitions in particle and continuum simulations. *Phys. Fluids* 3, 2282–2284.

VINCENI, W.G. and KRUGER, C. H. (1965). *Introduction to physical gas dynamics*. Wiley, New York.

第 12 章

一维定常流动

12.1　一维流动通用程序

本章中的所有计算要么用一维通用程序 DSMC1.FOR,要么在该程序的基础上通过几个变量的改编使其适用于激波研究。这里"一维"一词意味着只能在一个方向上有梯度。可以在多于一个方向上存在有限流动速度分量,而且除了平面流动构型,该程序还可用于柱对称流动或球对称流动。流场构型通过设置参数 IFX 来实现,0 对应平面流动,1 对应柱状流动,2 对应球状流动。所有 DSMC 计算都是非定常的,但是由于本章只处理定常流动,所以抽样只关注大时间尺度建立的定常流动。气体为简单气体、单原子气体或双原子气体组成的混合气体,而且 DSMC 碰撞满足 DSMC0R.FOR 中的方案。

宏观流动梯度应该在 x 方向上,而对于柱状流动或球状流动轴或中心应该在 $x = 0$, 这样 x 轴就是半径。固定 x 轴的"边"和"外"边界对应 XB(1) 和 XB(2),每个边界通过变量 IB(1) 和 IB(2) 指定类型,为下列之一:

(1) 球状流动的轴或球状流动的中心;

(2) IFX = 0 为对称平面,IFX = 1 或 2 分别为镜面反射柱或球;

(3) 完全调整到指定温度的漫反射壁面,对于平面流动或柱状流动,该壁面有 y 方向的速度,柱状流动的轴沿 z 轴,它是一个圆周速度;

(4) 具有组分、密度和温度的外流边界,来流也具有 x 方向的速度分量;

(5) 真空边界。

注:本书中的程序可在 www.gab.com.au 上找到。该网站已于 2013 年停止更新,Bird 先生也在 2018 年去世。

流场的初始状态可能是真空,也有可能是指定组分、密度和温度的宏观均匀静止气体,一系列子程序与先前的程序通用,完整的程序在(原书)附带的光盘中。

流场划分为 $n_c \equiv$ MNC 个网格,每个网格又分为 NSS 个亚网格。用于均匀气体程序中的均匀宽度网格,使得涉及密度上较大变化的程序变得低效。一旦使用非均匀网格,很重要的一点是,要有高效的方案来确定指定位置 x 的分子所在的网格。如果网格宽度是代数级数或几何级数,则可以将网格编号作为 x 函数的分析表达式。几何级数一般更适用于密度变化的真实流动中,可定义为

$$a + ar + ar^2 + \cdots + ar^{n-1} = a(1 - r^n)/(1 - r)$$

分子位置通过下式正则化到 $0 \sim 1$,即

$$\hat{x} = (x - x_1)/(x_2 - x_1)$$

其中,x_1 和 x_2 为区域边界。网格宽度的变化比例定义为 $C_w \equiv$ CWR,对应 x_2 相邻的网格宽度与 x_1 相邻的网格宽度之比。因此,定义乘子 r 为

$$r = C_w^{1/(n_c - 1)}$$

另外,由于流动区域的正则宽度为 1,级数之和为 1,所以第一个网格的宽度为

$$a = (1 - r)/(1 - r^{n_c})$$

网格 m 下边界的正则值为

$$a(1 - r^{m-1})/(1 - r)$$

而网格编号通过使正则化坐标等于该表达式得到,求出 m,将其解截断到最近的整数,最终结果为

$$m = \lfloor 1 + \ln[1 - (1 - r)\hat{x}/a]/\ln r \rfloor \tag{12.1}$$

分子每运动一次,检查初始网格的边界来确定网格是否发生变化;如果发生变化,则用方程式(12.1)确定新网格的编号。给定网格中的亚网格为均匀宽度。

流动沿着 x 轴可能有均匀的"重力"加速度,可用于基本方程

$$\Delta x = u \Delta T + \frac{1}{2} g (\Delta t)^2$$

和

$$\Delta u = g \Delta t$$

分子与固壁的作用没有包括该加速度的影响,而且该选项只用于(4)型和

（5）型平面流动的边界。

该程序中用到的更通用边界要求一系列新方案。首先是从壁面漫反射的典型分子的生成,这些分子的分布函数与从外界静止气体穿过边界的分子相同。对于垂直于 x 轴的壁面或边界,垂直于边界的速度分量的分布函数满足方程式（4.20）和式（4.1）,为

$$f_u \propto u\exp(-\beta^2 u^2)$$

正则条件是该分布函数对 u 从 $0 \sim \infty$ 的积分为 1,即

$$f_u = 2\beta^2 u\exp(-\beta^2 u^2) \tag{12.2}$$

而且 $\beta^2 u^2$ 的分布函数为

$$f_{\beta^2 u^2} = \exp(-\beta^2 u^2)$$

该分布与方程式（C.11）的分布相同,由方程式（C.12）有 u 的典型值为

$$u = [-\ln(R_f)]^{1/2}/\beta \tag{12.3}$$

反射分子的方程式（12.3）在子程序 REFLECT1 中实现。平行于壁面的速度分量的分布函数与静止气体中的相同。漫反射分子的两个平行速度分量都由子程序 RVELC 的一次调用产生。

如果存在来流速度为 u_0,热速度分量为 $u' = u - u_0$,其与最概然速率之比的分布函数为

$$f_{\beta u'} \propto (\beta u' + S_n)\exp(-\beta^2 u'^2) \tag{12.4}$$

其中,$S_n = \beta u_0$ 为来流速度垂直分量的速率比。从该分布函数中产生典型速度分量要用到接受-拒绝方法。该分布函数的最大值发生在

$$\beta u' = [(S_n^2 + 2)^{1/2} - S_n]/2$$

且该概率与最大概率之比为

$$\frac{P}{P_{\max}} = \frac{2(\beta u' + S_n)}{S_n + (S_n^2 + 2)^{1/2}}\exp\left\{\frac{1}{2} + \frac{S_n}{2}[S_n - (S_n^2 + 2)^{1/2}] - \beta^2 u_n'^2\right\} \tag{12.5}$$

程序产生一个能够延伸到分布尾部的均匀分布的 $\beta u'$ 值,覆盖所有进入分子,但是必须满足 $\beta u' + S_n$ 指向流场的条件。计算 $P/P_{\max}$ 的值,与随机数 R_f 比

较。β 为进入气体最概然分子热速率的倒数。

进入分子的平行速度分量再次通过程序 RVEL 的调用产生,来流分子、反射分子和进入分子的转动能通过子程序 SROT 的调用产生。该子程序包括 DSMC0V.FOR 和 DSMC0D.FOR 中用到的子程序 SIE。进入分子的粒子数通量直接由方程式(4.22)计算,它涉及残差函数,因此包括函数子程序 ERF。假设平面流动的截面为1,柱状流动的轴向长度为1且半径 r 处的截面为 πr^2。通过流动边界或真空边界离开流动的分子在模拟中移除,它在子程序 REMOVE 中通过用分子 NM 取代该分子来实现,其中 NM 为总分子数目,然后 NM 减小到 $NM-1$。

对于柱对称流动或球对称流动,每个分子只需要存储一个空间坐标。可以利用这一优势,得到的结果是半径的函数。分子的三维运动必须是准确的。假定在每步开始时分子在 x 轴上,在球对称的情况下,y 速度分量和 z 速度分量使得分子离开 x 轴,但是要计算新的半径,而且该位置在时间步长结尾存起来。这涉及分子的转向,分子的速度分量也要发生相应改变。在变换之后,分子在 x 轴上的新位置为

$$x' = x_i + u\Delta t \tag{12.6}$$

其中,x_i 为分子的初始半径;u 为 x 方向的速度分量;Δt 是时间步长。在柱状流动中,分子离开 x 轴的距离为

$$d_n = v\Delta t$$

在球状流动中分子离开 x 轴的距离为

$$d_n = \left[(v\Delta t)^2 + (w\Delta t)^2 \right]^{1/2}$$

新的半径为

$$x = (x'^2 + d_n^2)^{1/2} \tag{12.7}$$

而旋转角的正弦和余弦分别为

$$\sin\theta = d_n/x, \ \cos\theta = x'/x \tag{12.8}$$

半径方向(x 方向)变换之后的速度分量为

$$u' = u\cos\theta + u_c\sin\theta \tag{12.9}$$

其中,周向速度分量 u_c 在柱状流动中为 v;在球状流动中为 $(v^2 + w^2)^{1/2}$。变换之后的周向速度分量为

$$u_c' = - u\sin\theta + u_c\cos\theta \tag{12.10}$$

该速度为柱状流动中新的 y 速度分量。在球状流动中,随机生成方位角 ϕ ($0 \sim 2\pi$) 给出

$$v' = u_r\sin\phi,\ w' = u_r\cos\phi \tag{12.11}$$

这些方程在子程序 AIFX 中实现,它在轨迹单元的结尾处调用,或者在分子与边界作用时调用。

与壁面交叉点的计算必须基于三维坐标,方程式(7.85)~式(7.87)可用于计算每个壁面。计算沿着分子轨迹到壁面任意交叉点距离与该时间步长内运动的距离 d 之比 S_d。方向余弦为

$$l_1 = u\Delta t/d,\ m_1 = v\Delta t/d,\ n_1 = w\Delta t/d$$

其中,

$$d = \left[(u\Delta t)^2 + (v\Delta t)^2 + (\varepsilon - 1)(w\Delta t)^2 \right]^{1/2}$$

z 方向的余弦仅对球状流动适用,而且参数 ε 在柱状流动中取为 1,在球状流动中取为 2。x^2、y^2 及球状流动中 z^2 的系数为 1,a_{44} 的系数为 $-r^2$,r 为柱或球的半径。其余系数均为 0,如 y_i 和 z_i。S_d 由下列二次方程给出,即

$$\frac{1}{2}S_d^2 + (u\Delta t x_i/d^2)S_d + \frac{1}{2}(x_i^2 - r^2)/d^2 = 0 \tag{12.12}$$

如果方程有 0~1 的实数解,则分子与壁面发生碰撞。对于内部边界,方程可能有两个实数解,较小的解给出交叉点。注意,除非方程式(12.6)中的 x' 小于 r,否则内部边界可能没有交叉点。类似地,除非最终半径 x 大于 r,否则外部边界也可能没有交叉点。S_d 在子程序 RBC 中进行赋值。

任何漫反射固壁的属性,按照子程序 REFLECT1 中发生的反射进行抽样。这些壁面的粒子数通量、压力、剪切应力、传热都在子程序 OUTI 中输出。壁面数据在入射分子和反射分子之间的贡献有些区别。对平动模态和转动模态的传热分别记录。

12.2　氩气的黏性系数

程序 DSMC1.FOR 的第一个应用本质上是氩气黏性系数的数值测量。平面

Couette 流动是两个平板表面之间的流动,其中,一个平板静止,另一个平板以一定速度在表面平面内运动。一般设定内表面为静止漫反射壁面,外表面为相同温度漫反射但在 y 方向具有一定速度。气体在开始时设置为与表面具有相同温度,但是其可以静止也可以具有一致的来流速度梯度。

相距 1 m 的表面保持温度 273 K,气体是数密度为 1.4×10^{20} m^{-3} 的氩气(Ar)。使用 VHS 分子模型,分子直径如表 A.2 所示,由方程式(5.69)有平均自由程 λ 为 0.009 25 m。基于表面距离的克努森数为 0.009 25,外表面速度为 300 m/s,对应速度比为 0.89,速度剖面如图 12.1 所示。速度梯度近乎线性,尽管在表面附近 10~20 个平均自由程内有几乎看不出来的减小。每个表面附近的速度滑移约 3 m/s,非常接近 $\lambda\,\mathrm{d}v/\mathrm{d}x$。

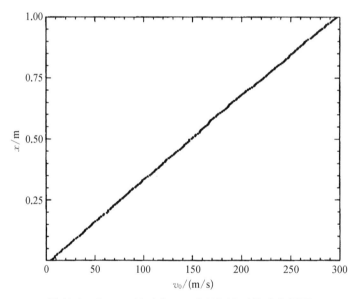

图 12.1　Couette 流动在 $Kn = 0.009\ 25$ 时的速度剖面

不可压连续解得到定常压强,具有一致速度梯度的定常温度且在表面处没有速度滑移。273 K 时氩气的黏性系数为 2.117×10^{-5} N·s/m^2,表面上的剪切应力为 6.35×10^{-3} N/m^2。壁面相对于剪切应力的运动将产生 1.905 W/m^2 的能量输入,这将导致气体温度升高至输运到表面的热等于能量输入。气体内的压强必须是一致的,温度的非均匀性必将导致密度发生变化,与不可压假设矛盾。

DSMC 的解表现出期待的压缩特征。压强的初值为 0.522 7 N/m^2,黏性耗散导致的加热使得其稳定值增大到 0.549 N/m^2。压强在整个流动中是相同的,流动中心区域的温度上升大约为 15 K,即大致为表面温度的 5%。DSMC 的温度剖面如图 12.2 所示。表面的温度滑移为 0.6 K,接近 $\mathrm{d}T/\mathrm{d}x$。 由于压强相同,密度变化必然反比于温度变化,其剖面如图 12.3 所示。

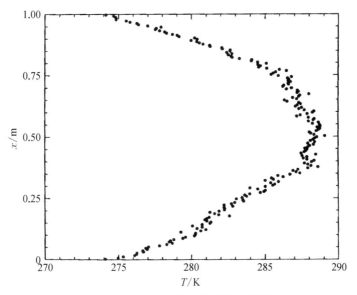

图 12.2　Couette 流动中的温度剖面

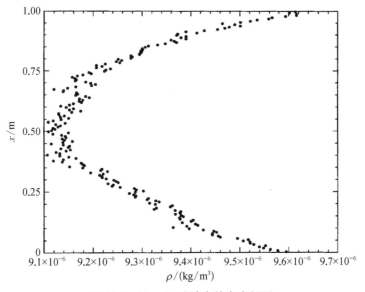

图 12.3　Couette 流动中的密度剖面

这些结果均基于 $0.1 \sim 0.375$ s 的时间抽样平均。运行用到了子程序 DATA1 中列出的数据;用到了设置初始气体中均匀速度梯度的选项;也运行了均匀初始气体且在 0.5 s 建立稳态流动的情况。测试算例涉及 7.7×10^{6} 个碰撞和 1.5×10^{9} 个分子运动的计算。大约 270 000 个分子与每个表面发生碰撞,与表面压强相关的标准差约为 0.2%。每个网格中的抽样大于 1.3×10^{6},宏观性质的标准差小于 0.1%。但是,流动是亚声速的,剪切应力和热通量本质上都基于两个大量之差。剪切应力是压强的 1.1%,输运到表面的净热通量小于入射能量通量的 1%,这意味着单个量的散射可能高达 10%。除了作为表面性质的剪切应力进行抽样之外,它还可以作为宏观流动性质在每个网格中进行抽样。边界条件使得一些应用涉及 x 方向的来流速度分量,而另一些应用涉及 y 方向的分量,但是没有一种情况涉及两个方向的分量。这种情况下的剪切应力可由方程式(1.52)写为

$$\tau_{xy} = - n \overline{muv} \tag{12.13}$$

类似地,由于来流速度只包括 u_0 或 v_0,所以 x 方向的热通量可由方程式(1.53)写为

$$q_x = n \left(\frac{1}{2} \overline{mc^2 u} - \overline{mu^2 u_0} + \overline{m u_0^3} - \overline{muv v_0} - \frac{1}{2} \overline{mc^2 u_0} + \overline{\varepsilon u} - \overline{\varepsilon u_0} \right) \tag{12.14}$$

剪切应力的剖面如图 12.4 所示,尽管存在明显的统计散射,但其在流动中是常数。整个流动中剪切应力的均值为 $0.006\,24$ N/m²,速度梯度为 293 m/(s·m)。这些值对应的黏性系数为 2.13×10^{-5} N·s/m²,与它在 273 K 时的名义值 2.117×10^{-5} N·s/m² 具有可比性。流场中的平均温度为 283 K,利用 0.81 的温度-黏性指数,名义系数为 2.18×10^{-5} N·s/m²。考虑到剪切应力中的散射及流场中的温度变化,尽管差异比预期要大一些,但这个吻合是令人满意的。碰撞对之间的平均距离为 1.7×10^{-4} m,远小于平均自由程,而且其他计算参数也在类似宽度的范围内得到满足。

平均剪切应力下运动表面所做的功为 1.87 W/m²,而内、外表面抽样得到的净热量输运分别为 0.85 W/m² 和 1.03 W/m²。从方程式(12.14)抽样得到的热通量如图 12.5 所示。q_x 的散射非常高,而且如果 u_0 能强迫到其稳态值 0 就可以得到更好的结果。

由于统计散射是未扰动流动的一部分,所以大扰动流动比小扰动流动更容

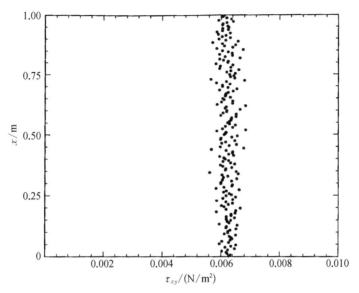

图 12.4　Couette 流动中的剪切应力剖面

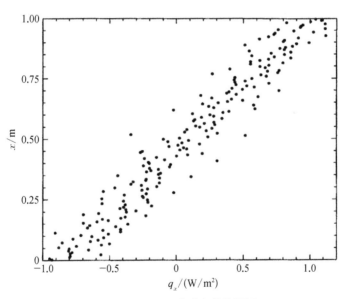

图 12.5　Couette 流动中的热通量

易得到准确解。对表面速度 1 000 m/s 重新进行计算,对应速率比为 2.67,基于壁面速度和未扰动气体温度的马赫数为 2.93,而且大部分流场是超声速的。速度梯度和剪切应力增大三倍多,但是温度梯度和热通量的增大高于十倍。输入到表面的净热通量从入射量或反射量的不足 1% 增大到大于 10%。在散射上得到的效果非常明显,可以从图 12.5 和图 12.6 的比较中看出来。

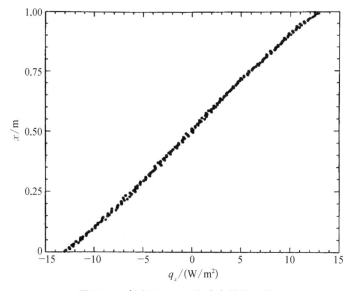

图 12.6　高速 Couette 流动中的热流量

图 12.7 中的高速速度剖面与图 12.1 中的相对低速剖面定性不同。图 12.1 中的速度梯度在散射范围内是线性的,而高速速度剖面在整个流场内是非线性

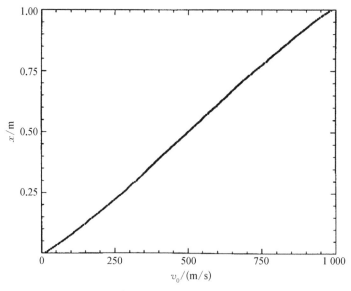

图 12.7　高速 Couette 流动中的速度剖面

的。这一非线性是由于黏性系数对温度的依赖。温度在形式上依然是抛物形的,最高温度为 438 K,流场中部的黏性系数比表面附近高出 40% 左右。为使剪切应力在整个流场中保持常数,流场表面附近较冷气体的速度梯度要比流场中部的大一些。

相对于在低速情况中使用平均速度梯度和平均温度,更倾向于从文件 DSMC1.OUT 的结果中直接抽样参考温度下的黏性系数 μ_{ref},要用到的方程为

$$\mu_{\text{ref}} = \tau_{xy}(\Delta x/\Delta v_0)\ (T_{\text{ref}}/T)^{\omega} \tag{12.15}$$

其中,τ_{xy}、x、v_0 和 T 分别为每个网格的输出量。它们作为数组可以用单独的文件编辑,并且可以用输入量的后处理程序读入。程序用到的 Δx 和 Δv_0 是相邻网格的差。黏性系数通过除非常靠近表面的克努森数层以外的网格量平均得到。参考温度为 273 K 下得到的黏性系数为 2.10×10^{-5} N $\cdot$ s/m^2,这与 VHS 分子直径所基于的值 2.117×10^{-5} N $\cdot$ s/m^2 吻合得很好。

表面上的速度和温度"滑移",再次跟当地平均自由程与速度梯度和温度梯度的乘积非常接近。

高速情形的热效果足够大,除了黏性系数以外还可以确定热传导系数。该系数参考值的赋值用到的方程是

$$K_{\text{ref}} = q_x(\Delta x/\Delta T)\ (T_{\text{ref}}/T)^{\omega} \tag{12.16}$$

而且由于 q_y 也在 DSMC1.OUT 中出现,所以每个网格的值可以立刻计算出来。流场中部区域的结果毫无规律,但是流场外部 30% 区域的平均值为 0.016 6 W/(m $\cdot$ K),这与 Chapman 和 Cowling(1970)所引用的氩气在 273 K 下所测得的值 0.016 4 W/(m $\cdot$ K)吻合得较好。所得到的普朗特数为 0.66,与单原子气体的理论值 2/3 吻合得非常好。

高速情况下的温度修正非常明显,重复表面温度为 180 K 的计算,这样平均温度较接近 273 K。得到的黏性系数为 2.11 N $\cdot$ s/m^2,热传导系数为 0.016 7 W/(m $\cdot$ K)。

如同 3.5 节中讨论的,从理论的推导及比较基于 Chapman-Enskog 理论的一阶近似。通过引入 Sonine 多项式更多项的二阶近似,将导致氩气黏性系数理论值小于 0.5% 的增大,这在 DSMC 结果中位于统计散射的量级。另外,包括 Chapman-Enskog 展开下一项得到的 Burnett 项本身也处于相同量级。这些项包括"热应力",出现在温度梯度对剪切张量的贡献中。

12.3   氩气-氦气混合气体的黏性

Chapman 和 Cowling(1970)详细讨论了 293 K 时氩气-氦气混合气体的黏性。氩气的黏性系数比氦气高 13.6%,但是只要氦气的百分比小于 83%,混合气体的黏性系数大于氩气的。最大黏性系数发生在约含 60%的氦气时,比纯氩气的黏性系数大 4%。为了检验 DSMC 方法能否复现这一行为,对氩气-氦气混合气体进行了类似于 12.2 节的计算。一个不同之处是用 VSS 模型取代 VHS 模型。另外,参数 ISPD 设置为 1,这要求氩气-氦气碰撞的有效直径和黏性在数据中显式设置,而不是取为平均值。

扩散系数的测量值可与附录 A 中列出的 VSS 模型散射参数一起确定给定参考温度下碰撞截面下的有效直径 $(d_{12})_{ref}$。该方案与 4.3 节中用于从黏性系数确定分子直径的方法类似,其结果为

$$(d_{12})_{ref} = \left\{ \frac{3(\alpha_{12} + 1)\left[2kT_{ref}/(\pi m_r)\right]^{1/2}}{8(5 - 2w_{12})n(D_{12})_{ref}} \right\}^{1/2} \qquad (12.17)$$

直径是其在参考温度下平衡气体中 $c_r^{2\omega-1}$ 时的均值。应该再次强调的是,利用平衡量定义参考直径是为了方便但无物理意义。另外,直径可取为方程式(1.35)的平均直径,扩散系数的值用于计算 VSS 模型散射参数的适当值,这是更倾向的方式且在附录 A 中被采用。这里两种方式都用过,尽管散射参数不同,但黏性系数难以区分。

由于黏性系数的"超出"只有 4%,所以 DSMC 中统计散射的程度极其重要。对流动在常规区间抽样以建立累积样本。然而,扩散导致每个网格中的样本变化缓慢,而且选取最短时间以达到独立样本并不容易。另外,净剪切应力是两个大量之差,累积样本的大小并不是预期精度的可靠指导。DSMC 结果精度的最好表征是累积样本的时间历史。图 12.8 给出了超过 3 000 个样本的 293 K、VSS 模型的纯氩气黏性系数的历史值。假定流场在 0.08 s 达到稳态且此时开始进行抽样,0.6 s 时的样本大小比 0.1 s 时大 25 倍,而统计涨落将在画出的区间内衰减到 1/5。

统计(涨落)散射程度的逐渐变小与预期一致,而 DSMC 结果也与测量值一致。多数混合气体计算涉及大约 0.4 s 时的抽样。图 12.8 表明统计散射的标准

偏差应该小于 1%,这意味着多数结果的偏差在 1% 以内,但是极端情况可能达到 2% 或更多。表 12.1 给出了程序 DSMC1.FOR 的计算结果,这与测量值在统计散射的范围内一致。

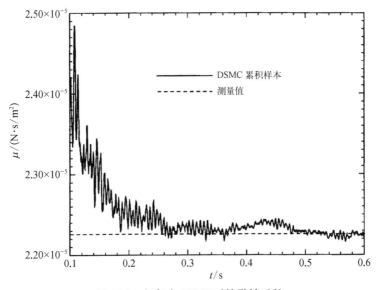

图 12.8　氩气在 293 K 时的黏性系数

表 12.1　氦气–氩气混合气体在 293 K 时的黏性系数

氦气/%	测得的 $\mu/(\mathrm{N\cdot s/m^2})$	计算的 $\mu/(\mathrm{N\cdot s/m^2})$
0	$2.227\ 5\times10^{-5}$	2.22×10^{-5}
19.9	$2.270\ 7\times10^{-5}$	2.24×10^{-5}
37.1	$2.309\ 5\times10^{-5}$	2.31×10^{-5}
63.4	$2.316\ 1\times10^{-5}$	2.27×10^{-5}
100.0	$1.960\ 4\times10^{-5}$	1.99×10^{-5}

12.4　氮气的普朗特数

如方程式(12.14)所示,分子的内能 ε 对热通量矢量有贡献。它将导致热通量的增大,但是比热也会发生变化,因此单原子气体的普朗特数与 2/3 的偏离度是一个有趣的话题。

对可变硬球模型的氩气重新进行高速 Couette 流计算,再用后处理程序计算 273 K 时黏性系数和热传导系数的均值。计算所得的黏性系数为 1.645×10^{-5} N · s/m^2,而可变硬球模型直径基于 Chapman 和 Cowling(1970)引用过的值 1.656×10^{-5} N · s/m^2。对应的热传导系数为 0.023 2 W/(m · K),与测量值 0.024 0 W/(m · K)具有可比性,而 Chapman 和 Cowling(1970)指出得到这些值的实验中的估计误差不小于 1%。普朗特数的 DSMC 计算值和测量值分别为 0.74 和 0.72。双原子气体的普朗特数一般近似为 3/4,并不是单原子气体的 2/3。

12.5　氩气的自扩散系数

测量自扩散系数的实验一般用到不同的同位素,使得不同的同种分子可以区分开来。但是,同位素在质量上的细微差异会增大实验误差。DSMC 方法的"数值实验"由于相同分子可以标识为组分 1 或组分 2 而变得容易。用表 A.1 和表 A.3 列分子特性的 VSS 氩气。程序 DSMC1.FOR 中的数据设置为两个边界都是将静止气体作为来流气体的来流边界(IB(1)= IB(2)= 4)。$x = 0$ 处内边界的来流完全由组分 1 构成,$x = 1$ m 处外边界来流则完全由组分 2 构成。在这种情况下,来流数密度均为 1.4×10^{20} m^{-3} 且温度为 273 K。流场为平面流动,其边界位置、网格数目、亚网格数目均与 DSMC1.FOR 中所列数据相同。气体由初始组分 1 和组分 2 等比例构成。

当气体达到稳态后,流场中的成分线性变化,如图 12.9 所示。忽略穿过来流边界的分子,边界处存在"组分滑移"。气体在宏观上是均匀且静止的,但是如图 12.10 所示,其扩散速度相当明显。应该指出的是,扩散系数与数密度成反比,标准温度和压强下气体的扩散速度比这里给出的低大约 200 000 倍。

对于这一问题,方程式(3.91)使得自扩散系数可以写为

$$D_{11} = D_{12} = - \left(U_1 - U_2 \right) \frac{n_1 n_2}{n^2} \frac{\Delta x}{\Delta(n_1/n)} \tag{12.18}$$

浓度梯度在整个流场相同,扩散速度的变化使得 D_{11} 在统计散射的范围内是常数。D_{11} 在温度为 273 K、数密度为 1.4×10^{20} m^{-3} 时的均值为 2.95 m^2/s,其对应标准情况下的值为 1.55×10^{-5} m^2/s,与测得值 1.57×10^{-5} m^2/s(Chapman and Cowling,1970)符合得很好。

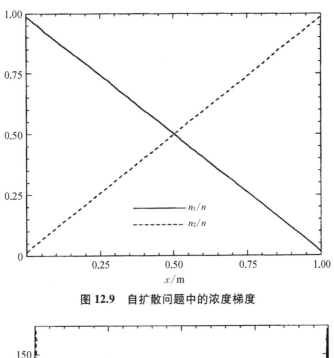

图 12.9　自扩散问题中的浓度梯度

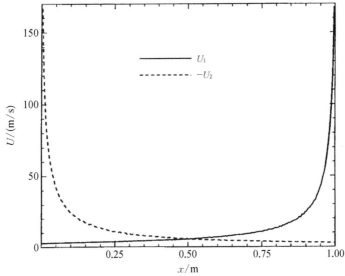

图 12.10　自扩散问题中的扩散速度

对可变硬球模型 ($\alpha = 1$) 及 Koura 和 Matsumeto (1991) 提出的 $\alpha = 1.67$ 重新计算, 得到标准情况下 D_{11} 的值分别为 1.26×10^{-5} m²/s 和 1.72×10^{-5} m²/s, 如方程式 (3.76) 所示, D_{11} 正比于 $\alpha + 1$, 而表 A.3 中给定的 α 值能得到正确的扩散系数的唯一值。

12.6 氩气-氦气混合气体的质量扩散

为了测试表 A.3 中 VSS 散射参数的值,用内边界的氩容器和外边界的氦容器,重新进行"扩散网格"计算。由于氦气的分子直径较小,所以平均自由程比纯氩气计算中要大一些。为了使当地克努森数在 Chapman-Enskog 理论有效的范围内,两个容器内的数密度均加倍至 $2.8 \times 10^{20} \, \text{m}^{-3}$。

组分浓度梯度和扩散速度剖面分别如图 12.11 和图 12.12 所示。它们可与氩气扩散问题的图 12.9 和图 12.10 比较,对称性消失且组分浓度相等的点从流场中心向氩容器平移。氦气的扩散速度比氩气要大一个近似于质量比平方根的因子。速度剖面的一个定性差异是氦气的扩散速度存在平缓的极小值。

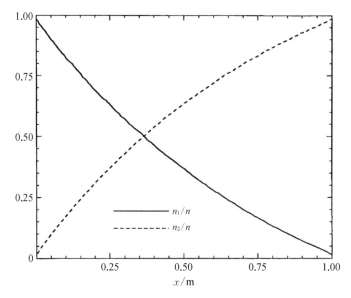

图 12.11　氩气-氦气扩散中的浓度梯度

方程式(12.18)可再次用于确定扩散系数,尽管边界附近的梯度很大,但其在整个流场中几乎是一致的。在标准情况下,D_{12} 在流场中部 80% 的均值为 $6.39 \times 10^{-5} \, \text{m}^2/\text{s}$,而其在整个流场中的均值为 $6.33 \times 10^{-5} \, \text{m}^2/\text{s}$。Chapman 和 Cowling 给出的氩气-氦气混合气体标准情况下 D_{12} 的测量值为 $6.41 \times 10^{-5} \, \text{m}^2/\text{s}$。实验和 DSMC 计算的误差都在 1% 量级。

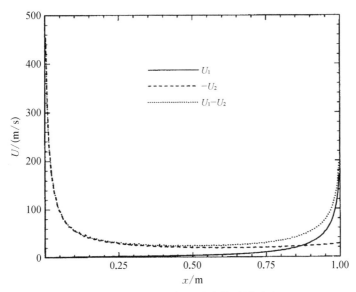

图 12.12　氩气-氦气扩散中的扩散速度

12.7　热扩散

由 37.1% 的氦气和 62.9% 的氩气组成的混合气体,其高速 Couette 流动中的成分如图 12.13 所示。尽管边界条件不会引入质量扩散,而且流动中压强相同,但两种成分之间还是存在一些差异的。氩气在流场中部的密度要小一些,这归因于 3.5 节中讨论到的热扩散,其使得大而重的分子向低温区域聚集。

热扩散可以用不具备质量速度的简单流场进行定量研究。DSMC1.FOR 中的程序可以设置为内边界为 300 K 的漫反射面,外边界为来流边界,其温度为 2 000 K,数密度为 10^{20} m^{-3} 且氩气与氦气数密度相等。气体在开始时设为来流条件且在流动的非定常过程中,气体在表面处冷却,因此数密度的增大导致朝向壁面的流动。气体最终在来流压强下达到稳态,但是温度梯度会产生热扩散导致的分离效应。

稳态不涉及任何扩散速度,且方程式(3.91)退化为

$$d(n_1/n)/dx = k_T d\ln T/dx \qquad (12.19)$$

热扩散比例 k_T 强烈依赖成分,而且更倾向于用如下定义的热扩散因子质量效

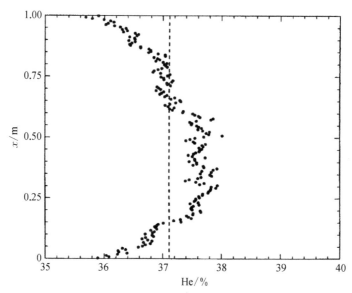

图 12.13 **37.1%** 的氩气和 **62.9%** 的氦气混合气体高速 Couette 流动中的分离效应

应, 即

$$\alpha_T = \left[n^2/(n_1 n_2) \right] k_T \qquad (12.20)$$

它与方程式(12.9)结合起来给出

$$\ln(n_1/n_2) = -\alpha_T \ln T + C \qquad (12.21)$$

其中, C 是常数。

　　稳态时的温度和组分浓度剖面图分别如图 12.14 和图 12.15 所示。$x = 1$ m 处"来流"的平均自由程为 0.02 m, 而且由于此处的密度反比于温度, 所以表面处的平均自由程小于 0.003 m。当地克努森数在 Chapman-Enskog 理论有效的范围内, 稀薄的唯一效应是边界处的滑移, 分离很明显且延伸到整个模拟区域。

　　图 12.16 给出了方程式(12.21)中出现的对数变量, 斜率为负且其绝对值等于热扩散因子。在高温区存在轻微的对称性偏差, 但在低温区 300 K 量级氦气-氩气混合气体 α_T 的值为 0.35。Chapman 和 Cowling(1970)给出这个量的实验值为 0.38。

　　热扩散由分子样本的变化引起, 对所有组分用 $\omega = 1$ 重新进行计算, 此时参考直径的选取使得所有组分具有相同的碰撞截面。对于 $\omega = 1$, 碰撞截面反比于相对速度, 所有碰撞对是等概率的。这种情况类似于麦克斯韦分子, 而且已知的是热扩散不会发生在麦克斯韦气体中。正如预期, 这种情况下不存在分离。

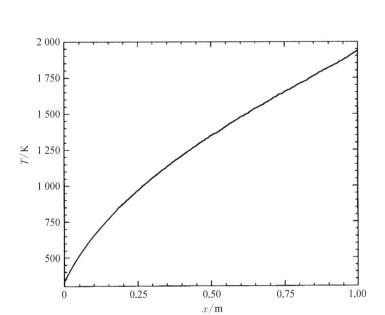

图 12.14　300 K 壁面与等数密度氦气-氩气 2 000 K 静止气体的温度剖面

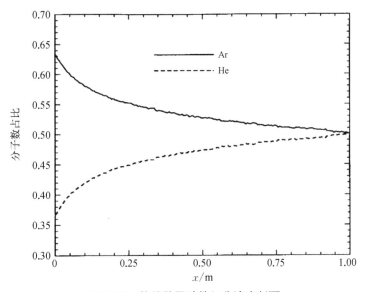

图 12.15　热扩散导致的组分浓度剖面

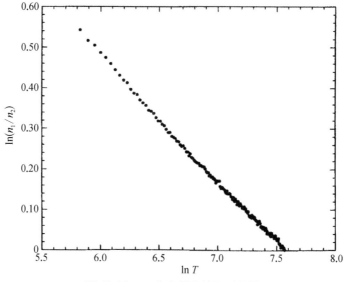

图 12.16　α_{T} 作为斜率的双对数图

12.8　扩散热效应

它是热扩散的逆效应,是温度均匀但成分不均匀气体中的热通量。这一效应原本应该在 12.6 节的热扩散计算中给出,那里是 $x = 0$ 处数密度为 2.8×10^{20} m^{-3}、温度为 273 K 的无限氩容器和 $x = 1$ m 处类似氦容器之间的质量扩散。浓度梯度和得到的扩散速度已在 12.6 节中进行了讨论,混合流动中的温度和数密度与容器值没有偏差。但是,流速和热流量没有表现出系统效应。

流速沿着氩气扩散的方向且在 2~20 m/s。然而,如图 12.17 所示,该速度与密度的乘积在整个流场中是相同的,其代表正方向的净质量通量。

图 12.18 表明净热通量 q_x 方向相反且在 22~60 W/m^2。Chapman 和 Cowling (1970)指出,在不存在温度梯度的情况下,

$$q_x = \frac{5}{2} kT (n_1 U_1 + n_2 U_2) + kT \frac{n_1 n_2}{n} \alpha_{\mathrm{T}} (U_1 - U_2) \qquad (12.22)$$

第一项的出现是由于通量相对于流动或气体的质量速度进行测量,而不是相对于分子的平均速度。它也在图 12.18 中给出,其方向与 q_x 相同但是其值要稍微

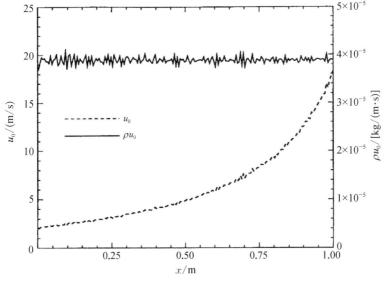

图 12.17　氦气-氩气扩散中的流动速度和质量流量

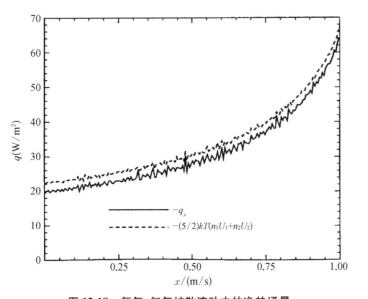

图 12.18　氦气-氩气扩散流动中的净热通量

大一点,较小的差值为扩散热效应,由方程式(12.22)中的第二项表示。它沿氩气扩散的方向,像 Chapman 和 Cowling(1970)指出的那样,"热流沿着分子扩散的方向,热扩散朝着冷的一侧"。由于该效应是散射很大的两个大量之间的差值,而整个流场中 α_T 的均值为 0.44,所以其与测量值 0.38 是合理吻合的。

12.9 过渡区的热传导

本章前几节的 DSMC 计算都是针对足够低的克努森数,此时,稀薄效应限于壁面附近的克努森层内,Chapman-Enskog 的输运性质适用于流场的其余部分。现在将研究从连续流到自由分子流全过渡流区的平板表面间一维热传导,同时给出 7.3 节中的连续解及自由分子解或无碰撞解。过渡流区中该问题的四矩解(Liu and Lees,1961)在 8.2 节给出。

四矩解是麦克斯韦分子模型的特殊情况,此时,热传导系数为 $K = CT$。方程式(3.56)和式(4.62)表明,如果 C 由式(12.23)给出

$$C = \frac{15k^{3/2}}{8\left(\pi m T_{\text{ref}}\right)^{1/2} d_{\text{ref}}^2} \qquad (12.23)$$

这一关系式可由 VHS 模型取代。如果壁面上的压强 p 选为独立变量,则热通量的 DSMC 及分析结果之间的比较将非常方便。自由分子流中的压强可以立即写为

$$p = nk T_{\text{U}}^{1/2} T_{\text{L}}^{1/2} \qquad (12.24)$$

其中,T_{U} 和 T_{L} 分别为上、下板的温度。注意,无碰撞极限下 n 为常数,方程式(7.24)的自由分子解可写为

$$q_x = -2^{3/2} p \left(\frac{k}{\pi m}\right)^{1/2} \left(T_{\text{U}}^{1/2} - T_{\text{L}}^{1/2}\right) \qquad (12.25)$$

连续热流量不依赖压强,由于 $\omega = 1$,方程式(7.25)可以写为

$$q_{\text{c}} = -\frac{1}{2} C \left(T_{\text{U}}^2 - T_{\text{L}}^2\right)/h \qquad (12.26)$$

其中,h 为板间距离。由方程式(8.19)和式(8.20)有四矩解为

$$q = \frac{\left[\left(B T_{\text{U}} + A T_{\text{L}} + h/C\right)^2 - \left(B^2 - A^2\right)\left(T_{\text{U}}^2 - T_{\text{L}}^2\right)\right]^{1/2} - \left(B T_{\text{U}} + A T_{\text{L}} + h/C\right)}{B^2 - A^2} \qquad (12.27)$$

其中,$A = \dfrac{1}{2p}\left(\dfrac{\pi m T_{\text{U}}}{2k}\right)^{1/2}$;$B = \dfrac{1}{2p}\left(\dfrac{\pi m T_{\text{L}}}{2k}\right)^{1/2}$。该关系式在压强很大时退化

为连续解;在压强很小时退化为自由分子值。

　　用程序 DSMC 计算这一问题,一个 250 K 的壁面作为内边界,另一个 1 000 K 的壁面作为外边界。使用可变硬球模型,分子质量和直径用氩气的值,但是 $\omega =$ 1,图 12.19 比较了连续解、自由分子解、四矩解和 DSMC 解。该图表明四矩解在过渡流区发生的压强范围内是比较准确的,这个解的热传导值在过渡流区高出大约 10%。这一差异可能是由于四矩解依赖的麦克斯韦碰撞积分与可变硬球模型不一致。麦克斯韦分子模型的一个早期研究也表现出了类似的差异。而且,上述研究表明,硬球分子模型和麦克斯韦模型的结果对于这一问题几乎没有差异。

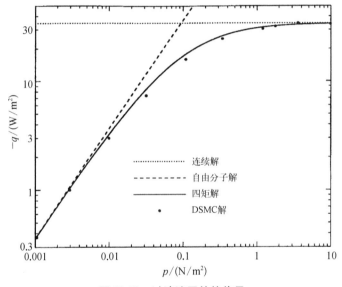

图 12.19　过渡流区的热传导

　　克努森数范围可以从图 12.19 和图 8.1 的比较中推断出来。图 8.1 有一定误导性,它表明热传导随克努森数的增大而增大。这是由于传热表征为其与自由分子值之比,但是,如图 12.19 所示,它的值随着克努森数的增大而减小。在低克努森数下 DSMC 结果存在一些散射,这是由于 q_x 是两个大量之差。高克努森数下 DSMC 结果的散射要低若干个数量级。

12.10　膨胀中的连续流失效

　　定常等熵膨胀是空气动力学的基本流动之一。连续方程的准确解是存在的,但是由于流动是等熵的,所以它们不包含任何输运属性。极低密度下连续解的失效无法与 Chapman-Enskog 理论的失效相联系,其发生仅仅是由于碰撞频率降到了保持理论预测的温度下降所需的频率以下。这种形式的失效已在 1.2 节中讨论过,其在定常流动的发生应当与方程式(1.5)定义的参数 P 关联,即

$$P = (\pi^{1/2}/2)S(\lambda/\rho)\mathrm{d}\rho/\mathrm{d}x$$

程序 DSMC1 已用于研究定常球状或柱状膨胀中这种形式的失效。由于这些流动的面积随半径单调增大,所以只能模拟超声速膨胀。全局克努森数可以很容易地定义为驻点条件下的平均自由程与声速流动下的半径之比,即

$$Kn = \lambda_0/r^* \tag{12.28}$$

其中,下标 0 表示驻点条件;上标 * 表示声速条件。对于面积正比于距离 ε 次幂的流动,参数 $P(\mathrm{Bird},1970)$ 可以写成

$$P = \frac{Kn}{2}\left(\frac{\pi\gamma}{2}\right)^{1/2}\frac{\varepsilon\,(Ma)^{3+\frac{1}{\varepsilon}}}{(Ma)^2-1}\left(\frac{\gamma+1}{2}\right)^{\frac{\gamma+1}{2\varepsilon(\gamma-1)}}\left[1+\frac{\gamma-1}{2}\,(Ma)^2\right]^{\frac{\gamma+1}{2(\gamma-1)}\left(1-\frac{1}{\varepsilon}\right)-\omega} \tag{12.29}$$

P 在声速线上的奇异性表明,柱状几何和球状几何不满足 $Ma=1$ 时 $\mathrm{d}A/\mathrm{d}x$ 和 $\varepsilon=0$ 的要求。P 在马赫数为 1.4 量级时取极小,随后增大。而且还发现,如果计算从声速线开始,轴向和径向的初始温度将稍微偏离平衡。由于它们很快会回到平衡,多数计算通过将半径设置为 1.05 乘以声速半径来避免奇异性,对于球状流动,该半径对应于马赫数稍大于 1.4 的流动。

另一个计算是氩气的球状扩散,方程式(12.28)所定义的全局克努森数为 0.001。流动从 $x=1.05$ 延伸到 $x=10$,稳态用到了 985 个网格、9 850 个亚网格及大约 35 000 个分子。内边界为匹配连续解的来流,外边界为真空。流场初始状态也是一个真空。

计算的样本容量几乎是该类型早期计算的 1 000 倍,其统计散射远小于 1%。膨胀中的温度值和密度值与连续值之比如图 12.20 和图 12.21 所示。早期的计算针对硬球模型和麦克斯韦模型,$\omega=0.81$ 的氩气接近麦克斯韦情形。失效表明温度逐步增大到连续值以上。这与平行温度或轴向温度 T_x 和垂直方向温度 T_n 的偏离有关,前者基于 x 方向的热速度分量,后者基于垂直于该方向的分量。后一个温度是与温度的 x 分量一起输出的 y 分量及 z 分量的均值。一方面,平行温度最终为常数或"冻结"。另一方面,垂直温度持续下降,即使是无碰

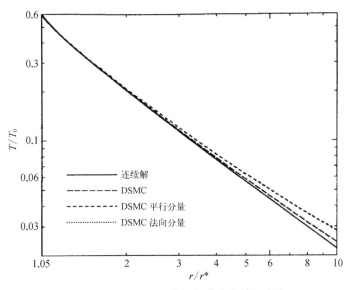

图 12.20　$Kn = 0.001$ 的氩气膨胀中的温度比

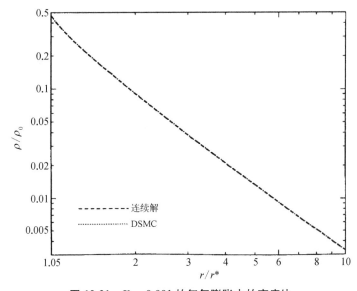

图 12.21　$Kn = 0.001$ 的氩气膨胀中的密度比

撞流动,这是因为随着分子远离中心,几何效应使得分子速度向径向转移。在这种情况下,垂直温度依然非常接近连续温度。T_x/T_n 的值提供了非平衡程度最方便的测量,其与 P 的比值如图 12.22 所示。

对密度为上述情况的三分之一情况和三倍情况重新计算,它们分别对应

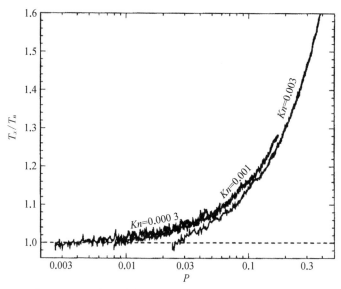

图 12.22　平行温度与垂直温度作为失效参数函数的比

$Kn = 0.003$ 和 $Kn = 0.000\ 3$。三种情况的定性行为是相同的,对应 T_x/T_n 的值也在图 12.22 中给出。$Kn = 0.001$ 的情况对应 P 为 $0.008\sim0.16$,其失效开始在 $P = 0.01$ 处,对应 $r/r^* = 1.28$,马赫数为 2.1。$Kn = 0.000\ 3$ 的情况对应 P 为 $0.002\ 5\sim0.045$,失效再次开始在 $P = 0.01$ 处,此时马赫数为 4.35。$Kn = 0.003$ 的情况开始于 $P = 0.025$ 处,此时流动应该已远离平衡。边界条件强迫其在开始时位于平衡,使得该曲线整体向下平移。

　　这些结果强烈支持用参数 P 关联膨胀中的平衡失效,与早期的 DSMC 结果吻合,当时提出的失效判据是 $P = 0.04$。这是一个比较大的值,归因于原始计算存在较大散射,事实上这些流动多数开始于已远离平衡的半径。温度比在 $P = 0.04$ 处大约为 1.06,而图 12.20 表明全局温度比理论温度高出 2%。尽管现在的结果表明失效开始于 $P = 0.01$ 左右,考虑到密度和速度没有受到影响,这依然是一个合理的判据。而且,失效是如此缓慢以至于如果在更大规模计算中散射进一步减小,则可能在 P 的更小值观察到失效。值得注意的是,温度的少量偏离在平衡值之上约等于 $P/2$。

　　通常认为大质量比混合气体中平衡失效可能导致更强的分离效应。对 $Kn = 0.001$、相同质量构成的氩气-氦气混合气体进行计算。温度、密度和温度比 T_x/T_n 作为平衡参数 P 的函数的结果与单纯氩气没有区别。然而,氩气存在约 $-5\ \mathrm{m/s}$ 的扩散速度,氦气也有类似的正向扩散速度。相比于最终几乎达

1 300 m/s 的流动速度,它们很小。最终氩气的分子数目比约为 0.100 5,如果不存在分离其应为 0.1。另外,这不能视为"失效"效应,因为扩散速度与方程式(3.91)的预测是一致的,后者基于 Chapman-Enskog 输运量。压强扩散项和热扩散项远大于质量扩散项,这两个效应在稳态膨胀中反向作用,但是压强扩散项是主项。

12.11 正则激波

激波涉及从均匀上游到均匀下游的转变。在正则激波的情况下,波面内没有来流速度,转变是从超声速流动向亚声速流动。**激波马赫数** $(Ma)_s$ 定义为波相对于来流气体的速度与该气体的声速之比。当以稳态流动为参考系时,激波马赫数与来流马赫数相同。在连续流动中,激波被当作一种间断,穿过激波的流速、密度、压强和温度之比由 Liepmann 和 Roshko(1970)给定。事实上,激波是有一定厚度的,其大小依赖气体的输运性质。

Navier-Stokes 方程可以用于激波结构问题,得到适用于数值求解的常微分方程(Gilbarg and Paolucci,1953)。激波厚度 L 可以定义为用波内最大密度梯度展开全局密度变化所需的距离,通常表述为上游平均自由程的倍数且是黏性-温度指数 ω 和 $(Ma)_s$ 的函数。

单原子气体 Navier-Stokes 理论预测如图 12.23 所示。这些用到了方程式(4.52)关于平均自由程的定义,这意味着 Gilbarg 和 Paolucci(1953)的分析中用到的参数"β"为

$$\frac{(30\pi)^{1/2}(\alpha + 1)(\alpha + 2)}{3\alpha(5 - 2\omega)(7 - 2\omega)}$$

对于 $\alpha = 1$ 和 $\omega = 1/2$,其退化为理论的多数应用中用到的硬球值。将 VSS 散射参数 α 设置为 1,计算得到图 12.23。在图 12.23 中,对于弱激波,ω 的影响非常明显,而平均自由程定义的变化对此负主要责任。对于 L/λ_1,麦克斯韦值与硬球值之比在非常强激波时变得很大,前者在激波马赫数为 5 时有近似为 5 的最小值,此后一直增大,而后者趋于单位 1。具有真实 ω 值气体的最大斜率厚度具有 2~3 个来流自由程的微弱极小值。这些薄的波涉及宏观气体如此大的梯度,以至于 Chapman-Enskog 理论不再有效且 Navier-Stokes 方程失效。图 12.23 也给出了 8.2 节的 Mott-Smith 理论得到的结果。

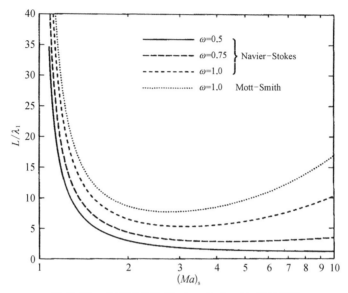

图 12.23　单原子气体 Navier-Stokes 的理论预测

Chapman-Enskog 理论中显著误差,与 Navier-Stokes 方程在 1.2 节中通过方程式(1.1)和式(1.2)的当地克努森数为 0.1 相关联。计算当地克努森数在 Navier-Stokes 激波剖面中的最大值,其结果如图 12.24 所示。这意味着,对于真实的 ω,Navier-Stokes 剖面中的误差在激波马赫数约为 1.6 时变得明显,当激波

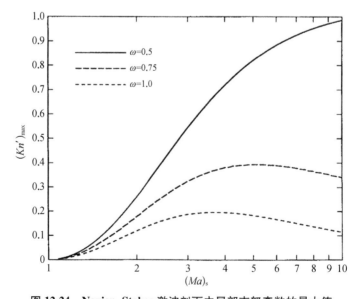

图 12.24　Navier-Stokes 激波剖面中局部克努森数的最大值

马赫数大于 2 时非常严重。

通常与稀薄气体流动相关的高克努森数发生在所有密度的强激波中。很多流动构型中的波远离固体壁面的影响且不受气壁作用不确定性的影响。对于正则激波结构,存在相当多由事实支持的实验数据,而且该流动已成为分子气动力学中数值方法验证的最重要的测试算例。

一系列性质上不同的边界条件已用于正则激波的 DSMC 研究,其中之一可用于一维通用程序 DSMC1.FOR。它在每边界用"3 型"或来流选项,一个来流的性质对应波上游的均匀条件,另一个来流对应波下游的条件。唯一的修正是设置初态中的一半气体为上游条件而另一半气体为下游条件。在波的质量中心存在一个初始间断或台阶。定常激波构型将在非定常项的计算中发展出来。只要模拟分子的数目足够大且抽样相对小,该方法就可以得到强激波的可接受解。问题是通过上游边界和下游边界的分子会发生波动,总的分子数目受随机游走效应的影响。由于没有什么可以将波在空间上固定下来,所以其位置也会随机游走,而这会对时间平均的值造成影响。

x_d 处的下游亚声速边界带来的大部分问题,可以用镜面反射固体壁面代替,而壁面以下游 Rankine-Hugniot 速度 u_s 运动。对于运动到 x_d 以外的分子,速度分量 u 反射后的值为

$$u' = 2u_w - u \qquad (12.30)$$

分子反射后的位置可以立即写为

$$x' = 2x_w - x + u'dt \qquad (12.31)$$

其中, dt 为时间步长。一旦 x' 仍在 x_d 以外就将该分子移除。本质上来说,该边界条件是一个运动的活塞,与分子相互作用后就"跳"回原点。它已在程序 DSMC1S 中实现,而该程序是通用一维程序 DSMC1 的改进。该边界条件还有其他优势,它只需要通过 Rankine-Hugniot 理论计算下游速度,而来流边界也用到了密度和温度的理论值。本质上来说,它等同于将 Rankine-Hugniot 速度比用于参考系变换以产生激波,因此波是静止的。

对 DSMC1 的另一个变化是移除不再需要的边界选项,同时调整了激波问题的输入和输出。另外,气体的初始状态是原点处的一个间断。即使使用活塞边界条件,总的分子数目也受随机游走影响,时间平均的波形也会因波的运动而变得模糊。子程序 STABIL 就是用来阻止它的发生,一旦总的分子数目与其值偏差超过指定数目,所有分子就移动相同距离,穿过某一边界的分子被移除,同时

复制初始边界与另一边界在位移距离以内的分子。根据上游和下游 Rankine-Hugniot 密度计算位移距离,使其与将分子数目恢复初值所需的相同。

293 K 下激波马赫数为 1.2 的激波被选为第一个测试算例。使用的是附录 A 中所列参数的 VSS 模型,DSMC 方法计算用到了 27 000 个仿真分子和 400 个网格,每个网格又分为 6 个亚网格。碰撞对之间的平均距离小于上游平均自由程的 1%,时间步长只是略大于碰撞时间的 1/20。因此,DSMC 方法的计算要求在非常宽的范围内得到满足。假定流动在运动了大约 20 个激波宽度之后达到稳态,而时间平均在流动运动数个激波厚度的时间段上产生。计算涉及大约 43 000 000 次碰撞。

图 12.25 比较了密度和温度结果与 Navier-Stokes 方程的预测值。正则激波定义为

$$\hat{\rho} = \frac{\rho - \rho_1}{\rho_2 - \rho_1} \tag{12.32}$$

其中,下标 1 和 2 分别代表上游和下游的 Rankine-Hugniot 值。其他宏观量的正则值也类似定义。与预期一样,对于这样一个非常弱的激波,两个结果吻合得很好。

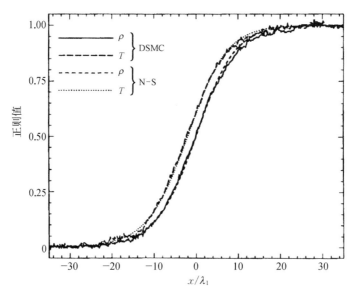

图 12.25 $Ma_s = 1.2$ 的氩气中的温度值和密度值

这是一个费力的计算,其涉及密度比只有 1.297 3 的较小扰动。由于统计散射是密度的一定比例,所以相对于强激波的情况,它是全局扰动的较大比例。图

12.26 是流动一次典型瞬时抽样的温度和温度剖面。每个网格中的分子数目使得整个波中全局密度的变化大约是统计散射的两个标准差,这意味着很多网格中的"噪声"超过了"信号"。

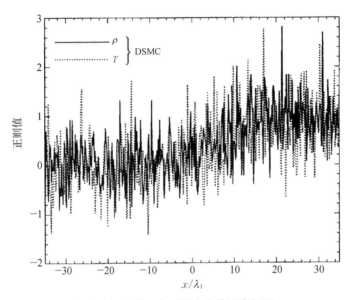

图 12.26　基于典型瞬态值的温度剖面

通过子程序 STABIL 控制总分子数目的涨落来稳定激波位置的重要性,通过关闭该子程序的重新计算来测试。分子数目从 27 022 开始经历随机游走,位移一般朝下游方向,在长时间的大小由其最终值 26 400 作为代表。这通常导致波向尾部位移,如图 12.27 所示,其对时间平均值带来的失真更为严重。尽管该情况下激波向下游移动,但它向上游运动的概率也是相同的。幸运的是,通过直接介入来控制随机游走的需求在该流动中是独一无二的,因为流动构型几乎总是由物理边界的几何确定。

如 10.2 节指出,DSMC 方法的某些形式试图通过每次碰撞只改变两个分子中一个分子的速度分量使得其与玻尔兹曼方程更一致。10.4 节中已指出,该方法在平均意义上使动量和能量守恒,但它们并不在每次碰撞中守恒,对气体的全局动量和能量引入随机游走。可以通过使碰撞次数加倍而每次碰撞中只有一个分子发生改变来修正程序 DSMC1S。如果没有随机游走,结果将不受影响。但是如图 12.28 所示,它的解退化到了几乎无用的地步。具有讽刺意味的是,数学"收敛证明"(Babovsky and Illner, 1989)是针对随机游走的方案提出的,而不是

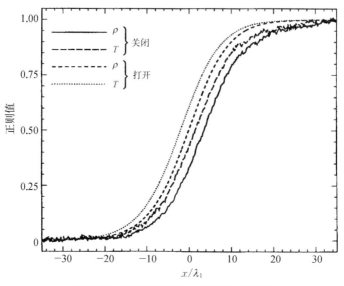

图 12.27　关闭了子程序 STABIL 的效果

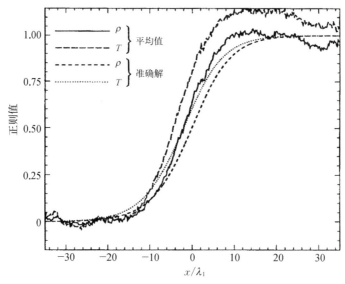

图 12.28　碰撞中动量与能量准确守恒和平均守恒的效果

常用方案。随着逐步将图 12.26 转化为图 12.25 的时间平均样本的增大而减小的统计散射,有时也称为"收敛"。这是不符合预期的,因为统计过程与收敛的数学概念毫不相关。模拟的数学模型并没有考虑可能的随机游走,对于是否能从概率物理模拟得到精确解它们是确定的。注意,对于真实气体中的碰撞,两个分子的速度都发生改变,从物理观点来看,这种修正是没有意义的。

　　程序 DSMC1S 中所列数据是 293 K 的激波马赫数为 1.4 的氩气,其密度值和温度值如图 12.29 所示。它演示了激波厚度的减小,而且温度和密度剖面之间的分离明显增大。散射由于大扰动而减小,而且尽管马赫数仍然在 Navier-Stokes 方程有效的范围内,但激波下游那一半的密度偏差相当明显。这一差异与弱激波的研究是一致的,而且 Phan-Van-Diep 等(1991)的研究表明,其与 Simon 和 Foch(1977)关于 Navier-Stokes 方程由 Burnett 方程引入差异的区别也是一致的。最大斜率厚度对该差异的量化表示是明显不充分的,其源头必须是 Schmidt(1969)定义的**形因子** Q_ρ,即

$$Q_\rho = \int_{-\infty}^{\infty} \hat{\rho} \, \mathrm{d}x \Big/ \int_{0}^{\infty} (1 - \hat{\rho}) \, \mathrm{d}x \tag{12.33}$$

其中,原点在 $\hat{\rho} = 0.5$ 处。Navier-Stokes 方程预测的 Q_ρ 应该随马赫数单调增长;Burnett 方程预测的 Q_ρ 应该在 $Ma_s = 1.3$ 附近退化到极小,两者之间存在定性差异。在 $Ma_s = 1.4$ 时,Q_ρ 的 Navier-Stokes 值为 1.09,而其 Simon 和 Foch(1977)的 Burnett 值为 0.95。这些值都是针对 $\omega = 1$ 的情况,Erwin、Muntz 和 Pham-Van-Diep 的计算表明,真实 ω 下的预期值要低 1%。在最大估计误差带±5% 范围内,图 12.29 的 DSMC 密度值与 Burnett 值吻合得很好。Burnett 方程还表明,波中点处密度和温度剖面之间的分离比 Navier-Stokes 值高 10%。DSMC 结果与其一

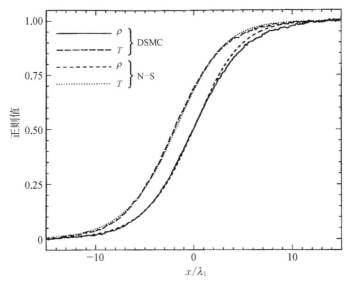

图 12.29　$Ma_s = 1.4$ 的氩气中的温度与密度剖面

致,但是差异在这个量误差带的量级。

激波马赫数为 2 时的结果如图 12.30 所示。图 12.24 中的当地克努森数,意味着此时的 Navier-Stokes 解存在明显误差,而 DSMC 结果证实了这一点。Navier-Stokes 理论得到的最大斜率厚度比 DSMC 计算小 25%,后者的值为 $L/\lambda_1 = 6.2$,这可能与 Alsmeyer(1976)实验得到的值 4.8 相矛盾。但是,这里用到的平均自由程针对 $\omega = 0.81$ 和 $\alpha = 1.662\,5$,等于 Alsmeyer(1976)所用到的硬球平均自由程的 76%。考虑到实际厚度,这两个结果的差别在一到两个百分点以内。

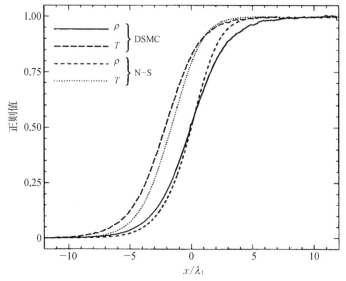

图 12.30 $Ma_s = 2$ 的氩气中的温度与密度剖面

根据 Burnett 理论,对于 $Ma_s = 2$,形因子 Q_ρ 应该在 1 左右,但是图 12.30 对于 $Ma_s = 1.4$ 的情况,积分得到的值为 0.95。一方面,它处于估计误差带的极限,结果不能令人信服;另一方面,在较高马赫数时温度和密度之间的分离在预期散射范围内与 Burnett 理论吻合得很好。Simon 和 Foch(1977)的麦克斯韦气体预测了比 Navier-Stokes 理论高出 30% 的分离。对于这里用到的更真实的分子模型,分离要小一些,但其增大的百分比与预期值一致。

当激波变得更强时,波形发生性质上的变化。图 12.31 是 $Ma_s = 8$ 的结果,它在波形上表现出明显的非对称性,其在温度上超出约 1%。在波前的一般区域对称性很好,其密度本质上等于上游值,但是温度有明显上升。未受到影响的来流分子与任何受到影响的分子之间的相对速度很小,后者中的小部分会对温度产生显著影响。速度分布函数是双峰的,但并不是 Mott-Smith 假设的由上游和下游麦克斯韦分布的简单叠加。这一点由 Pham-Van-Diep 等(1989)证实,他们比较了 DSMC、Mott-Smith 分布和氦气在 $Ma_s = 25$ 时所测得的分布,DSMC 计算的分布与实验值吻合得很好。波前附近的分布是强烈双峰的,但是 Mott-Smith 理论只是将两者进行融合的一个糟糕表述。

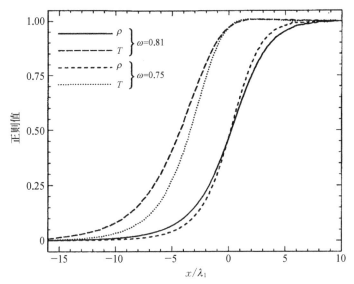

图 12.31 $Ma_s = 8$ 的氦气中的强激波结构

对于标准温度时适用的 ω 值 0.81,最大斜率厚度明显大于 Alsmeyer(1976)的实验值。图 12.31 也给出了 $\omega = 0.75$ 时的波形。考虑到平均自由程的不同定义,厚度与测量值吻合得很好。

如果从激波的结果来判断,则可能认为用方程式(4.52)对应的 VSS 或 VHS 平均自由程代替硬球的平均自由程式(4.56)是没有优势的。这对于极弱激波的情况肯定是正确的,它会导致正则化厚度对 ω 的依赖,但是实际厚度和基于上游硬球平均自由程的厚度却不依赖 ω。而且,非常强激波时的波形也表现出了对 ω 的依赖。然而,基于平均自由程式(4.52)的克努森数,应该利用对于该问题最显著的相对速度处的碰撞截面。对于强激波的情况,最显著的碰撞发生在相对速度处于上游速度的量级时,对应于处于下游温度量级的温度。这意味着如果用下游而不是上游平均自由程进行描绘,强激波的波形将不依赖分子模型。在这个变化中,下游密度是一个常数,但是差异来自碰撞截面的变化,方程式(3.60)和式(3.67)表明截面与温度的 $\omega - 1/2$ 次方成反比。对于 $Ma_s = 8$ 的单原子气体,波前、后的温度比为 20.87,下游平均自由程在 $\omega = 0.75$ 和 $\omega = 0.81$ 时平均自由程之比为 0.833。这将导致两套并存的激波结构。

由于波前近双峰分布的两个分量之间的速度差沿 x 方向,基于 x 方向速度分量的"平行温度"要高于基于 y 方向和 z 方向速度分量的"垂直温度"。这一效应如图 12.32 所示,它展示了波中心上游整个区域的强烈非平衡效应,气体在波下游的 1/2 部分达到平衡。平行温度达到一个比下游最终温度高 1/3 的最大值。尽管极高比值的 T_x/T_n 是强激波的特征,但其在极弱的激波中也大于 1。它的值可以通过 Chapman-Enskog 分布函数计算,后者可以准确描述极弱激波中的输运性质。

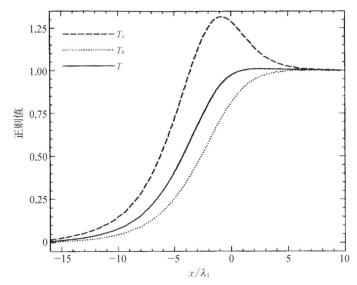

图 12.32 $Ma_s = 8$ 的激波中的平行温度和垂直温度

对于具有有限转动弛豫时间的双原子气体,转动温度应该落后于平动能温度。程序 DSMC1S 中包括模拟具有转动自由度分子所需的模块。计算氮气中马赫数为 1.71 的激波。使用附录 A 给出的氮气参数的可变硬球模型,此时转动碰撞弛豫数设为 5,密度剖面和温度剖面的解如图 12.33 所示。本节中所有计算在 CPU 时间上大致相似,强激波计算时的高度散射非常明显。

密度和全局温度的剖面,与单原子气体弱激波的图 12.25 和图 12.29 是定性相似的。内自由度的显著影响与分量温度有关,与预期的一样,平动能温度值主导全局温度。另外,全局温度有一到两个百分点的超出。转动温度也落后于其他温度,在这个例子中,其非常接近密度剖面。选择这个例子的理由是,Robben

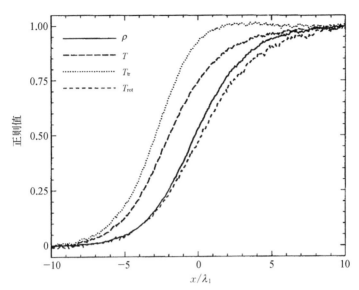

图 12.33 $Z_{rot} = 5$、$Ma_s = 1.71$ 的氮气中激波的密度剖面和温度剖面

和 Talbot(1966)获得了其密度和转动温度的测量值,而图 12.33 的 DSMC 结果与实验吻合。

对转动弛豫碰撞次数 $Z_{rot} = 10$ 重新进行计算,其结果如图 12.34 所示。一方面,平动和转动之间的分离增大,但明显小于 $Z_{rot} = 5$ 时距离的 2 倍;另一方面,

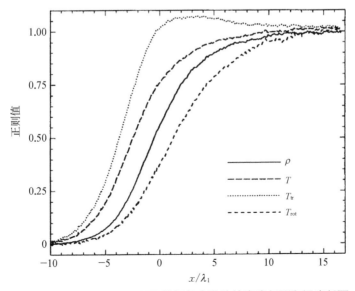

图 12.34 $Z_{rot} = 10$、$Ma_s = 1.71$ 的氮气中激波的密度剖面和温度剖面

平动的超出超过 2 倍。转动温度剖面明显小于密度剖面,而 Robben 和 Talbot(1966)的实验表明氮气的弛豫碰撞次数大约为 5。一个有趣且不曾预期的结果是,基于最大密度斜率的激波厚度直接受 Z_{rot} 影响,其在本例的 Z_{rot} 从 5~10 的过程中增大了约 20%。

程序 DSMC1S.FOR 也可用于混合气体。混合气体中激波最有趣的实验结果是 Gmnkczy 等(1979)的工作,他们在氦气中混入少量氙气,表明较重气体波形前缘受较轻气体影响,这一结果早已为实验和数值研究所熟知。在异常点时氦气剖面斜率显著且相对发生突然的变化,是该值的一个超出。前者已由一系列 DSMC 研究证实,但是后者看起来是测量技术的人为现象。这些情况可由氦气中混入 3% 的氙气的混合气体、马赫数为 3.89 的 DSMC1S 计算来演示。

计算用到 VSS 模型,其允许所有分子组合的不同 ω 值和 α 值。其密度剖面和温度剖面分别如图 12.35 和图 12.36 所示。对于简单气体中的激波,组分密度既可以认为是数密度,也可以认为是质量密度,而对于混合气体必须是质量密度。原点是波的"数密度中心"。氦气表现出预期斜率上的突然变化,有观点认为其伴随着一个转折点。对于混合气体的剖面,很明显存在一个转折点,它可以说是"冲撞"。由于均分,全局温度非常接近氦气的温度。温度剖面在密度剖面的前面,氙气的温度大约被高估了 10%。由于来流速度对于纯氙气的激波马赫数为 15.93,这一超出非常小。

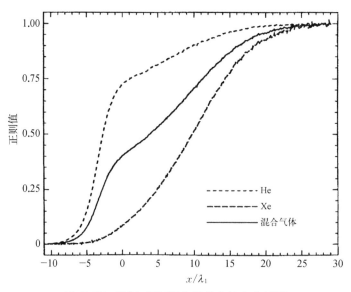

图 12.35　氦气-氙气混合气体中的密度剖面

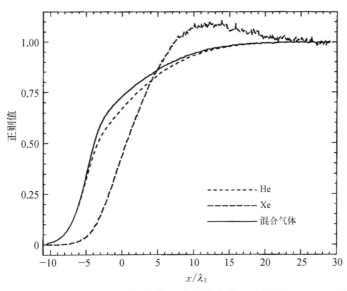

图 12.36 氦气-氙气混合气体中的温度剖面

注意,所有描述 DSMC 结果的图都是直接根据输出绘制,抽样值作为点或这些点之间的连线。没有对任何结果进行任何形式的光滑化,因此浓度很小的氙气中的散射自然要高很多。而且,如图 12.37 所示,激波中心部位氙气的浓度降到上游值的 1/2 以下,与这一分离效应相关的扩散速度与上游速度的比如图 12.38 所示。

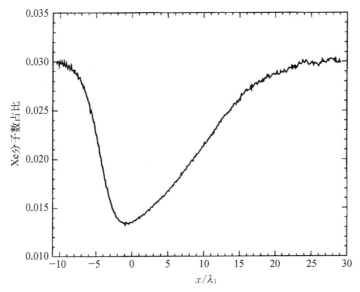

图 12.37 激波中氙气的浓度

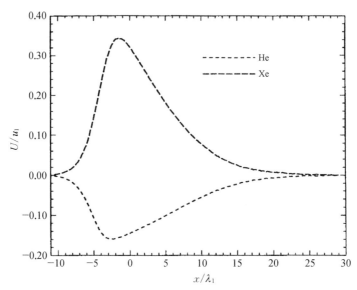

图 12.38　激波中的扩散速度与上游速度的比

　　强激波结构的 Mott-Smith 矩方法已在 8.2 节给出, 对麦克斯韦分子的情况也得到了一个解。用 DSMC1S 计算马赫数为 8 的麦克斯韦单原子简单气体中的激波结构。DSMC 计算所得的正则化密度剖面与直接从方程式(8.39)计算所得的 Mott-Smith 值的比较如图 12.39 所示。基于这些剖面的最大斜率厚度几乎是

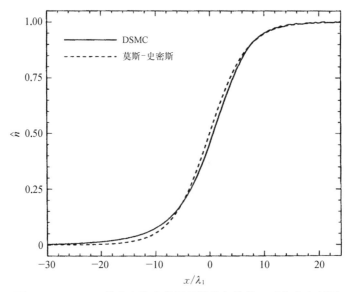

图 12.39　$Ma_s = 8$ 的麦克斯韦单原子简单气体的正则化密度剖面

相同的,但是激波结构存在明显差异。原点的选取使得

$$\int_{-\infty}^{0} (n - n_1)\,\mathrm{d}x = \int_{0}^{\infty} (n_2 - n)\,\mathrm{d}x$$

而对于 $Q_p = 1$ 的对称 Mott-Smith 剖面,原点在正则化密度等于 0.5 的位置。实际剖面的形因子 Q_p 远大于 1,这是强激波的特征。

程序 DSMC1S 在数组 SDF 中抽样一系列网格中轴对称速度分布函数的信息。轴对称速度空间的轴向或径向分别划分为 400 个区间和 200 个区间,每个速度空间网格中的分子数目输出到文件 DSMCDF.OUT 中,它定义速度分布函数,而且其可以部分积分给出轴向分布函数 f_x 和径向分布函数或垂直分布函数 f_n。

Mott-Smith 理论的劣势可以很清晰地从速度分布函数的细节中看出。速度轴向分布函数的 DSMC 结果和 Mott-Smith 预测值分别如图 12.40 和图 12.41 所示;径向分布函数对应的 DSMC 结果和 Mott-Smith 预测值分别如图 12.42 和图 12.43 所示。Mott-Smith 模型高估了上游分布趋向波中心的程度,导致波中部双峰的分布函数。实际分布并没有在任何位置表现出两个极大值,但是在波的中心有一个拐点。径向分布函数中的差异是相似的,但是波中心的 DSMC 剖面上不存在拐点。

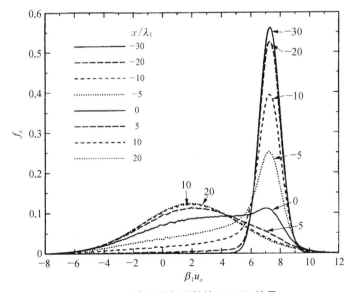

图 12.40　轴向分布函数的 DSMC 结果

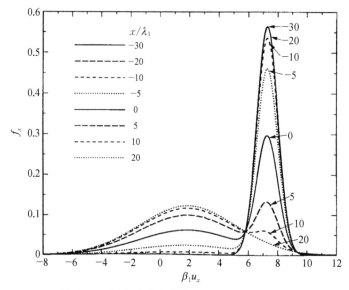

图 12.41 轴向分布函数的 Mott−Smith 预测值

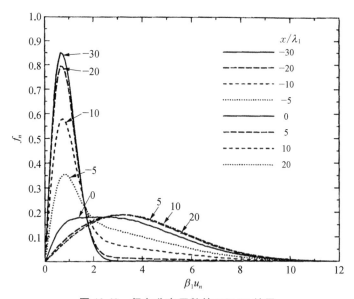

图 12.42 径向分布函数的 DSMC 结果

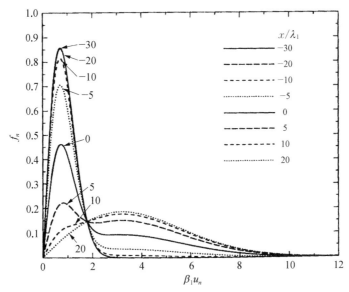

图 12.43　径向分布函数的 Mott-Smith 预测值

　　流动最基本的信息由完整的分布函数给出, 而波中心处的 DSMC 结果如图 12.44 所示, 其定义是使得轴向分量在 $\beta_1 u_x \sim \beta_1 u_x + \mathrm{d}(\beta_1 u_x)$, 径向分量在 $\beta_1 u_n \sim \beta_1 u_n + \mathrm{d}(\beta_1 u_n)$ 的分子所占的比例等于 $f\mathrm{d}(\beta_1 u_x)\mathrm{d}(\beta_1 u_n)$。 如部分积分的分布, 分布在上游气体的最概然速度处有一个峰值, 但是在下游气体的最概然速度处不存在峰值。关键区域对应的 Mott-Smith 分布值误差一个 2 或 3 的因子。

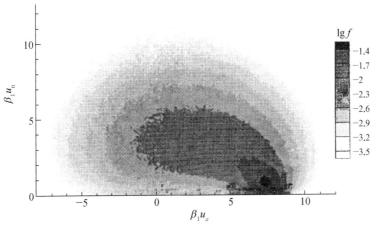

图 12.44　$x/\lambda_1 = 0$ 处的 DSMC 结果

分布函数与双峰分布有一些相似之处,尽管 Mott-Smith 在宏观层次上是定性有用的,但其在微观层次上是不充分的。应该记住的是,Mott-Smith 理论对激波厚度的良好预测,依赖四阶矩方程中宏观量在本质上的经验性选择。

12.12 驻点线流动

激波结构的程序 DSMC1S 只有在下游速度已知的情况才能应用。这对于导致离解的双原子气体强激波是一个严重的问题,其原因是尽管可以计算平衡条件,但稀薄气体中的复合率可能慢到这些条件在可计算的任何距离都不可能达到。它的解决办法是,计算达到驻点的二维流动或三维流动中的一维等价流线。

程序 DSMC1T.FOR 将驻点线模拟为一个具有定常面积的流动,其一个边界为指定的超声速来流,另一个边界为漫反射壁面。开始的时候,气体具有未扰动来流的性质,非定常的激波从表面向流动中传播。在某个阶段,分子从"可移除区域"中移除。该区域从壁面延伸到指定边界且必须位于激波下游。移除使得出口通量等于入口通量,流动达到具有固定激波的稳定状态。问题是选择规则的确定使得质量、动量和能量沿着流动守恒。下面的分析遵循 Bird(1986)的工作。

首先,质量守恒必须基于组成分子的每种原子的粒子数通量,因为激波前、后气体的成分可能发生变化。流线沿 x 方向,若单位体积内分子质量的移除率为 $\dot{m}$,则沿流线质量守恒的方程为

$$d(\rho u) = -\dot{m}dx \tag{12.34}$$

其次,如果 $\bar{u}$ 是移除分子流线方向速度分量的均值,则动量守恒的方程为

$$dp = -d(\rho u^2) - \bar{u}\dot{m}dx \tag{12.35}$$

其可以写为

$$dp = -\rho u du - u d(\rho u) - \bar{u}\dot{m}dx$$

而且方程式(12.34)表明,只要 $\bar{u} = u$,上式中的后两项就可以删除。这意味着只要移除分子的选择规则不依赖分子流线方向的速度分量,连续性动量方程就可以得到满足。

最后,能量守恒方程为

$$d(\rho u h_0) = \dot{m}\,\bar{e}_0\,dx \qquad (12.36)$$

其中，h_0 为驻点焓；$\bar{e}_0$ 为移除分子的平均驻点能。该方程可以写为

$$\rho u dh_0 + h_0 d(\rho u) = -\dot{m}\,\bar{e}_0\,dx$$

利用方程式(12.34)且若分子选择满足

$$\bar{e}_0 = h_0 \qquad (12.37)$$

则连续性能量守恒方程退化为

$$dh_0 = 0$$

方程式(12.37)表明，移除分子的平均比能必须比所有分子大 RT，对应平均能量必须比平动能 $3kT/2$ 高出 kT。由于选择不依赖流线方向速度分量，能量的增长通过以正比于垂直流线方向速度分量 j 次幂的概率移除分子。可以证明平衡气体中移除分子的平动能为

$$\bar{e}_{\mathrm{tr}} = (3 + j)kT/2 \qquad (12.38)$$

对于 $j = 0$，式(12.38)给出静止气体的期望值；$j = 1$ 适用于到表面元或穿过表面元的通量，这一点已在 4.2 节中讨论过。方程式(12.37)的要求可以由 $j = 2$ 来满足，这样分子移除的概率正比于垂直流线方向速度分量的平方。可以证明，方程式(12.38)适用于一维平面流动、轴对称流动的径向流动。

　　沿着流线移除分子的分布也应指定。如果激波结构是感兴趣的事项，则移除区的唯一要求是其必须在激波下游。然而，如果移除从激波中部开始且不依赖位置，则有证据表明全局流动是真实轴对称流动中驻点线的良好表征。通过与对应最大值进行比较，将接受－拒绝方法用于"垂直速度平方"的移除规则。这可能会影响组分分离效应且该程序可能不能模拟发生在真实多维流动中的压力扩散。程序 DSMC1T 中对每个组分设定一个最大值，而且这一点将在第 14 章中进行仔细考究。

　　程序 DSMC1T 中包括 DSMC0D 中处理振动激发、离解和复合的模块，对来流和壁面边界处理的模块来自程序 DSMC1。利用上述规则来模拟驻点线的分子移除模块在子程序 STAGR 中的应用，这是本程序特有的唯一子程序。

　　驻点线程序对于具有热辐射的流动可能是不恰当的，此时，电子激发的粒子必须在自发辐射产生之前移除(Moss 等，1988)。

　　测试算例为超声速氮气流动，其移除区域的指定使得完整驻点线可以模拟

出来。相比于激波后面的温度,壁面温度是一个较小值,这将导致密度在靠近壁面的一个小区域内急剧增大。其他程序的网格结构在这些条件下是不充分的。流场划分为一系列区域,而且每个区域具有不同的 DTM 和 FNUM,尽管这些量的比值在每个区域中是相同的。由于比值相同,不同区域之间的分子通量可以匹配,这样就没有必要对从一个区域进入另一个区域的分子进行复制或移除。该技术只能用于形成稳定的流动,只有获得了稳态流动后的流场才是真实的。尽管这个例子涉及只有 1~2 个数量级的密度变化,但该技术使得密度变化多个数量级的流场有效模拟成为可能。

来流速度为 $-10\,000\,\mathrm{m/s}$,其数密度和温度分别为 $10^{20}\,\mathrm{m^{-3}}$ 和 $180\,\mathrm{K}$。分子移除区域从 $x = 0$ 延伸到 $x = 0.1$,而模拟的边界在 $x = 0.6$ 处。得到的速度剖面如图 12.45 所示,可以看出,分子移除发生在激波的下游端。

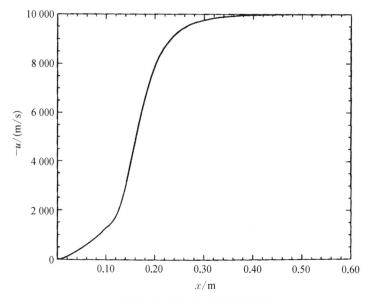

图 12.45 沿着驻点线的速度剖面

激波前、后密度增大 10 倍,如图 12.46 所示,它在穿过 1 000 K 壁面附近的热边界层时再增大 10 倍。热边界层中的密度梯度实际上高于激波内部的值,但是,图 12.47 表明平动能温度、转动温度和振动温度在边界层中平衡。温度的上升远小于密度的明显增大,而且在激波的上游部分,温度分量之间极不平衡,温度高到足以导致相当部分的氮气发生离解,而氮原子所占的数目比如图 12.48 所示。壁面附近氮原子浓度的降低是热扩散的结果。

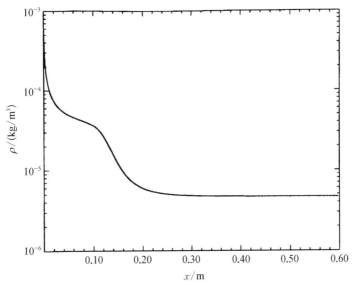

图 12.46　穿过激波和边界层的密度上升

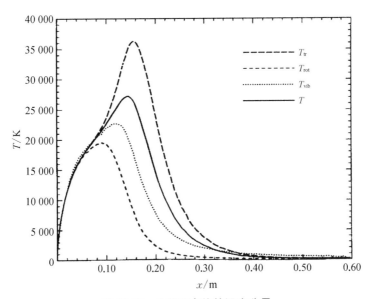

图 12.47　沿着驻点线的温度分量

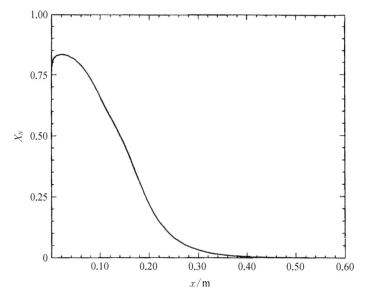

图 12.48 沿着驻点线氮原子所占的比例

分子移除区域内驻点处速度从流动速度线性衰减到 0 的行为与钝体前的行为是类似的,壁面性质与具有相同激波脱体距离的轴对称或二维流动相近。这一流动在稳态时向壁面的净热传导为 0.28 MW/m²,恰好略大于自由来流中的能量通量的 1/10。平动能和内能对热传导的贡献分别为 0.43 MW/m² 和 0.05 MW/m²,同时反射分子带走的平动能和内能分别为 −0.18 MW/m² 和 −0.02 MW/m²。入射分子和反射分子对压强的贡献分别为 246 N/m² 和 163 N/m²。

12.13 绝热大气

程序 DSMC1 在平面流动中的应用可包括重力场。以静止氩气为例,$x = 0$ 的内边界的数密度为 10^{24} m^{-3},温度为 200 K。$x = 1$ m 处的外边界为真空且初始状态为内边界条件下的均匀静止气体。静止绝热大气的连续解给出定常温度偏离率为

$$\frac{\mathrm{d}T}{\mathrm{d}x} = \frac{\gamma - 1}{\gamma} \frac{mg}{k} \qquad (12.39)$$

"重力"加速度设置为 -1.25×10^{-5} m/s^2 且得到的偏离率为 240 K/m,这样"大气"会在大约 0.83 m 处终止。气体在向真空延伸时,非定常项涉及强烈扰动,同时受到重力的制约。这些扰动衰减很慢,但是定常流动的最终建立由图 12.49 确认,它给出了三个不同时间段内的平均温度值。温度在很短一段距离内满足连续流预测,但是随后的衰减率小很多,而且大气延伸到真空边界以外。

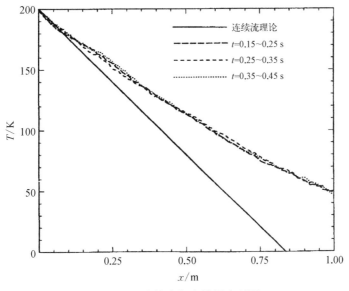

图 12.49　绝热大气中的温度剖面

基于密度尺度的当地克努森数在温度偏离连续值处大约为 0.002。压力梯度各处与连续方程一致,即

$$\mathrm{d}p/\mathrm{d}x = \rho g \qquad (12.40)$$

注意,当 g 指向正 x 方向时,其在这些方程和程序 DSMC 中取正,外边界处的温度大约是内边界处静止气体值的 1%。大气并不是静止的,其从 $x = 0$ 处的 0.7 m/s 变化到外边界处的 70 m/s。

对相同粒子数组成的氩气–氦气混合气体重新进行计算。调整重力场使得连续偏离率与简单气体中相同。如图 12.50 所示,大气中的这些气体不存在分离。这个结果或许令人惊奇,但是应该指出的是,玻尔兹曼方程和扩散方程中的变量 F 都是单位质量的受力,不会导致混合气体中的分离效应。任何分离都可能是由压力或热扩散引起的。热扩散可能会对外边界处的氦气浓度产生影响,压强扩散刚

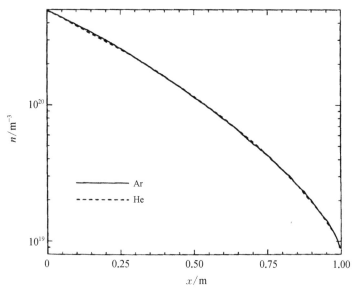

图 12.50 等粒子数目组成氩气-氦气混合气体中的粒子数密度

好在内边界处对其浓度产生影响。看起来这些效应的抵消几乎是准确的。

12.14 气体离心机

考虑柱状流动,其轴为内边界,以 1 000 m/s 周向速度运动的壁面为外边界。初始时刻由粒子数相同的氩气和氦气组成的混合气体静止,数密度为 10^{21} m^{-3} 且温度为 200 K,运动的外边界漫反射且温度为 200 K。外边界的转动从 0 时刻开始,最终建立稳态流动。

与前一个例子不同,没有作用力直接作用在分子上。图 12.51 给出了各组分的粒子数密度,其分离效应很明显。周向速度和温度分别如图 12.52 和图 12. 53 所示。这些图表明,压强扩散和热扩散在流场外部作用于相同方向,但是压强扩散占主导地位。在靠近壁面的地方,氩气粒子数目是氦气的两倍,但是氩气强化的区域仅延伸到 0.93 m,此后氦气集中到半径约为 0.5 m 的区域。靠近轴的地方样本太小,该区域中的分离很可能不明显。

周向速度在半径 0.5 m 处衰减到近乎为 0,流动内核区域的条件与初始条件的差异不明显。

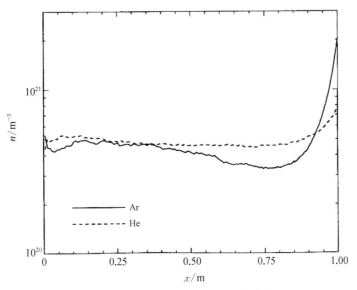

图 12.51　气体离心机中的粒子数密度

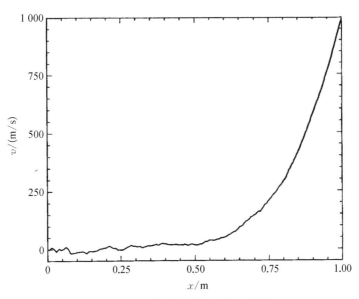

图 12.52　气体离心机中的周向速度

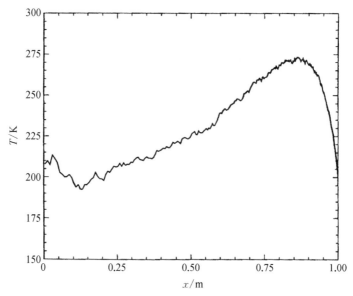

图 12.53 气体离心机中的温度

靠近壁面的气体温度只是稍高于壁面温度 200 K,但是,其在半径 0.87 m 处增大到稍高于 270 K 的极大值。这意味着存在流向壁面的净能量传导,其等于圆柱转动对抗剪切应力所做的功。

参考文献

ALSMEYER, H. (1976). Density profiles in and nitrogen shock waves measured by the absorption of an electron beam. *J. Fluid Mech*. 74, 497-513

BIRD, G.A. (1970). Breakdown of Translational and Rotational Equilibrium in gaseous expansions. *AIAA Journal* 8, 1998-2003.

BIRD, G.A. (1976). *Molecular gas dynamics*. Oxford University Press.

BIRD, G.A. (1986). Direct simulation of typical AOTV entry flows. *Am. Inst. Aero. Astro*. Paper-86-1310.

CHAPMAN, S. and COWLING, T.G. (1970). *The mathematical theory of non-uniform gases* (3rd edn). Cambridge University Press.

GILBARG, D. and PAOLUCCI, D. (1953). The structure of shock waves in the continuum theory of fluids. *J. Rat Mech. Anal*. 2, 617-642.

GMURCZYK, A.S., TARCZYNSKI, M. and WALENTA, Z. A. (1979). Shock wave structure in the binary mixtures of gases with disparate molecular masses. In *Rarefied gas dynamics: eleventh symposium* (ed. R. Campargue), Commissariat a I' Energie Atomique, Paris.,

333-341.

KOURA, K. and MATSUMOTO, H. (1991). Variable soft sphere molecular model for inverse-power-law or Lennard-Jones potential. *Phys. Fluids A* 3. 2459-2465.

LIEPMANN, H.W and ROSHKO, A. (1957). *Elements of gas dynamics*. Wiley, New York.

MOSS, J.N., DOGRA. V.K., and BIRD, G.A. (1988). Nonequilibrium Thermal Radiation for an Aeroassist Flight Experiment Vehicle. *Am. Inst. Aero. and Astro.* Paper 88-0081.

PHAM-VAN-DIEP, G.C., ERWIN, D. A., and MUNTZ, E.R (1989). Nonequilibrium molecular motion in a hypersonic shock wave. *Science* 245, 624-626.

PHAM-VAN-DIEP, G. C., ERWIN, D. A., and MUNTZ, E. R. (1991). Testing continuum descriptions of low Mach number shock structures. *J. Fluid Mech.* 232. 403-413.

ROBBEN, E and TALBOT, L. (1966). Measurements of rotational temperatures in a low density wind tunnel. *Phys. Fluids* 9, 633-662.

SCHMIDT, B. (1969). Electron beam density measurements in shock waves in argon. *J. Fluid Mech.* 39, 361-373.

SIMON, C.E. and FOCH, J.D. (1977). Numerical integration of the Burnett equations for shock structure in a Maxwell gas. *Prog. Astro. Aero.* 51, 493-500.

第 13 章

一维非定常流动

13.1　非定常流动的通用程序

程序 DSMC1U.FOR 是 DSMC1 的另一个版本,其调整为对非定常流动的多次运行进行系综平均,而不是像定常流动那样对非定常流动单一运行进行长时间平均。与先前的程序一样,流场每 NIS 时间步长抽样一次,但是每次抽样都分别进行记录。如果简单给出抽样数组等于每次运行中总抽样数 MNOI 的额外维数,那么将需要极大的内存,其解决方案是建立直接访问 MNOI 个记录的文件 DSMC1U.DAT。需要注意的是,MNOI 在参数声明中进行设定,其与 NIS 一起控制运行长度。任何时刻内存中最多只有该文件的一个记录,多数变量必须读入名义数组中,它们不会覆盖这些变量已经存在的现有值。

现在不需要"重启"文件,因为程序重启只是增大运行数目,而且每次从初值开始的运行由子程序 DATA1U 确定。输出文件 DSMC1U.OUT 包括每次抽样时刻的结果。这意味着大量信息,一方面,如果它仅作为原始输出,则抽样次数将限于尽可能小的数目。另一方面,如果用后处理程序在距离-时间平面自动构造等值线,则输出的次数越多越好。本章的结果由后处理程序得到,更进一步的细节在附录 F 中给出。

为了应对预期范围内的问题,在现有边界条件范围内增加了若干选项。首先,均匀初始气体不必延伸到整个流场,而且流场中某个位置可能存在与真空的初始交界面。其次,更复杂的新选项是每个边界都可以是运动活塞。活塞可能是平面、圆柱或球体,而且分子在其壁面镜面反射。最后,网格数保持定常,但是当选用一个或多个活塞边界条件时,网格边界和体积就是时间的函数且在每个时间步长必须重新进行计算。

在平面流动的情况下,应对运动活塞的拓展相当直接,轨迹面元与活塞相交的比例为

$$S_d = (X_i - x_i)/[(u - U)\Delta t] \tag{13.1}$$

其中,i 标记时间步长 Δt 开始时的值;x_i 和 u 分别为分子位置和 x 方向速度分量;X_i 和 U 为活塞对应的量。分子在反射之后的速度值为

$$u' = 2U - u \tag{13.2}$$

对于柱状流动或球状流动,拓展方程式(12.12)以包含有限活塞运动速度,给出

$$\frac{1}{2}S_d^2[1 - (U\Delta t/d)^2] + (u\Delta t x_i - U\Delta t r_i)S_d/d^2 + \frac{1}{2}(x_i^2 - r_i^2)/d^2 = 0 \tag{13.3}$$

该方程在子程序 RBCP 中进行赋值,当碰撞点速度由子程序 AIFX 转化后,方程式(13.2)也适用于这些情形。由于一个时间步长内弯曲活塞可能发生多次碰撞,所以反射运动作为单独的轨迹单元进行计算。

13.2　强激波的形成

程序 DSMC1U 所列数据对应强激波的形成,活塞在零时刻突然给予 x 方向 2 285.5 m/s 的定常速度。活塞前面是 273 K 的氩气,数密度为 10^{20} m^{-3}。使用可变硬球模型,Rankine-Hugniot 理论表明其会导致马赫数为 10 的激波,即 $Ma_s = 10$,这个激波传播的速度为 3 078.1 m/s,下游数密度和温度分别为 $3.883\ 5 \times 10^{20}$ m^{-3} 和 8 796.6 K。

对 700 次不同运行进行时间平均,速度、数密度、温度和平行温度在距离-时间平面内的等值线分别如图 13.1~13.4 所示。尽管速度和数密度在完全形成的激波前、后成反比,但是形成的等值线是定性不同的。下游速度立即建立,但是与活塞相邻的密度逐步增大到下游值。邻近活塞密度的无碰撞值由方程式(7.43)给出,而图 7.5 表明当活塞速率比很大时,靠近活塞处的初始密度值是未扰动值的两倍。方程式(7.43)还给出了无碰撞等值线的路径。图 13.2 也给出了 $n = 1.2 \times 10^{20}$ 的无碰撞等值线,连续激波路径也在图 13.2 中给出。由图 13.2 可以看出,该路径非常靠近 $n = 2.4 \times 10^{20}$ 的等值线,后者非常接近上、下游密度的均值。

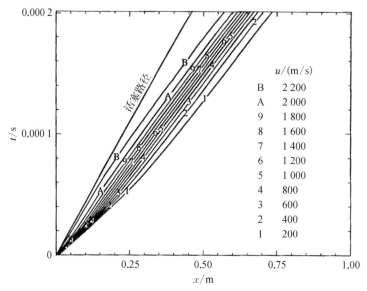

图 13.1 距离-时间平面内的速度等值线

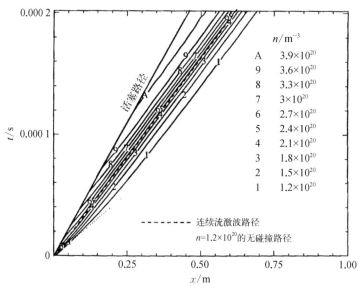

图 13.2 距离-时间平面内的数密度等值线

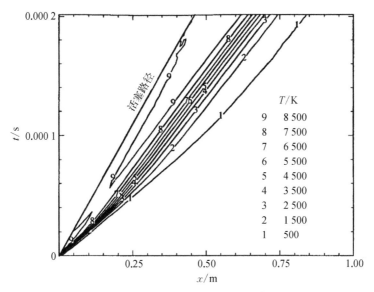

图 13.3　距离-时间平面内的温度等值线

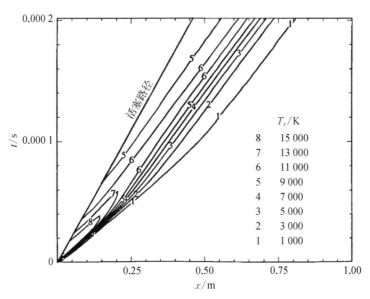

图 13.4　距离-时间平面内的平行温度等值线

出现的一个异常是,尽管 Rankine-Hugniot 理论表明下游数密度只有 3.8835×10^{20} m^{-3},但密度等值线中出现了对应 3.9×10^{20} m^{-3} 的值,其原因是部分形成的激波涉及更大的非平衡度,其熵增也大于完全形成的激波前、后的对应值,这将导致活塞后面相对于完全形成激波更低的驻点温度,进而导致较低温度且增大靠近活塞处的气体密度。"熵层"出现在图 13.3 的温度等值线中,稍低于 8 800 K 的下游 Rankine-Hugniot 温度在大约 100 μs 时达到。靠近壁面的温度逐步升高,同时传热降低与熵梯度相关的温度梯度。激波形成早期的极端非平衡出现在图 13.4 的平行温度等值线中,完全形成激波中的最大平衡温度稍高于 11 000 K,但是相当大区域的平行温度超过 15 000 K。

13.3　强激波的反射

在 $x = 1$ 的外边界处有一个静止的镜面反射壁面,随着运行时间的增大激波在该壁面发生反射。连续 Rankine-Hugniot 理论表明反射激波的马赫数为 $Ma_s = 2.2$,反射激波后的粒子数密度和温度分别为 9.593×10^{20} m^{-3} 和 20 676 K。

激波反射过程的 DSMC 结果如图 13.5~图 13.8 所示,速度的上、下限都未发生变化,等值线是连续的。在反射过程中,壁面处的粒子数密度连续增大,对应

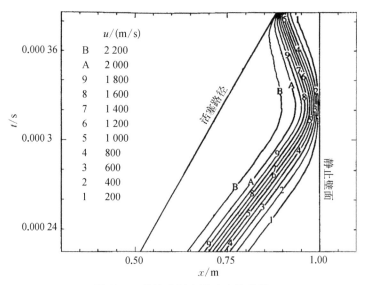

图 13.5　激波反射中的速度等值线

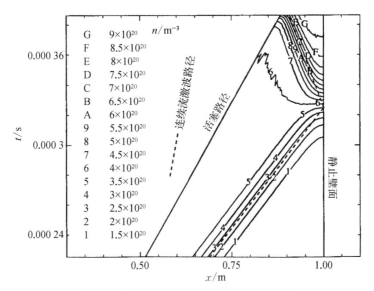

图 13.6 激波反射中的粒子数密度等值线

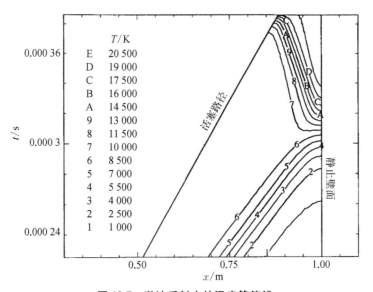

图 13.7 激波反射中的温度等值线

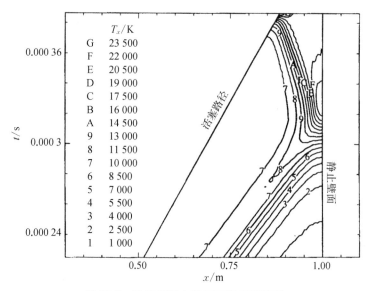

图 13.8　激波反射中的平行温度等值线

入射激波发生以后的密度非常接近连续激波预测的冲击点,此时垂直壁面的速度梯度为极大值。尽管反射激波的激波马赫数相对较小,但波下游的粒子数密度接近未扰动气体的 4 倍,反射波的实际厚度小于入射波。

　　与入射波一样,反射波中平均密度等值线接近连续激波路径。入射波和反射波的温度剖面表明,下游温度的特征激波表现,几乎与密度等值线中心的上游一致。反射过程中的温度等值线与数密度等值线定性相似。但是,入射激波等值线变化到反射激波等值线的时刻,要比数密度的变化早。

13.4　弱激波的形成

　　对 $Ma_s = 1.4$ 的弱激波进行类似 13.2 节的计算。所需的活塞速度为 158.3 m/s,下游数密度和温度的 Rankine-Hugniot 值分别为 1.581×10^{20} m^{-3} 和 380 K。

　　速度等值线如图 13.9 所示,下游等值线是比活塞速度低 2% 的速度,统计涨落是其波动的原因。它也在第一条等值线中出现,但是影响小一些。95 m/s 的等值线几乎与连续激波路径重合。

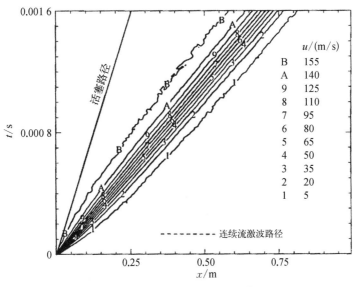

图 13.9　弱激波形成过程的速度等值线

　　图 13.10 所示的数密度等值线与强激波情况完全不同,反而与速度等值线较为相似。其原因是,方程式(7.43)得到的活塞壁面处无碰撞密度为 1.49×10^{20} m^{-3},稍低于连续流密度比。这意味着沿着活塞的密度上升很小,但是活塞附近熵层的存在依然导致密度超出。与强激波情况相同,这一超出的

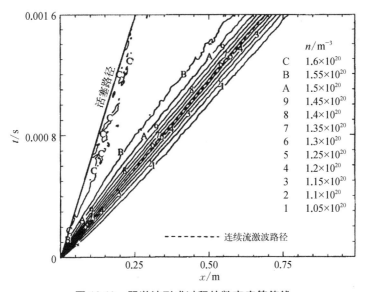

图 13.10　弱激波形成过程的数密度等值线

最大值约为2%。尽管 Navier–Stokes 方程对于 $Ma_s = 1.4$ 完全形成激波的结构依然有效,但它们在激波形成早期发生的强梯度不再有效。最后,图13.11的温度等值线表明存在明显的熵层效应,而且大部分温度上升比连续流激波路径要早。

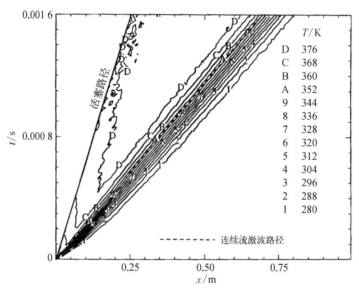

图 13.11 弱激波形成过程的温度等值线

13.5 完全稀疏波

均匀气体与真空的间断交界面会出现完全稀疏波,在连续解中,波前缘以声速进入气体,而在波内气体膨胀到真空。膨胀气体在交界面处为声速,膨胀尾部的流动马赫数无限大,尽管极限速度是未扰动声速的 $2/(\gamma - 1)$ 倍。在所有时刻,连续理论对稀疏波尾部无效,而且在极短时间之后其对整个流动失效。

稀疏波中平动平衡失效程度的一个启示可以从方程式(1.4)定义的失效参数 P 得到,该表达式与完全稀疏波的连续方程(Bird,1970)结合,波前缘处表达式的初值 P 为

$$P_i = \left[1/(\gamma - 1) \right] (\pi\gamma/2)^{1/2}(\lambda_0/x_i) \qquad (13.4)$$

其中,λ_0 是未扰动气体的平均自由程;x_i 为到初始间断交界面的距离。P 沿粒

子轨迹随之发生的变化为

$$DP/Dt = (P/t)[(\gamma - 1)(\gamma + 1)](1 - 2\omega) \tag{13.5}$$

这表明,对于硬球模型气体 P 沿粒子路径是常数,但是对于更真实的模型,P 会逐步减小且趋向平衡。对于单原子气体,方程式(13.4)退化为

$$P_i = 0.60676\lambda_0/x_i \tag{13.6}$$

如果 12.10 中对于定常膨胀所用的 P 值也用于非定常流动,则稀疏波前缘处的流动直到其进入气体数百个平均自由程才会达到平衡。

用程序 DSMC1U 计算单原子气体的膨胀。它从一个对称面延伸到 100 个平均自由程,初始真空在延伸 50 个初始平均自由程后被"真空"边界终止。典型的数密度等值线如图 13.12 所示,它们由未扰动数密度 n_0 正则化,0.98 的等值线靠近波前缘,该等值线在距离-时间平面内的初始斜率与方程式(7.41)的无碰撞理论一致。有效波速降低,但在比连续理论预测的正则时间 109.5 要早很多的对称面反射。该理论预测原点处的定常密度比为 0.4218。这一等值线斜率为正,但逐步变得更加垂直。

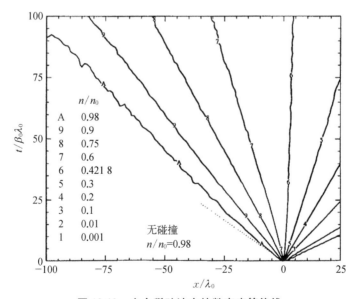

图 13.12　完全稀疏波中的数密度等值线

与定常膨胀一样,用平行温度 T_x 与垂直温度 T_n 之比给出膨胀中非平衡的更精确度量。这一比例的等值线如图 13.13 所示,其在未扰动气体中自然为 1,但

是统计散射会产生等值线的随机模式。散射也出现在接近 1 的比例中。但是由该图可以明显看出,膨胀早期向平衡逐步趋近,稀疏波尾部附近存在极端非平衡。

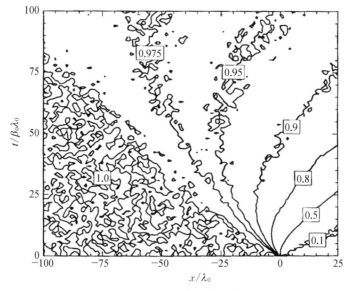

图 13.13 平行温度与垂直温度之比

用未扰动声速 a_0 正则化速度的关键等值线如图 13.14 所示。0.02 的等值线

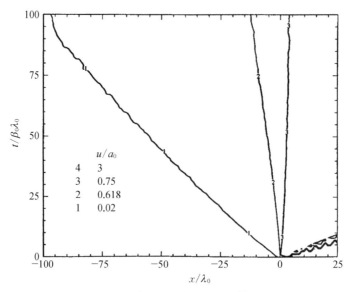

图 13.14 稀疏波中的关键速度等值线

与 0.98 的密度等值线一致,但是对称面的反射波会引起等值线向外偏转而不是向内偏转。在 $x = 0$ 处方程式(7.42)的无碰撞理论表明初始速度比为 0.618,但是它只在极短的时间内有用,该位置处声速流动的连续流预测得到单原子速度比为 0.75。这一等值线与声速流动的密度等值线类似。在距 $x = 0$ 五到六个平均自由程处,这些等值线在正则时间为 200 时变得垂直。与极端温度不平衡不同的是,稀疏波尾部(行进气体前缘)得到的极限速度为 $3a_0$。

对于参数失效行为,这些结果与理论一致,一开始不处于平衡的气体微元沿着粒子轨迹趋向保持非平衡。

13.6　球状爆聚激波

在平面流动的情况下,激波为定常强度,流动条件在波动外是均匀的。这在柱状或球状对称流动的波中不再成立。球状波从中心或原点的反射,已成为很多研究的焦点,因为间断波的连续理论导致原点处的奇异性。对于有限厚度的真实激波,奇异性消失,有必要通过产生激波的过程和指定距离原点平均自由程数目的激波强度来定义问题。第一个例子是氩气中的激波,球状活塞以均匀速度−2 285.5 m/s 收缩,初始气体数密度为 10^{20} m^{-3},收缩在半径为 1 m 处突然开始,对应的激波马赫数为 10,半径大约为 70 个平均自由程。

原点附近获得好的抽样存在问题。计算使用 30 000 个仿真分子,原点的网格宽度是靠近活塞处网格宽度的 100 倍。尽管这会得到每个网格里的较大样本,但内部 1/10 的流场一开始只含有 300 个分子。这将导致不可预期的问题,必须对代码进行修正。

在前述涉及产生初始均匀气体的所有程序中,气体中的每个分子独立产生,意味着气体总是存在非均匀性,而且这些非均匀性会导致外部扰动。这在以前的应用中并不是一个问题,但是在这种情况下,向着轴运动的扰动会放大到严重影响轴附近流动的程度。扰动的特征是,压力波中的密度和温度要么增大要么减小,而且它们的计时使其来自内部 300 个分子。通过修正程序 DSMC1U 中的子程序 INIT1U,使得初始分子成对产生,而不是单个产生。成对的两个分子具有大小相等、方向相反的径向速度,但是其他参数相同。因此,在径向不存在初始净动量,问题也就消失了。该修正本质上是一个"快速确定",需要在所有方面尽可能公平的方案中对称产生初态,即 7.7 节和 10.4

节讨论过的"方差减小"。考虑到相空间的高维数,可能最好由匹配列表而不是通过相空间分子均匀间距来实现。

图 13.15 的速度等值线表明,与预期的一样,入射激波的速度随其向原点的运动而增大,而反射激波的速度随其远离原点而减小。一方面,入射激波之后气体的速度和反射激波之前气体的速度比活塞速度最高高出约 50%。另一方面,反射激波之后的气体几乎是静止的。

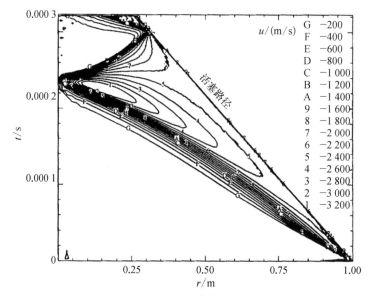

图 13.15　球状爆聚激波中的速度等值线

原点处的最大温度值是该流动中多数兴趣的焦点。图 13.16 表明这种情况下的最大值略大于 150 000 K,但是模拟中没有考虑电离,而后者明显能降低真实气体中的最高温度。另外,模拟强迫球对称流动,而真实流动中可能出现非对称。温度等值线最有趣的特征是,最大温度发生在反射激波形成之后,而不是在反射激波形成过程中。

Whitham(1958)的近似理论表明,球状强激波的激波马赫数反比于半径的 $\mu\gamma/[(2+\mu)(\mu+\gamma)]$ 次方,其中,$\mu^2 = 2\gamma/(\gamma-1)$。得到激波路径在距离-时间平面内的密度等值线如图 13.17 所示。该理论与 DSMC 计算一致,需要指出的是,中心处的最大密度与温度最大值一致。

如果给定强度的激波与原点之间的平均自由程数目增大或减小,则原点反射的温度最大值也会增大或减小。为考查这一效应,重新计算初始数密度为

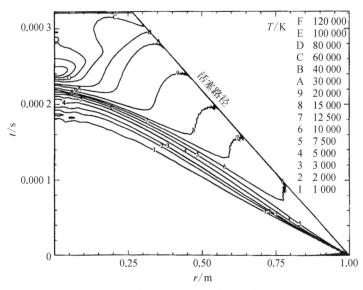

图 13.16　球状爆聚激波中的温度等值线

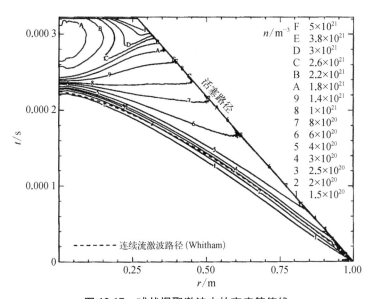

图 13.17　球状爆聚激波中的密度等值线

$0.5 \times 10^{20}\ \mathrm{m^{-3}}$ 的情况,距离-时间平面内的温度等值线如图 13.18 所示。由图 13.18 可知,密度减小 1/2 导致最高温度减小 1/3。

有意思的一点是,密度的减小导致短时刻波形变尖,这是由于在激波形成过程中波形变宽,而且在该过程中碰撞频率降低。

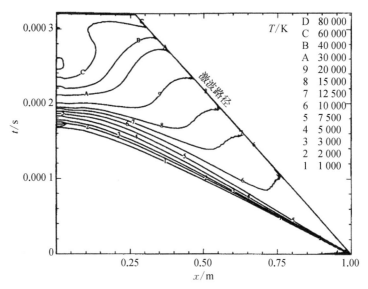

图 13.18 1/2 密度的温度等值线

13.7 柱状腔的坍塌

最后一个算例是初始时刻温度为 273 K、数密度为 10^{20} m^{-3} 的氩气中,半径为 0.5 m 的柱状腔产生的流动。最开始时完全稀疏波位于气体和真空的边界处,边缘以未扰动声速运动,柱状构型导致距离-时间平面内的其他特征,即稀疏高速尾翼向流动的轴运动,最终从轴反射。这导致中心附近的气体由压缩波进行压缩,后者最终从轴迁出。

数密度、速度和温度等值线分别如图 13.19~图 13.21 所示。气体的有效“边界”以大约 1 000 m/s 的速度运动,高于未扰动声速理想极限速度的 3 倍(未扰动声速为 308 m/s),但存在速度大于 900 m/s 的区域;存在温度低于 200 K 的几乎静止的区域,低温区限于数密度低于未扰动数密度 1% 的“边缘区”。稀疏区域与衰减区域相互作用导致的反射波是压缩波,而且只要它们在膨胀气体的边缘处仍为超声速流动,这些波也向轴运动。这导致“边缘”获得了激波的一些特征,而且在半径为原腔半径 1/2 的区域内温度高于初始值。轴向上的最大温度为 1 500 K,而且发生在气体最初到达的很短时间内。

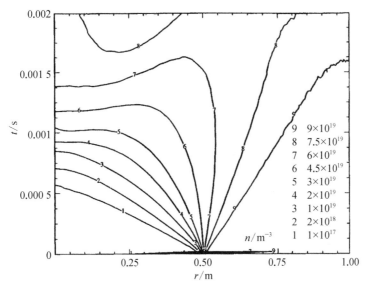

图 **13.19**　柱状腔坍缩中的数密度等值线

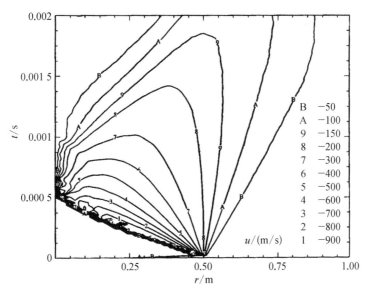

图 **13.20**　柱状腔坍缩中的速度等值线

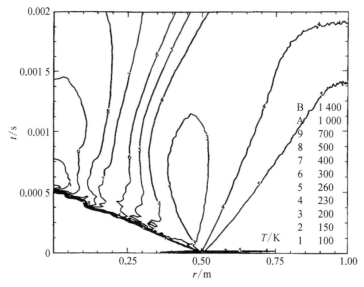

图 13.21　柱状腔坍缩中的温度等值线

参考文献

BIRD, G.A. (1970). Breakdown of transitional and rotational equilibrium in gaseous expansions. *AIAA Journal* 8,1998−2003.

WHITHAM, G.B. (1958). On the propagation of shock wave through regions of nonuniform area or flow. *J. Fluid Mech.* 4, 337−360.

第 14 章

二 维 流 动

14.1 DSMC 计算的网格

在第 11 章中发展用于均匀气体且在第 12 章中用于一维流动的基本模拟方案,也可用于二维流动和三维流动。直接模拟蒙特卡罗方法用于多维问题的新挑战是网格生成和使用的有效体系。理想的 DSMC 网格必须:

(1) 具有很高的计算效率;

(2) 容许复杂流动构型的有效定义;

(3) 与任何外形和显著流动边界"贴体";

(4) 具有与流动属性当地梯度和平均自由程相关的可变网格尺寸;

(5) 容许该尺寸在流动发展过程中依据当地条件进行调整;

(6) 利用"亚网格"有效选取"最近邻"碰撞对。

尽管这些判据中某些条款与连续流动的有限差分和有限元方法中的网格产生的问题是相通的,但其在 DSMC 方法的要求中存在基本的差异。连续流方法一般要求接近正交的网格结构,而且定义结构的线没有间断。DSMC 方法使用网格或网格系统,仅是为了宏观属性抽样和可能碰撞对的选取。网格结构可以根据网格形状是不规则的,而且定义网格的节点线可以存在间断。但是,如果要构造等值线,则一般要求网格是连续的。

一方面,抽样密度在 DSMC 方法中用于建立碰撞频率。为使这个比例真实,分子数目最好尽可能大,所需的最小值为 10~20。另一方面,在可能碰撞对的选取中,为缩短碰撞对的平均间距并减小梯度弥散,这个数目最好尽可能小。像一维程序那样,这些相互矛盾的要求可以通过将抽样网格划分为一系列亚网格,用于碰撞对的选取来调和。

现有的网格体系可总结如下。

1. 由矩形网格定义的简单定常面积网格

由于易于实现,这些网格几乎用于所有课题组的早期模拟程序。该体系在计算上非常有效,但是也有严重缺陷。对于密度变化很大的区域,有些网格的仿真分子数目比最优数目大很多,而有些网格的比最优数目小很多。更严重的是,如果壁面边界不是图 14.1 所示的矩形,则边界附近的有效网格是不规则的,而且该体系对于低克努森数的计算是不充分的。另外,由于网格结构与壁面形状无关,所以每个不同壁面要在程序中特别进行编码。

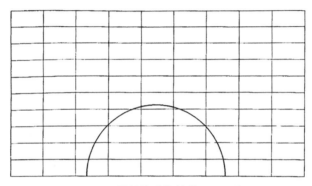

图 14.1   圆柱绕流的简单矩形网格

2. 多重矩形网格

这一特征如图 14.2 所示,能弥补所有网格大小相同的简单体系的一些不足。亚网格区域必须是矩形,但在流场构型很复杂时不容易进行有效定义。因此,流场构型的变化依然要求对程序进行修正,而且不适用于仅通过数据变化来适应新构型的一般程序。

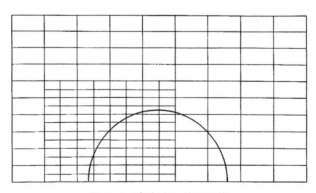

图 14.2   高密度区的亚网格

3. 自适应矩形网格

与体系(2)中所有网格块划分为亚网格不同的是,当密度超过设定值时每个网格均可细分,因此网格可以根据流场进行调整。这一体系由 Babovskg 等(1989)实现。

4. "点参考"体系

该体系(Bird,1976)将仿真分子按照一系列点(而不是体积)网格进行排序。当分子最靠近定义网格的点时,就认为它"在网格中"。该方案用于第一个"通用"程序以涵盖二维和三维的任意流场构型。但是,对于非矩形构型,边界存在失真,网格体积也无法精确定义。对于某些流动会导致严重问题,因此该方法在很大程度上仅具有历史意义。

5. 贴体"分析"网格

这一选项由圆柱绕流的图 14.3 所示。一套网格边界在几何上与定义流动的一个边界(通常是体表面)相似。该方法仅在所有边界可进行分析描述的时候有用。定理式(7.85)~式(7.87)的存在,使得该方法特别适用于二次型表面构型。给定初始位置和方向余弦,它给出了到壁面任何交点距离的简单二次表达式。一方面,当外形存在明显变化时,通常需要新程序,而且要比矩形网格程序低效;另一方面,低克努森数精度的计算要求可以通过这一体系得到满足。

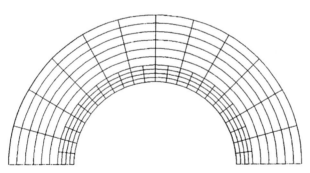

图 14.3 圆柱贴体网格

6. "通用"体系

流场划分为任意数目的四边形区域。两个相对的边是弯曲的,另两个相对的边是直的。弯曲的边由两套可以独立指定或位于直线和圆锥相交的点确定,对应的点用直线连接起来。它们可进一步划分为片段,且这些片段的端点连接起来形成四边形网格。四个边中的任何一个边都可以是轴、对称面、均匀流动或非均匀流动的指定交界面、真空或者与外部的交界面。几乎任何流动都可以通过这些区域进行构造。这一体系的当前实现称为程序集"G2"。

如图 14.4 和图 14.5 所示,该体系可以兼容各种问题而不需要对代码进行任何改变,但是其代价是计算效率低。通过计算分子与所有边界的交点实现对分子的追踪。程序中"分子运动"这一部分所消耗的时间比简单四边形网格大一个数量级。全局表现依赖克努森数和用在运动模块与碰撞模块的时间上的平衡,通常导致 CPU 时间增大 5 倍。如前所述,用亚网格来控制碰撞对之间的最大距离,而且它在高温区域是必需的。将它们融合到 G2 程序中,但是亚网格越细,计算时间越长。

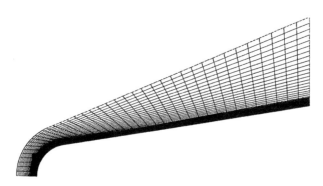

图 14.4　G2 程序系统产生的钝锥网格

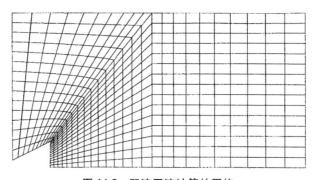

图 14.5　羽流回流计算的网格

7. 矩形网格的正交变换

这一方式使得物理空间中具有曲面边界的流动可使用矩形网格。允许变换的构型存在一些限制,而且在变换空间中沿弯曲路径运动分子的要求,使其可能比矩形网格效率更低。

8. 自适应贴体网格的矩形多层亚网格

它基于极小亚网格的固定矩形网格。外形与它们相交,通过连接与亚网格边界的交点确定。把包含一个壁面交点的亚网格,看成第零层网格,与它们接触的流场中的网格及流场中的其他网格是"第1层"网格。这些亚网格层次提供了分子运动中可能与壁面相交的一种简单确定方式。当不需要考虑相交时,其计算与体系(1)描述的程序同样快速。初始网格是图 14.1 所示的矩形网格。一旦流场达到稳定,自动作自适应网格,二维圆柱绕流得到的网格结构如图 14.6所示。

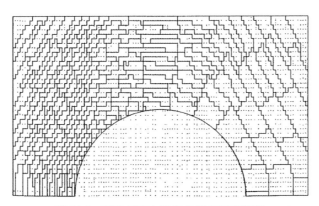

图 14.6 圆柱绕流自动产生的自适应网格

相比于连续流计算中的网格,图 14.6 中的网格看起来有些怪异,但是 DSMC方法使用网格的目的仅是宏观性质抽样和碰撞频率的建立,碰撞对是在亚网格中进行选取。就网格形状而言,网格结构可能是不规则的,定义网格的网格线可能是间断的。表面附近的区域可以进一步细分。因此,低克努森数时碰撞对的分离降低到准确结果所需的值以下。为在非常小的亚网格内建立合理的平均分子数目,时间步长和每个仿真分子代表的真实分子数在表面附近的网格尽可能小。尽管亚网格区域的边界是矩形的,但计算区域的边界可能与这些边界相交,可以避免不必要的大区域均匀流动的计算。

一般而言,复杂边界的简易设置与程序计算效率之间存在权衡。理想的程序考虑所有的计算细节,而且只要求用户指定外形和未扰动流动条件。

14.2 二维流动的 DSMC 程序

演示程序 DSMC2.FOR 只处理涉及沿着简单矩形网格边界的平直表面问

题。流场是矩形的,其放置使得边界平行于 x 轴和 y 轴。四个边界中的任何一个都可以是均匀来流边界、对称面或真空。来流通过 x 方向和 y 方向的速度分量、数密度、温度和组分来确定。流场划分为一系列网格,与程序 DSMC1 一样,网格距离既可以是均匀的也可以是几何级数。可能有必须平行于 x 轴或 y 轴、沿网格边界且在一个网格点终止的单侧表面或双侧表面。表面的大小和位置通过这些边界和网格点确定。假设表面具有均匀温度且反射是具有完全热容的漫反射,则两个单侧表面可以背靠背地形成一个双侧表面。除了表面,流动还可以包含射流,射流流出的平面通过与表面类似的方式确定。射流的初始方向必须与一个轴方向相同。射出物是均匀的,通过数密度、温度和组分来确定。气体的指定方式与程序 DSMC1 中的类似。

14.3   超声速前缘问题

"前缘"或"水平平板"与沿来流方向的半无限平板二维绕流有关。它是空气动力学的基础问题,而且是很多理论研究和实验研究的内容。尽管连续流理论常用于此类问题,如不可压层流边界层的 Blasius 理论,但它们的解在非常靠近平板前缘的地方失效。在连续流气体动力学中不能解决的前缘奇异性,是分子气体动力学一个适定问题。

在超声速外流的情况下,边界层的位移效应在外流中产生弱的斜激波。在距前缘数十个平均自由程的位置,激波结构与边界层结构重叠。随着前缘的推进,激波和边界层逐步融合且失去分界。即使是在超声速来流中,扰动也延伸到前缘上游几个平均自由程。与某些描述不同的是,前缘处的条件不对应自由分子流的条件。但是,前缘处的滑移速度占自由来流速度的很大比例。这个滑移速度沿着平板逐步减小,但是与连续流假设不同的是,它并不会完全消失。

通过与实验的比较,超声速前缘问题是一个验证 DSMC 方法的非常有用的算例(Harvey,1986)。它作为测试算例的优势之一是,压强扰动间接产生影响而不是来流直接产生影响。另外,剪切应力与压强是同一数量级,而且它与热传导一样,对 DSMC 方法计算要求的任何不满足特别敏感。该流动在 14.5 节中用于研究 DSMC 计算的网格尺寸和时间步长效应。

DSMC2.FOR 中的数据对应于马赫数为 4 的氮气的平板绕流,其长度约为未扰动气体平均自由程的 70 倍。板的温度是未扰动气体温度的 1.6 倍,来流沿着正 x 方向且平板放在 y 方向下边界,前缘距上游边界 5.4 个平均自由程且平板延伸到下游边界。平板所在的平面为对称面,前缘实际上是镜面反射向漫反射的过渡。下游边界指定为来流边界,但是在马赫数为 4 的情况下,来流边界与真空边界不存在实际的差异,这意味着流动与下游边界存在相互作用。对不同平板长度进行计算,以此确定这一不真实边界条件影响区域的范围。网格为 100 × 60,其网格高度和宽度都是增长因子为 2 的几何级数。每个网格在每个方向有两个亚网格,因此计算要求在较小范围内得到满足。

粒子数密度等值线如图 14.7 所示,表明斜激波与边界层在离前缘约 20 个平均自由程处融合。图 14.8 的流动角等值线表明,边界层的位移效应与稍大于 7° 的楔形角等价,斜激波的强度与反射角一致。粒子数密度在激波前、后增大,但是在表面附近降低到比来流密度小一些的值。图 14.9 表明这一低密度与高于激波尾部和表面温度的温度相关。

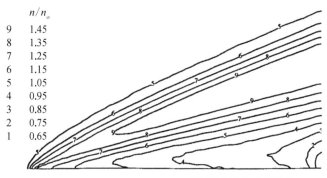

	n/n_∞
9	1.45
8	1.35
7	1.25
6	1.15
5	1.05
4	0.95
3	0.85
2	0.75
1	0.65

图 14.7 $Ma=4$、$Kn=0.014\,3$ 时的粒子数密度等值线

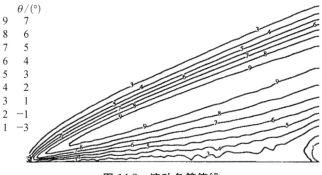

	$\theta/(°)$
9	7
8	6
7	5
6	4
5	3
4	2
3	1
2	−1
1	−3

图 14.8 流动角等值线

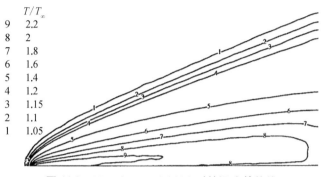

图 14.9 $Ma = 4$、$Kn = 0.014\ 3$ 时的温度等值线

温度等值线清晰地表明前缘上游流动扰动的程度。一方面,上游温度的上升近似等于斜激波前、后的温度上升。另一方面,上游密度的增大相比于激波前、后小很多。图 14.10 所示的最后一套等值线是当地马赫数,它们表明表面速度滑移的大小,在平板后半部分较大区域内小于 0.1。表面温度与来流温度的比值为 1.66,温度等值线表明温度滑移也很显著。

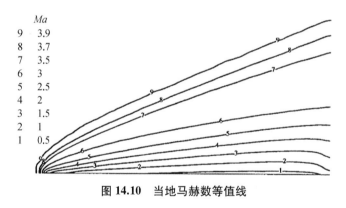

图 14.10   当地马赫数等值线

不真实的下游边界条件对距离边界 10~15 个平均自由程的表面附近的流动有显著影响。真空边界在基于垂直该边界速度分量的马赫数大于 2 时影响可以忽略,这意味着该效应在表面附近很显著。平板下游附近的尾部密度显著减小,流动在平板尾部获得一个达到 6° 的负流动角。另外,亚声速区域在下游边界变得很窄。该边界受上游影响的程度可以由表面性质更精确地描述,如图 14.11~图 14.14 所示。

图 14.11 比较了表面粒子数通量和自由分子值。前缘处的粒子数通量明显高于自由分子值,但是随后自由分子值显著增大且在距前缘 4~5 个平均自由程

处达到极大值。由于下游边界条件存在急剧减小,所以随后粒子数通量逐渐衰减到自由分子值。

为清晰定义这一影响,对 85 个来流平均自由程的平板进行类似计算。对两个计算都给出压强和剪切应力分布,很明显下游边界对上游的影响局限在大约

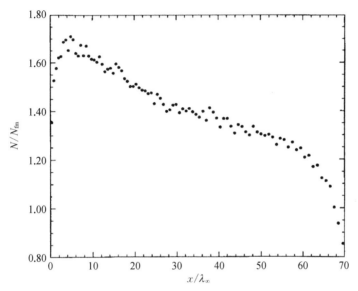

图 14.11　粒子数通量与自由分子值之比

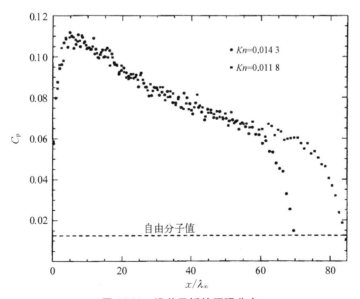

图 14.12　沿着平板的压强分布

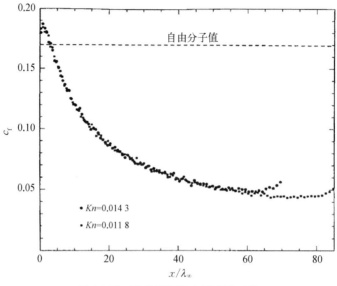

图 14.13 沿着平板的表面摩擦系数

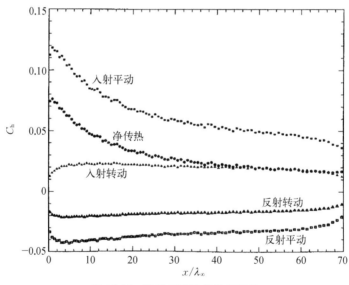

图 14.14 沿着平板的热传导系数

15 个来流平均自由程的范围内。

与预期一样,前缘处的压强系数远高于自由分子值。压强分布的形状与粒子数通量相似。表面摩擦分布是定性不同的,最大值发生在前缘处且只稍高于自由分子值。表面摩擦系数随后降低到远低于自由分子值。尽管较大压强效应与层流边界层理论不相容,但剪切应力效应通常与该理论在表面摩擦系数几乎反比于到前缘距离的平方根这一点上是一致的。表面附近流动到下游真空边界的加速导致摩擦系数的增大。

传热系数 C_h 定义为单位面积的热通量与 $1/2\rho u_\infty^3$ 之比。入射分子和反射分子的平动贡献和转动贡献的不同结果如图 14.14 所示。入射平动热通量的分布和表面摩擦通常相似,只是边界扰动是衰减而不是增大。表面温度是均匀的,因此转动分量和平动分量的反射分布与粒子数通量分布相似。转动能的入射分量和反射分量几乎平衡,内部模态对净热通量几乎没有影响。净传热系数与表面摩擦系数的 1/2 处于同一量级。

14.4　网格尺寸效应

14.3 节中的计算使用的是满足 10.5 节所讨论的一般要求的网格,尽管范围不大。时间步长不会影响结果,除非它不切实际地超出推荐范围。网格尺寸在最大梯度方向是极其重要的,对于平板流动,其垂直于板的方向。对大约 40 个来流平均自由程的较短平板重复 14.3 节的计算,使用等间距网格。对垂直 y 方向的一系列网格排列和亚网格排布进行计算,而 x 方向的来流网格尺寸保持固定。

第一个例子在 y 方向使用 40 个网格和 80 个亚网格,其具有与前面计算相似的精度,得到的压强系数与表面摩擦系数分别如图 14.15 和图 14.16 所示。这些结果与图 14.12 和图 14.13 的结果的比较表明,考虑到下游边界条件的影响,这些结果是等价的。

第二个例子使用 "标准" 算例二倍的网格和亚网格,但是结果没有发生显著变化,这也验证了网格尺寸的初始选择是充分的。使用标准算例一半的网格重新进行计算,压强和表面摩擦系数有 3%~4% 的增大。随着梯度的减小,误差沿平板减小。在这个糟糕的情况下,亚网格高度稍大于两个当地平均自由程,误差非常小。

为测试亚网格的效应,重新计算 y 方向只有 10 个网格而且在该方向每个网格有 8 个亚网格,这意味着大网格唯一有害的效应是碰撞频率缺乏辨别能力。包含在输出中的平均碰撞对距离复位到标准情况的值,与预期一样,这些结果在统计散射范围内与标准情况下的结果一致。至于亚网格,应该注意到 SELECT 子程序与一维程序没有变化,这意味着如果给定亚网格中只有一个分子,则潜在碰撞对是从数值顺序的邻近亚网格选取。但是,DSMC2 中每个网格的亚网格按

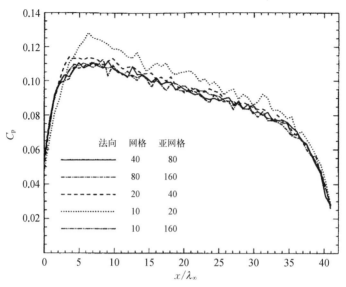

图 14.15　压强分布中的网格尺寸效应

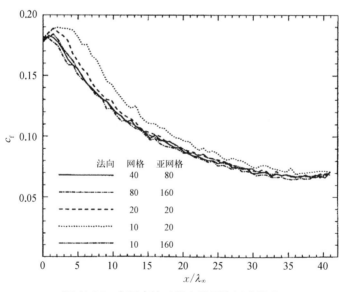

图 14.16　表面摩擦系数中的网格尺寸效应

行和列排列,因此数值顺序上的最近亚网格并不一定是物理上的最近亚网格。由于其他方向上每个网格只有 2 个亚网格,所以这不会影响计算。一旦 NSCX 和 NSCY 大到每个亚网格几乎没有分子,则碰撞对的选择过程必须考虑每个网格中的亚网格安排来进行修正。

14.5   涡的形成

在自由分子流中,所有粒子以直线运动,而且对于均匀来流中的垂直平板等简单边界条件,没有涡的存在。极少有平板后环量发展克努森数范围的信息。用程序 DSMC2 研究氩气以 $u = 172\,\text{m/s}$ 绕过垂直平板的流动。来流温度为 300 K,对应的马赫数为 0.53。对称平面置于 $y = 0$,如果平板的 1/2 高度记为 h,则上游边界在 $x = -1.33h$、外边界在 $y = 2h$、下游边界在 $x = 2h$。这些边界均假设为"流动"边界,流出的分子直接删除,流进的分子具有未扰动来流的特征。边界干扰效应在这种亚声速流动中不可回避,如同先前的计算,它们可以将边界放在不同位置来评估。对一定来流密度范围进行计算,得到的典型流线分别如图 14.17~图 14.22 所示。

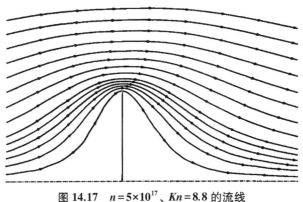

图 14.17 $n = 5 \times 10^{17}$、$Kn = 8.8$ 的流线

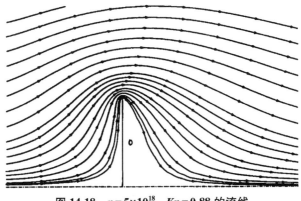

图 14.18 $n = 5 \times 10^{18}$、$Kn = 0.88$ 的流线

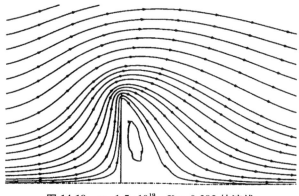

图 14.19　$n = 1.5 \times 10^{19}$、$Kn = 0.293$ 的流线

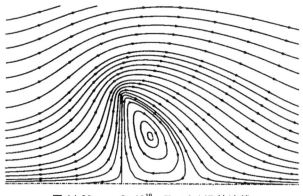

图 14.20　$n = 3 \times 10^{19}$、$Kn = 0.147$ 的流线

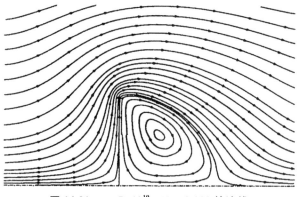

图 14.21　$n = 5 \times 10^{19}$、$Kn = 0.088$ 的流线

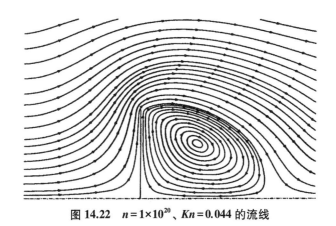

图 14.22 $n = 1 \times 10^{20}$、$Kn = 0.044$ 的流线

克努森数定义为来流平均自由程与平板高度的 $h/2$ 之比。图 14.17 的第一个算例对应 $Kn = 8.8$，流动可归类为"近自由分子流"。分子在相对于 h 较大的距离内沿直线运动，尽管有可能将流线建立在速度分量的均值上，但这些流线并不具有与连续流动相同的物理意义。在图 14.18 中，平均自由程减小 10 倍，流线发生定性的变化，它不再关于平板近似对称。但是，平板下游"分离流区"的速度大小与统计散射位于同一数量级，不存在有组织的涡的实质证据。随着平均自由程进一步减小 3 倍到图 14.19 中 $Kn = 0.293$ 的情况，确定证据表明涡的存在。但是，如图 14.23 所示，涡中的速度低于自由来流速度的 5%。最后三种情况表明，随着密度进一步增大，涡的大小和强度逐步增大。事实上，图 14.23 的速度形状表明，涡中的速度在该克努森数范围内随密度几乎线性增长。在 $Kn = 0.044$ 的情况下，涡外边缘的速度几乎等于来流速度，而且涡强的这一增长率不能保持更远。

为测试边界层对涡的影响，用表面的漫反射而不是镜面反射对 $Kn = 0.044$ 的算例重新计算，流线如图 14.24 所示。其数目和位置与图 14.22 对应，边界层对前表面的影响是使内部流线远离平板。平板后面涡中的流线在沿着通过涡中心表面法线的固定位置上。边界层中减小了的质量流动，使得流线降低且朝中心线偏移。涡中心上方一点，涡外部流线速度的大小为 98 m/s，对应镜面反射情况为 130 m/s。

这个问题涉及亚声速流动的边界，如 14.3 节中指出，其影响只能通过调整其位置确定。Dogra(私人通信)的 DSMC 计算表明，下游边界应该置于平板下游 $5h$ 处。$Kn = 0.044$ 算例中的涡伸长了大约 2 倍，但是流动没有发生定性的变化。该算例的雷诺数约为 150。现有不可压流动的数据表明，完整平板后面的两个

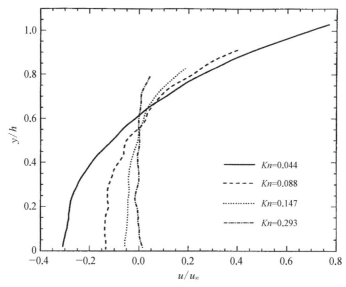

图 14.23　沿着通过涡中心垂直线的 u 速度分量

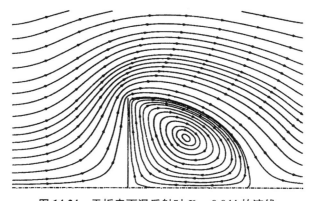

图 14.24　平板表面漫反射时 $Kn=0.044$ 的流线

涡应该是稳定的,Dogra 的计算验证了该预测在更高速度比下依然有效。竖直平板后涡街的形成需要更高雷诺数。

所有涡的一个显然性质是,涡的中心在平板上边缘与中心线驻点的连线上。

14.6　超声速钝体问题

程序 DSMC2 可用与 14.5 节相同的边界条件研究这一问题。第一个计算用到来流温度为 200 K、数密度为10^{20} m^{-3}的氩气,它以 1 317.3 m/s 的速度绕过 1/2 高度为 0.15 m 的垂直平板。对应的来流马赫数为 5,基于板全高度的克努森数为 0.043。前表面漫反射,温度为来流驻点温度 1 866.7 K;后表面为静温 200 K。

图 14.25 和图 14.26 分别为当地马赫数和温度等值线,表明较大亚声速区域的分离激波延伸到平板末端以外。其流线如图 14.27 所示,清晰表明尾迹区域内部密度必须很小。尽管流动在亚声速时有涡的存在,但这个例子中没有环量的迹象。存在温度强化的区域,该区域内尾流碰撞对称面。

上游表面温度与来流温度之比为 9.33,存在较大区域温度比大于 9.0 但小于 9.5。驻点处入射分子导致朝向表面的热通量为 5 040 W/m^2,被反射分子带走

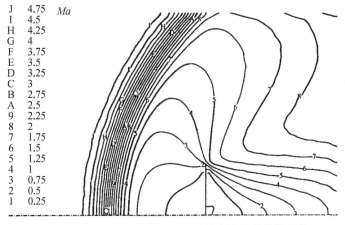

图 14.25　$Ma_\infty = 5$、$Kn = 0.043$ 时的当地马赫数等值线

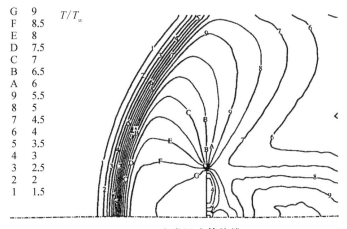

图 14.26　定常温度等值线

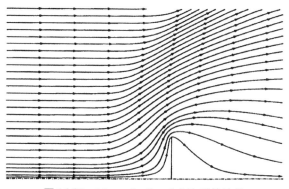

图 14.27　$Ma_\infty = 5$、$Kn = 0.043$ 时的流线

的热通量为 5 020 W/m²。这些值可以与来流的动能通量$1/2\rho u^3 = 7\,577.7$ W/m² 比较,差异并不显著,绝热表面温度非常接近驻点处的驻点温度。入射能量通量 和反射能量通量都沿平板减小,但是反射能量通量的减小较小,平板尖端处朝向 表面的净通量大约为 300 W/m²,对应的传热系数为 0.04。驻点处的压强系数为 1.80,而平板尖端附近的压强系数为 1.56。驻点处的表面摩擦系数为 0,但是在 尖端半程处的表面摩擦系数增大到 0.08,在尖端处的表面摩擦系数近似为 0.3。

后表面的平均压强系数仅为 0.007,剪切应力是正的,但是表面摩擦系数仅 为 0.000 5 的量级。尽管表面温度仅为 200 K,但邻近平板后部的温度平均为 700 K。平均传热系数仅有 0.001 5。

定常密度等值线如图 14.28 所示,与预期的一样,多数密度增大发生在温度 达到波后值以后。外边界层产生的压缩波在密度等值线中比温度等值线中更为 清晰。由于马赫数很高,所以该波只影响流动外边缘。

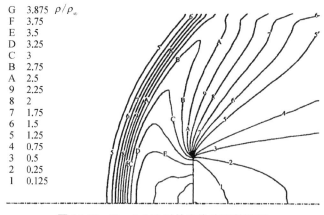

G	3.875　ρ/ρ_∞
F	3.75
E	3.5
D	3.25
C	3
B	2.75
A	2.5
9	2.25
8	2
7	1.75
6	1.5
5	1.25
4	0.75
3	0.5
2	0.25
1	0.125

图 14.28　$Kn = 0.043$ 时的定常密度等值线

密度减小 1/2 导致激波厚度加倍,如图 14.29 所示。但是,密度中心等值线的位置几乎不发生变化,而且它恰好是对应连续流的激波位置。

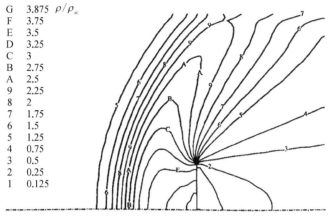

图 **14.29** **Kn = 0.086** 时的定常密度等值线

主测试算例由 12.12 节所讨论的驻点流线程序 DSMC1T 进行计算。波前、后的 Rankine-Hugoniot 密度比为 3.57,激波中心定义为平均密度比 2.285。二维计算得到的激波中心位置距表面 0.23 m,程序 DSMC1T 中的分子移除在该位置与表面之间。调整流动中的总分子数,使得来流密度 2.285 倍的密度保持在该位置。程序 DSMC1T 得到的沿驻点流线的密度如图 14.30 所示,与二维程序

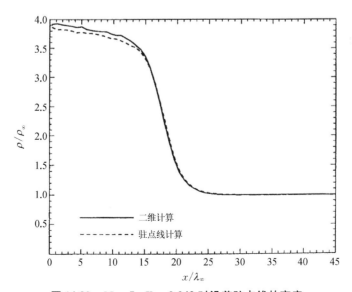

图 **14.30** **Ma = 5**、**Kn = 0.043** 时沿着驻点线的密度

DSMC2 对应结果的比较也在图 14.30 中给出。两个计算都用到了网格尺寸等相同的计算参数,几乎整个激波形状完全吻合,在激波后面的压缩区只有几个百分点的差异。

驻点线的计算中朝向表面的粒子通量为 9.74×10^{22} W/m^2,在统计散射范围内与二维计算中的驻点值吻合。表面的压强系数是 1.77,比二维值低 1~2 个百分点。入射分子和反射分子的热通量分别为 5 070 W/m^2 和 5 020 W/m^2,也与二维结果在统计散射范围内吻合。

14.7　钝头体流动中的扩散

3.5 节中已指出,Navier-Stokes 方程的传统形式包含了趋向减小流动中梯度的扩散项,但是忽略了增大浓度梯度的压强扩散项和热扩散项。钝体问题是考察发生在真实气体中组分分离效应的合适测试算例。

以密度比 71.78% 的氦气、剩余为氙气的混合气体重新计算 14.6 节的主测试算例(来流数密度为 10^{20} m^{-3})。混合气体的平均分子质量等于氙气的分子质量,这样可以保持马赫数不变。第一个计算中两个组分的截面都等于氙气,这样克努森数也不变。第二个计算中使用 VSS 模型,氦气和氙气的参数由附录 A 给出。

组分分离效应如图 14.31 所示,它给出了氦氙密度比根据来流密度比正则化的等值线。它们由准确截面的第二个计算得到。激波中压强和热扩散导致的

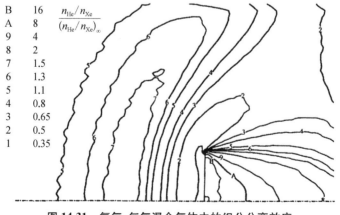

图 14.31　氦气-氙气混合气体中的组分分离效应

分离与 12.11 节中正则激波得到的结果一致。氦气密度上升发生在氙气之前，激波内部是氦气聚集的区域。流线在驻点附近的大曲率导致该区域氙气聚集的压强扩散。如果表面温度是冷的而不是热的，则热扩散将进一步加剧氙气在驻点区的聚集。目前，最大分离发生在尾流区，紧贴平板后部的气体几乎完全由氦气构成。

混合气体的定常密度等值线和温度等值线，分别如图 14.32 和图 14.33 所示。它们基于用到氙气截面的第一个计算，其结果可与图 14.28 和图 14.26 直接进行比较。与激波研究预期一样，混合气体中的波比简单气体要更加散开。最显著的区别是驻点区域的密度几乎是简单气体的 2 倍，其原因是压强在从简单气体到混合气体影响不大，温度在较大程度上由表面温度确定。因此，$p = nkT$，粒子密度也

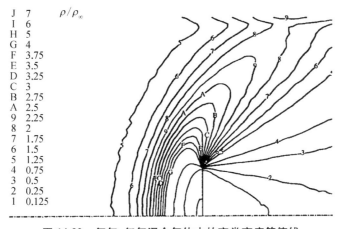

图 14.32　氦气–氙气混合气体中的定常密度等值线

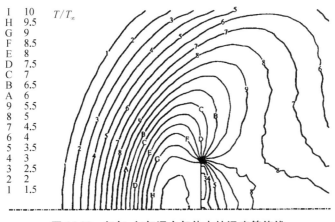

图 14.33　氦气–氙气混合气体中的温度等值线

几乎没有发生变化,这意味着氙气浓度的增大必然导致该区域密度的增大。

平板后部极高浓度的氦气也会导致高于连续情况的密度。平板后表面的平均压强系数为 0.035,比简单气体的情况高 5 倍。撞击平板后部的分子中,少于 0.3%的是氙气。与平板前部形成对比,那里压强系数没有受到明显影响。

将驻点线程序 DSMC1T 稍微进行修正以涵盖两种独立气体而不是离解的双原子气体,并将其应用于这一问题。沿驻点线的组分剖面如图 14.34 所示。不可能预期能准确模拟压强扩散,因为其依赖物体的外形,而这不会包含在 DSMC1T 的数据中。但是,驻点线附近存在一定的重气体聚集,而且这对于柱状物体和球状物体可能是相当真实的。看起来没有必要通过利用 12.12 节所建议的法向速度平方根最大值来强化分离。通过引入单一最大值对程序进行临时修改,但这会导致总体上的过度分离。

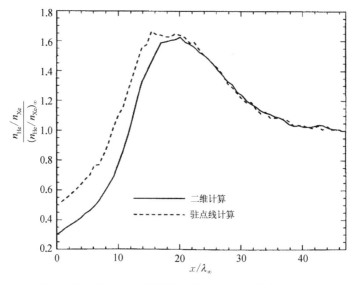

图 14.34   沿着驻点线正则化的氦气-氙气数密度之比

尽管这是与质量比和低密度有关的极端情况,其结果代表 Navier-Stokes 方程扩散项未充分表征扩散引入的误差。

14.8   入射时的平板

尽管程序 DSMC2 中的表面必须与矩形网格的边界重合,但自由来流速度分量可以在两个方向指定,因此该程序可以用来研究以任意入射绕过平板的流动。主测试算例是马赫数为 5 的氩气流动,以入射角为 30°绕过平板。平板长度为来流平均自由程的 30.9 倍,如此全局克努森数为 0.032 4,下表面温度和上表面温度分别为驻点温度和静温。

在任何涉及固体表面的工程研究中,气体-壁面相互作用可靠数据的缺失导致不确定性。对于没有暴露在高温和高真空"清洁"效应的流速流动和表面,假设完全热容的漫反射是有道理的。非漫反射效应通常用漫反射与镜面反射结合的方式来进行研究。完全镜面反射是不真实的,但是它是不采用边界层作"无黏"计算的有用选项。用漫反射和镜面反射极限进行流动计算,但是与中间情况的混合不同的是,拓展程序 DSMC2 以包含 Cercignani – Lampis 模型的 Lord 实现。该模型已在 5.8 节中进行了讨论,平动相互作用通过法向适应系数 α_n 和切向适应系数 α_T 确定,分别记为 ALPN 和 ALPT。

如 5.8 节所示,入射速度向内法向分量为 u_i,平行分量为 v_i 和 w_i,这些速度分量用表面温度下的最概然速度正则化。不失一般性,轴的选取使得 v_i 位于包括入射分子路径和表面法向的**相互作用平面**内的 w_i 为 0。在子程序 REFLECT2 的 Cercignani–Lampis–Lord（CLL）选项中,u_i 和 v_i 分别记为 VNI 和 VPI。反射分量相对于相互作用平面进行计算,该平面相对于轴的方向给定为 ANG。

方程式(5.75)中的 θ 和 r^2/α 的分布与式(C.10)和式(C.11)中 θ 和 $\beta^2 r^2$ 的分布相似,因此

$$\theta = 2\pi R_f \tag{14.1}$$

且

$$r = -\alpha \ln R_f \tag{14.2}$$

这些方程依次用于法向分量 $\alpha = \alpha_n$ 和切向分量 $\alpha = \alpha_t(2 - \alpha_t)$。由图 5.3 给出的反射速度向外法向分量为

$$u = \left[r^2 + (1 - \alpha) u_i^2 + 2r(1 - \alpha)^{1/2} u_i \cos\theta \right]^{1/2} \tag{14.3}$$

类似地,相交平面内的反射速度切向分量为

$$v = (1 - \alpha) v_i + r\cos\theta \tag{14.4}$$

和

$$w = r\sin\theta \qquad (14.5)$$

需要注意的是,法向分量和切向分量的 α 定义不同,对这些分量必须用 r 和 θ 的不同随机值,反射速度分量必须转化回原坐标体系。

如 5.8 节中指出,角速度分量 ω 的分布类似于法向速度分量 u。引入转动能量调节系数 α_r,在正则化中进行适当变化,双原子分子的方程与法向速度分量类似。具有三个内自由度的多原子情况比较特殊,Lord(1991)指出参数 r 的分布函数为

$$f(r) \propto r^2\exp(-r^2/\alpha_r) \qquad (14.6)$$

而 θ 的余弦均匀分布。在 r 的选择中应用接受-拒绝方法。

当所有调节系数为 0 或 1 时,CLL 模型分别退化到镜面反射和漫反射。然而,在这些极限下 CLL 代码效率很低。因此,最好每个选项使用独立编码。另一个变化是反射分子抽样得到的剪切应力。这在漫反射中不是必需的,此时剪切应力为 0,但在镜面反射中与反射分子导致的剪切应力相等且反向。

在漫反射情况下的流线、温度等值线和密度等值线分别如图 14.35 ~ 图 14.37 所示。在这种情况下,连续流理论给出附体激波最大偏转角为33.5°。尽管入射角低于临界值,边界层的位移效应导致明显贴体激波。板前缘驻点流线的弯曲发生在流动的亚声速区域,这导致靠近前缘处的流动以稍高于 50° 向平板入射,比来流入射高出了 20°。激波延伸到板上方的区域,但是很快由前缘上方的膨胀减弱且变得非常散开。

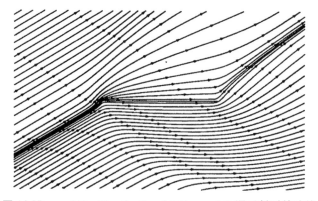

图 14.35　$\alpha = 30°$、$Ma = 5$、$Kn = 0.043$、$\gamma = 5/3$ 漫反射时的流线

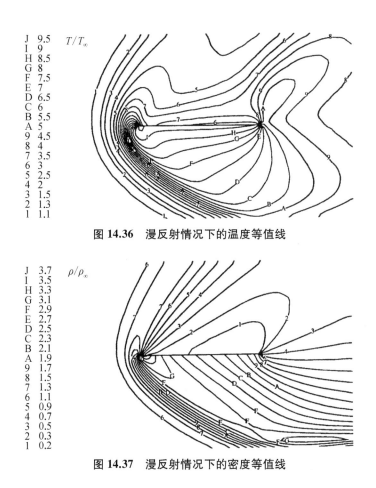

图 14.36 漫反射情况下的温度等值线

图 14.37 漫反射情况下的密度等值线

镜面反射对应的信息如图 14.38~图 14.40 所示。在前缘处,斜激波附着于下表面,而且上表面的膨胀直接依赖来流条件。与漫反射的情况不同的是,存在

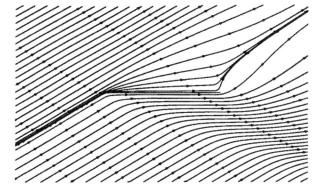

图 14.38 $\alpha = 30°$、$Ma = 5$、$Kn = 0.043$,$\gamma = 5/3$ 镜面反射情况下流线

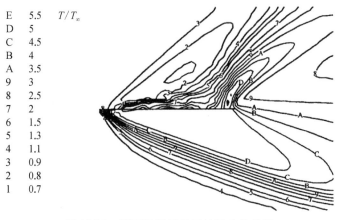

E	5.5	T/T_∞
D	5	
C	4.5	
B	4	
A	3.5	
9	3	
8	2.5	
7	2	
6	1.5	
5	1.3	
4	1.1	
3	0.9	
2	0.8	
1	0.7	

图 14.39   镜面反射情况下的温度等值线

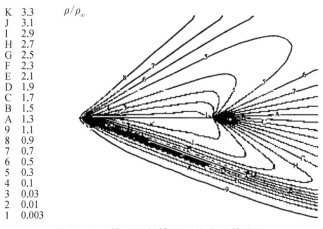

K	3.3	ρ/ρ_∞
J	3.1	
I	2.9	
H	2.7	
G	2.5	
F	2.3	
E	2.1	
D	1.9	
C	1.7	
B	1.5	
A	1.3	
9	1.1	
8	0.9	
7	0.7	
6	0.5	
5	0.3	
4	0.1	
3	0.03	
2	0.01	
1	0.003	

图 14.40   镜面反射情况下的密度等值线

温度低于来流值的区域激波弱很多,而且最高温度不大于漫反射情况的 1/2。尾部上方的压缩比漫反射情况强很多,该区域的最高温度与前缘下方的最高温度几乎一样高。

为了确定漫反射中激波贴附和镜面反射中激波贴附引起的漫反射和镜面反射之间的主要差异,重新计算入射角分别为 40° 和 60° 的镜面反射情况,对应的流线分别如图 14.41 和图 14.42 所示。由该图知,驻点线的弯曲逐步增大,可以认为向 14.6 节研究的竖直平板、对应流线为图 14.27 的情况的转化。在这些情况下的等值线与漫反射情况在性质上是相似的。例如,密度及随之的压强梯度沿着下表面发展。

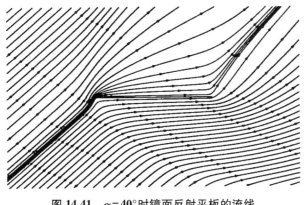

图 14.41 $\alpha=40°$ 时镜面反射平板的流线

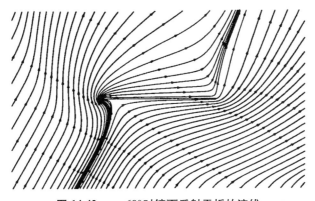

图 14.42 $\alpha=60°$ 时镜面反射平板的流线

$\alpha=30°$ 时的压强和剪切应力分布分别如图 14.43 和图 14.44 所示。除了完全漫反射和镜面反射情况，还计算了法向动量系数和切向动量系数等于 1/2 的 Cercignani-Lampis-Lord 模型和镜面反射与漫反射各占 50% 的情况。镜面反射中前缘处的压强等于自由分子值，这是由于镜面反射对上游没有实质性的影响。压强仅在 15 个当地平均自由程处减小到连续无黏性理论的斜激波值，随后保持常数。在不存在边界层的情况下，尾端膨胀对上游没有影响。

漫反射的压强分布也在前缘处具有最大值，而且前缘处压强系数为 2 是钝体驻点的特征。随后压强减小，在尾部膨胀影响的区域低于镜面反射值。剪切应力也在前缘处具有极大值，随后下降，但是流动在靠近尾部的加速导致其增大。

CLL 模型和部分镜面反射对压强几乎不产生影响，但是导致表面摩擦显著

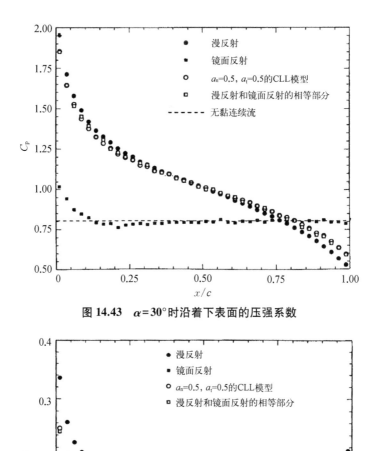

图 14.43　$\alpha=30°$时沿着下表面的压强系数

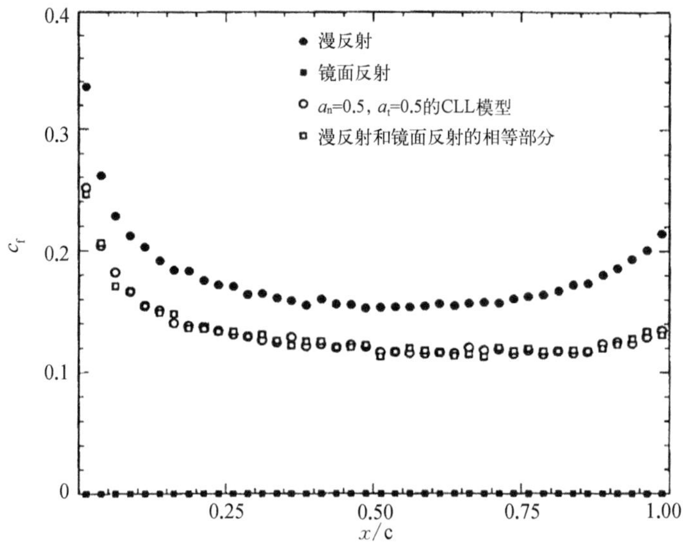

图 14.44　$\alpha=30°$时沿着下表面的表面摩擦系数

减小。在该算例中这两个选项差异不大,这意味着镜面反射和漫反射的简单组合可以提供非漫反射效应的有用表征。但是,这是一个只依赖镜面反射比例的单参数模型。CLL 模型更具有通用性,它允许指定独立的法向动量、切向动量和内能模态适应系数。

14.9　Prandtl-Meyer 流膨胀

如果绕尖角的均匀声速或亚声速来流膨胀的连续流方程用柱坐标 r、θ 表示,则原点在尖点时它们退化为一个常微分方程且自变量为角 θ。如果该角度通过声速线测量,则标准结果给出的马赫数为

$$Ma^2 = \left[(\gamma + 1)/(\gamma - 1)\right] \tan^2\left\{\left[(\gamma - 1)/(\gamma + 1)\right]^{1/2}\theta\right\} + 1$$

$$(14.7)$$

马赫数在 $\theta = \left[(\gamma + 1)/(\gamma - 1)\right]^{1/2}\pi/2$ 时为无穷,连续流理论表明大于此角时为真空。马赫数为 0 且流线垂直于 $\gamma = 0$,因此最大流动偏转角为 90°,小于此角。

方程式(1.5)定义的连续流失效参数 P 可以写成封闭形式,即

$$P = \left(\frac{\gamma\pi}{2}\right)^{1/2} \frac{\left[(Ma)^2 - 1\right]^{1/2}}{\gamma + 1} \left\{\frac{1 + \left[(\gamma - 1)/2\right](Ma)^2}{(\gamma + 1)/2}\right\}^{\frac{1}{\gamma-1}-\omega+1/2} \frac{\lambda^*}{r}$$

$$(14.8)$$

其中,λ^* 为声速线上的平均自由程。

用程序 DSMC2 计算温度为 300 K、数密度为 2×10^{20} m^{-3}、马赫数为 2.151 的氧气向真空的扩散。这一马赫数的选取使得连续流理论预测的真空在 90° 的偏转角处。用喷射选项产生 $y = 0.155$ m 处的镜面反射表面,$y = 0$ 处指定为对称面的下边界之间的流动。其他边界使用真空选项,得到的流线如图 14.45 所示。

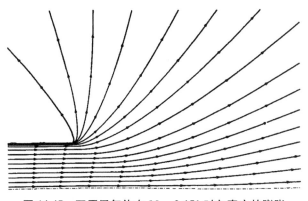

图 14.45　双原子气体在 $Ma = 2.151$ 时向真空的膨胀

由图 14.45 可以看出,稀薄效应使得流动膨胀到 90° 以外。

Prandtl—Meyer 流膨胀中的所有等值线都是直的径线,图 14.46 中的 DSMC 数密度等值线的弯曲很大程度上归结为以对称面膨胀的反射。膨胀前缘处失效参数 P 的值为 0.007 8/r,而且该边缘在 $r = 0.334$ 处与 $y = 0$ 相交。角落附近的流动处于非平衡,而在对称面附近 P 约为 0.023,处于临界平衡。偏离转动平衡和平动平衡的程度可以由参数 $(T/T_\infty)/(\rho_\infty/\rho)^{\gamma-1}$ 很方便地进行评估,它在等熵膨胀中为 1。

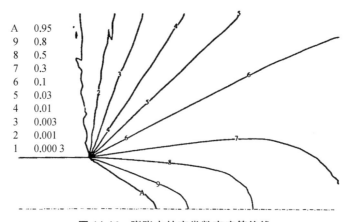

图 14.46　膨胀中的定常数密度等值线

这一"等熵参数"的等值线如图 14.47 所示。尽管流动在膨胀初期接近平衡,但密度超过连续流预测的低密度区处于高度非平衡状态。

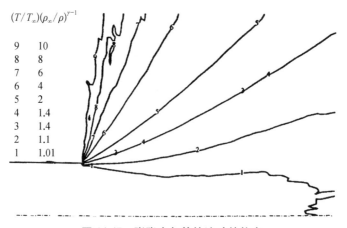

图 14.47　膨胀中与等熵流动的偏离

平板处用漫反射而不是镜面反射重新进行计算,定常密度的等值线如图
14.48 所示。这导致了沿着平板的边界层、板前缘的弱激波及该激波从对称面
的反射。但是,对膨胀影响最大的是角落上游区域中的流动马赫数的减小。
90° 偏转角处的密度比镜面反射情况高一个量级,"回流"区的密度增强的倍
数更大。

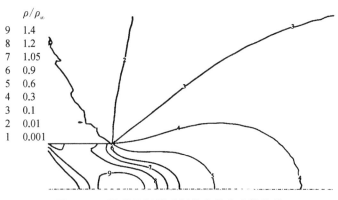

	ρ/ρ_∞
9	1.4
8	1.2
7	1.05
6	0.9
5	0.6
4	0.3
3	0.1
2	0.01
1	0.001

图 14.48 沿着平板漫反射的定常密度等值线

参考文献

BABOVSKY, H., GROPENGREISSER, E., NEUNZERT, H., STRUCKMEIER, J., and
WIESEN, B. (1989). Low-discrepancy method for the Boltzmann equation. *Prog. Astro. Aero.*
118, 85-99.

BIRD, G.A. (1976). *Molecular gas dynamics*. Oxford University Press.

BIRD, G.A. (1981). Breakdown of continuum flow in freejets and rocket plumes. *Prog. Astro. Aero.*
74, 681-694.

HARVEY, J.K. (1986). Direct simulation Monte Carlo method and comparison with experiment.
Prog. Astro. Aero. 103, 25-42.

LORD, R. G. (1991). Application of the Cercignani-Lampis scattering kernel to direct
simulation Monte Carlo calculations. In *Rarefied gas dynamics* (ed A.E. Beylich). pp 1427-
1433, VCH Verlagsgesellschaft mbH, Weinheim, Germany.

第 15 章

轴 对 称 流 动

15.1 轴对称流动的方案

类似二维流动的轴对称流动有两个独立的空间变量,14.1 节中讨论的网格也可用于这些流动。程序 DSMC2A 是 DSMC2 应用到轴对称流动的版本。与二维流动模拟单位宽度不同的是,轴对称流动模拟绕轴 2π 的整个方位角。轴可以选为沿 x 方向,y 方向为径向,网格体积和表面面积具有显著重要性。现在,不能简单忽略 z 方向的运动,因此必须考虑分子轨迹的三维属性。

在任一时间步长,利用对称性,将每个轨迹单元初始点转化到零方位角平面。这些变换与一维柱对称流动和球对称流动相似。考虑半径 y_1 处径向速度和周向速度分别为 v_1 和 w_1 的分子。如果分子运动 Δt,则新的半径为

$$y = \left[(y_1 + v_1\Delta t)^2 + (w_1\Delta t)^2 \right]^{1/2} \tag{15.1}$$

而且,速度分量也要发生旋转,使得 v 依然是径向分量,径向分量和周向分量的新值为

$$v = \left[v_1(y_1 + v_1\Delta t) + w_1^2\Delta t \right]/y$$
$$w = \left[w_1(y_1 + v_1\Delta t) - v_1 w_1\Delta t \right]/y \tag{15.2}$$

这些方程在子程序 AIFR 中实现,程序 DSMC2A 限于表面沿网格边界的情况,它们平行或垂直于轴。由于分子径向速度与法向表面发生碰撞,所以二维逻辑依然有效。平行表面为柱状,得到的方程式(12.12)的三维逻辑也可用于这一流动。这将导致较为复杂的代码,更通用的表面将涉及与圆锥微元的相交且参数在每个网格发生变化,此时逻辑变得更加复杂且计算时间变长。G2 代码中使用

的网格体系在与网格边界作用时用到这一逻辑,如果用三维逻辑,则计算时间将非常长。

准确三维逻辑的一个替代是将基本时间步长细分为足够大数目的区间,这样二维逻辑可用于得到的每个亚步长。注意,这与亚步长内和表面的可能相交有关,方程式(15.1)和式(15.2)中的变换依然在每个亚步长结尾应用,但问题是确定必要的细分程度。

方程式(15.1)可重新给出时间步长 Δt 之后的半径 y 与初始半径 y_1 之比的表达式,即

$$y/y_1 = \{1 + 2vt/y_1 + [1 + (w/v)^2] (vt/y_1)^2\}^{1/2} \tag{15.3}$$

其结果如图 15.1 所示。对于负的 v,在时间区间为

$$v\Delta t/y_1 = - [1 + (w/v)^2]^{-1}$$

之后,半径比有最小值

$$y_m/y_1 = |w/v| / [1 + (w/v)^2]^{1/2}$$

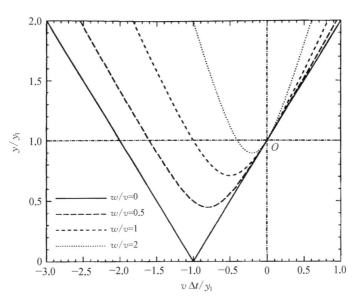

图 15.1　典型轨迹在法向平面中的投影

虽然看起来将亚时间步长限制到时间步长的 1/4 是合理的,但当 v 很小时最小时间步长也有一些限制。另外,对于 v 的正负值,都可以将亚时间步长限制到 $y_1/|w|$ 的 1/6。这些判据已用于 G2 程序系统的轴对称版本中,它们可以给

出令人满意的结果。

15.2 径向权重因子

　　轴对称流动 DSMC 计算的最严重现实问题是轴附近分子所占比例很小。例如,如果均匀流动中径向有 50 个等间距网格,则最外层网格内的样本大小将比轴附近的网格大 100 倍。这将导致"径向权重因子"的引入,每个远离轴的分子比靠近轴的代表更多的真实分子。它甚至可以抬高每个网格的分子个数,但是,由于权重因子沿着轨迹发生变化,所以在每个时间步长内存在分子删除或分子复制的概率。如果流动主要是离开轴,且权重因子的主要效应是分子删除而不是分子复制,则权重因子的问题明显少一些。

　　权重因子既可基于分子所在网格的半径,也可基于分子本身的半径。前者在平行于轴运动的分子进入一个不同高度及不同权重因子的网格时会导致误差。另外,该方案导致的常见困难是保持垂直于轴的光滑流动梯度,因此不推荐基于网格的权重因子。考虑到网格中的仿真分子代表不同数目的真实分子,基于分子的替代因子将需要低效而复杂的碰撞编程。然而,已经发现,在计算碰撞时认为网格内所有分子具有平均权重因子对流动的影响不可忽略。平均权重因子与分子选择数相乘,但每个碰撞考虑等于该权重因子的相同碰撞,碰撞方案不需要改变。

　　程序 DSMC2A 中使用的权重因子,等于分子半径与参考半径 RWF 之比,后者在数据中给定。这一参考半径可取为内层网格高度的一个较小比例,因此上述假设情况中的所有网格将具有相同的仿真分子数目。对于极小值的 RWF,靠近轴运动的分子将进行多次复制,子程序 WEIGHT 中的逻辑允许这一情况发生。网格中具有相同分子的可能性,使得要对几乎所有程序中的相同子程序 SELECT 进行一些修正。分子复制中不希望出现的影响,可以通过在稳态流动中出现复制分子时间延迟的叠加来弱化。这在程序中通过包括 MNB 个分子的"分子复制缓冲区"来实现。该缓冲区中每个复制的分子首先产生随机地址,以前在该位置的分子移入流动中,但是这在一个依赖缓冲区大小平均值的随机延误之后。

　　径向权重因子广泛用于 DSMC 方法在轴对称流动的应用中。但是,结果通常比基于样本容量的常用判据或二维类似外形计算经验预期的散射好一些。因此,程序 DSMC2A 用于确定使用或不使用权重因子的均匀静止气体中的典型正则均方密度涨落,以及 RWF 的不同值。

测试算例在径向使用 50 个等高度网格,流动的轴向长度等于半径,但是均方涨落沿轴向作平均。分别对不考虑权重因子、参考直径为 0.002 的权重因子及参考直径为 0.16 的权重因子进行计算。三种情况的结果如图 15.2 所示。第一种是没有权重因子的情况(IWF = 0),尽管外来流边界附近的涨落有所减小,但正则均方涨落预期值为 1。第二种是参考直径为 0.002 的权重因子情况,参考半径为网格高度的 1/10,最内层网格中的分子数增大 50 倍,而且如果要正则均方涨落保持为 1,则散射将减小到 1/7。但是,图 15.2 显示最靠近轴的网格内的正则均方涨落增大了 10 倍,表明径向权重因子的使用实际上会导致轴上的散射增大。第三种是参考直径为 0.16 的权重因子情况,将最内层网格的样本增大稍高于 3 倍。网格中的正则均方密度涨落轻微增大,这样来看是净赚的。参考半径处的散射增大约为 50%。但是,相比于无权重因子的情况,半径处的样本增大了 4 倍,因此其在半径处也是增大的。

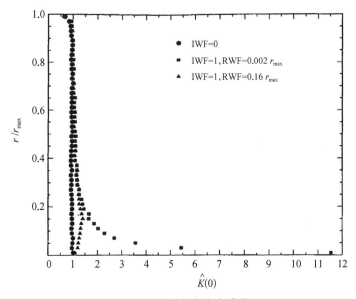

图 15.2 正则均方密度涨落

使用很小的参考直径来获得每个网格中的相似样本,不仅产生散射的反作用,还将轴上的密度系统性减小 10%~20%。对轴向速度对应马赫数为 3 的情况重新进行计算,多余的散射约减小 40%,密度的系统性误差并无改善。如果使用径向权重因子,则参考半径应该比最内层网格的半径大很多。即使如此,参考半径处的流动性质还是稍微有些异常。

15.3 平头圆柱绕流

程序 DSMC2A 中的数据是数密度为10^{21} m^{-3}、温度为 100 K、速度 1 000 m/s 的氩气的平头圆柱绕流。圆柱的半径 r_c 为 0.01 m,因此基于圆柱直径的全局克努森数为 0.047 4,流动马赫数为 5.37,类似 14.6 节中讨论过的二维竖直平板绕流。迎风面的温度为 1 000 K,接近连续驻点温度为 1 060.5 K,这种情况称为"绝热情况"。圆柱表面的温度为 300 K,采用漫反射模型。

迎风面中心置于原点处,轴向模拟流场为 - 0.02 ~ 0.02 m,半径延伸到 0.03 m。使用 80 × 60 的网格,每个方向等间距,网格宽度和高度约等于平均自由程的 1/2,每个网格有 4 个亚网格。最大密度稍高于来流密度的 4 倍,其发生在约为来流温度 10 倍的区域,此时氩气的平均截面是来流温度下的 1/2。这意味着,驻点区域的平均自由程与网格宽度近似相等。但是,网格宽度是有界的,假设亚网格尺度是平均自由程的 1/2,则不会带来任何误差。另外,对迎风面温度为 300 K 的情况进行"冷表面"计算,网格尺度对于该计算不充分,因此流动在驻点区域密度的较大增长需要更复杂的网格。这些计算使用将 RWF 设置为 0.004 的参考直径。它是网格高度的 8 倍,对应 15.2 节得到满意结果的值。

绝热表面情况的温度等值线和定常密度等值线分别如图 15.3 和图 15.4 所示,它们分别与竖直平板二维绕流的图 14.26 和图 14.28 相似。激波脱体距

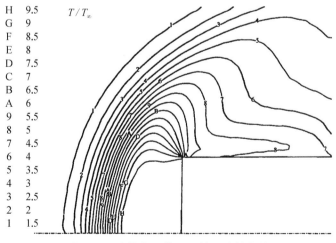

H	9.5	T/T_∞
G	9	
F	8.5	
E	8	
D	7.5	
C	7	
B	6.5	
A	6	
9	5.5	
8	5	
7	4.5	
6	4	
5	3.5	
4	3	
3	2.5	
2	2	
1	1.5	

图 15.3 绝热表面情况下的温度等值线

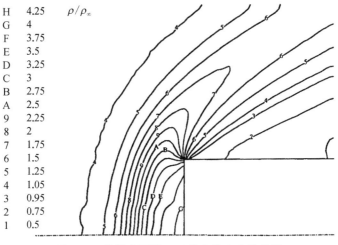

H	4.25	ρ/ρ_∞
G	4	
F	3.75	
E	3.5	
D	3.25	
C	3	
B	2.75	
A	2.5	
9	2.25	
8	2	
7	1.75	
6	1.5	
5	1.25	
4	1.05	
3	0.95	
2	0.75	
1	0.5	

图 15.4 绝热表面情况下的定常密度等值线

离可以定义为等值线 ρ/ρ_∞ = 2.43 与轴的交点，位于正则激波的中心。它在绝热情况下是圆柱直径的 0.34 倍，可以与二维流动对应图 14.28 中得到的值 0.78 比较。

冷表面情况对应的温度和定常密度等值线分别如图 15.5 和图 15.6 所示。在邻近表面的绝热边界层中，密度显著上升、温度下降，激波脱体距离降低到圆柱直径的 0.31 倍。冷却效应沿物体肩部延伸，但是远离驻点区域的流动性质没有受到很大影响。

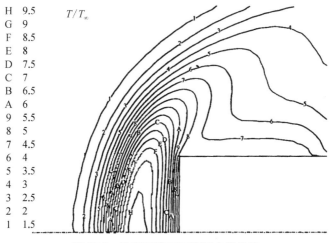

H	9.5	T/T_∞
G	9	
F	8.5	
E	8	
D	7.5	
C	7	
B	6.5	
A	6	
9	5.5	
8	5	
7	4.5	
6	4	
5	3.5	
4	3	
3	2.5	
2	2	
1	1.5	

图 15.5 冷表面情况下的温度等值线

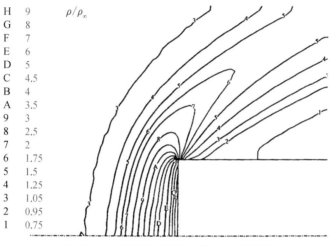

H	9	ρ/ρ_∞
G	8	
F	7	
E	6	
D	5	
C	4.5	
B	4	
A	3.5	
9	3	
8	2.5	
7	2	
6	1.75	
5	1.5	
4	1.25	
3	1.05	
2	0.95	
1	0.75	

图 15.6　冷表面情况下的定常密度等值线

　　沿迎风面的压强分布如图 15.7 所示,以半径比函数的形式体现压强系数与连续流驻点压比 $(C_p)_0$ 的比值。轴附近的压强稍高于连续流驻点的值,但是该区域代表的面积很小。在迎风面的绝大部分区域,压强明显低于连续流驻点压强。平均压强比连续流驻点压强低 3% ~ 4%,与观测到的压强一致(Potter and Bailey,1963)。

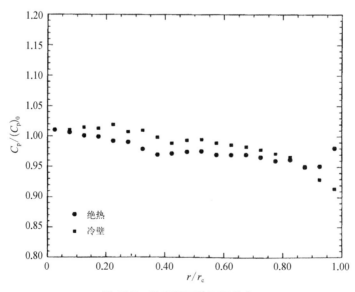

图 15.7　沿迎风面的压强分布

15.4 Taylor–Couette 流动

具有一个静止表面和一个运动平行表面的 Couette 流动,可以由程序 DSMC2A 以五种方式产生。两个同轴的圆柱具有轴向相对速度、内部圆柱运动 或外部圆柱运动,作为替代,内部圆柱或外部圆柱以给定角速度绕轴旋转。 Taylor–Couette 流动考虑的是内部圆柱具有周向速度的情况。Taylor 发现,在某个 临界角速度下流动不稳定且形成环形涡。Stefanov 和 Cercignani(1993)指出 DSMC 方法可用于研究这些环形涡,程序 DSMC2A 已用于重新计算这些算例之一。

该算例用到的外部圆柱半径 r_2 是内部圆柱半径 r_1 的 2 倍,气体为简单的单 原子硬球气体。气体开始处于静止,均匀密度使得平均自由程为 $(r_2 - r_1)/50$。 在零时刻,内部圆柱突然获得一个定常角速度,使得周向速度等于最概然分子速 率的 3 倍。因此,流动具有克努森数 $Kn = 0.02$ 和速率比为 3.0 的特征。Taylor 数定义为

$$Ta = \frac{4\rho^2\omega^2 r_1^4}{\mu^2\left[1 - (r_1/r_2)^2\right]^2} \tag{15.4}$$

其中,ω 为旋转圆柱的角速度。Stefanov 和 Cercignani(1993)指出此算例 Taylor 数为 521 600,显著高于 33 100。但是,对于这里用到的"超声速"表面速度,流动 内部产生较大的密度变化和温度变化,无量纲参数的有效值或当地值可能与其 名义值区别很大。

为便于计算,流动在轴向必须具有有限长度,将其设定为外部圆柱的直径, 因此计算区域的宽高比为 4,如图 15.8 所示。柱状表面是调节系数为 1 的漫反 射表面,两端是镜面反射表面且可认为是对称面。轴向有 200 个均匀网格,径向 有 50 个网格,每个网格在每个方向上有 2 个亚网格。计算中总共有 120 000 个 仿真分子。这一数目比前一算例用到的要大,但保持为算例设置的 8 Mb 上限是 有问题的,因此程序进行了一些修正,这样内存不至于浪费在简单气体存储组分 或单原子气体存储转动能上。虽然变化相当直接,必须格外注意 PARAMETER 声明中的变量设置。

图 15.8 给出了流线在包含轴且垂直于旋转表面的"法向"平面内的投影。 它是内圆柱第 21~30 次演化的时间平均。这三个相互转动的环形涡定常构型

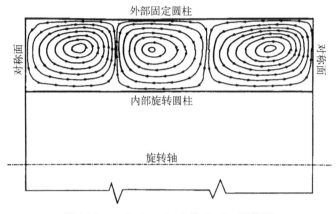

图 15.8　$s=3$、$Kn=0.02$ 的 Taylor 涡构型

是通过图 15.9 所演示的非定常过程演化而成的。

　　初始状态是密度为 ρ_i 的均匀气体与温度为 T_w 的圆柱保持平衡。内部圆柱的旋转从零时刻开始,在最初的几个演化中气体向下运动,然后发展到左侧的涡中。其他的涡随后发展,并且在第 10~12 次演化的时间段内有 6 个成对的涡,每对涡中一个大一个小。三个小涡在随后的三次演化中衰减,在第 17 次演化后只有大小大致相等的三个涡。在经历第 20 次演化之后,右手涡大于其他两个。虽然看起来最终可能形成一个涡,但是,在得到图 15.8 的 9 个演化中相对大小保持不变,这意味三涡结构对于这一构型可能是稳定的。Stefanov 和 Cercignani

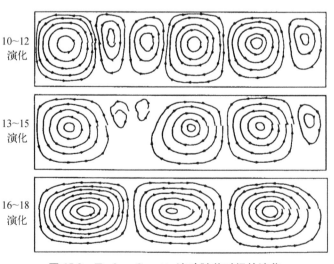

图 15.9　Taylor-Couette 流动随着时间的演化

（1993）的结果表明,虽然这一算例有五个涡,但是它们没有报告流动抽样的时间区间。

与 12.2 节中的一维高速 Couette 流动一样,圆柱的高速表面导致明显的气体加热,气体温度上升直到向表面的传热等于表面运动所做的功。最高温度在旋转表面附近,图 15.10 表明,对于中部涡,涡会导致明显的温度轴向梯度。

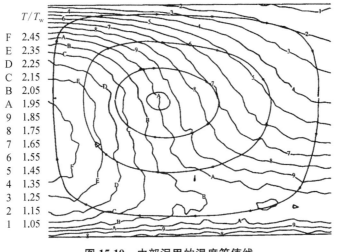

图 15.10　中部涡里的温度等值线

图 15.11 中的密度等值线表明高温对应低密度,但是密度和温度的乘积变化表明流场内存在明显的压强梯度。这些图中有足够的流线使得流场特征与涡

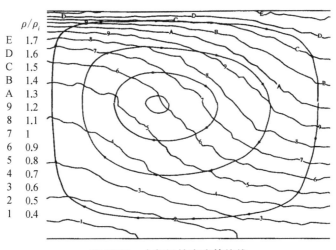

图 15.11　中部涡的密度等值线

关联。这些流线由上、下片段产生，而且片段满足的精度表明流场在抽样时间区间非常接近稳态。三个涡的结果相似。

周向速度分量的等值线分布如图 15.12 所示，法向平面中的"涡"旋转速率的等值线如图 15.13 所示。它们都根据温度为 T_w 的气体的最概然分子速度进行正则化。注意，这是一个固定值，尽管这些量表征为速度比，但它们与考虑了温度变化的当地速率比不同。内部圆柱的速率比为 3，其表面存在明显的速度滑移和温度滑移。环形涡转动的速率比在 0.05～0.35。这些值与 Stefanov 和 Cercignani 的报告一致。涡中的较高速率发生在流动的低密度区域。

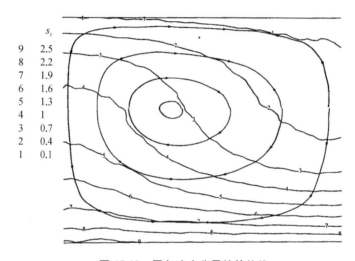

图 15.12　周向速度分量的等值线

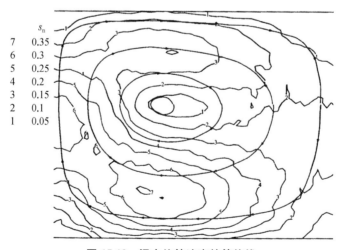

图 15.13　涡中旋转速率的等值线

尽管程序中的抽样方案最早用于研究长时间定常流动,但对物理上重要的时间参数而言计算总是非定常的。图 15.9 表明,程序可用于获取非定常过程的信息。

方程式(15.4)定义的 Taylor 数是雷诺数

$$Re = \frac{\rho u_{\mathrm{w}} \hat{r}}{\mu} \tag{15.5}$$

的平方根。其中, $u_{\mathrm{w}} = r_1 \omega$ 是转动圆柱的表面速度。特征半径定义为

$$\hat{r} = \frac{2r_1}{1 - (r_1/r_2)^2} = \frac{2r_2(1 - \Delta r/r_2)}{2\Delta r/r_2 - (\Delta r/r_2)^2} \tag{15.6}$$

其中, Δr 是圆柱之间的距离 $r_2 - r_1$,算例中这一雷诺数的值为 722。

方程式(1.1)、式(4.23)、式(4.62)和式(4.65),使得 VHS 分子气体中的雷诺数可以用速率比和克努森数写为

$$Re = \frac{2(5 - 2\omega)(7 - 2\omega)}{15 \pi^{1/2}} \frac{s}{Kn} \tag{15.7}$$

对于计算中用到的硬球气体,方程式(15.7)为

$$Re = \frac{16}{5 \pi^{1/2}} \frac{s}{Kn} = \frac{1.805 \, 4s}{Kn}$$

该方程在稀薄气体的应用中有一种情况是,将克努森数和雷诺数建立在 Δr 而不是 $\hat{r}$ 上,因此它们对应的值分别为 0.02 和 271。

开展新的计算以研究 Taylor 涡形成的克努森数上限和速度比下限。已经发现,在速度比为 3 的情况下,克努森数无法增大到比 0.025 大很多的情况。但是,流场的宽度可以明显减小,多数计算对称面之间的距离恰好为 30 个初始平均自由程,这使得速度比可以继续增大而转动圆柱附近仍可以得到合理样本。单个涡在速度比约为 10 的时候一分为二。密度增大且在克努森数约为 0.003 时存在涡的分裂。

Reichelmann 和 Nanbu(1993)也将 DSMC 方法应用于空气中的 Taylor-Couette 流动。他们用到的转动速度使得表面速度比稍低于 0.5,对应克努森数在 0.037~0.004 35。这些条件的选取是匹配 Kuhlthan(Kuhlthan,1960)的实验。Taylor 涡的形成通过固定圆柱上的扭矩系数的表现进行检测。DSMC 计算的预测与测量吻合得很好。

15.5 超声速涡流的法向影响

这一应用涉及轴对称超声速射流对垂直于轴的平面的影响。马赫数为 5、半径为 0.2 m 的氧气射流直接作用到半径为 0.6 m 的圆盘上,后者垂直于轴且距射流出口平面 1 m。射流数密度为 10^{20} m^{-3}、温度为 300 K,圆盘为 1 000 K 的漫反射。射流中的平均自由程为 0.012 94 m,因此射流半径约为 15.5 个平均自由程。

射流和圆盘分别置于流场两端,流场半径为 0.8 m。轴向有 100 个网格,径向有 80 个网格,每个方向的每个网格有 2 个亚网格。权重因子使用的参考半径为 0.1 m,边界为真空边界。

所得流场的流线如图 15.14 所示。驻点稍上游形成正则激波,波后亚声速区中流线发生 90° 偏转。但是,流场最显著的特征是流线在射流外边缘附近的极小偏转。图 15.15 中的马赫数等值线表明,这些偏转发生在延伸到射流边缘附近的亚声速区域中。

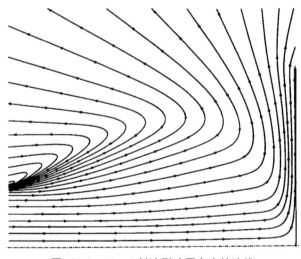

图 15.14 $Ma = 5$ 射流影响圆盘中的流线

温度等值线如图 15.16 所示,它们与马赫数等值线相似。亚声速转向区域发生在斜激波之后、膨胀波之前。图 15.17 的密度等值线在性质上是不同的,它们主要受射流边缘膨胀的影响。驻点区的密度有较大的增长,但是与斜激波有

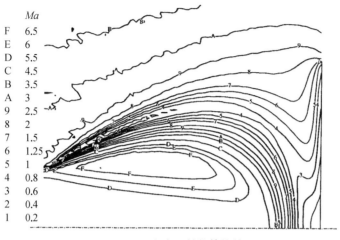

图 15.15 定常马赫数等值线

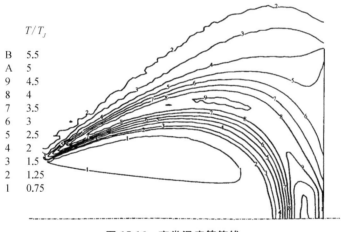

图 15.16 定常温度等值线

关的密度增长相对较小。亚声速转向区域与密度等值线的"折回"有关,流动最终超声速膨胀。

在射流外部,马赫数增长到 7 左右,但是正则激波发生在膨胀到达轴之前。射流的初始膨胀程度会随着圆盘远离出口平面而增大。

亚声速转向的一个奇异特征是,它实际上比发生在它之前的激波薄一些。考虑该区域的最大半径处,密度是射流初始密度的 0.03 倍,温度是射流温度的 4 倍,因此平均自由程比亚声速区域的宽度大 10 倍。这个过程是一种分子散射,而不是利用流线描述流动所暗示的准连续流过程。这将导致高稀薄气体中流动

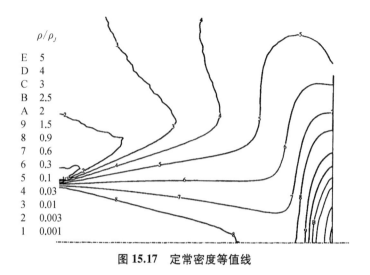

图 15.17　定常密度等值线

偏转的碰撞可能发生在距离偏转很远的地方。

对密度比上述算例大 3 倍的情况重新进行计算,激波厚度成反比地衰减,但是亚声速区域的形状和大小几乎不受影响。然而,对于连续流动的任何可靠预测,密度依然过低。

15.6　卫星污染问题

程序 DSMC2A 的最后一个应用,处理与超声速周围流动碰撞导致的圆盘出气分子部分回到圆盘的情况。出气分子通过宏观速度为零的射流叠加到圆盘表面来模拟。对于涉及轨道卫星真实出气率的情况,射流中的密度极低,出气分子之间的碰撞导致的"自散射返回通量"完全可以忽略。

Bird(1981)给出了该问题的 DSMC 计算和一个近似理论。该理论表明,"返回比"应该满足如下形式的方程,

$$\frac{N_r}{N_b} \propto \frac{\sigma_{bf}}{\sigma_{ff}} \left(\frac{m_b}{m_f}\right)^{1/2} \frac{S_f}{(Kn)_f} \left(\frac{T_f}{T_b}\right)^{1/2} \tag{15.8}$$

其中,下标 b 标记出气分子;r 标记返回表面的出气分子;f 标记自由来流分子。分子模型的效应通过自由来流分子与出气分子的碰撞截面与自由分子之间碰撞截面的比例来实现。尽管质量比的效应接近 1/4 次方,但结果通常与方程式

（15.8）一致。

前面的计算严重受限于所用到的计算机,克努森数是 1~10。它们与再入飞行器有关,但是比轨道条件的克努森数低若干数量级,因此可以对代表性轨道条件进行类似计算。

轨道高度取为 360 km,大气可以假设为数密度是 3×10^{14} m^{-3}、温度是 1 000 K 的原子氧。分子量为 500、直径为 8×10^{-10} m 的重聚合物分子的出气率为 5×10^{-10} kg/(m$^2 \cdot$ s)。为简单起见,卫星用直径为 1 m 且垂直于来流的圆盘代表,其表面温度为 300 K。原子氧的参考直径假设为 3×10^{-10} m 且 $\omega = 0.75$,得到的来流平均自由程为 11 600 m。方程式（4.24）表明,出气率等价于数密度为 2.4×10^{13} m^{-3} 的分子释放,它低于来流密度的 1/10,而且流场密度必须大于圆盘直径,因此保持出气分子的充足样本极其困难。

这种情况需要对组分使用权重因子,但是如 10.4 节讨论的那样,它们没有包含在避免随机游走效应的程序中。随机游走在这样的近自由分子流中不是一个危险,因此权重因子可以通过计算上的巧妙方法引入。在这个算例中,来流数密度减小 10 000 倍而自由分子的直径增大 100 倍。截面的增大恰好与密度的减小相匹配,出气分子具有与自由来流分子正确的碰撞频率。分子质量没有变化,因此碰撞机制没有受到影响。但是,自由来流分子的速度分量在与出气分子的 10 000 次碰撞中只改变一次。这可以通过对子程序 ELASTIC 的临时修正立即实现。由于修正对自由来流分子之间的碰撞频率没有影响,所以它们之间的碰撞是真实的。通过这些变化,出气分子与自由来流分子在流场中的数目大致相等,计算就变得很容易。流场采用 6.25 m 的半径,在圆盘上游 12.5 m 处使用 50×100 的网格。

计算发现,3 282 508 个出气分子有 565 个返回到表面,因此返回比为 1/5 800,代入方程式（15.8）得到的常数比例 $c = 0.075$,与先前研究圆球得到的 $c = 0.092$ 一致。这意味着,方程式（15.8）对于低轨道情形的卫星也可能是适用的。对原子量为 50 而不是 500 的出气分子进行类似计算,验证了质量比是 1/2 而不是 1/4 适用于这一情况。更高来流密度和更低来流密度的其他计算也验证了对克努森数的线性反比依赖。

参考文献

BIRD, G. A. (1981). Spacecraft outgas ambient flow interaction. *J. Spacecraft and Rockets*, 18, 31-35.

KUHLTHAU, A.R. (1960). Recent low-density experiments using rotating cylinder techniques. In *Proceedings of the first international symposium on rarefied gas dynamics* (ed. RM. Devienne), pp. 192–200, Pergamon, London.

POTTER, J.L. and BAILEY, A.B. (1963). Pressures in the stagnation regions of blunt bodies in the viscous-layer to merged layer regimes of rarefied flow. Report AEDC. TDR. 63. 168. Arnold Engineering Development Center, USAF.

REICHELMANN, D. and NANBU, K. (1993). Monte Carlo direct simulation of the Taylor instability in rarefied gas. *Phys. Fluids A*, 5, 2585–2587.

STEFANOV, S. and CERCIGNANI, C. (1993). Monte Carlo simulation of the Taylor–Couette flow of a rarefied gas. *J. Fluid Mech*. to be published.

第 16 章

三 维 流 动

16.1　通用考量

　　均匀(零维)流动、一维流动、二维流动和轴对称流动都是理想情况,所有真实流动都是三维的。在受限维数理想化流动的 DSMC 计算中,其他维度可以认为很小,因此统计涨落与真实气体中的对应。这在三维流动中是不可能的,每个仿真分子所代表的真实分子个数(DSMC 程序中的 FNUM)必须看成一种计算近似。尽管这会造成观念上的困难,但与三维流动 DSMC 计算有关的最严肃问题是计算任务的偏离幅度。

　　14.1 节中所讨论的二维流动各种网格可以拓展到三维。最简单的网格由均匀平行六面体组成,它们由三套等间距平面确定。运动分子可以在这种网格中很容易地进行排序,尽管三维二次表面可以嵌入其中,但网格只能与定义网格的平面内的平直表面"贴体"。演示程序 DSMC3 是二维程序 DSMC2 的拓展及这一最简单情况的实现。尽管该程序可以研究的某些问题具有工程意义,但对于多数应用需要更复杂的程序。

　　拓展 14.1 节中选项 6 讨论的二维"通用体系"至三维流动。组成该体系的多个四边形区域现在成为图 16.1 所示的六面区域。上、下面由一系列点确定,这些点通过其 x、y、z 坐标指定且以行、列排列成矩形序列。每个面的行和列数目相等,对应的点由直线连接,每条线划分成相等数目的点,而每条线上对应的点连接起来形成规则的三维六面网格序列。这些网格可称为"变形六面体",但是它们与六面体的区别在于面通常不是平面。这意味着,它们无法用于整个流场的追踪,必须细分为四面体。

　　每个区域的两个面(图 16.1 中的上、下面)可能具有两个曲率,因为确定它

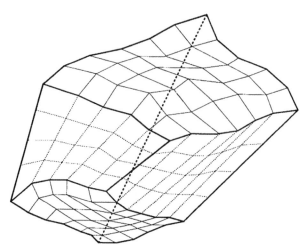

图 16.1 不规则外形的六面区域

的点的位置没有限制。其他面上的点必须沿着直线,它们的形状将其有效限于单一曲率。每个面都可能是固体表面、对称面、与均匀流动或非均匀流动的交界面、真空、与其他区域的交界面。尽管四个面的弯曲程度有所限制,但几乎所有问题的空间区域可以划分为这种类型的区域。通过计算分子与四面体表面的有效碰撞来实现对流场中分子的追踪。在划分为四面体之后,区域边界是一系列三角形面元。每个变形六面体要划分为图 16.2 所示的一个"中心"和四个"角落"四面体。另外,每个六面体可以从"对角线平面"划分为两个固体元,每个固

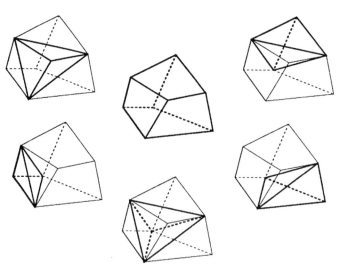

图 16.2 "变形六面体"网格细分为 5 个四面体亚网格

体元具有 3 个四边形表面和 2 个三角形表面。每个固体元可以划分为 3 个四面体，图 16.3 给出的是右手系微元的情况。"六-四面体"体系比"五-四面体"体系更受欢迎，它可以分解非常薄的六面体，后者在高流动梯度的区域经常用到。失效发生在连接一个面相对角落的四面体边缘与相对面相交的情况。另外，四面体作为亚网格，在替代体系中碰撞对时的平均分离较小。

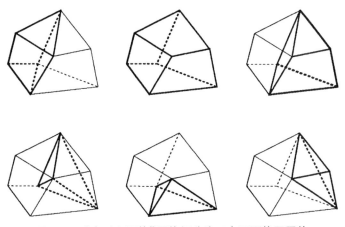

图 16.3 "变形六面体"网格细分为 6 个四面体亚网格

如前所述，每个分子的排序需要计算其轨迹与穿过的每个四面体表面的交点。这不仅消耗大量计算时间，截断误差也是一个严重的问题。由图 16.3 可以看出，多达 24 个四面体可能相交于网格的一个节点。当一个分子在极其靠近节点通过时，截断误差可能将其置于错误的四面体中，然后它就"消失"了。已经发现，如果消失的分子简单地从计算中剔除，除非使用双精度算法，否则得到的误差将是不可接受的。有必要引入"恢复"方案来处理这些消失的分子，也必须应对区域交界处网格间距发生变化时流场中发展的缝隙。

该体系已用于一系列研究中，但是复杂应用所需大量数据的代价可能带来计算时间更严重的问题，在实际中需要某种形式的网格自动生成。确定多区域必须遵循的协议会带来逻辑上的困难。不管其是坐标还是分析表述，目标是发展一套只需指定边界及流动条件的代码。程序自身应该产生一套网格，而且它最好在流动过程中朝其最优形式进行调整。

一个可能的解决方案是用有限元方法中广泛使用的非结构四面体网格来代替结构四面体网格。每个三角形表面位于边界或两个相邻四面体的交界面，分子依然通过与这些三角形表面的相交来追踪，其挑战是发展有效产生近最优网格的方案,以及减少四面体单元必须存储的信息量。

　　另一个可能的解决方案是将 14.1 节中选项 8 所描述的体系拓展到三维。该体系使用细亚网格聚集而成的网格,表面由对应亚网格的细小直线片段进行描述。但是,表面与三维亚网格可能相互作用的复杂性使得它很难拓展到三维。一个替代是将表面通过亚网格细分为更小的矩形单元,通过将这些矩形单元标识为"表面元"来确定表面。尽管这会导致表面具有阶梯结构,但可以对每个表面元存储表面法向的正确方向余弦。这一过程引入的近似是分辨率而不是外形。只要表面元小于流动中的当地平均自由程,这一体系应该就能得到正确的结果。该体系已经应用到航天飞机轨道飞行器的外形(Bird, 1990)。亚网格规模为 60×48×42 且包含表面微元的亚网格划分为 8×8×8。表面微元的线性尺度约为 10 cm,与预期的一样,误差在 120 km 高度时很明显,这一高度的平均自由程降到 10 cm。表面确定需要 2 Mb 的内存,但是为在再低 15 km 将表面线性尺度减小 10 倍以保持精度,表面微元的数目要增大 1 000 倍。解决方案是将一个网格划分为 8 个相等的部分,然后将包含表面元的部分再分为 8 个部分,依此进行。二维情况演示如图 16.4 所示。该体系通过 8 次细分来实现,单元的线性尺度减小 256 倍。现已验证,这一体系的内存要求与单元尺寸成平方反比例增长,而不是成三次反比例。任意深度细分的每个单元只需要一个整型,在表面元层次上,方向余弦和表面温度都打包到这个整型中。不包含表面微元的亚网格和单元也在需要产生更小网格时被细分。这一体系的劣势是它非常复杂,而且尽管允许小得多的单元,但它们仍然具有有限尺寸,与其有关的尺寸效应不可避

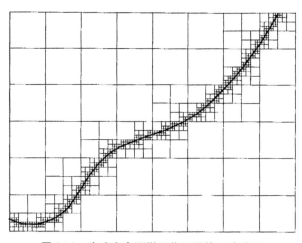

图 16.4　为确定表面微元将亚网格一分为四

免。例如,表面的边界不能薄于表面微元的线性尺度。稀薄气体复杂三维流动
工程研究的最优网格体系还有待确定。

16.2 超声速角落流动

程序 DSMC3 处理的是两相互垂直且平行于流动的平板"角落"处的流动。
它处理的是与 14.3 节中主测试程序 DSMC2 的二维前缘和平板问题有关的基础
三维流动。

如前所述,程序 DSMC3 是程序 DSMC2 向三维的直接拓展。x 方向的网格
"行"和 y 方向的网格"列"通过 z 方向的网格"层"来推进。流场是矩形的平行
六面体,六个面中的任何一个都可能是对称面、与均匀来流的交界面或真空。程
序不包含几何级数网格尺寸的选项,网格在 x 方向、y 方向和 z 方向分别具有均
匀宽度、高度和深度。表面必须是平面且沿着两个网格行、列或层的交界面,它
们必须是矩形且在网格边界终止。只要边界不是对称面,表面就可以位于流场
边界内。除了均匀来流,还可以出现射流,但是其尺度不再与网格边界关联且其
截面必须为圆形。

14.3 节中的二维计算使用 100×60 的网格,每个网格包含 4 个亚网格。如
果使用 30×18×18 个网格且不使用亚网格,则三维计算的计算量相似。来流
是温度为 300 K、数密度为 10^{20} m^{-3}、马赫数为 6 且平行于 x 轴的氩气。网格宽
度、高度和深度均为 0.01 m,沿着 x 轴有 30 个网格。板前缘距 $x = 0$ 处的来流
面 5 个网格且表面覆盖平面 $y = 0$ 和 $z = 0$ 的剩余部分。假设漫反射且表面处
于均匀温度 1 000 K,自由来流的平均自由程为 0.012 9 m,网格尺寸大于
DSMC 计算推荐值。

程序 DSMC2 曾用于计算对应的二维流动,三维流动预期趋于离开角落的更
大距离。受三维计算的临界网格尺寸限制,先用对应三维网格的 30 × 18 网格且
不使用亚网格进行二维计算,然后再用 60 × 36 个网格且每个网格在每个方向用
两个子网格重新进行计算,后者很容易满足 DSMC 方法的要求。

平板上的压强系数等值线如图 16.5 所示。流动关于包含 x 轴且与两板间夹
角相交的一个平面对称。这意味着每个平板上的等值线理论上是相同的,实际
上它们非常相似。对应二维平板上的压强系数分布如图 16.6 所示。

板长 l 为 23.26 个平均自由程,因此全局克努森数为 0.043。二维压强分布

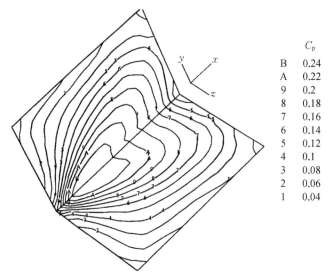

	C_p
B	0.24
A	0.22
9	0.2
8	0.18
7	0.16
6	0.14
5	0.12
4	0.1
3	0.08
2	0.06
1	0.04

图 16.5 平板上的压强系数等值线

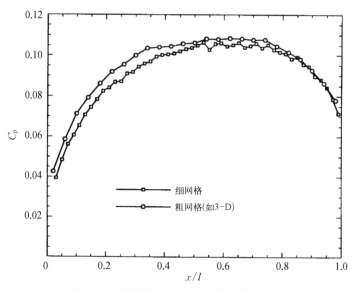

图 16.6 对应二维平板上的压强系数分布

在距前缘约 15 个平均自由程处有最大值。与图 14.2 的 $Ma = 4$ 且 $Kn = 0.0143$ 的比较表明,压强最大值更远离前缘。与 14.4 节中网格尺寸研究的预期一样,三维计算中用到的粗网格导致板前半部分的压强高出多达 8%,在三维结果的解释中应该记住这一系统性误差。$y = 0.18$ 及 $z = 0.18$ 处,外部平面的边界条件定义为未扰动自由来流而不是对称面,这会导致边界附近压强一定程度的减小。

沿着这些边界的压强分布比二维压强约低 20%。

沿着平板间交线的压强系数在约 $x/l = 0.3$ 处有最大值。这一最大值也是平板上的最大压强,其值恰好是二维算例中最大压强的 2 倍。交线尾部的压强低于较二维情况尾部压强高 50% 的值。下游边界指定为来流边界,在这一马赫数下,它与真空边界没有实质的区别。该边界条件在角落处比流动在外部或二维情况中更能影响上游。

净传热系数对应的三维结果和二维结果分别如图 16.7 和图 16.8 所示,网格尺寸的影响与压强系数相似。外边缘的传热系数只比二维情况低约 10%。虽然它朝板间连线增大,但是在非常靠近连线的地方减小。最大传热系数发生在距连线若干平均自由程的两个波瓣内。最大传热低于较二维传热高 50% 的值,增大的比例小于压强。靠近连线的减小在尾部更加明显,连线尾部的传热只有二维平板最小值的 1/3。

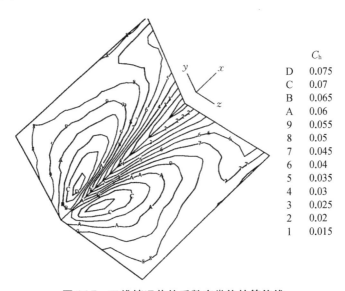

图 16.7　三维情况传热系数定常值的等值线

基于剪切应力 x 方向分量的表面摩擦系数如图 16.9 和图 16.10 所示。网格尺寸的影响与其他情况相似,但是外部边缘的摩擦系数相对于二维分布几乎没有减小。等值线的通常形式与净传热系数非常相似,表面摩擦系数在数值上是净传热系数 2 倍的量级。这意味着,热传导和表面摩擦之间的“雷诺相似”,有时是稀薄气体流动的有用近似。

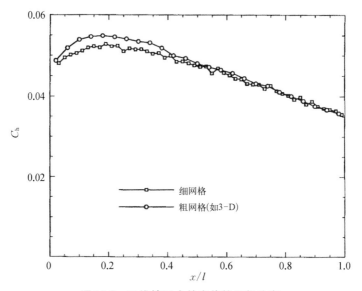

图 16.8 二维情况中的净传热系数分布

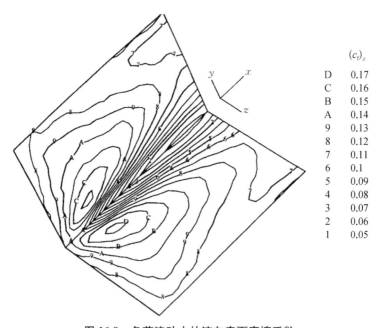

图 16.9 角落流动中的流向表面摩擦系数

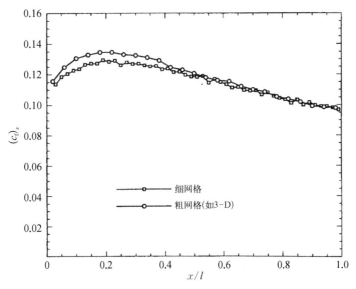

图 16.10   二维情况中流向表面摩擦系数

垂直于流动方向的表面摩擦系数记为 $(c_f)_y$，这一系数的定常值等值线如图 16.11 所示。与预期的一样，该系数朝平板尾部和外部增大。虽然平板交线附近的流动在大部分范围内看起来朝向连线，但是负的表面摩擦系数在量级上很小。法向系数的大小通常小于流向表面摩擦系数。

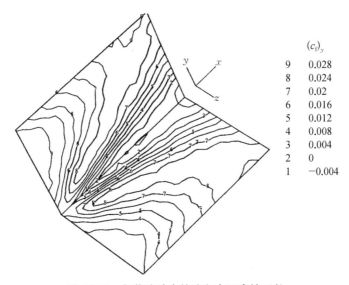

图 16.11   角落流动中的法向表面摩擦系数

最后,图 16.12~图 16.14 分别给出了垂直于流向的一系列平面内的温度等值线、密度等值线和马赫数等值线。密度等值线与温度等值线和马赫数等值线是定性不同的,这些等值线最有趣的特征是,对称面上发展的高密度孤立区。靠

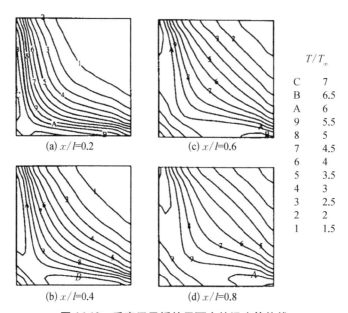

	T/T_∞
C	7
B	6.5
A	6
9	5.5
8	5
7	4.5
6	4
5	3.5
4	3
3	2.5
2	2
1	1.5

(a) x/l=0.2 (c) x/l=0.6

(b) x/l=0.4 (d) x/l=0.8

图 16.12 垂直于平板的平面中的温度等值线

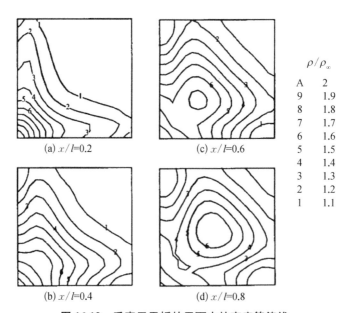

	ρ/ρ_∞
A	2
9	1.9
8	1.8
7	1.7
6	1.6
5	1.5
4	1.4
3	1.3
2	1.2
1	1.1

(a) x/l=0.2 (c) x/l=0.6

(b) x/l=0.4 (d) x/l=0.8

图 16.13 垂直于平板的平面中的密度等值线

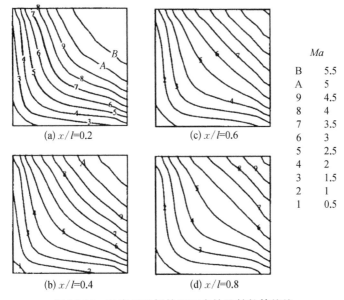

图 **16.14**　垂直于平板的平面中的马赫数等值线

近前缘的平面中,等值线趋向流动外部区域中预期的二维构型。但是尾部附近平面中的等值线表明,如果趋向二维流动的转化充分覆盖该区域,则计算网格将大很多。虽然角落区的气体具有高温、高密度,但是速度很小。平板外边缘的速度滑移增大,这与"来流"边界条件有关。较小的亚声速只发生在角落附近的较小区域内。

16.3　入射有限展向平板

14.8 节研究了马赫数为 5 的二维平板绕流,主测试算例对应 30° 入射角且全局克努森数为 0.043。该克努森数对三维计算来说过低,因此测试情况受到限制。但是,DSMC3 的前一个应用采用的 30×18×18 网格可以计算全局克努森数为 0.108、长宽比为 2 的三维平板。来流方向垂直于 z 轴,$z = 0$ 是对称面,其他边界是与均匀来流的交界面。构成平板的两个面的表面沿第 9 行网格的下边界。它在 x 方向从第 10 列网格延伸到第 21 列网格,在 z 方向从对称面延伸到第 12 层末端,因此计算区域中半平面的俯视图为正方形。与二维情况一样,来流或者平板下表面的温度为来流驻点温度,下游或平板上表面温度为来流静温。表面反射是完全热容的漫反射。虽然下表面的高温使密度增大极小化,但是网格尺寸再次大于 DSMC 计算的推荐值。

下表面的压强系数等值线如图 16.15 所示,流向表面摩擦系数和展向表面摩擦系数对应的结果分别如图 16.16 和图 16.17 所示。程序 DSMC2 得到对应的

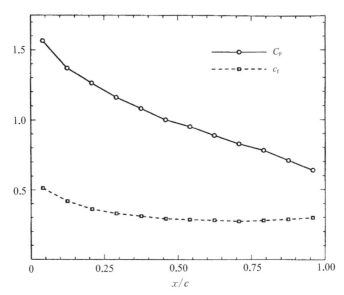

图 **16.15** 下表面内的压强系数等值线

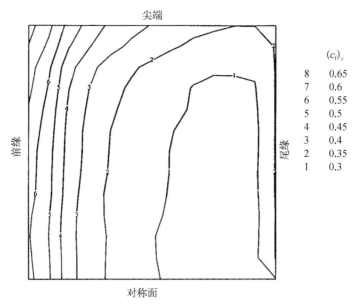

图 **16.16** 下表面内的流向表面摩擦系数

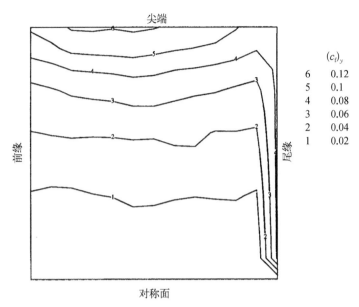

图 16.17   下表面内的展向表面摩擦系数

二维流动的压强分布和表面摩擦分布如图 16.18 所示。二维计算使用相同分辨率的网格,因此其与推荐粗网格导致的误差应该是相似的。对称面处的三维结果与二维结果能较好吻合。尾部附近的表面摩擦系数由于该区域的流动加速而增大,但是没有较低克努森数的图 14.44 明显。

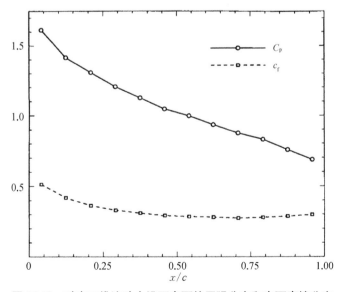

图 16.18   对应二维流动中沿下表面的压强分布和表面摩擦分布

有限展向导致的效应主要表现为展向梯度,而且它们在接近顶端时增大。但是,在尾部边缘处表现出压强的减小和存在于整个对称面的展向剪切应力的增大。压强分布的主要效应是前缘附近和朝向顶端的压强减小,流向剪切应力的相对变化稍高于压强。展向表面摩擦系数在顶端附近变得明显,但是比流向系数小。

最后,图 16.19 给出了垂直于来流方向穿过平板的一系列平面内的马赫数等值线。

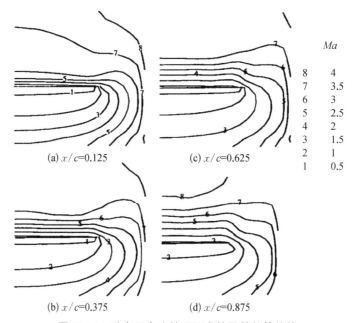

图 16.19　垂直于来流的平面内的马赫数等值线

16.4　法向入射羽流的角落流动

最后一个演示流动利用程序 DSMC3 的入射选项,在 16.2 节的超声速角落流动中加入入射羽流。数据上的约束迫使射流的出口平面在平面 $y = 0$ 内,出口流动必须在正 y 方向。射流半径为 0.03 m,其中心在 $x = 0.15$ m、$z = 0.09$ m,这一位置在表面长度的 40% 及表面与外边界的半程处。出口平面密度是来流密度的 3 倍,其组分、温度和速度都等于来流对应的值。对得到 16.2 节中超声速角落流动结果的数据不进行其他改变。

羽流的加入使角落流动失去了关于与水平表面和垂直表面相关的平面的对称性。定常压强系数等值线、随之产生的表面摩擦系数等值线和传热系数等值线,分别如图 16.20~图 16.22 所示。射流影响流动的程度可以从与图 16.5~图 16.11 的比较中看出。最显著的特征是,垂直表面内发展起来的高压、剪切应力和传热区域。传热的分布再次与剪切应力相似。

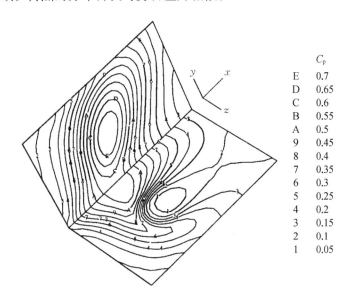

	C_p
E	0.7
D	0.65
C	0.6
B	0.55
A	0.5
9	0.45
8	0.4
7	0.35
6	0.3
5	0.25
4	0.2
3	0.15
2	0.1
1	0.05

图 16.20　流出平面在 xz 平面的射流出现时的角落流动压强系数等值线

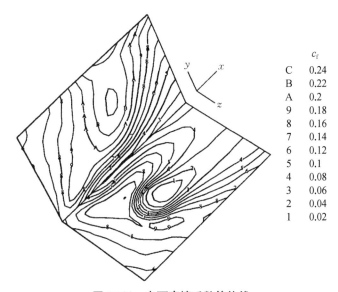

	c_f
C	0.24
B	0.22
A	0.2
9	0.18
8	0.16
7	0.14
6	0.12
5	0.1
4	0.08
3	0.06
2	0.04
1	0.02

图 16.21　表面摩擦系数等值线

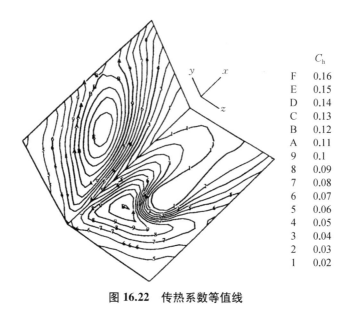

	C_h
F	0.16
E	0.15
D	0.14
C	0.13
B	0.12
A	0.11
9	0.1
8	0.09
7	0.08
6	0.07
5	0.06
4	0.05
3	0.04
2	0.03
1	0.02

图 16.22　传热系数等值线

16.5　结束性评论

　　演示程序的应用限于当前最先进个人计算机不超过 24 个计算工时的情况，其为"IBM 兼容"机、以 66 MHz 运行的英特尔 i486。另外，问题限于 6 Mb 的内存要求。至本书(英文原版)出版之时，个人计算机的速度和内存已经加倍。在过去 15 年，每隔 2 年计算能力就会翻倍，而且可以预期这一过程将会持续。

参考文献

BIRD, G. A. (1990). Application of the direct simulation Monte Carlo method to the full Shuttle geometry. *Am. Inst. Aero. Astro.*, Paper AIAA-90-1692.

CELENLIGIL, M. C. and MOSS, J. N. (1992). Hypersonic rarefied flow about a delta wing-direct simulation and comparison with experiment. *AIAA Journal*, 30, 2017-2023.

附录 A

代表性气体性质

代表性气体性质已用于演示理论,更为重要的是,它们是 DSMC 演示程序应用中必需的。分子模型和真实气体之间的关系主要基于黏性系数及这一系数随温度变化的幂率。表 A.1 基于 Chapman 和 Cowling(1970)的数据。

表 A.1　标准情况下(101 325 Pa 和 0℃)下的性质

气　体	符　号	自由度 ζ	分子质量 $m\times10^{27}$ kg	黏性系数 $\mu\times10^5$ N · s/m^2	黏性指数 ω
氢气	H_2	5	3.34	0.845	0.67
氦气	He	3	6.65	1.865	0.66
甲烷	CH_4	6.4	26.63	1.024	0.84
氨气	NH_3	6.25	28.27	0.923	1.1
氖气	Ne	3	33.5	2.975	0.66
一氧化碳	CO	5	46.5	1.635	0.73
氮气	N_2	5	46.5	1.656	0.74
一氧化氮	NO	5	49.88	1.774	0.79
海平面空气	—	5	48.1	1.719	0.77
氧气	O_2	5	53.12	1.919	0.77
氯化氢	HCl	5	61.4	1.328	1.0
氩气	Ar	3	66.3	2.117	0.81
二氧化碳	CO_2	6.7	73.1	1.380	0.93
一氧化二氮	N_2O	—	73.1	1.351	0.94
二氧化硫	SO_2	—	106.3	1.164	1.05
氯气	Cl_2	6.1	117.7	1.233	1.01
氪气	Kr	3	139.1	2.328	0.8
氙气	Xe	3	218	2.107	0.85

具有 $\alpha = 1$ 的方程式(4.62)给出 VHS 分子模型的下列参考直径,如表 A.2 所示。

表 A.2　273 K 时 VHS 分子模型的参考直径

气　体	参考直径 $d \times 10^{10}$ m	气　体	参考直径 $d \times 10^{10}$ m	气　体	参考直径 $d \times 10^{10}$ m
H_2	2.92	N_2	4.17	CO_2	5.62
He	2.33	NO	4.20	N_2O	5.71
CH_4	4.83	空气	4.19	SO_2	7.16
NH_3	5.94	O_2	4.07	Cl_2	6.98
Ne	2.77	HCl	5.76	Kr	4.76
CO	4.19	Ar	4.17	Xe	5.74

　　VSS 分子模型可以复现扩散系数和黏性系数的测量值。考虑到不同分子之间的扩散且注意到碰撞截面的直径并不非得等于各组分的平均直径,扩散系数和黏性系数的匹配并不得到唯一一套参数。事实上,即使是对于 VHS 分子模型,也可以选择碰撞直径实现这一匹配。然而,简单气体中黏性系数和自扩散系数之间一致性的要求,的确导致了简单气体唯一确定的 α 值。

　　可以利用方程式(3.76),用自扩散系数 D_{11} 写出 VSS 分子模型的直径为

$$d = \left[\frac{3(\alpha + 1)(kT_{ref})^{\omega}}{8\Gamma(7/2 - \omega)(\pi m)^{1/2} n (D_{11})_{ref} E_t^{\omega - 1/2}} \right]^{1/2} \tag{A.1}$$

它可以与方程式(3.74)结合,将 α 与施密特数 Sc 直接关联,即

$$Sc \equiv \frac{\mu_{ref}}{\rho(D_{11})_{ref}} = \frac{2 + \alpha}{(3/5)(7 - 2\omega)\alpha} \tag{A.2}$$

　　对于硬球气体,Sc 退化到 5/6,这是 Chapman 和 Cowling(1970)多数讨论的主要内容。对于很多气体,自扩散系数的可靠数据已通过同位素实验得到。从这一数据得到的 α 值在表 A.3 中给出。α 从 VHS 值为单位 1 的变化,也将导致方程式(4.62)中参考直径的微小变化,其也在表 A.3 中给出。

表 A.3　VSS 分子模型的参考直径

气　体	$\rho D_{11}/\mu$	α	d (273 K) $\times 10^{10}$ m
H_2	1.37	1.35	2.88
He	1.32	1.26	2.30
CH_4	1.42	1.60	4.78

（续表）

气　体	$\rho D_{11}/\mu$	α	d（273 K）$\times 10^{10}$ m
Ne	1.35	1.31	2.72
CO	1.42	1.49	4.12
N_2	1.34	1.36	4.11
O_2	1.35	1.40	4.01
HCl	1.33	1.59	5.59
Ar	1.33	1.40	4.11
CO_2	1.375	1.61	5.54
Kr	1.29	1.32	4.70
Xe	1.33	1.44	5.65

α 的上述值对应温度处于标准温度量级。Chapman 和 Cowling（1970）报告了 Kr 在 473 K 时和 Xe 在 378 K 时的数据,对应的 α 值分别为 1.29 和 1.40,还给出了 Ne、N_2 和 O_2 在 78 K 时的数据。Ne 的 α 值没有变化,但是 N_2 和 O_2 的 α 值分别增大到 1.52 和 1.45。考虑到限制温度范围和数据的不确定精度,在涉及较大温度变化的应用中,并不清晰是否能将 α 看成一个常数。

Chapman 和 Cowling（1970）还给出了一系列气体分子对之间的扩散系数 D_{12},以及它们中一些温度指数 ω_{12}。这一数据定义了这些量的参考值,参考直径 $(d_{12})_{\text{ref}}$ 像方程式（1.35）那样假定由平均值给定。方程式（3.75）和式（4.61）可以结合,给出 VSS 散射参数 α_{12} 的适当值为

$$\alpha_{12} = \frac{8(5-2\omega_{12})n(D_{12})_{\text{ref}}\pi(d_{12})_{\text{ref}}^2}{3(2\pi k T_{\text{ref}}/m_{\text{r}})^{1/2}} - 1 \qquad (\text{A.3})$$

得到的 VSS 散射参数在表 A.4 中给出。对于 ω_{12} 缺失的情况,这一参数可以设置为两种组分的 ω 的均值。应该指出的是,它们并不是复现输运性质的唯一一套参数。

表 A.4　交叉碰撞的 VSS 散射参数

分子对	α_{12}	ω_{12}	分子对	α_{12}	ω_{12}
$H_2 - He$	1.20	—	$Ne - CO_2$	1.97	0.83
$H_2 - CH_4$	1.54	—	$Ne - Kr$	1.59	—

（续表）

分子对	α_{12}	ω_{12}	分子对	α_{12}	ω_{12}
$H_2 - CO$	1.33	—	$Ne - Xe$	1.84	—
$H_2 - N_2$	1.41	—	$CO - N_2$	1.54	—
$H_2 - O_2$	1.32	0.78	$CO - O_2$	1.54	0.71
$H_2 - Ar$	1.47	—	$CO - CO_2$	1.61	—
$H_2 - CO_2$	1.69	0.84	$N_2 - O_2$	1.38	—
$He - Ne$	1.28	—	$N_2 - Ar$	1.33	—
$He - N_2$	1.50	0.69	$N_2 - CO_2$	1.87	0.75
$He - O_2$	1.49	—	$N_2 - Xe$	1.42	—
$He - Ar$	1.64	0.725	$O_2 - Ar$	1.33	—
$He - CO_2$	2.13	0.84	$O_2 - CO_2$	1.72	—
$He - Kr$	1.81	—	$O_2 - Xe$	1.34	—
$He - Xe$	2.20	—	$Ar - CO_2$	1.63	0.805
$CH_4 - O_2$	1.47	0.79	$Ar - Kr$	1.41	—
$CH_4 - CO_2$	1.67	—	$Ar - Xe$	1.47	—
$CH_4 - Ar$	1.46	—	$Kr - Xe$	1.44	—

12.2 ~ 12.7 节给出的 DSMC 计算验证了表 A.1 ~ 表 A.4 列出的 VHS 分子模型的参考值和 VSS 分子模型的参考值复现真实气体在正常温度下的输运性质。在涉及极高温度的问题中,可靠的试验值缺失,情况的满意度要差一些。

Gupta 等(1990)给出了高温情况下空气组分黏性的半经验值。它们对于氮气的表达式为

$$\mu = 0.1\exp(-11.815\,3)\,T^{0.020\,3\ln(T)+0.432\,9} \qquad (A.4)$$

这一结果与表 A.1 的结果在图 A.1 中进行比较。后一个结果基于正常温度量级温度下的实验,其在极高温度的插值得到与方程式(A.4)在相关范围内一致的结果。本书中的高温计算使用低温时的值,但是应该记住在高温情况下这些值的可能误差。

典型双原子分子的转动特征温度、振动特征温度、离解特征温度和电离特征温度由表 A.5 给出。

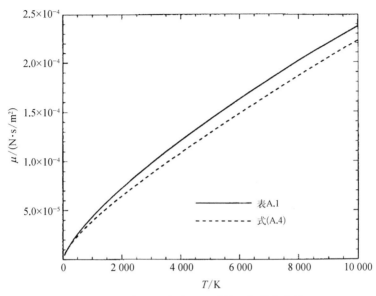

图 A.1 氮气分子在高温时黏性系数的替代值

表 A.5 双原子分子的特征温度

气 体	转动特征温度 Θ_r /K	振动特征温度 Θ_V /K	离解特征温度 Θ_d /K	电离特征温度 Θ_i /K
CH	20.4	4 102	40 300	129 000
Cl_2	0.35	801	28 700	—
CO	2.77	3 103	29 700	162 000
H_2	85.4	6 159	52 000	179 000
N_2	2.88	3 371	113 500	181 000
NO	2.44	2 719	75 500	108 000
O_2	2.07	2 256	59 500	142 000
OH	26.6	5 360	50 900	—

如 1.7 节指出,一般认为转动完全激发,但是需要转动弛豫碰撞次数 Z_{rot} 的数据。它们的值已从大量实验中推算出来,尽管它们受相当大程度的散射影响(Lumpkin et al, 1989),但通常它们与基于 Landau-Teller 模型的预测一致。Parker(1959)使用方程

$$Z_{\mathrm{rot}} = \frac{Z_{\mathrm{rot}}^{\infty}}{1 + (\pi^{1/2}/2)(T^{*}/T_{\mathrm{tr}})^{1/2} + (\pi + \pi^{2}/4)(T^{*}/T_{\mathrm{tr}})} \qquad (\mathrm{A.5})$$

其中，$Z_{\mathrm{rot}}^{\infty} = 15.7$ 且 $T^{*} = 80.0$。当 Lordi 和 Mates(1970)的数据拟合到这一方程时，得到的值为 $Z_{\mathrm{rot}}^{\infty} = 23.0$ 和 $T^{*} = 91.5$。这两套系数得到的温度 1 200 K 以下的结果在图 A.2 中绘出。更高温度下的实验数据极少，但是 Lumpkin 等(1989)给出了氮气的一种模型，其预测在更高温度下 Z_{rot} 会减小。这一模型中的值依赖转动温度与平动能温度及全局温度之比。演示程序给出了 Z_{rot} 作为全局温度二阶多项式的一种选项。它在限定温度范围内，对方程式(A.5)的近似是充分的，但是无法应对超声速流动计算中更为复杂的模型。由于 Z_{rot} 用于碰撞模块，代码修正是必需的，所以方程的反复赋值更倾向于列表查询。

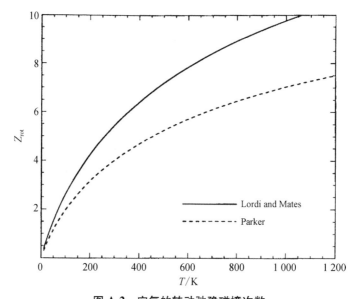

图 A.2　空气的转动弛豫碰撞次数

振动弛豫率已在 6.7 节讨论过，那里振动碰撞次数的 Millikan 和 White(1963)表达式形式为

$$Z_{\mathrm{V}} = (C_{1}/T^{\omega})\exp(C_{2}T^{-1/3}) \qquad (\mathrm{A.6})$$

其中，C_{1} 和 C_{2} 为常数。表 A.6 给出了这些常数基于 Millikan 和 White(1963)数据的暂定值。这些值是针对"分子 1"和"分子 2"的碰撞。注意，各自差异极大的 C_{1} 和 C_{2}，得到 Z_{V} 作为温度函数的相似结果。

表 A.6　振动碰撞次数赋值的常数

分子 1	分子 2	C_1	C_2
N_2	—	9.1	220.0
O_2	—	56.5	153.5
F_2	—	1 007.0	65.0
CO	—	37.7	175.0
CO	Ar	7.27	221.0
CO	He	1 200.0	97.0
CO	H_2	2 100.0	68.7
O_2	Ar	50.6	163.0
O_2	He	1 950.0	65.8
O_2	H_2	4 070.0	40.4
Cl_2	—	924.0	57.9
I_2	—	1 750.0	29.0

一方面,振动激发程序 DSMC0V 使用了谐振子模型给出的能级,特征振动温度是要求的唯一数据。另一方面,程序 DSMC0D 使用非简谐能级,测试算例利用 Herzberg(1950)搜集的综合数据。它是半经验的,氮气的能级由方程式(11.35)给出。第一个系数是特征温度且它的值与表 A.5 中的有细小差异。这一量级的变化通常以不同来源的数据呈现。其他分子振动能级的分布可以很容易地由 Herzberg(1950)的数据得到。

6.6 节的化学反应速率理论和程序 DSMC0D 的离解-复合结果与平衡组分的比较,要求方程式(6.31)~式(6.34)定义的配分函数的数据。平动函数只依赖温度,但转动函数和振动函数要求表 A.5 列出的特征温度。方程式(6.34)的电子函数还要求额外的数据,简并度和特征温度的值由 Hansen(1976)提出的下列表达式隐式给出。额外项随着温度的增大逐渐显著,而且对于原子在温度 20 000 K 以下、分子在温度 10 000 K 以下,推荐这些值。

$$Q_{el}(H) = 2$$

$$Q_{el}(N) = 4 + 10\exp(-27\,658/T) + 6\exp(-41\,495/T)$$

$$Q_{el}(O) = 5 + 3\exp(-228.9/T) + \exp(-325.9/T) + 5\exp(-22\,830/T)$$
$$\quad\quad + \exp(-48\,621/T)$$

$$Q_{el}(N_2) = 1$$

$$Q_{el}(O_2) = 3 + 2\exp(-11\,393/T) + \exp(-11\,985/T)$$

$$Q_{el}(NO) = 2 + 2\exp(-174.2/T)$$

$$Q_{el}(H_2) = 1$$

$$Q_{el}(Cl_2) = 1 + 6\exp(-26\,345/T)$$

这一附录没有成为全部可能范围内气体最佳现有数据的手册。它只不过对一些常见气体,给出了 DSMC 方法应用中物理量需要的合理值。不同的 DSMC 方案需要不同的数据。例如,6.5 节的"平衡碰撞理论"就需要化学反应速率的数据。

物理常数的值包含在符号列表中。

参考文献

CHAPMAN, S. and COWLING, T.G. (1970). *The mathematical theory of non-equilibrium gases* (3rd edn), Cambridge University Press.

GUPTA, R.N., YOS, J.M., THOMPSON, R.A., and LEE, K-P (1990). A review of reaction rates and thermodynamic and transport properties for an 11-species air model for chemical and thermal nonequilibrium calculation to 30 000 K, NASA Reference Publication 1232.

HASSEN, C.F. (1976). *Molecular physics of equilibrium gases*, *a handbook for engineers*, NASA SP-3096.

HERZBERG, G. (1950). *Spectra of Diatomic Molecules*, Van Nostrand, New York.

LORDI, J.A. and MATES, R.E. (1970). Rotational relaxation in nonpolar diatomic gases, *Phys. Fluids* 13, 291-308.

LUMPKIN, F.E., CHAPMAN, D.R., and PARK C. (1989). A new rotational relaxation model for use in hypersonic computational fluid mechanics, *Am. Inst. Aero. Astro.*, Paper AIAA-89-1737.

MILLIKAN, R.C. and WHITE, D.R. (1963). Systematics of vibrational relaxation, *J. Chem. Phys.* 39, 3209-3213.

PARK, CHUL (1990). *Nonequilibrium hypersonic aerothermodynamics*, *Wiley*, New York.

PARKER, J.G. (1959). Rotational and vibrational relaxation in diatomic gases, *Phys. Fluids* 2, 449-462.

附录 B

概率函数和相关积分

1. 伽马函数

对分布函数求矩,得到如下形式的定积分:

$$\int_{\alpha}^{\infty} v^n \exp(-\beta^2 v^2) \, dv \tag{B.1}$$

对于 α 为 0 的情况,这一积分与伽马函数有关,而且在一般情况下,与不完全伽马函数有关。自变量为 j 的伽马函数定义为

$$\Gamma(j) = \int_0^{\infty} x^{j-1} \exp(-x) \, dx \tag{B.2}$$

而且对于等于 0 或正整数的 j,

$$\Gamma(j+1) = j! \tag{B.3}$$

更一般地,递归公式为

$$\Gamma(j+1) = j\Gamma(j) \tag{B.4}$$

有限值的 α 要求不完全伽马函数,其定义为

$$\Gamma(j, \alpha) = \int_{\alpha}^{\infty} x^{j-1} \exp(-x) \, dx \tag{B.5}$$

且递归公式为

$$\Gamma(j, \alpha) = (j-1)\Gamma(j-1, \alpha) + \alpha^{j-1} \exp(-\alpha) \tag{B.6}$$

需要注意的是

$$\Gamma(0, \alpha) = E_1(\alpha)$$

其中,$E_1(\alpha)$ 是指数积分。而且,

$$\Gamma(1/2,\,\alpha) = \pi^{1/2}\mathrm{erfc}(\alpha^{1/2})$$

其中，erfc 为补充残差函数。

对于 $j > 0$，不完全伽马函数的另一种形式是

$$P(j,\,\alpha) \equiv \frac{\gamma(j,\,\alpha)}{\Gamma(j)} = \frac{1}{\Gamma(j)}\int_0^{\alpha} x^{j-1}\exp(-x)\,\mathrm{d}x \qquad (\mathrm{B.7})$$

且

$$Q(j,\,\alpha) \equiv 1 - P(j,\,\alpha) = \frac{\Gamma(j,\,\alpha)}{\Gamma(j)} = \frac{1}{\Gamma(j)}\int_{\alpha}^{\infty} x^{j-1}\exp(-x)\,\mathrm{d}x \qquad (\mathrm{B.8})$$

对于 n 为整数的特殊情况，方程式（B.1）是可积的。区分 n 的奇偶值和 α 的正负值是可取的，有

$$\int_{\pm\alpha}^{\infty} v^{2n}\exp(-\beta^2 v^2)\,\mathrm{d}v = \frac{(2n-1)(2n-3)\cdots 1}{2^{n+1}\beta^{2n+1}}\pi^{1/2}[1\mp\mathrm{erf}(\beta\alpha)]$$
$$\pm\frac{(\beta\alpha)\exp(-\beta^2\alpha^2)}{\beta^{2n+1}}\sum_{m=1}^{n}\left(\frac{1}{2^m}\frac{(2n-1)(2n-3)\cdots 1}{[2(n+1-m)-1][2(n+1-m)-3]\cdots 1}[\beta\alpha]^{2(n-m)}\right)$$
$$(\mathrm{B.9})$$

且注意，$0! = 1$，有

$$\int_{\pm\alpha}^{\infty} v^{2n+1}\exp(-\beta^2 v^2)\,\mathrm{d}v = \frac{\exp(-\beta^2\alpha^2)}{2\beta^{2n+2}}\sum_{m=1}^{n+1}\left\{\frac{n!}{(n+1-m)!}[\beta\alpha]^{2(n+1-m)}\right\}$$
$$(\mathrm{B.10})$$

对于 $n = 0$、1 和 2，这些方程给出

$$\int_{\pm\alpha}^{\infty}\exp(-\beta^2 v^2)\,\mathrm{d}v = \frac{\pi^{1/2}}{2\beta}[1\mp\mathrm{erf}(\beta\alpha)] \qquad (\mathrm{B.11})$$

$$\int_{\pm\alpha}^{\infty} v\exp(-\beta^2 v^2)\,\mathrm{d}v = \frac{\exp(-\beta^2\alpha^2)}{2\beta^2} \qquad (\mathrm{B.12})$$

$$\int_{\pm\alpha}^{\infty} v^2\exp(-\beta^2 v^2)\,\mathrm{d}v = \frac{\pi^{1/2}}{4\beta^3}[1\mp\mathrm{erf}(\beta\alpha)]\pm\frac{\beta\alpha\exp(-\beta^2\alpha^2)}{2\beta^3} \qquad (\mathrm{B.13})$$

$$\int_{\pm\alpha}^{\infty} v^3\exp(-\beta^2 v^2)\,\mathrm{d}v = \frac{\exp(-\beta^2\alpha^2)}{2\beta^4}(1+\beta^2\alpha^2) \qquad (\mathrm{B.14})$$

$$\int_{\pm\alpha}^{\infty} v^4 \exp(-\beta^2 v^2)\,\mathrm{d}v = \frac{3}{8}\frac{\pi^{1/2}}{\beta^5}\left[1 \mp \mathrm{erf}(\beta\alpha)\right] \pm \frac{\beta\alpha\exp(-\beta^2\alpha^2)}{2\beta^5}\left(\frac{3}{2}+\beta^2\alpha^2\right)$$

$$(\mathrm{B}.15)$$

$$\int_{\pm\alpha}^{\infty} v^5 \exp(-\beta^2 v^2)\,\mathrm{d}v = \frac{\exp(-\beta^2\alpha^2)}{2\beta^6}(2+2\beta^2\alpha^2+\beta^4\alpha^4) \qquad (\mathrm{B}.16)$$

对于 $\alpha = -\infty$ 的特殊情况, 方程式(B.7)和式(B.8)表明

$$\int_{-\infty}^{\infty} v^{2n}\exp(-\beta^2 v^2)\,\mathrm{d}v = 2\int_{0}^{\infty} v^{2n}\exp(-\beta^2 v^2)\,\mathrm{d}v \qquad (\mathrm{B}.17)$$

且

$$\int_{-\infty}^{\infty} v^{2n+1}\exp(-\beta^2 v^2)\,\mathrm{d}v = 0 \qquad (\mathrm{B}.18)$$

对于 $\alpha = 0$, 结果与伽马函数有关, 方程式(B.7)和式(B.8)成为

$$\int_{0}^{\infty} v^{2n}\exp(-\beta^2 v^2)\,\mathrm{d}v = \frac{(2n-1)(2n-3)\cdots 1}{2^{n+1}\beta^{2n+1}}\pi^{1/2} \qquad (\mathrm{B}.19)$$

注意, $0! = 1$, 有

$$\int_{0}^{\infty} v^{2n+1}\exp(-\beta^2 v^2)\,\mathrm{d}v = \frac{n!}{2\beta^{2n+2}} \qquad (\mathrm{B}.20)$$

作为快速参考, $n = 0 \sim 3$ 的结果列出如下:

$$\int_{0}^{\infty} \exp(-\beta^2 v^2)\,\mathrm{d}v = \frac{\pi^{1/2}}{2\beta} \qquad (\mathrm{B}.21)$$

$$\int_{0}^{\infty} v\exp(-\beta^2 v^2)\,\mathrm{d}v = \frac{1}{2\beta^2} \qquad (\mathrm{B}.22)$$

$$\int_{0}^{\infty} v^2\exp(-\beta^2 v^2)\,\mathrm{d}v = \frac{\pi^{1/2}}{4\beta^3} \qquad (\mathrm{B}.23)$$

$$\int_{0}^{\infty} v^3\exp(-\beta^2 v^2)\,\mathrm{d}v = \frac{1}{2\beta^4} \qquad (\mathrm{B}.24)$$

$$\int_{0}^{\infty} v^4\exp(-\beta^2 v^2)\,\mathrm{d}v = \frac{3\pi^{1/2}}{8\beta^5} \qquad (\mathrm{B}.25)$$

$$\int_0^\infty v^5 \exp(-\beta^2 v^2)\,\mathrm{d}v = \frac{1}{\beta^6} \tag{B.26}$$

$$\int_0^\infty v^6 \exp(-\beta^2 v^2)\,\mathrm{d}v = \frac{15\pi^{1/2}}{16\beta^7} \tag{B.27}$$

$$\int_0^\infty v^7 \exp(-\beta^2 v^2)\,\mathrm{d}v = \frac{3}{\beta^8} \tag{B.28}$$

2. 残差函数

自变量 α 的残差函数是

$$\mathrm{erf}(\alpha) = (2/\pi^{1/2})\int_0^\alpha \exp(-x^2)\,\mathrm{d}x \tag{B.29}$$

且补充残差函数是

$$\mathrm{erfc}(\alpha) = 1 - \mathrm{erf}(\alpha) \tag{B.30}$$

注意,

$$\mathrm{erf}(-\alpha) = -\mathrm{erf}(\alpha) \tag{B.31}$$

$$\mathrm{erf}(0) = 0 \tag{B.32}$$

且

$$\mathrm{erf}(\infty) = 1 \tag{B.33}$$

对于较大的、正的自变量,下列渐近级数是有用的

$$\mathrm{erf}(\alpha) = 1 - \frac{1}{\pi^{1/2}}\exp(-\alpha^2)\left(\frac{1}{\alpha} - \frac{1}{2\alpha^3} + \frac{1\cdot2}{2^2\alpha^5} - \cdots\right) \tag{B.34}$$

残差函数计算最有用的级数是

$$\mathrm{erf}(\alpha) = \frac{2}{\pi^{1/2}}\exp(-\alpha^2)\sum_{n=0}^\infty \frac{2^n}{1\cdot3\cdots(2n+1)}\cdot\alpha^{2n+1} \tag{B.35}$$

由于第 n 项和第 $n-1$ 项的比可以简单地写成 $2\alpha^2/(2n+1)$,所以方程式 (B.35) 可以很方便地作为计算机子程序进行编程。另外,残差函数也可以用如下的有理近似计算,其基于 Abramowitz 和 Stegun(1965)列出的近似之一。

$$\mathrm{erf}(\alpha) = 1 - b\{0.254\,829\,592 + b\{-0.284\,496\,736 + b[1.421\,413\,741$$
$$+ b(-1.453\,152\,027 + b \times 1.061\,405\,429)]\}\}\exp(-\alpha^2)$$

$$(\text{B.36})$$

其中，

$$b = 1/(1 + 0.327\,591\,1\alpha)$$

表 B.1 给出了残差函数的典型值。

表 B.1　残差函数的典型值

α	$\mathrm{erf}(\alpha)$	α	$\mathrm{erf}(\alpha)$	α	$\mathrm{erf}(\alpha)$
0.001	0.001 128 38	0.22	0.244 296	0.72	0.691 433
0.002	0.002 256 76	0.24	0.265 700	0.74	0.704 678
0.003	0.003 385 16	0.26	0.286 900	0.76	0.717 537
0.004	0.004 513 49	0.28	0.307 880	0.78	0.730 010
0.005	0.005 641 85	0.3	0.328 627	0.8	0.742 101
0.006	0.006 770 19	0.32	0.349 126	0.82	0.753 811
0.007	0.007 898 53	0.34	0.369 365	0.84	0.765 143
0.008	0.009 026 84	0.36	0.389 330	0.86	0.776 100
0.009	0.010 155 1	0.38	0.409 009	0.88	0.786 687
0.01	0.011 283 4	0.4	0.428 392	0.9	0.796 908
0.012	0.013 539 9	0.42	0.447 468	0.92	0.806 768
0.014	0.015 796 3	0.44	0.466 225	0.94	0.816 271
0.016	0.018 052 5	0.46	0.484 655	0.96	0.825 427
0.018	0.020 308 6	0.48	0.502 750	0.98	0.834 232
0.02	0.022 564 6	0.5	0.520 500	1.0	0.842 701
0.03	0.033 841 2	0.52	0.537 899	1.02	0.850 838
0.04	0.045 111 1	0.54	0.554 939	1.04	0.858 650
0.06	0.067 621 6	0.56	0.571 616	1.06	0.866 144
0.08	0.090 078 1	0.58	0.587 923	1.08	0.873 326
0.1	0.112 463	0.6	0.603 856	1.1	0.880 205
0.12	0.134 758	0.62	0.619 411	1.15	0.896 124
0.14	0.156 947	0.64	0.634 586	1.2	0.910 314
0.16	0.179 012	0.66	0.649 377	1.25	0.922 900
0.18	0.200 936	0.68	0.663 782	1.3	0.934 008
0.2	0.222 703	0.7	0.677 801	1.35	0.943 762

（续表）

α	$\mathrm{erf}(\alpha)$	α	$\mathrm{erf}(\alpha)$	α	$\mathrm{erf}(\alpha)$
1.4	0.952 285	2.1	0.997 020 5	3.2	0.999 993 974 2
1.45	0.959 695	2.2	0.998 137 1	3.4	0.999 998 478 0
1.5	0.966 105	2.3	0.998 856 8	3.6	0.999 999 644 14
1.55	0.971 623	2.4	0.999 311 49	3.8	0.999 999 922 996
1.6	0.976 348	2.5	0.999 593 05	4.0	0.999 999 984 583
1.65	0.980 376	2.6	0.999 763 97	4.2	0.999 999 997 144 5
1.7	0.983 790	2.7	0.999 865 67	4.4	0.999 999 999 510 83
1.8	0.986 672	2.8	0.999 924 987	4.6	0.999 999 999 922 504
1.9	0.992 790 4	2.9	0.999 958 902	4.8	0.999 999 999 988 648
2.0	0.995 322 2	3.0	0.999 977 910	5.0	0.999 999 999 998 462

3. 贝塔函数

贝塔函数出现在内能的 Larsen-Borgnakke 分布函数中。它的定义是

$$B(z, w) = \int_0^1 t^{z-1} (1-t)^{w-1} \mathrm{d}t \tag{B.37}$$

与伽马函数的关系是

$$B(z, w) = \frac{\Gamma(z)\Gamma(w)}{\Gamma(z+w)} = B(w, z) \tag{B.38}$$

不完全贝塔函数的最常用形式是

$$B_x(a, b) = \int_0^x t^{a-1} (1-t)^{b-1} \mathrm{d}t \tag{B.39}$$

且

$$I_x(a, b) = B_x(a, b)/B(a, b) \tag{B.40}$$

后一个形式的一个有用对称关系是

$$I_x(a, b) = 1 - I_{1-x}(b, a) \tag{B.41}$$

第二个变量可以通过递归关系递减，即

$$I_x(a, b) = \frac{\Gamma(a+b)}{\Gamma(a+1)\Gamma(b)} x^a (1-x)^{b-1} + I_x(a+1, b-1) \tag{B.42}$$

且

$$I_x(a, 1) = x^a \tag{B.43}$$

本附录中讨论的所有函数赋值的 FORTRAN 程序,由 Press 等(1986)列出。

参考文献

ABRAMOWITZ, M. and STEGUN, I.A. (1965). *Handbook of mathematical functions*, Dover, New York.

PRESS, W.H., FLANNERY, B.P., TEUKOLSKY, S.A. and VETTERLING, W.T. (1986). *Numerical recipes*, Cambridge University Press.

附录 C

从给定分布抽样

　　物理过程的概率建模要求生成以给定形式分布的变量的代表值。它通过随机数实现,是直接模拟蒙特卡罗方案的关键步骤。本书将假设成功产生 0~1 均匀分布随机分数的 R_f 是存在的。

　　变量 x 的分布可以通过正则分布函数进行描述,使得 x 在 $x \sim (x + \mathrm{d}x)$ 的概率为

$$f_x \mathrm{d}x \tag{C.1}$$

　　如果 x 的值是 $a \sim b$,则总的概率为

$$\int_a^b f_x \mathrm{d}x = 1 \tag{C.2}$$

现在定义**累积分布函数**为

$$F_x = \int_a^x f_x \mathrm{d}x \tag{C.3}$$

可以产生一个随机数 R_f,使之等于 F_x。 因此,x 的代表值为

$$F_x = R_f \tag{C.4}$$

　　首先考虑一个一般的案例,变量 x 在 $a \sim b$ 均匀分布。对于这一情况,f_x 是一个常数,方程式(C.2)的正则化条件要求

$$f_x = 1/(b - a)$$

因此,由方程式(C.3)有

$$F_x = \int_a^x 1/(b - a) \mathrm{d}x = (x - a)/(b - a)$$

且方程式(C.4)给出

$$(x - a)/(b - a) = R_{\mathrm{f}}$$

或者明显的另外形式,即

$$x = a + R_{\mathrm{f}}(b - a) \tag{C.5}$$

现在考虑 $a \sim b$ 分布的变量 r,其概率正比于 r。这一分布会在轴对称流动中设置随机半径时用到。此时,

$$f_{\mathrm{r}} = 常数 \times r$$

且再次由方程式(C.2)得到

$$f_{\mathrm{r}} = 2r/(b^2 - a^2)$$

因此,由方程式(C.3)有

$$F_{\mathrm{r}} = (r^2 - a^2)/(b^2 - a^2)$$

且方程式(C.4)给出

$$r = \left[a^2 + (b^2 - a^2) R_{\mathrm{f}} \right]^{1/2} \tag{C.6}$$

在球状流动中,当 r 的概率正比于 r^2 时,类似的分布为

$$r = \left[a^3 + (b^3 - a^3) R_{\mathrm{f}} \right]^{1/3} \tag{C.6a}$$

逆-累积方法的其他例子在方程式(C.12)、式(C.16)和式(C.18)中给出。这一方法的操作如图 C.1 所示。

不幸的是,逆-累积方法只能在方程式(C.4)可以反算得到 x 的显式函数时适用。考虑平衡气体中热速度分量的分布函数 $f_{u'}$,它由方程式(4.13)给定为

$$f_{u'} = (\beta/\pi^{1/2}) \exp(-\beta^2 u'^2) \tag{C.7}$$

因此,

$$F_{u'} = (\beta/\pi^{1/2}) \int_{-\infty}^{u'} \exp(-\beta^2 u'^2) \, \mathrm{d}u'$$

或

$$F_{u'} = \frac{1}{2} \left[1 + \mathrm{erf}(\beta u') \right]$$

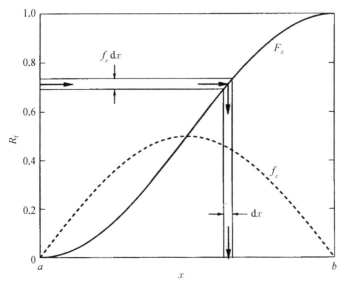

图 C.1　典型的正则化和累积分布函数

这一表达式无法通过 R_f 反算出 u'，方法失效。

通常的替代是应用**接受-拒绝**方法。为直接使用随机分数，分布函数通过除以其最大值 f_{max} 正则化，给出

$$f'_x = f_x / f_{max} \tag{C.8}$$

假定 x 在其极限内（如方程式（C.5））均匀分布，随机选择 x 的一个值。根据这个 x 计算函数 f'_x 并产生第二个随机数 R_f。根据 f'_x 大于或小于 R_f 接受或者拒绝 x 的值。重复这一过程，直至 x 的值被接受。由于 R_f 是 0~1 的均匀分布，所以 x 的特定值被接受的概率显然正比于 f'_x，被接受的值服从这一分布。

作为例子，考虑方程式（C.7）定义的函数。它在 $u' = 0$ 时有最大值，为 $\beta / \pi^{1/2}$，因此

$$f'_{u'} = \exp(-\beta^2 u'^2)$$

u' 的均匀分布值由方程式（C.5）将 a 和 b 设置为任意有限截断以取代 $-\infty \sim \infty$ 给定。如果 a 和 b 分别设为 $-3/\beta$ 和 $+3/\beta$，则其值在这一区间之外的比例为 $1 - \text{erf}(3)$ 或 0.000 022。因此，

$$u' = (-3 + 6R_f)/\beta$$

且

$$f'_{u'} = \exp\left[-(-3 + 6R_\mathrm{f})^2\right]$$

生成 R_f 的下一个值。若 $f'_{u'} > R_\mathrm{f}$，则接受 u'；若 $f'_{u'} < R_\mathrm{f}$，则拒绝 u'，重复上述过程直到一个值被接受。

尽管接受-拒绝方法涉及要求大量函数赋值和随机分数的重复过程，但它几乎可以用于任何分布函数且可以很方便地纳入计算机编程中。

对于特殊情况，其他的方法也是存在的，其中的一个给出了从方程式（C.7）的正则分布中抽样一对值的直接方法。它们的值分别记为 u' 和 v'，由方程式（C.7）有

$$f_{u'}\mathrm{d}u'f_{v'}\mathrm{d}v' = (\beta/\pi^{1/2})\exp(-\beta^2 u'^2)\,\mathrm{d}u'(\beta/\pi^{1/2})\exp(-\beta^2 v'^2)\,\mathrm{d}v'$$
$$= (\beta^2/\pi)\exp\left[-\beta^2(u'^2 + v'^2)\right]\mathrm{d}u'\mathrm{d}v'$$

现在，设

$$u' = r\cos\theta$$
$$v' = r\sin\theta \tag{C.9}$$

且

然后，由于雅可比矩阵

$$\frac{\partial(u',\,v')}{\partial(r,\,\theta)} = \begin{vmatrix} \dfrac{\partial u'}{\partial r} & \dfrac{\partial u'}{\partial \theta} \\[2mm] \dfrac{\partial v'}{\partial r} & \dfrac{\partial v'}{\partial \theta} \end{vmatrix} = \begin{vmatrix} \cos\theta & -r\sin\theta \\ \sin\theta & r\cos\theta \end{vmatrix} = r$$

$$f_{u'}\mathrm{d}u'f_{v'}\mathrm{d}v' = \left(\frac{\beta^2}{\pi}\right)\exp(-\beta^2 r^2)\,r\mathrm{d}r\mathrm{d}\theta = \exp(-\beta^2 r^2)\,\mathrm{d}(\beta^2 r^2)\,\mathrm{d}\theta/(2\pi)$$

θ 在 $0\sim 2\pi$ 均匀分布，由方程式（C.5）有

$$\theta = 2\pi R_\mathrm{f} \tag{C.10}$$

变量 $\beta^2 r^2$ 在 $0\sim\infty$ 分布且其分布函数可以很容易地写成正则形式为

$$f_{\beta^2 r^2} = \exp(-\beta^2 r^2) \tag{C.11}$$

累积分布函数为

$$F_{\beta^2 r^2} = 1 - \exp(-\beta^2 r^2)$$

注意，R_f 与 $1 - R_\mathrm{f}$ 是等价函数，方程式（C.4）给出

$$r = \left[- \ln(R_f) \right]^{1/2} \tag{C.12}$$

可以用随机分数从方程式(C.10)和式(C.12)中抽样 r 和 θ 的一对值。u' 和 v' 的正则分布值满足方程式(C.9),给出平衡气体中热速度分量的典型值。

另一个需求来自平衡态气体分子内能的抽样。方程式(5.6)可以正则化,单个分子内能 ε_i 与 kT 的比的分布函数为

$$f_{\varepsilon_i/(kT)} = \frac{\left[\varepsilon_i/(kT) \right]^{\zeta_i/2-1}}{\Gamma(\zeta_i/2)} \exp\left[- \varepsilon_i/(kT) \right] \tag{C.13}$$

其中,ζ_i 为完全激发内自由度的数目。

对两个内自由度的特殊情况,这一函数为

$$f_{\varepsilon_i/(kT)} = \exp\left[- \varepsilon_i/(kT) \right] \tag{C.14}$$

这与方程式(C.11)中的函数相同,累积分布函数为

$$F_{\varepsilon_i/(kT)} = 1 - \exp\left[- \varepsilon_i/(kT) \right] \tag{C.15}$$

因此,需要的内能代表值为

$$\varepsilon_i = - \ln(R_f) kT \tag{C.16}$$

当 ζ_i 不等于 2 时,必须求助于接受-拒绝方法。

碰撞能在两个内自由度单一能量模态的 Larsen-Borgnakke 分布中,也要从累积分布函数中进行抽样。方程式(5.45)给出的分布函数为

$$f\left(\frac{E_a}{E_a + E_b} \right) = \Xi_b \left(1 - \frac{E_a}{E_a + E_b} \right)^{\Xi_b - 1}$$

变量在 0~1,累积函数是

$$F\left(\frac{E_a}{E_a + E_b} \right) = 1 - \left(1 - \frac{E_a}{E_a + E_b} \right)^{\Xi_b} \tag{C.17}$$

再次利用 R_f 与 $1 - R_f$ 的等价性,对应于随机分数 R_f 的代表值为

$$\frac{E_a}{E_a + E_b} = 1 - R_f^{1/\Xi_b} \tag{C.18}$$

在随机方向的选取中,为避免超越函数的计算发展了特殊方法。Marsaglia (1972)在球面上选取均匀分布点的方法,给出了硬球碰撞情况下的良好范例。

考虑相似分子之间的硬球碰撞,相对速度的大小为 c_r。问题是产生碰后相对速度 c_r^* 的三个分量,以下是 Marsaglia(1972)方法的实现。

（1）生成 $a = 2R_f - 1$ 和 $b = 2R_f - 1$;

（2）计算 $c = a^2 + b^2$;

（3）若 $c < 1$,则返回步骤(1);

（4）计算 $d = 2(1 - c)^{1/2}$;

（5）计算

$$
\begin{aligned}
u_r^* / c_r &= 1 - 2c \\
v_r^* / c_r &= ad \\
w_r^* / c_r &= bd
\end{aligned}
\tag{C.19}
$$

相对于通过对演示程序中用到的随机仰角和方位角的直接编程,上述方法的速度依赖使用的计算机的特征。这一应用出现在碰撞子程序中,如果上述方法取代直接编程,在某些情况下执行速度上将有显著收益。

上述讨论隐式假设只从分布进行一次选取。一旦要求大量的选取,代表性的值就不能独立选取,但是应该反映全局分布。例如,如果 $a \sim b$ 均匀分布的一个线性变量总共进行 m 次选取,方程式(C.5)就不能用 m 次。m 个值中的第 n 个应该由下列方式产生:

$$
x = a + \left[(n - R_f)/m\right](b - a)
\tag{C.20}
$$

类似地,如果 $a \sim b$ 均匀分布进行半径的 m 次选取,则第 n 个值是

$$
r = \left\{a^2 + (b^2 - a^2)\left[(n - R_f)/m\right]\right\}^{1/2}
\tag{C.21}
$$

这是 7.7 节和 10.4 节讨论过的变量减少技术的一个方面。

参考文献

MARSAGLIA, G. (1972). Choosing a point from the surface of a sphere. *Ann. Math. Stat.* 43, 645-646.

附录 D

程序 FMF.FOR 清单

下列 FORTRAN 77 程序与 7.7 节讨论的无碰撞流动圆柱管道通量问题有关。

```
      PROGRAM FMF
* calculates the fraction of molecules that pass through a
diffusely reflecting cylindrical tube * under free-molecule
conditions
      WRITE( * , * )'INPUT THE LENGTH TO RADIUS RATIO'
      READ( * , * ) TL
      WRITE( * , * )'INPUT THE TOTAl NUMBER OF TRAJECTORIES'
      READ( * , * ) NTR
      ND = 0
* ND is the number that pass through without any surface
collision
      NT = 0
* NT is the total number that pass through the cylinder
      DO 100 N = 1, NTR
          RM = SQRT( RND( ) )
* RM is the initial radius ( eqn ( 7.79 ) with cylinder radius =
1. )
* RND( )  a random fraction between 0. and 1.
          CALL DCS( AL, AM, AN )
          X = AL * ( RM * AM+SQRT( AM * AM+( 1.-RM * RM ) * AN * AN ) )/
( AM * AM+AN * AN )
```

```
*X is the x coordinate of the first surface interaction (eqn
(7.88))
            IF(X.GT.TL) THEN
              ND=ND+1
              NT=ND+1
              GO TO 100
            END IF
50          CALL DCS(AL,AM,AN)
            X=X+2.*AL*AM/(AM*AM+AN*AN)
*x is now the x coordinate of a subsequent interaction (eqn
(7.89))
            IF(X.LT.0.) GO TO 100
            IF(X.GT.TL) THEN
                NT=NT+1
                GO TO 100
            END IF
            GO TO 50
100     CONTINUE
        WRITE (*,*) 'DIRECT FRACTION = ',FLOAT(ND)/NTR
        WRITE (*,*) 'TOTAL FRACTION  = ',FLOAT(NT)/NTR
        STOP
        END
*
        SUBROUTINE DCS(DC1,DC2,DC3)
*DC1 is the direction cosine with the effusion direction
*DC2 and DC3 are the direction cosines with the other
directions
*(the code is based on eqns (7.82) to (7.84))
        DC1=SQRT(RND())
        A=SQRT(1.-DC1*DC1)
        B=6.28318531*RND()
        DC2=A*COS(B)
```

```
DC3 = A * SIN(B)
RETURN
END
```

附录 E

数 值 假 象

计算机用有限数目的二进制位代表数字,这一有限字长限制了计算机算法的精度。所有计算方法都受到"截断"误差的影响,它们是上述限制的结果。例如,DSMC 等概率性模拟方法,也受到计算机产生的随机数及其不服从理想分布这一事实的影响。

1. 字长的影响

字长的选取代表着计算代价和成本之间的折中。一些早期的计算机使用 48 b 字长,这可能是最佳折中。早期的计算机使用 16 b 字长,但是这对于多数计算和软件并不充分,通过双字运算的利用,实际上将它们转化为 32 b 的精度。几乎所有现代计算机使用 32 b 或 64 b 字长。例如,CRAY 家族等的"超级计算机"使用更长的字长,其截断误差也尽可能小。但是,多数 DSMC 计算使用"工作站"或者"个人计算机"(PC)。尽管一些较新的工作站是 64 b 的,但它们多数是 32 b 的。有必要区分全程使用 32 b 的机器和在中央处理器(CPU)中使用更长字长的机器。特别的是,"IBM 兼容"微机上英特尔家族 CPU 主板在 CPU 寄存器上使用大量 80 b 浮点,好的编译器在这一精度下几乎可以进行所有表达式的计算。另外,编译器可以使用"双精度"算法,但是如果寄存器是 32 b 的,则速度将有所损失。对于 DSMC 计算中存储的量,32 b 字长给出足够的精度。

有些字长的一些结论可以通过下列 FORTRAN 程序进行演示:

```
* --precision test program
      A = 0.
      N = 0
100      DO 200 M = 1,100000
         A = A + 1.
         N = N + 1
```

```
200    CONTINUE
       WRITE ( * ,99001) A, N
99001  FORMAT (F12.1, I14)
       GO TO 100
       END
```

这一程序包含每个循环中推进浮点变量 A 和整型变量 N 的无限循环。求和在每 100 000 个循环输出一次。在具有 24 b 尾数的标准浮点格式的 32 b 机器上,变量 A 会增大到 166 777 216,但在之后保持常数。虽然最大浮点数通常是 3.4×10^{38},但是**精度**使得其在尾数已经是 2^{24} (或 166 777 216) 上再加 1 没有效果。这一情形是自然可预期的,而且其表现在 A 每次增大 10 而不是 1 时更加危险。这将导致最大计数增大到 268 435 456,但是错误出现在 33 500 000,对应的输出区间是 90 888 而不是 100 000。如果在 DSMC 计算中用单精度进行变量抽样,最大计数导致的错误应该很明显,但是第二个效应导致的错误将相当隐晦。演示程序使用双精度变量进行变量抽样。双精度格式通常使用 53 b 的尾数,其精度从 10^7 增大到 10^{16} 量级。

整型变量 N 增大到 2 147 483 647(或 $2^{31}-1$),然后跳到−2 147 483 647,随后在这个极限之间循环。这避免了浮点格式使用中的符号设置。

单精度(32 b) 浮点数的上、下极限对编程有直接影响。例如,分子质量的平方通常低于下限,因此折合质量必须从 $[m_1/(m_1 + m_2)]m_2$ 而不是 $m_1m_2/(m_1 + m_2)$ 来计算。

计算机算法的有限精度,经常需要在分子与壁面的碰撞中添加或抽取一个很小的数,使得随后的步骤确定分子是从壁面离开,以及其对应的方向。很重要的是,这些"截断"数是网格尺度的倍数而不是指定的绝对数。这确保了程序在流动尺度极小时的功能正确。为检验演示程序的这一方面,对程序 DSMC2A 中测试算例所列数据进行了调整,使得所有的线性维数降低 10^6。为了保持克努森数,来流密度增大 10^6 倍,时间步长减小 10^6,而参数 FNUM 增大 10^{12},非常接近 1。它将表明,对于尺度非常小的问题,真实分子和仿真分子之间一一对应。圆柱的半径只有 $5×10^{-9}$ m,但是计算不会有问题。无量纲化参数使得壁面的压强、热传导系数、流动中的温度和密度比与原始计算相同。有量纲化的输出跟随尺度和密度的变化。例如,压强、剪切应力、传热与密度同比例变化,因此增大 10^6 倍。

2. 随机数生成器

正如计算机中数字的有限长度表征不具备真实数字的所有性质,计算机中随机数生成器产生的数字并不具备理想随机数序列的性质。考虑到理想的随机数生成器并不存在,这样的序列是假想的,计算机生成的数有时称为**伪随机数**。很多计算机操作系统编译器通常有一个作为子程序的随机数生成器,其名称为"RAN"。Press 等(1986)指出,"如果所有由于不好的 RAN 而结果受到质疑的科学论文从图书馆的书架上消失,每个书架上的间隙将有你的拳头那么大"。DSMC 方法是那些最依赖随机数的方法之一,检验其使用的生成器的充分性是必不可少的。绝大部分数字生成器以 0~1 的随机分数而不是整数呈现其结果。

随机数生成器及应用于它们的统计测试的文献极为广泛。这些测试中最为常见的是检验 N 维空间 N 个数字序列分布的均匀性。它检验序列的均匀性,确定是否存在任何明显的低阶相关性。下列程序测试二维空间中 10^8 个随机分数对。

```
      PROGRAM RANDIST
*--check the distribution of pairs of random fractions in
a plane
*--the fractions are generated from successive calls of RANF
(0)
      DIMENSION NDIST(100,100), NDEV(5)
*--DIST counts the numbers in a 100×100 array
      DO 100 L=1, 100
         DO 50 M=1, 100
            NDIST(L,M) = 0
50       CONTINUE
100   CONTINUE
      DO 200 N=1, 10000000
         L=100.*RANF(0)+1
         M=100.*RANF(0)+1
         NDIST(L,M) = NDIST(L,M)+1
200   CONTINUE
      DO 300 N=1,5
         NDEV(N) = 0
300   CONTINUE
      DO 400 L=1,100
```

```
      DO 350 M=1,100
        DO 320 N=1,5
          IF(NDIST(L,M).GT.10000+N*100.OR.NDIST(L,M).LT.
 &    10000-N*100)  NDEV(N) = NDEV(N) +1
320      CONTINUE
350     CONTINUE
400    CONTINUE
      WRITE ( * , * )    'NUMBER  OUTSIDE  1  TO  5  STANDARD
DEVIATIONS'
     WRITE( * , * )  NDEV
     WRITE( * , * )  'NORMAL DISTN. IS 3173, 455, 27.0, 0.63,
0.0057'
     STOP
     END
```

二维空间划分为 10 000 个均匀微元,每个微元平均应该包含 10 000 个数对。给出统计散射,输出列出 1、2、3、4 和 5 个标准差以外微元的数目。

多数系统提供满足这一测试的程序。例如,i485 的微机利用 Lahey F77L-EM/32A FORTRAN 编译器的随机数字函数 RND,给出如下结果: 3131 439 33 0 0。这些数目与测试程序倒数第三行引用的方程式(1.15)的正则分布函数的预测一致。当上述程序应用于 Silicon Graphics Iris Indigo 的 FORTEAN 编译器时,对应的结果是: 3062 378 20 0 0。这一分布表现出稍差一点的预期偏差,其原因由下面的第二个测试程序给出。该程序确定能够产生的、不同的随机分数的总数目。只要这一数目小于 100 000,只要计算机的内存足够大,程序就可以很方便地进行修正以处理更大的总数,尽管更好生成器的文件引用相应的数字。

```
     PROGRAM RANTEST
* --test for the number of distinct values from the function
* --RANF(0) which generates successive random fractions (0
to 1)
     PARAMETER (M=100000)
     DIMENSION I(M)
     DO 1 N=1,M
```

```
       I(N)=1
1      CONTINE
* --all elements of the array I have been set to 1
     DO 2 N=1,100
       DO 3 L=1,100000
         K=RANF(0)*(FLOAT(M)-0.00001)+1
         I(K)=0
* --a random element is set to zero
3         CONTINUE
         J=0
         DO 4 =1,M
* --count the unselected elements
         J=J+I(L)
4         CONTINUE
       A=FLOAT(J)/FLOAT(M)
* --A is the unselected elements
       B=(FLOAT(M-1)/FLOAT(M))**(10000*N)
        WRITE(*,*)  'SAMPLES', 10000*N, 'UNSELECTED
FRACTION', A,
    &  'THEORY', B
2      CONTINUE
     STOP
     END
```

每个随机分数都用于选择数组 $I(M)$ 的一个微元, 而且如果它没有被选择, 就从 1 变为 0。如果数组包括 m 个数字, n 次选择之后没有被选到的理论结果是 $[(m-1)/m]^n$。

如果不同随机分数的数目超过 100 000, 则未被选取的分数的比例将逐渐下降, 且与理论比例在统计散射范围内一致。这是绝大多数生成器的情形, 但是 Silicon Graphics Iris Indigo 的 FORTEAN 编译器只产生 32 768 个不同的分数。Iris Indigo 是一个基于 UNIX 的操作系统, UNIX 下的 FORTRAN 编译器提供的随机数生成器通常不令人满意。例如, 大量 UNIX 系统提供的 GreenHills FORTRAN 版本中的随机数生成器要好一点, 但是不同分数的数目只是翻倍。

随机数生成器最好在用到它的应用环境下进行测试。典型 DSMC 应用涉及数以亿计的随机数生成,以至于极长周期的生成器都是可疑的。然而,数字在很多方案中被用到,而且每个方案中随机数程序的调用次数也受随机变量的影响。这意味着多数 DSMC 计算极要忍受随机数生成器的不完美。程序 DSMC0R.FOR 是一个例外,它在单个网格中有 100 000 个仿真分子,因此在碰撞模块的一次执行中,极其大量的随机数以排好的顺序被使用。这一程序在 11.3 节中所列测试算例的结果是,在温度大约 300 K 的情况下,平动能温度和转动温度达到误差为 0.03 K时的平衡。对于大约 10^8 的样本大小,这约是 1 个标准差,随机数生成器最终是令人满意的。上述计算利用 Lahey F77L-EM/32A FORTRAN 编译器的随机数生成器 RND(声称的周期是 2.7×10^{11} 个数字),在 i486 微机上进行。利用 Silicon Graphics 随机数生成器的相似计算,得到的平动能温度为 434.17 K,转动温度为 98.25 K。短周期是如此大误差的明显根源,平衡也受到各种生成器更微妙性质的影响。Silicon Graphics 生成器也用于平头圆柱超声速绕流程序 DSMC2A 的测试,流动中没有异常。这验证了绝大多数 DSMC 程序通常能够忍受较差的随机数生成器。

很多系统的不充分性提供的生成器引入了 FORTRAN 中"可移植"生成器编码的需求,它们可以在任何计算机上用于得到一致的结果。先前章节报告的 DSMC 计算要么基于 i486/F77L-EM 组合,要么基于 Wichmann 和 Hill(1982)随机数生成器 INTEGER ∗ 4 版本的 Iris Indigo。它是在代码长度上最紧致的生成器,但是在 i486(66 MHz DX2 版本)上程序的每次调用耗时 10.8 μs,而 Lahey RND 程序的调用只需要 2.1 μs。Hash(私人通信)指出,Press 等(1986)基于 Knuth(1981)算法的 RAN3 程序,每次调用要快 3 倍,为 3.5 μs。

有几处细微修改的 RAN3 程序,以函数子程序 RF(0)包含在所有的 DSMC 演示程序中,在附录 G 的程序 DSMC0S 中给出。在程序的头部添加了 SAVE 声明,这样它的正确功能不依赖编译器选用的正确选择。由于会导致 Iris Indigo 死机,程序初始化部分多余的变量重置被移除。最重要的修正是在 RETURN 声明中添加的条件。这些条件防止完全等于 0 或者 1 的随机分数返回值。在无限精度的理想生成器中,这些极限返回值的概率都是 0,但是一旦产生,0 在如方程式 (C.12)等表达式中出现,会导致计算机死机。对这些条件应用于各种生成器时可能排除的数目进行了测试。Lahey 系统程序 RAND()的最小数字保持 8 位精度,完全等于 0 或 1 实际上不出现。如果可移植 FORTRAN 生成器返回的数字与 RND()的一样好,就不存在排除条件的需求。然而,RF(0)最小数字的精度是单一数位,完全等于 0 的返回约在每 10^8 次调用中出现 1 次。Wichmann 和 Hill(1982)生成器返回更少的 0,但在基于 RISC 的工作站上,它和 RF(0)中 0 的出现次数要比微机中高很多。

　　随机数 RF(0)的程序 RANDIST 在 Iris Indigo 上的运行结果为 3271　454　29　1　0,而在 i486 微机上的结果为 3173　459　35　0　0。Wichmann 和 Hill(1982)生成器上对应的结果分别为 3151　451　24　0　0 和 3091　449　23　0　0。

　　当 RF(0)或 Wichmann 和 Hill(1982)生成器用于 DSMC0R 程序时,平动能温度和转动温度都在统计散射预期的范围内达到平衡,尽管 Hash 在 Sun 工作站(Wichmann 和 Hill(1982)生成器)得到的温度中发现了温度有几度的偏离。Lewis 等(1969)的著名生成器的一个版本和 Press 等(1986)的生成器 RAN1 导致温度偏离平衡高达 10 K。例如,Lewis、Goodman、Miller 生成器得到的平动能温度为 296.81 K,转动温度为 305.27 K。这一生成器的 RANDIST 结果为 2680　266　7　0　0。这一散射远小于正常散射,似是而非的事情是,这一生成器导致平衡温度的糟糕结果。

　　糟糕的模拟算法和糟糕的随机数生成器都可能导致全局温度各种分量之间的非平衡。尽管 RF(0)由更快的计算机程序取代是可取的,但确保程序的充分性是必不可少的。在使用基于 RISC、UNIX 操作系统的 32 b 工作站时,要特别小心。大型计算机上的生成器通常是令人满意的,CRAY 主机上的系统随机数与预期的一样,得到在预期统计散射范围内的平衡。

参考文献

KNUTH, D.E. (1981). *Seminumerical algorithms*, Vol 2 of *The art of computer programming*, Addison-Wesley, Reading, Mass.

LEWIS, P. A. W., GOODMAN, A. S. and MILLER, J. M (1986). A pseudo-random number generator for the System 360, *IBM Syst. J.*, 2, 136-146.

PRESS, W.H., FLANNERY, B.P., TEUKOLSKY, S.A., and VETTERLING, W.T. (1986). *Numerical recipes*, Cambridge University Press.

WICHMANN, B.A. and HILL, I.D. (1982). An efficient and portable pseudo-random number generator, *Appl. Statist.*, 31, 188-190.

附录 F

DSMC 演示程序总结

1. 实现注释

前面讨论了 13 个 DSMC 演示程序的背景理论、数据和结果。所有这些程序都以 FORTRAN 源代码的形式在网站上给出。列出所有的程序将需要超过 300 页纸,因此只在附录 G 中列出了最短的程序。程序 DSMC0S.FOR 的列出,演示了程序的一般结构。

主程序通过时间参数控制计算,此外,它仅调用那些包含数据、流场初始化、分子运动、碰撞计算、输出结果等的子程序。变量被分组到一些相应的COMMON 块中而不是自变量列表,用于主程序和子程序之间的信息共享。子程序的样式对于所有程序都尽可能通用,在不同程序之间保持不变。

程序是标准的 FORTRAN 77 形式,而且所有必需的子程序都包含在每个程序文件中。程序中的方案与对应章节的理论,通过引用对应理论的方程编号,以注释的形式关联。程序以 DSMCNX 的形式命名,其中整数 N 分别为 0 对应均匀(0 维)情况、1 对应一维流动、2 对应二维(包括轴对称)流动、3 对应三维流动。最后一个字母 X 不在每类基本程序中出现,用于区分每个基本程序的不同变形。对应的子程序,在它们不同时,也用 N 和 X 进行区分。拓展名.FOR 附着于每个文件,有些系统要求它发生变化。例如,UNIX 系统通常要求 FORTRAN 原文件的拓展名为.F。

通过对当前信息以无格式的"重启"文件周期性写入,程序可以重启,而这些文件的拓展名为.RES。每个程序"列出的"演示算例的数据都包含在子程序DATANX 中。对于多数程序,演示算例多于一个,其他算例的数据在对应部分简要讨论。

主要输出是无格式文件 DSMCNX.OUT。某些程序产生额外的输出或者其他目的的.OUT 文件。输出的规模很大,而且这些文件在多维流动中很大,尤其是它们涉及混合气体的情况。

2. 程序目录

DSMC0　　这一程序测试均匀单原子混合气体中的 NTC 碰撞抽样方案。尽管气体是均匀的且在宏观上是静止的,但"流动"被划分为网格且分子在两个镜面边界的一维空间区域运动。这些条件复现网格数量的变化,而后者是更常见流动的特征,这样就可以正确测试基本的 DSMC 方案。

DSMC0S　程序 DSMC0 的一个版本,实现了混合气体由简单气体替代导致的简化。所有其他程序中的方案都针对多组分混合气体。

DSMC0R　测试双原子分子和多原子分子转动自由度的 Larsen-Borgnakke 方案。

DSMC0V　实现振动激发 Larsen-Borgnakke 方案的量子形式。它假设谐振子模型的等间距能级。

DSMC0D　将振动方案拓展到非谐振情况,且在振动达到离解极限时发生离解。也包含复合反应,因此可以检验平衡状态。

DSMC0F　DSMC0 包含额外抽样的一个版本,用于研究统计涨落的性质。

DSMC1　　处理单一空间变量流动的通用程序。其构型可能是平面、柱状或球状。这一程序包含分子转动,但不包含振动的方案。边界可以是轴、真空、固体壁面或流动的界面。固体壁面可以具有平行速度,也可以有沿着空间坐标的重力场。

DSMC1S　DSMC1 限制于平面流动的一个版本,但是初始化、边界条件和抽样方案进行了修正,以研究正则激波。

DSMC1T　这一程序通过将驻点线流动作为定常面积流动进行建模,分子在边界处移除。上游边界和下游边界分别是超声速来流和固体壁面。包含振动和离解。

DSMC1U　它是 DSMC1 的一个版本,对抽样进行调整,可以对非定常流动进行系综平均,而不是长时间定常流动的时间平均。

DSMC2　　二维流动的通用程序,限制于矩形流场和平直壁面。边界可以是均匀来流、真空的界面,或者是对称面。可以有两个单侧面构成的壁面,它们必须沿着边界,或者一个平面由简单矩形网格系统确定。它们可以背靠背地形成一个双侧壁面。另外,可以有平直出口平面的均匀平面射流。

DSMC2A DSMC2 的轴对称流动版本。轴必须沿着 x, y 是半径。壁面可以有轴向速度或周向速度。

DSMC3 DSMC2 到三维流动的拓展。流场必须是平行的矩形,可以有两个平直的壁面。可以有射流,但是它必须具有圆形截面的出口平面。

3. 计算环境

程序在 8Mb 内存的 i486(66 MHz DX2)微机上开发,使用 Lahey F77L-EM/32 FORTRAN 编译器。没有考虑到 FORTRAN 77 标准的拓展。工作程序的可读性通过多面体软件公司(Polyhedron software Ltd)SPAG 程序的加工得到强化。

演示程序的应用要么在微机上,要么在 Silicon Graphics Iris Indigo 上执行。后者比微机稍微快一点,有 16Mb 的内存。但是,应用被限制于那些每个算例在微机上消耗计算时间不超过 24 h 的问题。

没有对代码进行针对如 CRAY2 等向量处理器的优化。这意味着对于这些 DSMC 程序,CRAY 只比 66 MHz 的 i486 大约快 3 倍。通过适当的代码修正,CRAY 的速度大约可以强化 5 倍。但是,由于单一用户不能使用这一机器上超过 5% 的时间,所以在微机或工作站上进行计算,通常要快一些且成本要低很多。

$x-y$ 图形、等值线、流线表征都适用于 Amtec Engineering Inc.的 TECPLOT 程序。

程序的目的是演示 DSMC 方法。但是,不确保它们没有错误,而且不应该用于错误可能导致伤害或损失的问题求解。如果程序或者模块被用于这类求解,将完全是用户的冒险行为,作者和出版人拒绝所有法律责任。

附录 G

<hr>

DSMC0S.FOR 程序清单

```
* DSMC0S.FOR
*
      PROGRAM DSMC0S
*
* --test of collision procedures in a uniform simple gas
*
* --SI units are used throughout
*
      PARAMETER (MNM=1000,MNC=50,MNSC=400)
*
* --MNM is the maximum number of molecules
* --MNC is the maximum number of sub-cells
* --MNSC is the maximum number of sub-cells
*
      DOUBLE PRECISION MOVT,NCOL,SELT,SEPT
*
* --NCOL is the total number of collisions
* --MOVT the total number of molecular moves
* --SELT the total number of pair selections
* --SEPT the sum of collision pair separations
*
      COMMON /MOLSS /NM,PP(MNM),PV(3,MNM),IP(MNM),IR(MNM)
*
```

```
*--NM is the number of molecules
*--PP(M) is the x coordinate molecule M
*--PV(1 to 3,M) u,v,w velocity components of molecule M
*--IP(M) sub-cell number of molecule M
*--IR(M) cross-reference array (molecule numbers in order of
sub-cells)
*
      COMMON /CELLSS /CC(MNC),CG(3,MNC),IC(2,MNC),
     &     ISC(MNSC),CCG(W,MNC), ISCG(2,MNSC)
*
*--CC(M) is the cell volume
*--CCG(N,M) is for collisions in cell M
*----N = 1 is the maximum value of (relative speed) * (coll.
Cross-section)
*----N = 2 is the remainder when the selection number is
rounded
*--CG(N,M) is the geometry related information on cell M
*----N = 1 the minimum x coordinate
*----N = 2 the maximum x coordinate
*----N = 3 the cell width
*--IC(N,M) information on the molecules in cell M
*----N = 1 (start address -1) of the molecule numbers in the
array IR
*----N = 2 the number of molecules in the cell
*--ISC(M) the cell in which the sub-cell lies
*--ISCG(N,M) is the indexing information on sub-cell M
*----N = 1 (start address -1) of the molecule numbers in the
array IR
*----N = 2 the number of molecules in the sub-cell
*
      COMNON /GASS /SP(2),SPM(5)
*
```

```
*--SP(N) information on species
*----N=1 the molecular mass
*----N=2 the reference diameter of the molecule
*--SPM(N) information on the interaction
*----N=1 the reference value of the collision cross-section
*----N=2 the reference temperature
*----N=3 the viscosity-temperature power law
*----N=4 the reciprocal of the VSS scattering parameter
*----N=5 the Gamma function of (5/2 -viscosity-temperature
power law)
*
      COMMON /SAMPS /NCOL,MOVT,SELT,SEPT,CS(5,MNC),
     &    TIME,NPR,NSMP,FND, FTMP
*
*--CS(N,M) sampled information on cell M
*----N=1 the number in the sample
*----N=2,3,4 the sum of u,v,w
*----N=5 the sum of u*u+v*v+w*w
*--TIME time
*--NPR the number of output /restart file update cycles
*--NSMP the total number of samples
*--FND the stream number density
*--FTMP the stream temperature
*
      COMMON /COMP /FNUM,DTM,NIS,NSP,NPT
*
*--FNUM is the number of real molecules represented by a
simulated mol.
*--DTM is the time step
*--NIS is the number of time steps between samples
*--NSP is the number of samples between restart and output
file updates
```

```
* --NPS is the estimated number of samples to steady flow
* --NPT is the number of file updates to STOP
*
      COMMON /GEOM /CW,NSC,XF,XR
*
* --CW is the cell width
* --NSC is the number of sub-cells per cell
* --XF is the minimum x coordinate
* --XR is the maximum x coordinate
*
      COMMON /CONST /PI,SPI,BOLTZ
*
* --PI is pi and SPI is the square root of pi
* --BOLTZ is the Boltzmann constant
*
      WRITE ( *, * ) ' INPUT 0, 1 FOR CONTINUING, NEW
CALCULATION:-'
      READ ( *,* ) NQL
*
      IF (NQL.EQ.1) THEN
*
        CALL INIT0S
*
      ELSE
*
        WRITE ( *,* ) ' READ THE RESTART FILE'
        OPEN(4,FILE='DSMC0S.RES',STATUS='OLD',
     &    FORM='UNFORMATTED')
        READ (4) BOLTZ,CC,CCG,CG,COL,CS,CW,DTM,FND,
     &      FNUM,FTMP,IC,IP,IR,ISC,ISCG,MOVT,NCOL,NIS,
     &      NM,NSC,NSMP,NPR,NPT,NSP,PI,PP,
     &      PV,SELT,SEPT,SP,SPI,SPM,TIME,XF,XR
```

```
      CLOSE(4)
*
*
      END IF
*
      IF (NQL.EQ.1) CALL SAMPI0S
*
100   NPR=NPR+1
*

      DO 200 JJJ=1,NSP
        DO 150 III=1,NIS
          TIME=TIME+DTM
*
          WRITE (*,99001) III,JJJ,NIS,NSP,IFIX(NCOL)
99001       FORMAT (' DSMC0S: - Move',2I5,' of ',2I5,I14,'
Collisions')
*
          CALL MOVE0S
*
          CALL INDEXS
*
          CALL COLLS
*
150     CONTINUE
*
        CALL SAMPLE0S
*
200   CONTINUE
*
      WRITE (*,) ' WRITING RESTART AND OUTPUT FILES',NPR,'OF
',NPT
```

```
      OPEN (4,FILE = 'DSMC0S.RES',FORM = 'UNFORMATTED')
      WRITE BOLTZ,CC,CCG,CG,COL,CS,CW,DTM,FND,
     &      FNUM,FTMP,IC,IP,IR,ISC,ISCG,MOVT,NCOL,NIS,
     &      NM,NSC,NSMP,NPR,NPT,NSP,PI,PP,
     &      PV,SELT,SEPT,SP,SPI,SPM,TIME,XF,XR
      CLOSE (4)
*
      CALL OUT0S
*
      IF (NPR.LT.NPT) GO TO 100
      STOP
      END
*   INIT0S.FOR
*
* --initialize the variables and the flow at zero time
*
      SUBROUTINE INIT0S
*
      PARAMETER (MNM = 1000,MNC = 50,MNSC = 400)
*
      DOUBLE PRECISION MOVT,NCOL,SELT,SEPT
*
      COMMON /MOLSS /NM,PP(MNM),PV(3,MNM),IP(MNM),IR(MNM)
      COMMON /CELLSS/ CC(MNC),CG(3,MNC),IC(2,MNC),ISC(MNSC),
     &      CCG(2,MNC), ISCG(2,MNSC)
      COMMON /GASS /SP(2),SPM(5)
      COMMON /SAMPS /NCOL,MOVT,SELT,SEPT,CS(5,MNC),TIME,
     &      NPR,NSMP,FND, FTMP
      COMMON /COMP /FNUM,DTM,NIS,NSP,NPT
      COMMON /GEOM /CW,NSC,XF,XR
```

```
      COMMON /CONST /PI,SPI,BOLTZ
*
* --set constants
*
      PI = 3.141592654
      SPI = SQRT( PT )
      BOLTZ = 1.3806E -23
*
      CALL DATA0S
*
* --set additional data on the gas
*
      SPM( 1 ) = PI * SP( 2 ) * * 2
* --the collision cross section is given by eqn (1.8)
      SPM( 5 ) = GAM( 2.5 -SPM( 3 ) )
*
* --initialise variables
*
      TIME = 0 .
      NM = 0
*
      CG( 1 ,1 ) = XF
      CW = ( XR-XF ) / MNC
      DO 100 M = 1 ,MNC
        IF ( M.GT.1 ) CG( 1 ,M ) = CG( 2 ,M -1 )
        CG( 2 ,M ) = CG( 1 ,M ) +CW
        CG( 3 ,M ) = CW
        CC( M ) = CW
        CCG( 2 ,M ) = RF( 0 )
        CCG( 1 ,M ) = SPM( 1 ) *300.* SQRT( FTMP /300. )
* --the maximum value of the ( rel.speed ) * ( corss -section )is
set to a
```

```
* --reasonable, but low, initial value and will be increased
as necessary
100     CONTINUE
*
* --set sub-cells
*
        DO 200 N=1,MNC
          DO 150 M=1,NSC
            L=(N-1)*NSC+M
            ISC(L)=N
150       CONTINUE
200     CONTINUE
*
* --generate initial gas in equilibrium at temperature FTMP
*
        REM=0
        VMP=SQRT(2.*BOLTZ*FTMP/SP(1))
* --VMP is the most probable molecular speed , see eqns (4.1)
and (4.7)
        DO 300 N=1,MNC
          A=FND*CG(3,N)/FNUM+REM
* --A is the number of simulated molecules in cell N
          IF (N.LT.MNC) THEN
            MM=A
            REM=(A-MM)
* --the remainder REM is carried forward to the next cell
          ELSE
            MM=NINT(A)
          END IF
          DO 250 M=1,MM
            IF (NM.LE.MNM) THEN
* --round-off error could have taken NM to MNM+1
```

```
            NM = NM + 1
            PP(NM) = CG(1,N) + RF(0) * (CG(2,N) - CG(1,N))
            IP(NM) = (PP(NM) - CG(1,N) * (NSC - .001)/CG(3,N) + 1
    +NSC * (N - 1)
*--species, position, and sub-cell number have been set
        DO 210 K = 1,3
            CALL RVELC(PV(K,NM),A,VMP)
210        CONTINUE
*--velocity components have been set
        END IF
250    CONTINUE
300  CONTINUE
     WRITE ( * ,99001) NM
99001 FORMAT (' ',I6,' MOLECULES')
*
     RETURN
     END
*  SAMPI0S.FOR
*
     SUBROUTINE SAMPI0S
*
*--initialises all the sampling variables
*
     PARAMETER (MNM = 1000,MNC = 50,MNSC = 400)
*
     DOUBLE PRECISION MOVT,NCOL,SELT,SEPT
*
     COMMON /SAMPS /NCOL,MOVT,SELT,SEPT,CS(5,MNC),TIME,
    &        NPR,NSMP,FND, FTMP
     COMMON /COMP /FNUM,DTM,NIS,NSP,NPT
*
     NPR = 0
```

```
        NCOL = 0
        NSMP = 0
         MOVT = 0.
         SELT = 0.
         SEPT = 0.
         DO 100 N = 1,MNC
            CS(1,N) = 1.E -6
            DO 50 M = 2,5
              CS(M,N) = 0.
50        CONTINUE
100     CONTINUE
        RETURN
        END


*     MOVE0S.FOR
*
      SUBROUTINE MOVE0S
*
* --the NM molecules are moved over the time interval DTM
*
      PARAMETER (MNM = 1000,MNC = 50,MNSC = 400)
*
      DOUBLE PRECISION MOVT,NCOL,SELT,SEPT
*
      COMMON /MOLSS /NM,PP(MNM),PV(3,MNM),IP(MNM),IR(MNM)
       COMMON / CELLSS/ CC ( MNC ), CG ( 3, MNC ), IC ( 2, MNC ), ISC
(MNSC),
      &    CCG(2,MNC), ISCG(2,MNSC)
       COMMON /SAMPS /NCOL,MOVT,SELT,SEPT,CS(5,MNC),TIME,
      &    NPR,NSMP,FND, FTMP
       COMMON /COMP /FNUM,DTM,NIS,NSP,NPT
       COMMON /GEOM /CW,NSC,XF,XR
```

```
*
        DO 100 N = 1,NM
           MOVT = MOVT+1
           MSC = IP(N)
           MC = ISC(MSC)
*--MC is the initial cell number
           XI = PP(N)
           DX = PV(1,N) * DTM
           X = XI+DX
*--molecule N at XI is moved by DX to X
           IF (X.LT.XF) THEN
*--specular reflection from the minimum x boundary at x = XF
(eqn (11.7))
              X = 2.* XF -X
              PV(1,N) = -PV(1,N)
           END IF
           IF (X.GT.XR) THEN
*--specular reflection from the maximum x boundary at x = XR
(eqn (11.7))
              X = 2.* XR -X
              PV(1,N) = -PV(1,N)
           END IF
           IF (X.LT.CG(1,MC).OR.X.GT.CG(2,MC)) THEN
*--the molecule has moved from the initial cell
              MC = (X -XF)/CW+0.99999
              IF (MC.EQ.0) MC = 1
*--MC is the new cell number (note avoidance of round-off
error)
           END IF
           MSC = ((X -CG(1,MC))/CG(3,MC)) * (NSC -.001)+1+NSC *
(MC -1)
*--MSC is the new sub-cell number
```

```
          IP(N)=MSC
          PP(N)=X
100    CONTINUE
          RETURN
          END


*      INDEXS.FOR
*
       SUBROUTINE INDEXS
*
* --the NM molecule numbers are arranged in order of the cells
and,
* --within the cells, in order of the sub-cells
*
       PARAMETER (MNM=1000,MNC=50,MNSC=400)
*
       COMMON /MOLSS /NM,PP(MNM),PV(3,MNM),IP(MNM),IR(MNM)
        COMMON / CELLSS/ CC ( MNC ), CG ( 3, MNC ), IC ( 2, MNC ), ISC
(MNSC),
      &      CCG(2,MNC), ISCG(2,MNSC)
       COMMON /GASS   /SP(2),SPM(5)
*
         DO 100 NN=1,MNC
           IC(2,NN)=0
100    CONTINUE
       DO 200 NN=1,MNSC
           ISCG(2,NN)=0
200    CONTINUE
       DO 300 N=1,NM
           MSC=IP(N)
           ISCG(2,MSC)=ISCG(2,MSC)+1
           MC=ISC(MSC)
```

```
              IC(2,MC)=IC(2,MC)+1
300     CONTINUE
*--numbers in the cells and sub-cells have been counted
        M=0
        DO 400 N=1,MNC
          IC(1,N)=M
          M=M+IC(2,N)
400     CONTINUE
*--the (start address -1) has been set for the cells
        M=0
        DO 500 N=1,MNSC
          ISCG(1,N)=M
          M=M+ISCG(2,N)
          ISCG(2,N)=0
500     CONTINUE
*--the (start address -1) has been set for the sub-cells
        DO 600 N=1,NM
          MSC=IP(N)
          ISCG(2,MSC)=ISCG(2,MSC)+1
          K=ISCG(1,MSC)+ISCG(2,MSC)
          IR(K)=N
600     CONTINUE
        RETURN
        END


*     COLLS.FOR
*
        SUBROUTINE COLLS
*
*--calculates collisions appropriate to DTM in a monatomic
gas
*
```

```
        PARAMETER (MNM=1000,MNC=50,MNSC=400)
*
        DOUBLE PRECISION MOVT,NCOL,SELT,SEPT
*
        COMMON /MOLSS /NM,PP(MNM),PV(3,MNM),IP(MNM),IR(MNM)
         COMMON / CELLSS / CC(MNC),CG(3,MNC),IC(2,MNC),ISC
(MNSC),
      &       CCG(2,MNC), ISCG(2,MNSC)
        COMMON /GASS  /SP(2),SPM(5)
         COMMON / SAMPS / NCOL,MOVT,SELT,SEPT,CS(5,MNC),TIME,
NPR,
      &       NSMP,FND, FTMP
        COMMON /COMP /FNUM,DTM,NIS,NSP,NPT
        COMMON /GEOM /CW,NSC,XF,XR
        COMMON /CONST /PI,SPI,BOLTZ
*
        DIMENSION VRC(3),VRCP(3),VCCM(3)
*--VRC(3) are the pre-collision components of the relative
velocity
*--VRC(3) are the post-collision components of the relative
velocity
*--VCCM(3) are the components of the centre of mass velocity
*
        DO 100 N=1,MNC
*--consider collisions in cell N
        SN=CS(1,N)
        IF (SN.GT.1.) THEN
          AVN=SN/FLOAT(NSMP)
        ELSE
          AVN=IC(2,N)
        END IF
*--AVN is the average number of group MM molecules in the cell
```

```
          ASEL=0.5*IC(2,N)*AVN*FNUM*CCG(1,N)*DTM/CC(N)
+CCG(2,N)
*--ASEL is the number of pairs to be selected, see eqn (11.3)
          NSEL=ASEL
          CCG(2,N)=ASEL-NSEL
          IF (NSEL.GT.0) THEN
            IF (IC(2,N).LT.2) THEN
              CCG(2,N)=CCG(2,N)+NSEL
*--if there are insufficient molecules to calculate
collisions,
*--the number NSEL is added to the remainer CCG(2,N)
            ELSE
              CVM=CCG(1,N)
              SELT=SELT+NSEL
              DO 20 ISEL=1,NSEL
                K=INT(RF(0)*(IC(2,N)-0.0001))+IC(1,N)+1
                L=IR(K)
*--the first mol.L has been chosen at random from group NN in
cell N
5               MSC=IP(L)
                IF (ISCG(2,MSC).EQ.1) THEN
*--if MSC has only the chosen mol., find the nearest sub-cell
with one
                  NST=1
                  NSG=1
6                 INC=NSG*NST
                  NSG=-NSG
                  NST=NST+1
                  MSC=MSC+INC
                  IF (MSC.LT.1.OR.MSC.GT.MNSC) GO TO 6
                  IF (ISC(MSC).NE.N.OR.ISCG(2,MSC).LT.1) TO TO 6
                END IF
```

```
* --the second molecule M is now chosen at random from the
* --molecules that are in the sub-cell MSC
                K=INT(RF(0)*(ISCG(2,MSC)-0.0001))+ISCG
(1,MSC)+1
                M=IR(K)
                IF(L.EQ.M) TO TO 5
* --choose a new second molecule if the first is again chosen
*
                DO 10 K=1,3
                   VRC(K)=PV(K,L)-PV(K,M)
10                 CONTINUE
* --VRC(1 to 3) are the components of the relative velocity
                VRR=VRC(1)**2+VRC(2)**2+VRC(3)**2
                VR=SQRT(VRR)
* --VR is the relative speed
                CVR=VR*SPM(1)
     &                *((2.*BOLTZ*SPM(2)/(0.5*SP(1)*VRR))*
*(SPM(3)-0.5))
     &                /SPM(5)
* --the collision cross-section is based on eqn (4.63)
                IF(CVR.GT.CVM) CVM=CVR
* --if necessary, the maximum product in CVM is upgraded
                IF(RF(0).LT.CVR/CCG(1,N)) THEN
* --the collision is accepted with the probability of eqn (11.
4)
                DO 12 K=1,3
                   VCCM(K)=0.5*(PV(K,L)+PV(K,M))
12                 CONTINUE
* - - VCCM defines the components of the centre - of - mass
velocity (eqn 2.1)
                NCOL=NCOL+Q
                SEPT=SEPT+ABS(PP(L)-PP(M))
```

```
          IF(ABS(SPM(4) -1.).LT.1.E -3)   THEN
* --use the VHS logic
          B=2.*RF(0) -1.
* --B is the cosine of a random elevation angle
          A=SQRT(1.-B*B)
          VRCP(1)=B*VR
          C=2.*PI*RF(0)
* --C is a random azimuth angle
          VRCP(2)=A*COS(C)*VR
          VRCP(3)=A*SIN(C)*VR
          ELSE
* --use the VSS logic
          B=2.*(RF(0)**SPM(4)) -1.
* --B is the cosine of the deflection angle for the VSS model
(eqn (11.8)
          A=SQRT(1.-B*B)
          C=2.*PI*RF(0)
          OC=COS(C)
          SC=SIN(C)
          D=SQRT(VRC(2)**2+VRC(3)**2)
          IF (D.GT.1.E -6)   THEN
            VRCP(1)=B*VRC(1)+A*SC*D
            VRCP(2)=B*VRC(2)+A*(VR*VRC(3)*OC -
  &            VRC(1)*VRC(2)*SC)/D
            VRCP(3)=B*VRC(3) -A*(VR*VRC(2)*OC+
  &            VRC(1)*VRC(3)*SC)/D
          ELSE
            VRCP(1)=B*VRC(1)
            VRCP(2)=A*OC*VRC(1)
            VPCP(3)=A*SC*VRC(1)
          END IF
* --the post-collision rel.Velocity components are based on
```

eqn (2.22)

```
                        END IF
* --VRCP(1 to 3) are the components of the post -collision
relative vel.
                        DO 14 K=1,3
                          PV(K,L)=VCCM(K)+0.5*VRCP(K)
                          PV(K,M)=VCCM(K) -0.5*VRCP(K)
14              CONTINUE
                      END IF
20              CONTINUE
                  CCG(1,N)=CVM
              END IF
            END IF
100     CONTINUE
        RETURN
        END
*     SAMPLE0S.FOR
*
*
      SUBROUTINE SAMPLE0S
*
* --sample the molecules in the flow.
*
      PARAMETER (MNM=1000,MNC=50,MNSC=400)
*
      DOUBLE PRECISION MOVT,NCOL,SELT,SEPT
*
      COMMON /MOLSS /NM,PP(MNM),PV(3,MNM),IP(MNM),IR(MNM)
      COMMON / CELLSS/ CC (MNC),CG (3,MNC),IC (2,MNC),ISC
(MNSC),
      &       CCG(2,MNC),ISCG(2,MNSC)
      COMMON /SAMPS /NCOL,MOVT,SELT,SEPT,CS(5,MNC),TIME,
```

```
     &        NPR,NSMP,FND, FTMP

        COMMON /COMP /FNUM,DTM,NIS,NSP,NPT
*
          NSMP =NSMP+1
          DO 100 N =1,MNC
             L =IC(2,N)
             IF (L.GT.0)  THEN
                DO 20 J =1,L
                   L =IC(1,N)+J
                   M =IR(K)
                   CS(1,N) =CS(1,N)+1
                   DO 10 LL =1,3
                      CS(LL+1,N) =CS(LL+1,N)+PV(LL,M)
                      CS(5,N) =CS(5,N)+PV(LL,M) **2
10                 CONTINUE
20              CONTINUE
             END IF
100       CONTINUE
          RETURN
          END


*     OUT0S.FOR
*
      SUBROUTINE OUT0S
*
* --output a progressive set of results to file DSMC0S.OUT.
*
      PARAMETER (MNM =1000,MNC =50,MNSC =400)
*
      DOUBLE PRECISION MOVT,NCOL,SELT,SEPT,FND2
*
```

```
      COMMON /MOLSS /NM,PP(MNM),PV(3,MNM),IP(MNM),IR(MNM)
       COMMON / CELLSS/ CC ( MNC ), CG ( 3 , MNC ), IC ( 2 , MNC ), ISC
(MNSC),
     &        CCG(2,MNC), ISCG(2,MNSC)
      COMMON /GASS  /SP(2),SPM(5)
      COMMON /SAMPS /NCOL,MOVT,SELT,SEPT,CS(5,MNC),TIME,
     &        NPR,NSMP,FND, FTMP
      COMMON /GEOM /CW,NSC,XF,XR
      COMMON /COMP /FNUM,DTM,NIS,NSP,NPT
      COMMON /CONST /PI,SPI,BOLTZ
      DIMENSION VEL(3)
*
      OPEN (4,FILE='DSMC0S.OUT',FORM='FORMATTED')
*
      WRITE (4,*) ' FROM ZERO TIME TO TIME',TIME
      WRITE (4,*) ' COLLISIONS =',NCOL
      WRITE (4,*) ' TOTAL NUMBER OF SAMPLES',NSMP
      WRITE (4,*) NM,'MOLECULES'
      WRITE (4,*) MOVT, ' TOTAL MOLECULAR MOVES'
      WRITE (4,*) INT(SELT), 'SELECTIONS',INT(NCOL),
     &          ' COLLISIONS, RATIO ',REAL(NCOL/SELT)
      IF (NCOL.GT.0) WRITE (4,*) 'MEAN COLLISION SEPARATION ',
     &          REAL(SEPT/NCOL)
*
      WRITE (4,*) ' FLOWFIELD PROPERTIES'
      WRITE (4,*) ' CELL X COORD SAMPLE N DENS.U V W TEMP'
      TOT=0.
      DO 100 N=1,MNC
          A=FNUM/(CG(3,N)*NSMP)
          DENN=CS(1,N)*A
*--DENN is the number density
          IF(CS(1,N).GT.0.5)  THEN
```

```
            DO 20 K=1,3
              VEL(K)=CS(K+1,N)/CS(1,N)
20           CONTINUE
*--VEL is the stream velocity components, see eqn (1.21)
            UU=VEL(1)**2+VEL(2)**2+VEL(3)**2
            TT=SP(1)*(CS(5,N)/CS(1,N)-UU)/(3.*BOLTZ)
*--TT is the temperature, see eqn (1.29a)
            TOT=TOT+TT
            XC=0.5*(CG(1,N)+CG(2,N))
*--XC is the x coordinate of the midpoint of the cell
            WRITE (4,99001) N,XC,INT(CS(1,N)),DENN,VEL(1),
VEL(2),
     &                VEL(3),TT
          END IF
99001     FORMAT ( ' ',I5,F10.4,I9,QP,E12.4,0P,4F10.4)
100       CONTINUE
*
*
- compare with theoretical collision number ( actual
temperature)
        AVTMP=TOT/MNC
        WRITE (4,*) ' AVERAGE TEMPERATURE',AVTMP
        WRITE(4,*)
         WRITE (4,*) 'RATIO OF COLL. NUMBER TO THEORETICAL
VALUE'
        WRITE(4,*)
        FND2=FND
        TCOL=2.*TIME*FND2*FND2*(XR-XF)*SPM(1)
     &       *((AVTMP/SPM(2))**(1.-SPM(3)))
     &       *SQRT(BOLTZ*SPM(2)/(PI*SP(1)))/FNUM
*--TCOL is the equilibrium collision rate, see eqn (4.64)
        WRITE (4,*) NCOL/TCOL
```

```
*
      CLOSE (4)
*
      RETURN
      END


*     RVELC.FOR
*
      SUBROUTINE RVELC(U,V,VMP)
*
*--generates two random velocity components U an V in an equilibrium
*--gas with most probable speed VMP (based on eqns (C10) and (C12))
*
      A=SQPR( -LOG(RF(0)))
      B=6.283185308*RF(0)
      U=A*SIN(B)*VMP
      V=A*COS(B)*VMP
      RETURN
      END


*     GAM.FOR
*
      FUNCTION GAM(X)
*
*--calculates the Gamma function of X.
*
      A=1.
      Y=X
      IF (Y.LT.1)  THEN
        A=A/Y
```

```
        ELSE
50        Y=Y-1
          IF (Y.GE.1.)  THEN
            A=A*Y
            GO TO 50
          END IF
        END IF
        GAM=A*(1.-0.5748646*Y+0.9512363*Y**2-0.6998588
     *Y**3+
     &          0.4245549*Y**4-0.1010678*Y**5)
      RETURN
      END


*    RF/FOR
*
      FUNCTION RF(IDUM)
*--generates a uniformly distributed random fraction
between 0 and 1
*----IDUM will generally be 0, but negative values may be
used to
*------re-initialize the seed
      SAVE MA,INEXT,INEXTP
      PARAMETER
(MBIG=1000000000,MSEED=161803398,MZ=0,FAC=1.E-9)
      DIMENSION MA(55)
      DATA IFF /0/
      IF (IDUM.LT.0.IFF.EQ.0)  THEN
        IFF=1
        MJ=MSEED-IABS(IDUM)
        MJ=MOD(MJ,MBIG)
        MA(55)=MJ
        MK=1
```

```
          DO 50 I=1,54
             II=MOD(21*I,55)
             MA(II)=MK
             MK=MJ-MK
             IF (MK.LT.MZ)  MK=MK+MBIG
             MJ=MA(II)
50        CONTINUE
          DO 100 K=1,4
             DO 60 I=1,55
               MA(I)=MA(I)-MA(1+MOD(I+30,55))
               IF (MA(I).LT.MZ)  MA(I)=MA(I)+MBIG
60           CONTINUE
100       CONTINUE
          INEXT=0
          INEXTP=31
        END IF
200     INEXT=INEXT+1
        IF (INEXT.EQ.56)  INEXT=1
        INEXTP=INEXTP+1
        IF (INEXTP.EQ.56)  INEXTP=1
        MJ=MA(INEXT)-MA(INEXTP)
        IF (MJ.LT.MZ)  MJ=MJ+MBIG
        MA(INEXT)=MJ
        RF=MJ*FAC
        IF (RF.GT.1.E-8.AND.RF.LT.0.99999999) RETURN
        GO TO 200
      END


*     DATA0S.FOR
*
      SUBROUTINE DATA0S
*--defines the data for a particular run of DSMC0S.FOR
```

```fortran
*
      PARAMETER (MNM=1000,MNC=50,MNSC=400)
*
      DOUBLE PRECISION MOVT,NCOL,SELT,SEPT
*
      COMMON /GASS /SP(2),SPM(5)
COMMON /SAMPS/NCOL,MOVT,SELT,SEPT,CS(5,MNC),TIME,
     &      NPR,NSMP,FND, FTMP
      COMMON /COMP /FNUM,DTM,NIS,NSP,NPT
COMMON /GEOM /CW,NSC,XF,XR
*
* --set data (must be consistent with PARAMETER variables)
*
      FND=1.E20
* --FND is the number densty
      FTMP=300
* --FTMP is the temperature
      FUNM=1.0E17
* --FUNM is the number of real molecules represented by a
simulated mol.

      DTM=.25E-4
* --DTM is the time step
      NSC=8
* --NSC is the number of sub-cells in each cell
      XF=0.
      XR=1.
* --the simulated region is from x=XF to x=XR
      SP(1)=5.E-26
      SP(2)=3.5E-10
* --SP(1) is the molecular mass
* --SP(2) is the molecular diameter
```

```
      SPM(2)=273.
      SPM(3)=0.75
      SPM(4)=1.
*--SPM(2) is the reference temperature
*--SPM(3) is the viscosity-temperature power law
*--SPM(4) is the reciprocal of the VSS scattering parameter
      NIS=4
*--NIS is the number of time steps between samples
      NSP=40
*--NSP is the number of samples between restart and output
file updates
      NPT=500
*--NPT is the number of file updates to STOP
*
      RETURN
      END
```

译 者 后 记

本书的翻译初稿是译者(方明)学习时的读书笔记,在各级领导和老师的关怀指导下作为译著出版。尽管译者数易其稿,但受限于学术水平和表述能力,译版中难免有不正和不周之处,还请专家和读者指正。

本书翻译过程得到了合作导师李志辉研究员的指导和帮助,也是他带领译者进入稀薄气体动力学这一研究领域,在此向他十余年的教育和培养致以最衷心的感谢。

译者还要感谢在北京大学学习期间唐少强教授、在北京航空航天大学博士后期间李椿萱院士的教育和培养,以及他们多年的指导和鼓励。

本书的翻译得到了空气动力学学会理事长、中国空气动力研究与发展中心副主任唐志共研究员的鼓励,并在其百忙之中为本书作序,译者深表谢意。超高速空气动力研究所所长柳森研究员和总工程师杨彦广研究员为本书的翻译给出了很好的指导性意见,黄霞和彭傲平博士仔细检查了译稿并进行了大量修改,李埌全同志详细检查了本书初稿并指出诸多错误,科学出版社也给予了极大的帮助,在此一并表示感谢。

译者有能力和精力翻译此书,还应该感谢 973 计划项目"航天飞行器跨流域空气动力学与飞行控制关键基础问题研究"(2014CB744100)、国家自然科学基金"极高超声速再入稀薄气体电离效应数值算法及应用研究"(11602288)、中国博士后科学基金"辐射非平衡效应的 DSMC 方法及应用研究"(2014M560870)以及李志辉研究员负责的国家自然科学基金杰出青年基金"跨流域空气动力学研究"(11325212)的支持和帮助。

最后,译者要特别感谢妻子付玉的支持和付出,是她用爱去兼顾工作和家庭,使我有足够的精力在科研和工作上不断前行。